# Vocabulaire de sciences cognitives

PUBLIÉ SOUS LA DIRECTION DE

Olivier Houdé,
Daniel Kayser, Olivier Koenig,
Joëlle Proust
et François Rastier

# Vocabulaire de sciences cognitives

Neuroscience,
psychologie, intelligence artificielle,
linguistique et philosophie

Préface de
Stephen M. Kasslyn



OUVRAGE PUBLIÉ
AVEC LE CONCOURS DU CENTRE NATIONAL DU LIVRE

QUADRIGE / PUF

ISBN 2 13 053338 8
ISSN 0291-0489

Dépôt légal — 1re édition : 1998, mai
1re édition « Quadrige » : 2003, septembre


Psychologie et sciences de la pensée
6, avenue Reille, 75014 Paris

## LES DIRECTEURS

| | |
|---|---|
| OLIVIER HOUDÉ (Psychologie) | Professeur à l'Université Paris 5, membre de l'Institut universitaire de France. |
| DANIEL KAYSER (Intelligence Artificielle) | Professeur à l'Université Paris 13. |
| OLIVIER KOENIG (Neuroscience) | Professeur à l'Université Lyon 2, membre de l'Institut universitaire de France. |
| JOËLLE PROUST (Philosophie) | Directeur de recherche au CNRS, Institut Jean-Nicod, Paris. |
| FRANÇOIS RASTIER (Linguistique) | Directeur de recherche au CNRS (Modèles, dynamiques, corpus), Université Paris 6. |

## LES AUTEURS

| | |
|---|---|
| ANNE ABEILLÉ (Linguistique) | Professeur à l'Université Paris 7, membre de l'Institut universitaire de France. |
| CLAUDE BASTIEN (Psychologie) | Professeur à l'Université Aix-Marseille 1, Aix-en-Provence. |
| JANINE BEAUDICHON (Psychologie) | Professeur émérite, Université Paris 5. |
| JOSIE BERNICOT (Psychologie) | Professeur à l'Université de Poitiers. |
| CLAUDE BONNET (Psychologie) | Professeur à l'Université Louis-Pasteur, Strasbourg. |
| PAUL BOURGINE (Intelligence Artificielle) | Ingénieur de recherche au CNRS (CREA), Paris. |
| JEAN-FRANÇOIS CAMUS † (Psychologie) | Professeur à l'Université de Reims. |
| ROBERTO CASATI (Philosophie) | Directeur de recherche au CNRS, Institut Jean-Nicod, Paris. |
| MICHEL CHAROLLES (Linguistique) | Professeur à l'Université Paris 3. |
| BERNARD CROISILLE (Neuroscience) | Docteur en médecine, Hôpital neurologique, Lyon. |
| PHILIPPE DAGUE (Intelligence Artificielle) | Professeur à l'Université Paris 13. |
| JEAN DECETY (Neuroscience) | Directeur de recherche à l'INSERM (unité 280), Lyon et Professeur à l'Université de Washington. |
| STANISLAS DEHAENE (Neuroscience) | Directeur de recherche à l'INSERM (unité 562), Service hospitalier Frédéric-Joliot, Orsay. |
| MICHEL DENIS (Psychologie) | Directeur de recherche au CNRS (Vulnérabilité, adaptation et psychopathologie), Hôpital Pitié-Salpêtrière, Paris. |
| JÉRÔME DOKIC (Philosophie) | Maître de conférences à l'Université de Rouen. |
| PASCAL ENGEL (Philosophie) | Professeur à l'Université Paris 4, membre de l'Institut universitaire de France. |
| MICHEL FAYOL (Psychologie) | Professeur à l'Université de Clermont-Ferrand. |
| JACQUES FERBER (Intelligence Artificielle) | Professeur à l'Université Montpellier 2. |
| JEAN-MICHEL FORTIS (Linguistique) | Chargé de recherche au CNRS (HTL), Université Paris 7. |

| | |
|---|---|
| BERNARD FRADIN (Linguistique) | Directeur de recherche au CNRS (Linguistique formelle), Université Paris 7. |
| JACQUES FRANÇOIS (Linguistique) | Professeur à l'Université de Caen. |
| JEAN-GABRIEL GANASCIA (Intelligence Artificielle) | Professeur à l'Université Paris 6. |
| DANIEL GAONAC'H (Psychologie) | Professeur à l'Université de Poitiers. |
| MALIK GHALLAB (Intelligence Artificielle) | Directeur de recherche au CNRS (LAAS), Toulouse. |
| JEAN-ÉMILE GOMBERT (Psychologie) | Professeur à l'Université Rennes 2. |
| LAURENT GOSSELIN (Linguistique) | Professeur à l'Université de Rouen. |
| JEAN-PAUL HATON (Intelligence Artificielle) | Professeur à l'Université Nancy 1, membre de l'Institut universitaire de France. |
| YVETTE HATWELL (Psychologie) | Professeur émérite, Université Grenoble 2. |
| MAYA HICKMANN (Psychologie) | Directeur de recherche au CNRS (Cognition et développement), Université Paris 5. |
| OLIVIER HOUDÉ (Psychologie) | Professeur à l'Université Paris 5, membre de l'Institut universitaire de France. |
| PIERRE JACOB (Philosophie) | Directeur de recherche au CNRS, Institut Jean-Nicod, Paris. |
| DANIEL KAYSER (Intelligence Artificielle) | Professeur à l'Université Paris 13. |
| MAX KISTLER (Philosophie) | Maître de conférences à l'Université de Clermont-Ferrand. |
| OLIVIER KOENIG (Neuroscience) | Professeur à l'Université Lyon 2, membre de l'Institut universitaire de France. |
| JACQUES LAUTREY (Psychologie) | Professeur émérite, Université Paris 5. |
| PIERRE LIVET (Philosophie) | Professeur à l'Université Aix-Marseille 1, Aix-en-Provence. |
| TODD LUBART (Psychologie) | Maître de conférences à l'Université Paris 5. |
| ANNE-MARIE MELOT (Psychologie) | Chargée de recherche au CNRS (GIN), Universités de Caen et Paris 5. |
| JACQUES MOESCHLER (Linguistique) | Professeur à l'Université de Genève, Suisse. |
| LORENZA MONDADA (Linguistique) | Professeur à l'Université de Bâle, Suisse. |
| SYLVAIN MOUTIER (Psychologie) | Maître de conférences à l'Université Paris 5. |
| JACQUELINE NADEL (Psychologie) | Directeur de recherche au CNRS (Vulnérabilité, adaptation et psychopathologie), Hôpital Pitié-Salpêtrière, Paris. |
| GABRIEL OTMAN (Linguistique) | Traducteur-terminologue. |
| ÉLISABETH PACHERIE (Philosophie) | Chargée de recherche au CNRS, Institut Jean-Nicod, Paris. |
| JACQUES PITRAT (Intelligence Artificielle) | Directeur de recherche honoraire, CNRS. |
| MARIE-HÉLÈNE PLUMET (Psychologie) | Maître de conférences à l'Université Paris 5. |
| VIVIAN POUTHAS (Psychologie) | Directeur de recherche au CNRS (Neuroscience cognitive et imagerie cérébrale), Université Paris 6. |
| JOËLLE PROUST (Philosophie) | Directeur de recherche au CNRS, Institut Jean-Nicod, Paris. |
| FRANÇOIS RASTIER (Linguistique) | Directeur de recherche au CNRS (Modèles, dynamiques, corpus), Université Paris 10. |
| ANNE REBOUL (Linguistique) | Directeur de recherche au CNRS, Institut des sciences cognitives, Lyon. |

| | |
|---|---|
| FRANÇOIS RECANATI (Philosophie) | Directeur de recherche au CNRS, Institut Jean-Nicod, Paris. |
| GEORGES REY (Philosophie) | Professeur à l'Université du Maryland, College Park, États-Unis. |
| MARC RICHELLE (Psychologie) | Professeur honoraire à l'Université de Liège, Belgique. |
| MARIE-CHRISTINE ROUSSET (Intelligence Artificielle) | Professeur à l'Université Paris 11. |
| JUAN SEGUI (Psychologie) | Directeur de recherche au CNRS (Psychologie expérimentale), Université Paris 5. |
| ÉRIC SIÉROFF (Neuroscience) | Professeur à l'Université Paris 5. |
| ARLETTE STRERI (Psychologie) | Professeur à l'Université Paris 5. |
| JACQUES VAUCLAIR (Psychologie) | Professeur à l'Université Aix-Marseille 1, Aix-en-Provence. |
| ANNIE VINTER (Psychologie) | Professeur à l'Université de Bourgogne, Dijon. |
| DANIEL WIDLÖCHER (Psychologie) | Professeur émérite, Université Paris 6. |

# NOTE À LA NOUVELLE ÉDITION

En 1998 paraissait la première édition de ce *Vocabulaire de sciences cognitives*, publiée conjointement dans la collection « Psychologie et sciences de la pensée » et dans la série des « Grands Dictionnaires » des Presses Universitaires de France. Il s'agissait d'une entreprise collective inédite impliquant cinq directeurs de secteurs et soixante-quatre auteurs de disciplines différentes, neuroscientifiques, psychologues, informaticiens, linguistes et philosophes, qui ont « planché » sur quelque cent vingt entrées, d'Abduction à Volonté. Leur travail fut immédiatement récompensé car la communauté scientifique et la presse ont très favorablement accueilli l'ouvrage. *Le Monde* écrivait, dans son édition du 14 août 1998 : « Un dictionnaire de plus ? Oui, mais le premier dans son genre. Le premier, en France, à offrir une élucidation claire et succincte des quelque cent vingt termes qui comptent dans cette discipline encore jeune qu'on appelle d'un nom résolument pluriel "sciences cognitives". Résultat : un ouvrage de référence, qui ne sera pas dépassé avant longtemps. »[1]

Cinq ans plus tard, 2003 est l'année de sa réédition dans « Quadrige » – collection emblématique des PUF – et, simultanément, de sa première édition américaine chez Routledge à New York, sous le titre *Dictionary of Cognitive Science*, édition préfacée par Stephen Kosslyn, de Harvard University. Ce succès éditorial s'explique sans doute par la forte expansion internationale des sciences cognitives ces dernières années, mais aussi par leur ancrage profondément français et européen. C'est ce dernier point que nous voudrions développer dans cette note à la nouvelle édition.

1. À noter que l'idée a « fait un petit » dans l'édition française : le *Dictionnaire des sciences cognitives*, également d'Abduction à Volonté, publié en 2002 sous la direction de Guy Tiberghien. Il faut se réjouir de l'essor éditorial que connaissent les sciences cognitives en France et qui, bien avant l'édition 1998 de notre *Vocabulaire,* avait commencé par les introductions de Franscisco Varela, Daniel Andler et Georges Vignaux (Andler, 1992 ; Varela, 1989 ; Vignaux, 1992).

Le premier centre de recherche en sciences cognitives, le *Center for Cognitive Studies*, a été fondé à Harvard University en 1960 par les psychologues Jerome Bruner et George Miller (Miller, 2003). De grands penseurs américains comme le linguiste Noam Chomsky et le philosophe Jerry Fodor ont, durant la seconde moitié du XX<sup>e</sup> siècle, fortement orienté la recherche en ce domaine – et l'orientent encore (Fodor, 2003 ; Hauser, Chomsky et Fitch, 2002). Si l'on prend l'exemple du rapprochement entre la psychologie cognitive et les neurosciences durant les années 1990 (notamment avec les techniques d'imagerie cérébrale fonctionnelle), ce sont aussi deux Américains, Michael Posner et Stephen Kosslyn, qui en ont été les pionniers (Kosslyn, 1994 ; Posner, 1993 ; Posner et Raichle, 1998). Pour une bonne part, donc, les sciences cognitives sont américaines. C'est sans doute pourquoi George Miller vient de publier dans la revue *Trends in Cognitive Sciences* une histoire très américaine de la révolution cognitive (Miller, 2003). Mais, si l'on y regarde plus attentivement, les racines de cette révolution intellectuelle sont profondément françaises et européennes (Dortier, 2003 *a* ; Houdé et Mazoyer, 2003). En voici deux exemples, l'un à propos de la formalisation et de l'automatisation de la pensée, l'autre à propos de ses bases cérébrales, deux thèmes fondateurs des sciences cognitives.

C'est le philosophe français René Descartes qui a donné, au XVII<sup>e</sup> siècle, le coup d'envoi de la formalisation de la pensée. Selon lui, penser c'est raisonner et la raison consiste à enchaîner entre elles des idées simples selon les règles rigoureuses de la logique. Descartes, inventeur du « Cogito », est donc le premier précurseur des sciences cognitives (même s'il s'est trompé à propos du dualisme entre l'âme et le cerveau). Le mathématicien anglais George Boole a ensuite, au XIX<sup>e</sup> siècle, inventé le calcul symbolique qui permet de traduire des opérations logiques comme « ou », « et », « si-alors » en opérations mathématiques simples effectuées sur les chiffres 0 et 1. Son rêve était de traduire toutes les opérations de l'esprit humain en une mathématique élémentaire. Ce rêve a été en partie réalisé au XX<sup>e</sup> siècle par le psychologue suisse Jean Piaget qui a montré comment les opérations logiques et mathématiques se construisent, du bébé à l'adulte, à travers des mécanismes psychologiques élémentaires : actions et opérations mentales (Piaget et Inhelder, 1966). C'est aussi ce que montre aujourd'hui le neurobiologiste français Jean-Pierre Changeux avec son modèle du « darwinisme neural-mental » qui permet de comprendre le lien intime entre la logique, les mathématiques et le cerveau (Changeux, 2002 ; Changeux et Connes, 1989) – lien étudié expérimentalement, depuis peu, par l'imagerie cérébrale fonctionnelle (Dehaene, 1997 *a* ; Houdé et Tzourio-Mazoyer, 2003).

Le coup d'envoi de l'automatisation de la pensée a également été donné par un philosophe français : Julien Offroy de La Mettrie. Au XVIIIe siècle, ce philosophe a osé affirmer que les humains sont des machines (selon Descartes, seuls les animaux étaient des machines), d'où son tout nouveau projet, dit « mécaniste », d'une naturalisation de l'âme humaine. C'est l'une des idées les plus originales du siècle des Lumières en France. Cette idée a pris sa forme moderne au XXe siècle lorsque le mathématicien anglais Alan Turing a imaginé un dispositif virtuel (la « machine de Turing ») qui traduit tout problème mathématique humainement calculable sous forme d'une suite d'opérations simples. Il a ainsi inventé le principe de l'algorithme, une des bases de ce qui est devenu ensuite l'informatique – d'où est née l'Intelligence Artificielle (IA).

Concernant les bases cérébrales de la pensée, c'est un neurologue autrichien du XVIIIe siècle, Franz Josef Gall, qui a, le premier, osé affirmer que l'âme humaine est divisible en de multiples fonctions mentales et que chacune d'elles correspond à une partie du cortex cérébral. C'est à Gall que Fodor se réfère explicitement pour introduire son célèbre livre, *La modularité de l'esprit*, qui a tant marqué les programmes de recherche en sciences cognitives (Fodor, 1986). La méthode de localisation de Gall, appelée « phrénologie » (ou palpation des bosses du crâne), était toutefois très fantaisiste, et il fallut attendre le neurologue français Paul Broca, au XIXe siècle, pour que soit réalisée la première localisation scientifique d'une fonction mentale (le langage) dans le cerveau humain. Le projet de la cartographie cognitive du cerveau était ainsi lancé. Il fut poursuivi au XXe siècle, d'abord par la neuropsychologie cognitive chez des patients cérébrolésés (comme l'avait initié Broca) et ensuite par l'imagerie cérébrale fonctionnelle chez des sujets sains (Dehaene, 1997 *b* ; Houdé, Mazoyer et Tzourio-Mazoyer, 2002 ; Posner et Raichle, 1998).

Ce bref historique montre combien la construction de ce que l'on appelle aujourd'hui les sciences cognitives s'est faite de part et d'autre de l'Atlantique, même si son institutionnalisation a d'abord été américaine (Miller, 2003). Cela apparaît clairement dans l'encyclopédie – *The Encyclopedia of Cognitive Science* – éditée en 2003 par

Nature Publishing Group où les biographies d'auteurs européens comme René Descartes, Paul Broca ou Jean Piaget (sans parler de Ferdinand de Saussure, Sigmund Freud, Lev Vygotsky, etc.) figurent parmi celles des contributeurs clés des sciences cognitives (Nadel, 2003). Il s'agit donc d'une entreprise collective internationale. Aujourd'hui, en neuroscience cognitive, en psychologie cognitive, en Intelligence Artificielle, en linguistique cognitive et en philosophie de l'esprit, les grands centres de recherche se trouvent en Amérique du Nord (États-Unis et Canada), en Europe et au Japon.

Dans le cadre de cette dynamique internationale, l'échange des idées – ou, plus exactement, *de la façon de poser les problèmes* – est sans doute la raison pour laquelle Routledge a décidé de publier la traduction d'un vocabulaire français de sciences cognitives aux États-Unis. C'est peut-être aussi parce qu'il existe en France, depuis Diderot et d'Alembert, une longue tradition encyclopédique, aujourd'hui entretenue dans beaucoup de domaines du savoir par les PUF, notamment dans leurs collections « Grands Dictionnaires » et « Quadrige ».

Cette nouvelle édition du *Vocabulaire de sciences cognitives* dans « Quadrige » n'a pas fait l'objet d'une refonte générale – que nous avons jugée encore prématurée[1] – mais a été corrigée et enrichie. Vivian Waltz, l'excellente traductrice américaine du livre, nous a signalé, dans l'édition française originale, un certain nombre d'erreurs ou de maladresses qui ont été ici corrigées. Les auteurs du

1. Depuis l'édition de 1998, deux tendances des sciences cognitives se sont renforcées : 1 / d'une part, l'alliance entre la psychologie cognitive et l'imagerie cérébrale fonctionnelle (voir Houdé, Mazoyer et Tzourio-Mazoyer, 2002), s'inscrivant dans le projet général des neurosciences intégrées (Berthoz, 1999, 2003 ; Changeux, 2002 ; Jeannerod, 2002) ; 2 / d'autre part, l'ouverture des sciences cognitives aux « sciences de la culture » (Rastier et Bouquet, 2002). Dans l'introduction de l'édition de 1998, François Rastier, directeur du secteur linguistique, soulignait déjà que, « [...] principale science sociale parmi les disciplines centrales des sciences cognitives, la linguistique pourrait se voir confier, pour l'avenir, une mission particulière : contribuer à articuler les sciences sociales et les sciences cognitives en faisant la part des facteurs culturels dans la cognition ». L'anthropologie neurocognitive, sur la question des croyances par exemple (Boyer, 2003), mais aussi « l'anthropologie de la nature » (Descola, 2001), sont devenues des interlocuteurs directs et importants des sciences cognitives. Entre ces deux tendances – vers le neurone et vers la culture –, il faut aussi mentionner, dans le domaine des sciences de l'artificiel, la montée en puissante des Sciences et technologies de l'information et de la communication (STIC) – avec la création d'un nouveau département, dans ce secteur, au Centre national de la recherche scientifique (CNRS). Sur l'ensemble de ces aspects – où la réflexion et l'engagement philosophiques s'imposent aussi –, il nous est apparu que les auteurs du *Vocabulaire de sciences cognitives* avaient été clairvoyants dès 1998 et que le texte original reflète encore bien les tendances et perspectives actuelles.

*Vocabulaire* lui en sont très reconnaissants[1]. Nous avons aussi tenu compte des critiques faites par nos lecteurs (notamment par Jacques Lecomte, journaliste de la revue *Sciences humaines*), par exemple la difficulté à trouver un certain nombre de notions importantes, certes traitées dans le *Vocabulaire*, mais non identifiées comme entrées. Elles le sont désormais, avec renvois aux entrées correspondantes (par exemple : *Calcul* avec renvois à Cognitivisme, Logique et Machine de Turing ; *Cerveau* avec renvois à Imagerie cérébrale fonctionnelle, Localisation cérébrale et Réseau neuronal ; *Cybernétique* avec renvois à Apprentissage, Connexionisme et Vie artificielle ; *Homme/Machine* avec renvoi à Communication, Explication et Robotique, etc.). Il s'agit de : Agnosie, Amnésie, Anosognosie, Aphasie, Apraxie, Béhaviorisme, Calcul, Cerveau, Conditionnement, Connaissances déclaratives/procédurales, Corps, Culture, Cybernétique, Échecs (jeu d'), Enaction, Enfant, Éthologie cognitive, Évolution, Gestalt, Hallucination, Heuristique, Homme/Machine, Inconscient, Inférence, Inné/Acquis, Neurone, Phrénologie, Planification, Psychanalyse, Psychométrie cognitive, Quotient intellectuel (Test de –), Script (Schéma), Spécialisation hémisphérique et Système expert[2]. Autant d'entrées ajoutées – entre Abduction et Volonté – aux plus de cent vingt entrées de l'édition de 1998, ce qui devrait compléter le jeu des renvois croisés entre notions et, nous l'espérons, mieux orienter le lecteur.

Concernant les rubriques bibliographiques « Pour en savoir plus » de la première édition, *a priori* fort utiles, nous avons décidé de les supprimer, d'une part parce qu'elles « vieillissent » trop vite, d'autre part parce qu'il est aujourd'hui beaucoup plus efficace d'utiliser les moteurs de recherche existant sur l'*Internet* pour trouver, à partir d'une notion et/ou d'un auteur, des compléments d'information exhaustifs et actualisés. Le lecteur néanmoins désireux de consulter les rubriques « Pour en savoir plus » peut toujours utiliser l'édition de 1998.

Mentionnons enfin que cette nouvelle édition a été enrichie d'une préface de Stephen Kosslyn, « Trouvez votre chemin à tra-

1. Le directeur de l'ouvrage remercie aussi Marguerite Fabre et Nancy Frosio pour leur relecture très attentive du manuscrit de cette nouvelle édition.

2. La sélection de ces entrées supplémentaires a été réalisée à partir de l'index thématique de l'ouvrage publié par Jean-François Dortier en 2003, *Le cerveau et la pensée : la révolution des sciences cognitives* (2e édition actualisée et augmentée), où sont bien ciblées les attentes des lecteurs à l'égard des sciences cognitives.

vers la forêt », préface traduite de l'édition américaine (Kosslyn, 2003). Ce texte, rédigé par l'un des acteurs les plus importants des sciences cognitives contemporaines, invite à plus d'humilité et de réflexion face aux découvertes dans ce domaine, notamment en neuroscience cognitive. Nous espérons que le matériel réédité ici pourra en partie y contribuer.

Olivier Houdé,
Paris, mai 2003.

RÉFÉRENCES

Andler D. (éd.) (1992), *Introduction aux sciences cognitives,* Paris, Gallimard.

Berthoz A. (éd.) (1999), *Leçons sur le corps, le cerveau et l'esprit : les racines des sciences de la cognition au Collège de France,* Paris, Odile Jacob.

Berthoz A. (2003), *La décision,* Paris, Odile Jacob.

Boyer P. (2003), Religious thought and behaviour as by-products of brain function, *Trends in Cognitive Sciences, 7.*

Changeux J.-P. (2002), *L'Homme de vérité,* Paris, Odile Jacob.

Changeux J.-P. et Connes A. (1989), *Matière à pensée,* Paris, Odile Jacob.

Dehaene S. (1997 *a*), *La bosse des maths,* Paris, Odile Jacob.

Dehaene S. (1997 *b*), *Le cerveau en action,* Paris, PUF.

Descola P. (2001), La nature : vues d'ailleurs, *Sciences humaines, 121.*

Dortier J.-F. (2003 *a*), Histoire des sciences cognitives, *in* J.-F. Dortier (éd.), *Le cerveau et la pensée* (2e édition actualisée et augmentée), Auxerre, Sciences humaines Éditions.

Dortier J.-F. (éd.) (2003 *b*), *Le cerveau et la pensée : la révolution des sciences cognitives* (2e édition actualisée et augmentée), Auxerre, Sciences humaines Éditions.

Fodor J. (1986), *La modularité de l'esprit,* Paris, Éditions de Minuit (éd. orig., The MIT Press, 1983).

Fodor J. (2003), *L'esprit ça ne marche pas comme ça,* Paris, Odile Jacob (éd. orig., The MIT Press, 2000).

Hauser M. D., Chomsky N. et Fitch W. T. (2002), The faculty of language : What is it, who has it, and how did it evolve ?, *Science, 298.*

Houdé O. et Mazoyer B. (2003). The cognitive revolution : American, yes, but European too, *Trends in Cognitive Sciences, 7.*

Houdé O., Mazoyer B. et Tzourio-Mazoyer N. (éd.) (2002), *Cerveau et psychologie : introduction à l'imagerie cérébrale anatomique et fonctionnelle,* Paris, PUF.

Houdé O. et Tzourio-Mazoyer N. (2003), Neural foundations of logical and mathematical cognition, *Nature Reviews / Neuroscience, 4.*

Jeannerod M. (2002), *Le cerveau intime,* Paris, Odile Jacob.

Kosslyn S. M. (1994), *Image and Brain,* Cambridge, The MIT Press.

Kosslyn S. M. (2003), Preface : Finding your way through the forest, *in* O. Houdé (éd.), *Dictionary of Cognitive Science,* New York, Routledge.

Miller G. A. (2003), The cognitive revolution : A historical perspective, *Trends in Cognitive Sciences, 7.*

Nadel L. (éd.) (2003), *The Encyclopedia of Cognitive Science,* London, Nature Publishing Group, Macmillan.

Piaget J. et Inhelder B. (1966), *La psychologie de l'enfant,* Paris, PUF.

Posner M. L. (1993), Seeing the mind, *Science, 262.*

Posner M. L. et Raichle M. E. (1998), *L'esprit en images,* Bruxelles, De Boeck (éd. orig., Freeman, 1994-1997).

Rastier F. et Bouquet S. (éd.) (2002), *Une introduction aux sciences de la culture,* Paris, PUF.

Tiberghien G. (éd.) (2002), *Dictionnaire des sciences cognitives,* Paris, Armand Colin.

Varela F. (1989), *Invitation aux sciences cognitives,* Paris, Le Seuil.

Vignaux G. (1992), *Les sciences cognitives, une introduction,* Paris, La Découverte.

# PRÉFACE
# TROUVEZ VOTRE CHEMIN À TRAVERS LA FORÊT

Stephen M. Kosslyn
*Harvard University*

L'apparition de l'imagerie cérébrale fonctionnelle a marqué un tournant radical dans l'étude de l'esprit. Pour la première fois, on peut obtenir des images de la façon dont le cerveau est activé lorsque des individus réalisent des tâches spécifiques. C'est un événement décisif. La relation entre l'esprit et le cerveau n'est plus mystérieuse et éthérée, mais observable et « palpable » concrètement. Beaucoup de chercheurs semblent croire qu'il reste juste, dès lors, à régler quelques questions de détail ; un peu plus d'études d'imagerie cérébrale à réaliser et, lorsque nous aurons les résultats, nous comprendrons non seulement comment l'esprit fonctionne, mais aussi comment il émerge du cerveau.

J'aimerais pouvoir être aussi confiant. Je crains toutefois que beaucoup de progrès importants des sciences cognitives – des avancées théoriques, des distinctions conceptuelles – ne soient pas pris en compte en neuroscience cognitive, mais je me réconforte à l'idée que ce *Vocabulaire de sciences cognitives* permettra de corriger la situation.

Qu'est-ce qui me dérange ? Considérons une étude typique d'imagerie cérébrale aujourd'hui. Je ne souhaite viser personne en particulier et ce n'est d'ailleurs pas nécessaire ; la tendance que je dénonce est très répandue. Voici un exemple : on montre à des individus des images de visages et d'autres stimuli en enregistrant l'activité de leur cerveau et on trouve une aire cérébrale qui « s'allume » seulement (ou plus fortement) pour les visages. Ah, vous avez découvert l'« aire des visages » ! Ou l'on demande à des individus d'observer une autre personne réaliser une action et, après, on leur demande de réaliser l'action eux-mêmes. Les aires activées de façon similaire quand on observe seulement une action et quand on la réalise sont les « centres de l'imitation ». Ou encore on demande à des individus de lire des mots qui ont une valeur négative et des mots neutres. Les aires qui sont plus activées par les mots négatifs sont impliquées dans les « émotions négatives ». En quoi toutes ces études se ressemblent-elles ? Les activations cérébrales sont interprétées en utilisant le sens commun et des intuitions à propos des effets des stimuli sur le cerveau. Si des visages activent une aire du cerveau plus que ne le font d'autres stimuli, alors cette aire doit être impliquée dans la représentation des visages ; s'il y a une correspondance entre observer et réaliser dans certaines aires cérébrales, alors ces aires doivent être connectées aux deux types d'activités ; si des mots qui désignent des émotions négatives activent plus certaines aires que d'autres mots, alors ces aires sont impliquées dans l'émotion.

En neuroscience cognitive, les théories ont ainsi, pour beaucoup, évolué rapidement vers ce qui est considéré comme l'« anatomie fonctionnelle ». Dans ce cadre, les théories attribuent certaines fonctions à des aires du cerveau à partir de l'observation de ce qui les active. C'est en fait une forme de néo-phrénologie ; le but est de caractériser les parties du cerveau en établissant des connexions directes entre des aires cérébrales et les propriétés manifestes des stimuli et des réponses qui sont associés à leur activation.

De mon point de vue c'est une régression, pour deux raisons. Premièrement, la seule façon de comprendre une représentation ou un processus est de la (le) considérer dans le contexte d'un *système de traitement de l'information* (Fodor, 1975). Donc, au lieu de regarder simplement les corrélations entre les propriétés des stimuli, des réponses et des activations cérébrales, on doit penser le cerveau comme un *système* en se demandant ce que ce système est en train de faire pour réaliser des tâches spécifiques. Les représentations sont des dépositaires d'informations, mais elles ne véhiculent ces informations que parce que les processus appropriés sont disponibles. Par analogie, pour un aveugle, des traces de craie sur un tableau noir sont sans signification (en fait, elles pourraient aussi bien ne pas exister) ; ces traces ne véhiculent de l'information que dans la mesure où elles peuvent être interprétées. En second lieu, dès l'instant où l'on réfléchit en termes de systèmes de traitement de l'information, on réalise que le sens commun ne peut permettre de caractériser ni la nature des représentations internes, ni la façon dont elles sont traitées. Par définition, les systèmes de traitement de l'information partent d'un *input* (entrée) pour produire un *output* (sortie). Selon les problèmes à résoudre par le système, différents aspects de l'input peuvent être utilisés et il n'y a aucune raison pour que les aspects de l'input qui sont utiles au système dans une circonstance particulière soient intuitivement évidents. Il n'est pas même évident pour nous que la Force = la Masse × l'Accélération, phénomène physique pourtant expérimenté très souvent chaque jour ; alors, pourquoi la façon dont certains événements cérébraux effectuent des tâches spécifiques devrait-elle être évidente ?

Comment peut-on décrire les systèmes de traitement de l'information ? Le cœur des sciences cognitives réside précisément dans cette question. Ces sciences ont, en effet, développé un langage pour décrire le traitement de l'information. Ce langage repose sur la notion de *computation.* Selon cette idée, les systèmes de traitement sont typiquement composés d'ensembles de sous-systèmes qui travaillent de concert pour réaliser une tâche (Kosslyn et Koenig, 1992-1995 ; Simon, 1981). Chaque sous-système est défini par l'input qu'il reçoit, par l'output qu'il produit et par l'opération qui transforme l'input en output.

En outre, chaque sous-système peut être décrit à plusieurs niveaux. Dans une analyse devenue célèbre, Marr (1982) a proposé de distinguer entre *ce* qu'un système fait et *comment* il accomplit ce processus. Le théoricien analyse d'abord un problème, traité par un système, comme un tout en termes d'input disponible et d'output à produire. L'analyse repose ensuite sur le concept de division du travail, le but étant de spécifier un ensemble de computations qui divisent un large problème. Par exemple, le problème peut être de reconnaître un objet que l'on voit, et les computations plus élémentaires sont, dans ce cas, de détecter les bords de l'objet et d'organiser l'input en formes susceptibles de correspondre à un objet ou à ses parties, de comparer ces formes organisées à des formes antérieurement stockées en mémoire, etc. Chacune de ces computations est spécifiée par ce qu'elle accomplit. L'analyse devient plus concrète lorsque le théoricien considère *comment* chaque computation est effectivement réalisée. Pour chacune d'elles, on peut caractériser un algorithme, une procédure pas à pas qui effectue l'opération de transformation de l'input en output. En fait, c'est en général assez facile de proposer plusieurs algorithmes possibles ; faire le tri entre eux est l'enjeu essentiel des recherches suivantes. En outre, les algorithmes peuvent être mis en relation avec le cerveau, en identifiant le tissu neural spécifique et les opérations qui effectuent chaque pas du processus. À nouveau, il y a plus d'une façon, en principe, par lesquelles le cerveau peut réaliser un algorithme ; dans une démarche non phrénologique, la recherche sur le cerveau doit alors consister à faire le tri entre elles.

Les sciences cognitives sont, par essence, une entreprise interdisciplinaire. Différentes disciplines conduisent à différents *insights* dans la façon de caractériser les problèmes à résoudre, de décomposer le traitement de l'information en un ensemble de sous-systèmes et, enfin, de caractériser les algorithmes et leur implémentation dans le cerveau. La linguistique, par exemple, joue un rôle crucial dans l'analyse des problèmes à résoudre lors des activités de langage, pour caractériser les représentations et processus qui y sont associés ; l'anthropologie peut aider à caractériser les problèmes (comme ceux impliqués dans la sélection d'un partenaire sexuel) qui sont posés par les impératifs évolutionnistes ; la science de l'ordinateur peut caractériser des types d'algorithmes qui devraient, en principe, produire des outputs spécifiques à partir d'inputs spécifiques, etc.

Dans cette perspective, plutôt que de conclure que l'on a découvert l'« aire des visages » lorsque des visages sont les stimuli, on devrait s'interroger sur les stimuli biologiquement importants qu'enregistre cette aire. Et, en fait, Ganis *et al.* (données non publiées) ont trouvé que des images de parties génitales masculines activent l'« aire des visages » aussi fortement que des visages ! Ou, plutôt que de penser les choses en termes d'« imitation » comme un processus de base, on devrait essayer de les penser à travers la façon dont des inputs en images sont convertis pas à pas en instructions d'output. Ou encore, plutôt que d'affirmer que certains mots activent des « émotions négatives », on devrait se demander si de tels mots disposent le cerveau à exécuter certains types spécifiques d'actions (comme l'approche ou l'évitement ; Davidson, 2002). L'analyse computationnelle nous conduit à regarder au-dessous de la surface, à penser à ce que nous devrions faire dans le détail si nous avions effectivement à *construire* un système qui réalise la tâche requise. Et c'est dans ce cadre que l'on doit interpréter les résultats des études expérimentales sur la cognition.

Tout cela est décourageant ! Au premier coup d'œil, il pourrait sembler que bien faire des sciences cognitives exige de connaître beaucoup trop de choses. On doit connaître les systèmes computationnels et une variété d'autres domaines spécialisés. Et le problème est encore pire si l'on veut utiliser les approches des sciences cognitives pour comprendre ce que fait le cerveau. C'est ici que ce livre arrive à point. Je me rappelle une parabole (dont on m'a dit qu'elle était d'origine indienne). Laissez-moi me risquer à la raconter, en espérant qu'elle sera éclairante. Une bande d'animaux de la forêt étaient soucieux car leurs enfants ne faisaient rien qui vaille ; ils se prélassaient dans les clairières et erraient sans but dans les chemins. Les animaux adultes se réunirent un soir pour discuter de cette situation inquiétante et convergèrent très rapidement vers une vieille et bonne solution : l'école. Mettre les enfants dans des classes, les retirer de la rue (des chemins) ! Se posa alors la question du programme scolaire. Les écureuils dirent : « Grimper aux arbres ; nous avons à inclure grimper aux arbres. » Et les ours dirent : « Creuser ; c'est critique de savoir bien creuser ». Et les oiseaux dirent : « N'oubliez pas voler ! » Ainsi, ils rassemblèrent tous les jeunes animaux et les mirent à l'école. Et, rapidement, savez-vous ce qui est arrivé ? Des bébés oiseaux avec des bouts d'ailes cassés pour avoir essayé de creuser, des oursons avec le dos cassé pour avoir essayé de voler, etc. Vous pourriez penser que la morale de l'histoire est que nous devrions identifier qui est un oiseau et qui est un ours ; si vous êtes un ours vous creusez, si vous êtes un oiseau vous volez. Je ne crois pas que ce soit cela. De mon point de vue, nous devons identifier qui est un oiseau et qui est un ours, et si vous êtes un oiseau vous devez savoir que vous êtes bon pour voler mais que vous devriez plutôt creuser dans une fouille archéologique où vous pouvez utiliser vos ailes pour réaliser des excavations précises et délicates. Si vous êtes un ours, vous devriez savoir que vous êtes bon pour creuser des trous profonds et que, pour voler, vous prenez l'avion !

Ainsi, pour bien faire des sciences cognitives, nous devons chacun être spécialisé dans l'une des disciplines parentes, mais aussi en savoir assez pour collaborer avec les spécialistes des autres disciplines. Ce *Vocabulaire de sciences cognitives* est précisément ce que le docteur prescrit dans ce but. Les concepts clés de toutes les sciences cognitives y sont décrits avec clarté et concision, donnant suffisamment de détails au lecteur pour qu'il sache où commencer à collaborer avec les collègues des autres disciplines. À ce titre, ce livre peut jouer un rôle majeur en introduisant les nouvelles générations aux sophistications conceptuelles développées depuis plusieurs décennies en sciences cognitives, leur permettant ainsi de construire du neuf en partant de ce qui a été mis en place avant, plutôt que d'essayer de partir de zéro. Une telle accumulation des connaissances est, comme on le sait, le cœur du progrès en science.

Olivier Houdé, les directeurs de secteurs et les auteurs nous ont rendu un service majeur en rassemblant ici ce matériel inédit – disponible également en anglais (Houdé *et al.*, 2003). Nous tous, oiseaux et ours, devons leur en être très reconnaissants.

RÉFÉRENCES

Davidson R. J. (2002), Anxiety and affective style : Role of prefrontal cortex and amygdala, *Biological Psychiatry, 51.*

Fodor J. A. (1975), *The Language of Thought,* New York, Crowell.

Houdé O. (éd.) (2003), *Dictionary of Cognitive Science,* New York, Routledge.

Kosslyn S. M. et Koenig O. (1992-1995), *Wet Mind : The New Cognitive Neuroscience,* New York, The Free Press.

Marr D. (1982), *Vision. A Computational Investigation into the Human Representation and Processing of Visual Information,* San Francisco, Freeman.

Simon H. A. (1981), *Sciences of the Artificial,* Cambridge, MA, The MIT Press.

# INTRODUCTION

Abduction, action, analyse computationnelle, apprentissage, attention, attitude propositionnelle, autisme, base de connaissances, catégorisation, cognition animale, cognition du bébé, cognitivisme, communication, connexionnisme, conscience, constructivisme, contexte, contrôle, créativité, croyance, darwinisme neural-mental, désir, développement cognitif, différenciation, discours, écriture, émergence, émotion, épistémique, espace, esprit, fonctionnalisme, imagerie cérébrale fonctionnelle, imagerie mentale, information, intentionnalité, langage, langage de la pensée, lecture, localisation cérébrale, logique, mémoire, métacognition, modularité, naturalisation, neuropsychologie, nombre, objet, perception, pragmatique, psychiatrie cognitive, psychophysique, raisonnement, rationalité, représentation, robotique, schizophrénie, sémantique, sémiotique, symbole, syntaxe, système dynamique, temps, théorie de l'esprit, vie artificielle, vieillissement, volonté, etc.

Autant d'entrées qui figurent dans ce premier *Vocabulaire de sciences cognitives*, où sont conjugués les apports essentiels de la neuroscience cognitive, de la psychologie cognitive, de l'Intelligence Artificielle (IA), de la linguistique cognitive et de la philosophie de l'esprit. Les sciences cognitives s'imposent aujourd'hui comme un nouveau champ du savoir qui tente d'élucider par l'expérimentation, la modélisation et l'usage de technologies de pointe, le « Mystère de l'Esprit » et de son inscription dans la Matière : le cerveau, le corps et l'ordinateur.

Comme les dictionnaires du XVIIIe siècle (et tous ceux qui ont suivi), ce vocabulaire porte en lui le paradoxe de défendre les droits de la Raison (ici les Sciences cognitives) en utilisant, d'Abduction à Volonté, un ordre qui n'a rien de rationnel : l'alphabet[1]. On peut toutefois espérer que l'écriture fragmentaire, par la combinatoire de

1. Voir B. Didier, *Alphabet et raison. Le paradoxe des dictionnaires au XVIIIe siècle*, Paris, PUF, 1996.

textes hétérogènes qu'elle suscite, permettra à chaque lecteur de dégager un sens aux sciences cognitives, une esquisse de leur architecture, par-delà le non-sens de l'ordre alphabétique.

La méthode de travail retenue a été de constituer une équipe de codirecteurs, composée d'un spécialiste de chacune des disciplines centrales des sciences cognitives (neuroscience cognitive, psychologie cognitive, IA, linguistique cognitive et philosophie de l'esprit). Après avoir établi une liste d'entrées clés (d'Abduction à Volonté), les codirecteurs ont sollicité divers auteurs pour présenter chacun la contribution spécifique de sa discipline à une (ou plusieurs) entrée(s) donnée(s) : par exemple, pour l'entrée « Action », on trouvera une définition de neuroscience cognitive, de psychologie cognitive, d'IA et de philosophie de l'esprit. D'autres entrées n'impliquent qu'une discipline, comme, par exemple, la neuroscience cognitive pour « Localisation cérébrale », la psychologie cognitive pour « Psychophysique », l'IA pour « Robotique », la linguistique cognitive pour « Signe », etc.[1]. Le tout donne ainsi un vocabulaire d'entrées choisies (avec de multiples renvois des unes aux autres) dont les contributions disciplinaires sont à géométrie variable.

Avant de préciser davantage les conditions d'usage de ce vocabulaire, il importe, pour chaque discipline, d'en connaître l'esprit scientifique général. Chaque directeur de secteur présente ci-dessous sa discipline, de la neuroscience cognitive à la philosophie de l'esprit, dans le cadre fédérateur actuel des sciences cognitives.

## La neuroscience cognitive

Les années 1990 ont été celles du cerveau. Elles nous ont permis de mieux comprendre comment notre cerveau fonctionne et comment notre pensée est susceptible d'en émerger. Dans ce domaine, la collaboration est étroite entre les psychologues (issus de la psychologie cognitive), les spécialistes d'Intelligence Artificielle et les « neuroscientifiques ». C'est de ce rapprochement disciplinaire qu'est née la neuroscience cognitive.

1. Ajoutons également que certaines entrées communes à plusieurs disciplines, mais utilisées dans la même acception, ont été définies par une seule d'entre elles afin d'éviter la redondance : par exemple, LOGIQUE par l'IA.

L'objectif est de comprendre la nature et la structure de nos opérations mentales. L'approche utilisée est de type computationnel, dans le sens où les activités mentales sont décrites en termes des sous-systèmes de traitement nécessaires à la réalisation de chacune des étapes élémentaires devant être réalisées afin d'accomplir une activité mentale particulière, telle que lire un mot ou une phrase, identifier un objet perçu visuellement, résoudre un problème arithmétique, etc. L'identification de ces sous-systèmes de traitement repose sur des faits liés au fonctionnement ou à l'anatomie du cerveau et les modèles du traitement cognitif postulés sont testés dans des expériences de simulation sur ordinateur. En bref, un modèle du fonctionnement mental en neuroscience cognitive doit être à la fois plausible sur le plan neuronal et compatible avec les résultats d'expériences de simulation.

Il ne s'agit toutefois pas de confondre analyse computationnelle et modèle de simulation informatique. Une analyse computationnelle consiste en une réflexion logique dont le but est de déterminer les qualités nécessaires à un système donné pour réaliser un certain comportement. Elle permet généralement de postuler quels sont les sous-systèmes de traitement dont un système doit être constitué afin de produire un comportement spécifique en réponse à un signal d'entrée particulier. Les modèles de simulation informatique sont, quant à eux, des programmes d'ordinateur simulant les opérations d'un (ou de plusieurs) sous-système(s) dont l'existence a été inférée au cours de l'analyse computationnelle. Cette dernière est donc utile pour construire un modèle de simulation particulier et ce modèle peut être utilisé pour tester sa validité.

Les sous-systèmes de traitement sont considérés comme des réseaux de neurones individuels ou des ensembles de réseaux fonctionnant en interaction. Ces réseaux peuvent être décrits à différents niveaux de détail, en tant que sous-systèmes plus ou moins grossiers, ou au contraire décomposés en des ensembles plus petits permettant ainsi une description plus précise de nos activités mentales. Un sous-système est caractérisé en termes d'information d'entrée, d'opération effectuée sur cette information et d'information de sortie.

Les chercheurs en psychologie cognitive poursuivent le même but que les chercheurs en neuroscience cognitive : comprendre le fonctionnement du système cognitif. Mais les psychologues ont classiquement étudié les événements mentaux indépendamment du cerveau, tout comme les opérations de traitement de l'information d'un ordinateur peuvent être étudiées sans prise en compte des caractéristiques physiques de la machine. L'approche de la neuroscience cognitive est sur ce point différente. Elle repose sur l'idée que les activités cognitives sont ce que fait le cerveau. Par conséquent, des données sur le cerveau sont nécessaires pour caractériser les activités mentales. Il ne s'agit toutefois pas de remplacer une description des activités cognitives par une description d'activités cérébrales, mais il est postulé que la pensée ne jaillit pas de n'importe quel substrat et que ce substrat, le cerveau, conditionne les formes possibles que peut prendre la pensée.

Les chercheurs en IA ont, pour leur part, développé des modèles informatiques du traitement de l'information. De la même manière que l'on peut tester le comportement d'une formule 1 en en construisant un modèle et en observant son comportement dans un tunnel aérodynamique, on peut tester une théorie du traitement de l'information en programmant un ordinateur pour simuler un processus cognitif. Mais l'objectif de la modélisation informatique en neuroscience cognitive ne consiste pas à élaborer n'importe quel modèle possible permettant de produire un comportement. Il s'agit plutôt de déterminer comment un modèle possédant la structure et les propriétés du cerveau peut générer ce comportement. La modélisation doit donc être réalisée en tenant compte de nos connaissances sur le cerveau.

Enfin, une quantité impressionnante de travaux en psychophysiologie et en psychobiologie a révélé que les études des relations cerveau/comportement peuvent aboutir à d'importantes découvertes sans prise en compte d'hypothèses sur le traitement de l'information. L'approche de la neuroscience cognitive tend à montrer que des progrès plus significatifs encore peuvent être obtenus en prenant également en compte des données sur le traitement de l'information et, notamment, en suivant une approche de type computationnel.

La neuroscience cognitive est née dans les années 1980. Ces années ont été marquées, par exemple, par la première école d'été de neuroscience cognitive à l'Université de Harvard et par la création du *Journal of Cognitive Neuroscience* chez MIT Press. L'ouvrage *Wet Mind. The New Cognitive Neuroscience* de Stephen Kosslyn et Olivier Koenig, publié au début des années 1990, marque l'affirmation de cette approche. Il en est de même de l'important volume collectif publié sous la direction de Michael Gazzaniga : *The New Cognitive Neurosciences*[1].

Le développement fulgurant de cette nouvelle discipline a deux origines distinctes. La première tient aux progrès de l'informatique, rendant possible l'utilisation de machines toujours plus performantes à des prix toujours plus attrayants. Ce premier point a eu de nombreuses conséquences : tout d'abord, il a permis à un grand nombre de chercheurs de disposer d'ordinateurs suffisamment perfectionnés pour la réalisation de simulations d'activités cognitives dans des réseaux de neurones artificiels (la modélisation connexionniste). Ensuite, c'est aussi la disponibilité d'ordinateurs performants qui a permis le développement d'outils d'imagerie cérébrale fonctionnelle extrêmement puissants, tels que la tomographie par émission de positons (TEP), l'imagerie par résonance magnétique fonctionnelle (IRMf) et la magnéto-encéphalographie (MEG). Ces techniques permettent d'observer l'activité du cerveau intact, chez l'Homme ou l'Animal, et de déterminer quelles régions sont impliquées dans telle ou telle activité cognitive. Dans ce cadre, les ordinateurs sont indispensables, autant pour le pilotage des imageurs que pour l'enregistrement des données produites et pour les analyses effectuées sur ces données. C'est donc ici, indirectement, le développement de l'informatique qui a permis à la neuroscience cognitive d'opérer un pas de géant en rendant possibles des techniques qui ont significativement contribué au développement de nos connaissances sur les mécanismes cérébraux.

La possibilité d'observer de façon « directe » le fonctionnement d'un cerveau intact dans différentes tâches cognitives a véritablement révolutionné le domaine des sciences cognitives tout entier[2]. Les indices du fonctionnement cérébral recueillis dans des tâches cognitives soigneusement sélectionnées ont pu être mis en parallèle avec les résultats d'observations comportementales de patients avec lésion cérébrale, ou avec ceux d'expériences de psychologie cognitive utilisant la chronométrie mentale. Chaque approche ayant ses limites et ses sources d'erreurs propres, c'est dans la mise en correspondance des observations recueillies à partir de ces différentes

1. S. Kosslyn et O. Koenig, *Wet Mind. The New Cognitive Neuroscience,* New York, Free Press, 1992 (nouvelle édition complétée en 1995) ; M. Gazzaniga (éd.), *The New Cognitive Neurosciences,* Cambridge, MA, The MIT Press, 2000.

2. O. Houdé, B. Mazoyer et N. Tzourio-Mazoyer, *Cerveau et psychologie. Introduction à l'imagerie cérébrale anatomique et fonctionnelle,* Paris, PUF, 2002.

techniques et dans les progrès qui en ont résulté quant à notre compréhension des mécanismes mentaux qu'il faut rechercher la seconde origine du succès de la neuroscience cognitive. C'est ainsi le constat de succès de la discipline qui a entraîné l'explosion phénoménale de son développement.

Par son aspect interdisciplinaire, la neuroscience cognitive présente des intersections avec, notamment, la psychologie cognitive et l'IA. Nous avons toutefois choisi, dans ce vocabulaire, de centrer le secteur « neuroscience cognitive » sur le versant « sciences du cerveau », afin de mieux marquer les frontières, bien qu'artificielles, entre les disciplines impliquées. *Olivier KOENIG.*

## La psychologie cognitive

Si la neuroscience cognitive, telle qu'elle vient d'être présentée, est d'origine récente, la psychologie scientifique a quant à elle un siècle d'histoire. A l'exception de la période béhavioriste du début du XXe siècle, où certains psychologues ont, par rigueur, capitulé devant l'inobservable (ce qui se passe entre le stimulus et la réponse), les questions actuelles des sciences cognitives ont toujours été celles de la psychologie : comprendre les opérations de l'esprit, leur développement et leurs dysfonctionnements. En outre, dès l'origine, les relations ont été étroites avec, d'une part, la philosophie dont était issue la psychologie et, d'autre part, la biologie. Ainsi que l'a écrit Marc Jeannerod dans son ouvrage *De la physiologie mentale. Histoire des relations entre biologie et psychologie*, à propos de la naissance de la psychologie au XIXe siècle : « Deux fées, la biologie et la philosophie, se penchaient sur son berceau. L'une et l'autre cherchaient à se concilier les grâces de la nouvelle venue : "elle me ressemble", disait la biologie ; "c'est mon portrait", répondait la philosophie. Le nouveau-né se montra vite rétif et ingrat, prompt à renier ses aînées. »[1] La psychologie s'est alors imposée comme une discipline autonome, étudiant les opérations de l'esprit (pour certains uniquement le comportement) par la méthode expérimentale, en relation avec la psychophysique. Elle s'est progressi-

1. M. Jeannerod, *De la physiologie mentale. Histoire des relations entre la psychologie et la biologie*, Paris, Odile Jacob, 1996, p. 9.

vement institutionnalisée au cours du XXe siècle, sous l'impulsion de quelques grands noms : notamment, en France, Henri Piéron et Paul Fraisse[1].

Au regard de ses liens congénitaux avec la philosophie et la biologie, il n'est pas étonnant qu'aujourd'hui la psychologie soit souvent considérée comme la discipline centrale et fédératrice des sciences cognitives. Le nouveau-né, devenu adulte et bien portant, n'est désormais plus rétif, ni ingrat, à l'égard des ses aînées, qui (sous des intitulés nouveaux), s'intéressent toujours à lui : la neuroscience cognitive (ancrée dans la biologie) et la philosophie de l'esprit. Entre-temps, avec l'apparition de l'ordinateur, une sœur cadette est née : l'Intelligence Artificielle, pour laquelle la psychologie s'est à son tour exclamée « elle me ressemble ». Enfin, les cousines, la linguistique, la logique, etc., n'ont pas manqué le nouveau rendez-vous.

Dans le cadre de la « révolution cognitive » qui a marqué ces dernières décennies, selon l'expression d'Howard Gardner[2], la psychologie dite « cognitive » s'est d'abord confondue avec le cognitivisme. De ce point de vue, la psychologie, en tant que science de la vie mentale, est une « science spéciale » : celle du « langage de la pensée » selon Jerry Fodor (un langage formel interne constitué de représentations symboliques). En référence à la métaphore matériel/logiciel (*hardware/software* en anglais) de « l'esprit-ordinateur », les cognitivistes les plus radicaux, comme Philip Johnson-Laird dans son ouvrage *L'ordinateur et l'esprit*, ont alors soutenu que la nature physique du cerveau ne pose aucune contrainte sur la structure de la pensée[3]. Au tournant des années 1990, « les années du cerveau » (voir, ci-dessus, la neuroscience cognitive), ce cognitivisme radical a été dénoncé. Le connexionnisme, branche de l'IA qui met au point des réseaux de neurones artificiels pour simuler les fonctions cognitives, atteste de cette évolution. D'une façon plus marquée encore, les nouvelles techniques d'imagerie cérébrale fonctionnelle ont conduit à reconsidérer les relations étroites « esprit-cerveau », qu'il s'agisse de l'étude de la perception, de la motricité, du langage, de la mémoire, de l'attention ou du raisonnement. Michael Posner, l'un

1. Voir F. Parot et M. Richelle (éd.), *Psychologues de langue française. Autobiographies*, Paris, PUF, 1992.
2. H. Gardner, *Histoire de la révolution cognitive*, Paris, Payot, 1993.
3. P. Johnson-Laird, *L'ordinateur et l'esprit*, Paris, Odile Jacob, 1994.

des pionniers en la matière, écrivait dans la revue *Science* en 1993 : « Le microscope et le téléscope ouvrirent, en leur temps, de vastes domaines de découvertes scientifiques insoupçonnées. Maintenant que de nouvelles méthodes d'imagerie permettent de visualiser les systèmes cérébraux de la pensée normale et pathologique, la cognition humaine pourrait être à l'aube d'une période aussi riche. »[1]

Avant l'introduction de l'imagerie cérébrale fonctionnelle, les deux méthodes classiquement utilisées en psychologie et en neuropsychologie pour étudier le fonctionnement de l'esprit et ses rapports avec le cerveau étaient la chronométrie mentale et le paradigme lésionnel (également, mais moins systématiquement, l'électro-encéphalographie : étude des potentiels évoqués). La première méthode, la plus répandue en psychologie expérimentale, tente d'inférer les « algorithmes mentaux » des êtres humains en mesurant leurs temps de traitement et leurs erreurs. La seconde étudie les dysfonctionnements cognitifs de patients souffrant de lésions cérébrales afin d'en dégager les structures impliquées dans le fonctionnement normal. Ces méthodes ont permis des progrès considérables et sont toujours appliquées aujourd'hui. Elles présentent toutefois de sérieuses limitations, notamment des difficultés d'interprétation, liées à leur caractère indirect. Par rapport à ces méthodes classiques, l'imagerie cérébrale fonctionnelle offre la possibilité, pour la première fois dans l'histoire de la psychologie, de visualiser directement l'activité cérébrale chez l'Homme normal alors qu'il effectue une tâche cognitive telle que préparer un geste, lire un mot, imaginer une scène ou résoudre un problème (arithmétique, logique, etc.). Les psychologues doivent désormais maîtriser les grands principes de ces techniques (la tomographie par émission de positons, l'imagerie par résonance magnétique fonctionnelle et la magnéto-encéphalographie) afin de concevoir, dans le cadre de programmes interdisciplinaires (neuroscience cognitive et psychologie, voire IA et philosophie de l'esprit), des protocoles expérimentaux adaptés. L'ouvrage collectif *Cerveau et psychologie. Introduction à l'imagerie cérébrale anatomique et fonctionnelle*, publié sous la direction de Olivier Houdé, Bernard Mazoyer et Nathalie Tzourio-Mazoyer, pose les bases méthodologiques et théoriques de cette nouvelle approche[2].

1. M. Posner, Seeing the mind, *Science, 262*, 1993, 673-674.
2. Voir la note 2, p. 5.

Sans savoir si l'histoire des sciences consacrera l'imagerie cérébrale fonctionnelle comme le « microscope de la psychologie », il est raisonnable de penser que d'ici quelques années il ne sera plus possible à un grand laboratoire de pratiquer la psychologie cognitive sans avoir accès à ces méthodes. La question qui se pose dès lors est celle du test des modèles cognitifs, c'est-à-dire des nouveaux modes de validation introduits par l'imagerie neurofonctionnelle[1]. Pour les neuroscientifiques, les psychologues et les philosophes, cette question est historiquement liée à celle du dualisme établi par René Descartes entre le monde mental (les fonctions cognitives) et le monde physique (le cerveau et le corps). En effet, que reste-t-il (ou restera-t-il) du dualisme cartésien ? Les chercheurs matérialistes les plus radicaux répondraient : « rien ! ». Mais comme le dénonce très justement John Searle, les « Nouveaux Matérialistes » acceptent sans s'en apercevoir les catégories et le vocabulaire du dualisme. Ils sont en quelque sorte condamnés à reconnaître la dichotomie du physique et du mental dans la mesure même où ils soutiennent qu'un des termes de la dichotomie contient tout et que l'autre est vide. Paradoxalement, le cadre dans lequel Descartes a formulé le débat n'est, dans ce cas, pas contesté.

En fait, le point de vue qui ébranle réellement le cadre cartésien, et le découpage disciplinaire qui y correspond (neuroscience/psychologie), est celui qui consiste à penser que les méthodes d'imagerie neurofonctionnelle conduisent à cerner un objet scientifique radicalement nouveau qui échappe aux catégories du dualisme. Tout porte à croire, en effet, que les images du cerveau en fonctionnement, alors que le sujet exécute une tâche expérimentale qui implique une fonction cognitive spécifique, sont celles d'un objet qui n'est ni la matière « à part » (matérialisme), ni l'esprit « à part » (cognitivisme classique), ni leur union au sens cartésien d'une interaction mystérieuse entre deux composantes dont l'une peut se soumettre à l'analyse mécaniste et l'autre non. Mais de quel objet scientifique s'agit-il exactement ? Même si l'on en pressent aujourd'hui la réalité, sa définition précise reste le défi des années à venir : un défi ambitieux et passionnant. L'exemple des images cérébrales de Stephen Kosslyn montrant les interrelations entre la production d'images mentales (l'esprit) et des représentations topographiques impliquant le cortex visuel primaire (la matière) est à cet

1. L'analyse qui suit est reprise dans l'entrée « Modèle ».

égard convaincant. Il a même été montré que cette région du cerveau varie de façon topographique selon que les images mentales générées par le sujet correspondent à des objets petits, moyens ou grands.

L'entreprise n'en est toutefois qu'à ses débuts et de nombreux points sont encore obscurs. Ainsi que le soulignent les philosophes de l'esprit contemporains, l'unanimité antidualiste qui règne en sciences cognitives reflète davantage un accord sur le caractère épistémologiquement désespéré du dualisme cartésien qu'une conception partagée des voies qu'il conviendrait d'emprunter en vue de relier de manière intelligible et précise les fonctions psychologiques aux mécanismes physiques. En psychologie cognitive, comme ailleurs, un modèle se définit par une syntaxe et une sémantique. La syntaxe, inspirée des systèmes informatiques dans les années 1970 et 1980, est devenue, avec l'imagerie neurofonctionnelle, de nature cérébrale : physico-chimique et neuro-anatomique. Quant à la sémantique, elle correspond à la projection spatiale et temporelle de cette syntaxe dans une réalité psychologique « cognitivement signifiante » (avec les contraintes de résolution spécifiques aux techniques d'imagerie utilisées). Les nouveaux débats théoriques et méthodologiques portent (et porteront) sur les modalités de cette projection et sur leur pertinence. Soulignons toutefois que l'intérêt de la simulation informatique (symbolique ou connexionniste) des fonctions cognitives demeure, tout comme celui des paradigmes classiques de chronométrie mentale et d'étude des lésions cérébrales, mais en complément direct des techniques d'imagerie. Il s'agit d'articuler étroitement ces approches dans la conception des protocoles expérimentaux et dans la validation des modèles (notamment en référence à une analyse computationnelle de l'esprit).

Ces nouvelles cartes de la psychologie cognitive ont déjà des conséquences théoriques importantes dont voici deux exemples. Le premier est que les données récentes de l'imagerie cérébrale conduisent à réviser le découpage classique – et avant tout théorique – des grandes fonctions psychologiques, telles que la perception, l'attention, la mémoire, l'imagerie mentale, le langage, le contrôle exécutif, etc.[1], en mettant l'accent, pour une tâche donnée, sur l'impli-

1. Ce découpage est également sociologique : il existe des spécialistes (des équipes, des laboratoires) de la perception, d'autres de l'attention, d'autres encore de la mémoire, du langage, etc.

cation de réseaux cérébraux multiples et complexes (même si, pour l'essentiel, les données neuropsychologiques antérieures sur les localisations structures/fonctions sont confirmées). A cette occasion, des concepts clés comme ceux de « modularité de l'esprit », de « système exécutif central », etc., sont remis en question, discutés et, pour certains, redéfinis (respectivement avec les idées de « faible modularité » et de « synchronisation temporelle » d'ensembles neuronaux ou modules cognitifs). Le second exemple d'innovation théorique (voire paradigmatique) est celui de l'approche des maladies mentales dont l'étude relevait classiquement de la psychopathologie clinique (dite « non cognitive, non expérimentale ») et, notamment, de la psychanalyse. Ici aussi, une reformulation des problématiques est survenue, à propos de l'autisme, de la schizophrénie, etc., sous l'impulsion des relations établies entre la psychologie cognitive, les techniques d'imagerie cérébrale, les recherches génétiques et la psychopathologie clinique. L'entrée « Psychiatrie cognitive » de ce vocabulaire en témoigne, où Daniel Widlöcher rappelle que les premières recherches psychanalytiques de Sigmund Freud sont un modèle de psychopathologie neurocognitive. Pourquoi ne pas se remettre à rêver, dès lors, à une nouvelle unité de la psychologie ?

Mais la psychologie cognitive n'est-elle pas souvent dans l'erreur quand elle nous décrit un « esprit froid », c'est-à-dire rationnel, sans émotion, sans corps ? Cette critique vaut, à l'évidence, pour « l'esprit-ordinateur » du cognitivisme princeps. Aujourd'hui, en revanche, la (neuro)psychologie cognitive commence à ébaucher le portrait d'un « esprit-cerveau-corps » où les émotions jouent un rôle essentiel. En attestent, par exemple, les travaux d'Antonio Damasio et sa théorie des marqueurs somatiques, présentés dans les ouvrages *L'erreur de Descartes. La raison des émotions* et *Le sentiment même de soi. Corps, émotions, conscience*, où l'esprit et ses opérations les plus complexes sont décrits comme enracinés dans la chair, l'absence d'émotions corporelles empêchant d'être « vraiment rationnel »[1].

Enfin, pour conclure, il reste à souligner qu'à travers l'évolution récente de la psychologie cognitive, les psychologues n'ont en rien « perdu leur âme ». Bien au contraire ! Si l'on prend l'exemple de l'imagerie cérébrale fonctionnelle, où les spécialistes du cerveau

1. A. Damasio, *L'erreur de Descartes. La raison des émotions*, Paris, Odile Jacob, 1995, et *Le sentiment même de soi. Corps, émotions, conscience*, Paris, Odile Jacob, 1999. Voir aussi l'entrée « Émotion ».

jouent évidemment un rôle essentiel, cette imagerie n'a de « fonctionnel » que son articulation avec les protocoles expérimentaux (tâches cognitives, chronométrie mentale, etc.) et les concepts théoriques des psychologues. Les compétences de ces derniers sont donc, plus que jamais, requises. En sciences cognitives, la spécificité des psychologues reste d'être des inventeurs et des bricoleurs de procédures expérimentales, susceptibles d'utiliser aussi bien des techniques de pointe que des situations très simples (voir, par exemple, la simplicité et l'ingéniosité de certaines tâches mises au point en psychologie de l'enfant). Au-delà de la conception des procédures, leur spécificité est aussi l'expérimentation directe auprès des sujets humains, du bébé à l'adulte, ou des animaux.

La psychologie cognitive a donc de beaux jours devant elle et de nouveaux défis à relever en associant ses forces à celles de la neuroscience, de l'IA, de la linguistique et de la philosophie. En outre, elle doit continuer à jouer son rôle fédérateur. C'est dans cet esprit, conjuguant l'identité de la discipline et l'ouverture interdisciplinaire, qu'a été rédigé ce secteur du vocabulaire[1]. *Olivier HOUDÉ.*

## L'Intelligence Artificielle

L'Intelligence Artificielle est entrée dans l'histoire à partir des années 1950 avec l'apparition des premiers ordinateurs et le contexte de la cybernétique[2]. Un projet inédit et ambitieux a dès lors pris forme : utiliser les ordinateurs pour simuler des processus habituellement attribués à l'intelligence humaine. L'IA correspond toutefois à un mythe ancien qui depuis l'Antiquité n'a cessé de se transmettre et de se développer, notamment au siècle des Lumières avec l'essor des arts mécaniques (*L'homme machine* de La Mettrie, après les « animaux-machines » de Descartes). Ses premiers pas, dans la seconde moitié du XXe siècle, ont été réalisés à propos des jeux et de la démonstration de théorèmes. Dans ce contexte fondateur, c'est à Alan Turing que l'on doit d'avoir soutenu avec force l'idée d'une créature intelligente et non humaine. Très rapidement,

1. Pour les notions de psychologie, le lecteur pourra également consulter avec profit le *Dictionnaire de psychologie* (sous la direction de R. Doron et F. Parot) chez le même éditeur.
2. A. Pélissier et A. Tête (éd.), *Sciences cognitives. Textes fondateurs, 1943-1950,* Paris, PUF, 1995.

l'IA a fasciné les spécialistes d'autres disciplines, notamment les psychologues, les linguistes, les philosophes, etc. Le cognitivisme naissant s'est alors intéressé à l'ordinateur comme « manipulateur de symboles » (point commun entre la Machine et l'esprit humain). Mais cet intérêt soudain pour leur discipline a parfois conduit les chercheurs en IA à surévaluer leurs chances de succès sur des problèmes dont ils n'ont pas pu mesurer la difficulté. Leur imprudence, dans un domaine chargé d'enjeux idéologiques et épistémologiques, a coûté cher à la réputation de l'IA. C'est pourquoi son histoire a connu une alternance de périodes d'engouement (les « systèmes experts » vers 1980, puis, en relation avec la croissance de la neuroscience cognitive, le connexionnisme et la « vie artificielle » ) et de désaffection, alternance malgré laquelle un corps de doctrine consistant s'est peu à peu constitué.

La place de l'IA dans les sciences cognitives va, selon l'idée qu'on se fait de celles-ci et de celle-là, de la plus orgueilleuse à la plus humble. L'orgueil conduirait à proclamer, d'une part, que l'essor de l'IA est à l'origine du mouvement qui a, sinon créé, du moins fortement stimulé la focalisation de l'intérêt des disciplines voisines autour de la notion de cognition et, d'autre part, que les paradigmes introduits par l'IA ne laissent plus d'autre mission à la psychologie cognitive que d'observer comment l'intelligence humaine instancie ces paradigmes, à la neuroscience de montrer comment le substrat neuronal les incarne et à la philosophie d'accepter d'avoir été supplantée ! L'humilité consisterait à affirmer que l'IA doit se limiter à mettre sous la forme de programmes informatiques les modèles conçus en psychologie, en neuroscience, en linguistique, etc., et que cette réalisation permettra tout au plus de démontrer que le comportement simulé s'apparente bien, pour la partie jugée significative, au comportement observé. Dans ce cas, il reviendrait aux philosophes d'évaluer la signification épistémologique de cette validation partielle. La plupart des auteurs d'IA, et en particulier ceux qui ont contribué à ce vocabulaire, ont des vues qui se situent entre les deux extrêmes.

On peut faire l'hypothèse que l'intelligence est une qualité abstraite, dont les performances humaines sont seules, à ce jour, à pouvoir nous donner une idée. Le rôle de l'IA au sein des sciences cognitives est notamment d'essayer de différencier ce qui relève intrinsèquement de cette qualité, de ce qui dépend de sa réalisation biologique, et plus spécialement des particularités de l'espèce humaine.

L'esprit dans lequel a été rédigé le secteur IA de ce vocabulaire consiste à mettre l'accent sur trois aspects : certains résultats théoriques dont la portée épistémologique intéresse les sciences cognitives, quelques réalisations susceptibles de fournir des outils utilisables par les sciences cognitives et, enfin, des sujets traditionnellement développés par l'IA, afin de présenter l'état de l'art dans ces domaines.

Ce qui constitue la contribution épistémologique la plus importante de l'IA à la question de la cognition, c'est l'étude fine qu'elle a réalisée du nécessaire « compromis » entre, d'une part, la puissance expressive des modèles de la réalité construits par l'intelligence et sur lesquels elle s'exerce, et, d'autre part, la capacité à prendre des décisions en temps utile. Il est en effet impossible, sous certaines hypothèses, de concilier une représentation riche et un mécanisme décisionnel efficace, et ceci quel que soit le mode (biologique, informatique ou autre) par lequel on cherche à réaliser ce mécanisme. C'est pourquoi tout ce qui aide à comprendre cet apport spécifique de l'IA est ici essentiel : la complexité, le contrôle, l'expressivité, la logique, la métacognition, le raisonnement, la représentation et les réseaux sémantiques. Plusieurs sujets, comme la logique ou la complexité algorithmique ne sont en rien spécifiques à l'IA, mais ils contribuent à la place qu'occupe l'IA dans la problématique cognitive. L'idée de « compromis », évoquée ci-dessus, n'est d'importance majeure que si l'on accepte certaines hypothèses sur la prise de décision. Or la dernière décennie a apporté, ou plutôt fait revivre, des hypothèses très différentes sur cette question, d'où la place qu'occupe actuellement en IA le débat entre ces approches, centrées notamment sur les notions de symbole, de connexionnisme, de vie artificielle et d'apprentissage.

Indépendamment de l'orientation cognitive de ce vocabulaire, il faut aussi donner de l'IA une vision conforme à la place qu'elle occupe à l'intérieur de l'informatique, ce qui implique des notions de base comme celles de fonction, d'information et de langage, et surtout certaines notions informatiques qui se sont développées grâce à l'IA, telles celles d'héritage, de programmation par objets et d'IA distribuée, ou qui, s'étant développées en dehors d'elle, l'influencent actuellement : par exemple, la programmation par contraintes. Bien qu'il s'agisse d'outils élaborés généralement dans une optique résolument technique, leur impact sur les sciences cognitives peut s'avérer important.

Il y a, par ailleurs, les « chevaux de bataille » traditionnels de l'IA : la robotique, la reconnaissance de formes, la résolution de problèmes, la communication, la compréhension du langage, la représentation de l'incertain (le flou), etc. Les développements théoriques et pratiques de la robotique ont conduit depuis longtemps à dégager des problèmes d'intérêt philosophique, notamment la représentation de l'action (et sa conséquence : le problème dit « du cadre »).

L'IA a conquis la place qu'elle occupe dans les sciences cognitives en raison de nombreuses applications, intégrées aujourd'hui dans des logiciels. Les « systèmes experts » des années 1975-1985 ont fait place à la problématique des bases de connaissances, de l'acquisition de connaissances et de leur validation. S'y sont ajoutées des fonctionnalités nouvelles : l'explication, le diagnostic (où l'abduction joue un rôle important), en particulier le diagnostic de systèmes physiques, ce qui a conduit à développer d'intéressants modèles de physique qualitative.

Autant d'aspects de la discipline qui montrent comment l'idée d'une créature intelligente et non humaine a progressivement pris corps, à côté de (parfois en relation étroite avec) l'étude de l'intelligence humaine par les psychologues, définissant ainsi un secteur spécifique des sciences cognitives. *Daniel Kayser.*

## La linguistique cognitive

Dans la tradition philosophique occidentale, le langage a toujours été considéré comme un moyen de connaissance. La linguistique cognitive renoue avec cette tradition qui préexistait à la formation de la linguistique comme discipline académique et scientifique au début du XIX^e^ siècle. Mais elle le fait évidemment dans des conditions nouvelles.

L'histoire de la linguistique cognitive s'étend sur la seconde moitié du XX^e^ siècle. Cette approche a été initialement préparée par la cybernétique. Au début des années 1950, la théorie de l'information commence à influencer des théories linguistiques et, par ailleurs, les premiers traitements automatiques du langage se développent (traduction, analyse et synthèse de la parole). Dès 1955, Noam Chomsky utilise la théorie des langages formels pour construire sa grammaire générative. Or, la théorie des langages formels établit une stricte parenté entre la théorie des grammaires et la théorie des automates. A la constitution théorique de la linguistique par la théorie des langages formels pouvait ainsi s'ajouter une validation expérimentale : par sa réalisation informatique, une grammaire doit pouvoir engendrer automatiquement toutes les phrases correctes d'une langue.

La psycholinguistique, constituée au début des années 1960 sous l'impulsion de George Miller, se donne corrélativement pour tâche de valider les conceptions chomskiennes. Les liens ainsi établis entre la linguistique formelle, la psychologie cognitive et l'informatique concrétisent le paradigme dit « symbolique » du cognitivisme classique : la pensée est conçue comme une suite réglée d'opérations sur des symboles, à l'image des algorithmes informatiques. Le « langage de la pensée », repris par Jerry Fodor (dans les années 1970) à la tradition philosophique, joue pour le cerveau le même rôle que le langage-machine pour l'ordinateur. Il structure les représentations mentales en propositions logiques, que les langues ont pour tâche d'exprimer. La linguistique n'a plus alors de rapport privilégié avec les sciences sociales : selon Chomsky, elle doit se réduire à la psychologie, puis « rentrer dans la biologie » ; et la grammaire universelle est considérée comme une composante (hypothétique) du patrimoine génétique.

Ces objectifs et thèmes de recherche, caractérisés par le primat de la syntaxe et de l'approche formelle de la cognition, sont contestés depuis le milieu des années 1970 par des auteurs issus de la sémantique générative comme George Lakoff et Charles Fillmore. Il en résulte un déplacement d'intérêt de la syntaxe vers la sémantique, lexicale notamment, et une mise en cause du format logique des représentations : la théorie des prototypes, reprise de travaux anthropologiques (Brent Berlin, Eleanor Rosch), montrerait le caractère non aristotélicien de l'organisation lexicale. Les grammaires cognitives, apparues dans les années 1980 avec Lakoff et Ronald Langacker, conçoivent les opérations linguistiques comme des parcours au sein d'un espace abstrait et témoignent d'un néo-localisme généralisé. L'hypothèse localiste considère notamment que les relations casuelles ont un caractère spatial : elle a été étendue à l'ensemble des relations linguistiques fondamentales. Au paradigme du calcul, les grammaires cognitives opposent celui de la perception. Elles retrouvent les notions de la philosophie transcendantale, comme celle du schématisme : les schémas (ou *frames* en anglais) sont des formes de l'imagination qui rendent compte de la compréhension du langage comme constitution de scènes mentales. Un renouveau des thèmes phénoménologiques, avec Terry Winograd et Mark Johnson, permet d'insister sur le rôle de l'expérience corporelle dans le parcours de l'espace sémantique.

Ce courant d'idées a reçu le renfort du paradigme connexionniste de l'Intelligence Artificielle (issu de la cybernétique qui entendait simuler informatiquement l'activité cérébrale au moyen de réseaux de neurones formels). Les systèmes connexionnistes donnent leurs meilleurs résultats dans la perception automatique du langage, notamment dans la reconnaissance de formes incomplètes ou bruitées. Et dans ce paradigme néo-associationniste, les opérations linguistiques sont conçues à l'image des activités perceptives. Au niveau symbolique privilégié par le cognitivisme classique, le connexionnisme oppose un niveau « subsymbolique » (selon l'expression de Paul Smolensky) formé par les constituants des symboles.

Si ces deux paradigmes sont en désaccord sur la nature des opérations mentales postulées, ils concordent néanmoins par leur conception mentaliste du langage, qui explique les faits linguistiques par les états mentaux ou cérébraux qu'ils refléteraient. Ils partagent aussi l'objectif d'une simulation informatique des processus mentaux.

La linguistique cognitive a eu et conserve toujours un impact considérable sur l'ensemble de la discipline, du point de vue des relations avec les disciplines voisines, de la définition même de l'objet d'étude et des objectifs, de la conceptualisation et, enfin, des applications techniques[1].

Au plan épistémologique, depuis le milieu des années 1970, la linguistique est la principale science sociale qui soit partie prenante du regroupement des sciences cognitives. D'où le développement de relations nouvelles avec l'IA, et renouvelées avec les sciences du cerveau. La linguistique générale, discipline descriptive et non prédictive, s'est vue contestée par les grammaires universelles qui entendent engendrer jusqu'aux langues possibles. Ces grammaires marquent une rupture qui touche la méthodologie (par l'utilisation de diverses logiques comme *organon*), la nature des théories (qui visent la formalisation) et le statut scientifique de la linguistique : de science sociale, elle pourrait devenir une branche des mathémati-

1. Voir F. Rastier, *Sémantique et recherches cognitives*, Paris, PUF, 1991 ; T. Winograd, *Language as a cognitive process*, Reading, MA, Addison-Wesley, 1983.

ques, selon Richard Montague, ou des sciences de la vie, selon Chomsky. Les grammaires cognitives non formelles qui se développent depuis dix ans ne sont pas moins universalistes. Elles s'attachent à décrire les opérations mentales élémentaires qui seraient à l'œuvre dans toutes les langues.

La linguistique générale, constamment développée depuis le XIX^e^ siècle, prend pour objet d'étude trois grands types de diversité : la diversité synchronique des langues (on en compte encore au moins trois mille), leur diversité diachronique (dans leurs permanences et changements historiques) et leur diversité interne (dialectes, sociolectes, etc.). Par contraste, la linguistique cognitive traite plutôt du langage que des langues ; du moins n'étudie-t-elle qu'un petit nombre de langues, généralement considérées en synchronie et dans leur usage standard.

Au-delà de la constitution d'une linguistique cognitive, les théories cognitives ont influencé l'ensemble des secteurs de la linguistique, et des concepts produits par la linguistique cognitive connaissent une diffusion remarquable dans toute la discipline : par exemple, le concept de typicalité est à présent d'un usage courant en lexicologie.

Enfin, de nouveaux domaines de la linguistique appliquée se sont rattachés aux recherches cognitives par leur insertion dans le champ de l'IA[1]. C'est le cas du dialogue Homme-Machine, de la synthèse et de l'analyse automatiques de la parole, de la génération et de la compréhension automatiques de textes, de la représentation des connaissances. Que l'objectif soit ou non la simulation des processus mentaux, ces recherches ont fait la preuve de leur intérêt heuristique. Cependant, en tant que tel, le critère de la réalisation informatique reste sujet à caution : ce qui est opérationnel en pratique ne devient pas pour autant opératoire en théorie.

Principale science sociale parmi les disciplines centrales des sciences cognitives, la linguistique pourrait se voir confier, pour l'avenir, une mission particulière : contribuer à articuler les sciences sociales et les sciences cognitives en faisant la part des facteurs culturels dans la cognition.

Le secteur « linguistique » de ce vocabulaire a été rédigé dans l'esprit de l'orientation cognitive qui vient d'être décrite, des années 1950 à aujourd'hui, avec ses évolutions et ses contrastes. *François* Rastier.

1. Voir G. Sabah, *L'Intelligence Artificielle et le langage*, Paris, Hermès, 1989.

### La philosophie de l'esprit

La contribution de la philosophie, notamment de la philosophie de l'esprit, aux sciences cognitives ne tient pas seulement au rôle qu'elle joue traditionnellement dans l'histoire des sciences (par exemple, en mathématiques, en physique, en biologie, en psychologie) : préparer le terrain à des analyses scientifiques, puis s'effacer devant la science une fois que celle-ci a pris son indépendance. Trois raisons expliquent que la philosophie a une contribution plus profonde et plus durable dans le développement des sciences de la cognition que dans les autres sciences. D'abord, la philosophie est la seule discipline qui puisse, ès qualité, aborder la question des fondements des sciences cognitives. Or, cette question est cruciale dans la validation de l'objct commun de disciplines qui possèdent par ailleurs leur objet et leurs méthodes propres. Ensuite, la philosophic fournit une partie des instruments conceptuels qui permettent aux diverses spécialités de la cognition de coordonner leurs recherches. Enfin, elle ne se contente pas, comme pour les autres sciences, d'offrir un point de vue synthétique et critique (permettant d'analyser plus finement les méthodes utilisées et de débattre de la valeur des résultats obtenus). Elle peut aussi proposer aux disciplines cognitives des hypothèses théoriques nouvelles, voire participer à leur mise à l'épreuve.

Lorsqu'une science se crée, ou lorsqu'elle traverse une crise, il est indispensable de s'interroger sur les raisons précises qui justifient de manière intrinsèque et objective la définition de l'objet de cette science. On appelle « recherche fondationnelle » l'enquête portant sur les conditions de la légitimité de l'entreprise de connaissance correspondante. Typiquement, la recherche fondationnelle s'interroge sur la nature de l'objet à connaître, sur l'adéquation des méthodes utilisées relativement à l'objet et, enfin, sur la validité de ces méthodes. Dans le cas des sciences cognitives, les disciplines concernées possèdent indépendamment un objet et des méthodes propres. Il s'agit donc non pas de fonder chacune de ces sciences, mais de justifier la focalisation de leur effort conjoint sur un nouveau domaine, nommé « cognition », entendant par là tout traitement de l'information permettant à un organisme (ou, plus généralement, à un système) de former des représentations de son environnement, de les stocker et de les combiner dans la planification de son action.

Cet objectif commun aux diverses sciences dites « cognitives » n'est pas seulement la conséquence du développement de la technologie des ordinateurs. Il trouve sa lointaine justification, entre autres, dans le travail des philosophes et des logiciens depuis le XVIIe siècle. On sait que Gottfried Leibniz a tenté d'élaborer une langue caractéristique qui permettrait de remplacer la pensée naturelle par un calcul (justement qualifié de *calculus ratiocinator)*. Son objectif était de libérer la créativité et de réduire l'erreur en explicitant complètement les aspects symboliques et calculatoires de la pensée. Ce que Leibniz n'a pu réaliser, en raison de l'inachèvement de la logique, a pu l'être quand celle-ci atteignit son plein essor. Gottlob Frege développa au tournant du XXe siècle une idéographie logique, incluant la théorie de la quantification, qui permettait la représentation formelle de n'importe quel domaine du savoir. D'autres logiciens (logico-mathématiciens), Alan Turing et Alonzo Church ont, dans les années 1930 et suivantes, fait un autre pas décisif pour le fondement du domaine cognitif, en établissant que toute forme de calcul peut être mécanisée : on peut en principe représenter formellement n'importe quel processus computationnel, et toute représentation de ce genre peut être traduite dans le formalisme de la Machine de Turing universelle. La dernière étape a consisté à étayer l'hypothèse que toute forme d'élaboration mentale suppose l'intervention d'un calcul. Là encore, des philosophes comme Hilary Putnam et Jerry Fodor ont joué un rôle essentiel sur le plan fondationnel, en développant l'analogie entre les états mentaux d'un individu et les états logiques d'une Machine de Turing. Cette analogie est au fondement de l'idée que les états mentaux, quoiqu'ils soient toujours réalisés par des états physiques, sont caractérisables non par leur réalisation, mais par les relations systématiques qu'ils entretiennent avec d'autres états, ainsi qu'avec les entrées perceptives et les sorties comportementales du système cognitif qui en est le porteur.

Initialement, la position majoritaire consistait à voir dans les processus cognitifs des processus computationnels opérant sur des séquences de symboles qui représentent des propriétés ou des états de choses. Toutefois le privilège de l'approche symbolique a été remis en question par les modèles connexionnistes. On notera pourtant que s'ils rejettent l'idée de règles portant sur des séquences de symboles au profit de modèles de propagation de l'excitation dans un réseau de neurones formels, ces modèles restent attachés au caractère computationnel de la cognition en un sens modifié du terme. Il en a résulté de nouvelles interrogations fondationnelles, concernant le rapport entre le niveau physique et le niveau représentationnel, souvent considéré comme « émergent ».

Cette analyse des fondements des sciences cognitives rend compte des grandes étapes et orientations qui ont marqué la naissance et l'histoire récente de ces sciences, étapes et orientations qui sont retracées de façon croisée dans cette introduction à propos de la neuroscience cognitive, de la psychologie cognitive, de l'Intelligence Artificielle et de la linguistique cognitive.

Du point de vue des instruments conceptuels, les sciences cognitives ont puisé et puisent dans les concepts et les thèses philosophiques des matériaux de recherche disciplinaire ainsi que des moyens de communication interdisciplinaire. Que l'on soit partisan ou adversaire du fonctionnalisme, par exemple, on peut apprécier la clarification apportée par la distinction entre les diverses façons d'identifier un état mental à un état physique, selon qu'il s'agit d'un « physicalisme du type » comme chez les premiers fonctionnalistes (David Armstrong, David Lewis) ou d'un « physicalisme occasionnel » (Fodor, Putnam). Le fonctionnalisme a suscité chez les philosophes de nombreux débats quant aux limites de cette théorie. Ned Block a montré les inconvénients de la thèse de la « multiréalisabilité » du mental et a soulevé le problème des états qualitatifs ou *qualia*, qui ne peuvent être adéquatement expliqués en termes fonctionnalistes. D'autres philosophes, comme John Searle, ont attiré l'attention des spécialistes de la cognition sur le fait qu'on ne peut espérer résoudre la question du contenu sémantique des états cognitifs en termes purement computationnels.

La philosophie du langage a constitué initialement l'un des domaines où un transfert conceptuel important s'est produit de la philosophie aux autres disciplines cognitives. Ainsi, le travail effectué sur le concept de signification par Paul Grice a inspiré les travaux de nombreux linguistes, psychologues et anthropologues cognitifs, de même que la théorie des actes illocutoires de John Austin et de John Searle. Le travail de Saul Kripke sur la référence a également connu un grand retentissement en linguistique et en IA.

C'est évidemment la philosophie de l'esprit qui fournit à l'interdisciplinarité les thèmes de réflexion les plus nombreux[1]. Le programme philosophique de naturalisation de l'intentionnalité, entendue comme capacité représentationnelle, mobilise les disciplines cognitives dans leur ensemble. La réflexion contemporaine sur les divers niveaux de la conscience ouvre de nouveaux chantiers communs où les neuroscientifiques nouent avec les philosophes, les psychologues et les psychiatres des liens privilégiés. Une autre question saillante qui se pose dans la communauté cognitive est celle des théories naïves de l'esprit : comment un sujet comprend-il, « théorise-t-il », ses états mentaux et ceux d'autrui. Les diverses positions en présence (entre autres la « théorie de la théorie » et la « théorie de la simulation ») tirent leur substance tant de travaux philosophiques que d'arguments développementalistes ou psychiatriques.

La mission traditionnelle du philosophe est d'explorer non pas la réalité naturelle ni l'expérience que l'on peut en faire, mais l'organisation des concepts, des théories ou des stratégies explicatives qui sont utilisés soit par le sens commun, soit dans les sciences. Des philosophes comme John Haugeland ou Robert Cummins ont ainsi largement contribué à populariser les problèmes rencontrés et les solutions avancées par la psychologie cognitive ou par l'IA.

Toutefois les philosophes ne se sont pas cantonnés dans un rôle de description et de clarification conceptuelles des théories cognitives. Ils ont à leur tour non seulement critiqué les travaux effectués dans d'autres disciplines, en particulier en psychologie et en linguistique, mais aussi proposé des amendements ou des pistes de recherche. Les travaux de Fodor, de Donald Davidson ou de Dan Dennett, par exemple, ont marqué profondément les recherches de psychologie cognitive non seulement par l'impact de leurs critiques (comme la thèse de Davidson concernant le caractère *a priori* d'un schème d'interprétation, qui ne permet pas de conclure à la réalité indépendante de l'état mental interprété), mais aussi par leurs propres propositions (comme l'hypothèse de la « modularité de l'esprit » de Fodor).

Les philosophes ont, réciproquement, largement bénéficié de l'apport des autres disciplines cognitives : dans les années 1960,

1. Voir P. Engel, *Introduction à la philosophie de l'esprit*, Paris, La Découverte, 1994.

Noam Chomsky leur a montré comment la linguistique permet de renouveler le débat entre empiristes et rationalistes ; depuis les années 1980, les psychologues du raisonnement ont remis en cause la conception classique du sujet rationnel, etc. Les exemples d'un tel enrichissement de la philosophie abondent et laissent augurer que la poursuite de la recherche interdisciplinaire sera féconde de part et d'autre.

Le secteur « philosophie » de ce vocabulaire couvre les trois aspects qui viennent d'être présentés : les fondements des sciences cognitives, les instruments conceptuels apportés par la philosophie et la dynamique de l'interdisciplinarité. *Joëlle* PROUST.

Autant d'approches, de la neuroscience cognitive à la philosophie de l'esprit, en passant par la psychologie cognitive, l'IA et la linguistique cognitive, qui se revendiquent aujourd'hui, avec force, comme les pièces d'un nouveau puzzle du savoir. Mais un puzzle est un jeu de patience ! Il est même, dans ce cas, un jeu d'esprit particulièrement complexe, où l'agencement des pièces requiert à la fois une identité disciplinaire et une solide culture interdisciplinaire. A cet égard, ce premier *Vocabulaire de sciences cognitives* devrait être un outil d'information, de réflexion, voire de débat, pour les étudiants, les enseignants et les chercheurs de chacune des disciplines impliquées, ainsi que pour un large public cultivé.

Il a été conçu comme un réel instrument de travail, avec l'indication de la discipline de chaque contribution (ce qui divise les entrées pluridisciplinaires en sections), de nombreux renvois entre les entrées (notés → : par exemple, → CONNEXIONNISME dans l'entrée APPRENTISSAGE), ainsi qu'un glossaire anglais-français et une liste des entrées en fin d'ouvrage.

Précisons également que les définitions sont le plus souvent encyclopédiques, au sens où la notion est définie à travers les multiples approches et modèles (impliquant des notions connexes) qui tentent d'en cerner la complexité.

Par ailleurs, même si l'orientation théorique et épistémologique générale, telle qu'elle a été tracée dans cette introduction, est marquée et cohérente, il n'en reste pas moins que les auteurs du vocabulaire peuvent, ici ou là, avancer des points de vue différents, éventuellement opposés, sur une même question. Toutes les contributions sont signées. C'est le débat scientifique.

Après en avoir précisé l'esprit et les conditions d'usage, voici donc un vocabulaire de plus dans la bibliothèque des sciences contemporaines. Il existe, dans les sciences comme dans la vie, des instants privilégiés où les forces se combinent pour donner naissance à de rares phénomènes. Les sciences cognitives semblent bien aujourd'hui susciter une telle combinaison des forces. Ce vocabulaire veut s'en faire l'écho.

Olivier Houdé,
Daniel Kayser,
Olivier Koenig,
Joëlle Proust
et François Rastier.

# A

## ABDUCTION

*(angl., abduction)*

**Intelligence Artificielle.** — L'abduction est, selon le philosophe et logicien Charles Peirce, le raisonnement par lequel on restreint dès le départ le nombre des hypothèses susceptibles d'expliquer un phénomène donné (→ EXPLICATION, RAISONNEMENT et RATIONALITÉ). Si on considère l'implication logique $A \supset B$, la déduction consiste, en présence de A, à inférer B (→ LOGIQUE). L'abduction consiste, en présence de B, à considérer A comme la cause de B (→ CAUSALITÉ). Si la première est logiquement correcte, ce n'est pas le cas de la seconde sans connaissances supplémentaires. Si l'on sait par exemple que A est la seule cause possible de B, il est alors licite d'inférer A de B. De façon plus générale, si, étant donné des causes $A_i$ de B, soit $A_i \supset B$, on suppose qu'il n'y en a pas d'autres (ce qui revient logiquement à « compléter » la théorie par $\vee A_i \equiv B$), inférer par abduction la disjonction $\vee A_i$ à partir de B est logiquement correct, puisque c'est une simple déduction dans la théorie complétée.

Peirce a particulièrement insisté sur la différence entre l'induction et l'abduction. L'induction consiste à généraliser une idée à partir d'observations déjà effectuées ; elle est largement utilisée en apprentissage symbolique (→ APPRENTISSAGE, SYMBOLE). Pour Peirce, elle n'a en soi aucune originalité, car elle se contente de vérifier des suggestions déjà faites alors que l'abduction est beaucoup plus puissante, car elle suppose quelque chose d'un genre différent de ce que nous avons observé, et fréquemment quelque chose qu'il nous serait impossible d'observer directement (par exemple, B est observable, mais pas ses causes premières $A_i$).

L'Intelligence Artificielle (IA) utilise fréquemment le raisonnement abductif comme méthode de génération d'hypothèses pour un ensemble d'événements, une théorie du domaine étant donnée (→ DOMAINE. Spécialisation quant au —). Le champ privilégié d'application est le diagnostic. Le diagnostic abductif prend sa source dans les approches du diagnostic médical fondées sur des modèles causaux des maladies (causes premières) et de leurs symptômes résultants (effets observés à expliquer), lesquels constituent une théorie naturelle pour ce domaine. Cette approche a ensuite été transposée au diagnostic d'artefacts (dispositifs conçus par l'Homme), pour lesquels une théorie T (la description du système à diagnostiquer) contient les axiomes décrivant les conséquences des anomalies, lesquels ont le statut particulier d'hypothèses. David Poole définit ainsi un diagnostic abductif, dans le cadre d'une théorie T et en présence d'un ensemble d'observations OBS, comme un ensemble minimal (principe de parcimonie) E d'hypothèses tel que T < E soit cohérent et implique logiquement OBS, soit une explication minimale des observations. Le diagnostic abductif a été généralisé au cas où la théorie comporte aussi des axiomes décrivant des comportements corrects, mêlant donc hypothèses de normalité et d'anomalies.

En parallèle, et partant d'un point de vue opposé, s'est développé le diagnostic à base de cohérence, n'utilisant que les comportements corrects (plus faciles à obtenir pour les artefacts) et ne présupposant de connaissance ni sur la nature des anomalies, ni sur leurs effets. Il se fonde sur la réfutation des hypothèses de comportement correct entrant en contradiction avec la théorie et les observations ; un diagnostic à base de cohérence est donc un ensemble minimal E d'hypothèses de non-normalité tel que T ∪ OBS ∪ E soit cohérent. Un tel diagnostic est donc beaucoup moins restrictif, puisqu'il se contente de restaurer la cohérence avec les observations au lieu de les expliquer. Ici aussi, une généralisation s'est faite en utilisant des connaissances de fautes.

Chaque théorie ayant « empiété » sur le domaine de l'autre, il est naturel de tenter de trouver un cadre unificateur qui les rassemble. On distingue pour cela les observations que l'on veut expliquer de celles dont on se satisfait qu'elles ne soient pas réfutées. En faisant varier les premières de l'ensemble vide à l'ensemble de toutes les observations, on obtient une gamme de définitions logiques du diagnostic, depuis le diagnostic purement à base de cohérence jusqu'au diagnostic purement abductif.

Il faut noter que l'abduction est reliée au raisonnement non monotone, dont un prototype est précisément le diagnostic, puisque les explications sont sujettes à révision, et qu'elle joue un rôle important dans de nombreuses autres tâches de résolution de problèmes (→ RÉSOLUTION DE PROBLÈMES) telles que la planification, la compréhension du langage naturel (→ LANGAGE. Traitement du —), l'apprentissage automatique (→ AUTOMATISME), etc. En psychologie, elle est étudiée du point de vue de deux processus fondamentaux : la formulation d'hypothèses à partir de connaissances en mémoire (→ MÉMOIRE) et l'évaluation de leur plausibilité, où se pose la question de la nature de la règle d'arrêt du processus de formulation d'hypothèses additionnelles. *Philippe DAGUE.*

## ACQUISITION DE CONNAISSANCES

*(angl., knowledge acquisition)*

**Intelligence Artificielle.** — L'acquisition de connaissances est étudiée dans plusieurs disciplines des sciences cognitives, notamment en psychologie où ce thème est abordé dans les recherches sur l'apprentissage et le développement cognitif (→ APPRENTISSAGE, DÉVELOPPEMENT COGNITIF) selon une approche symbolique et (ou) connexionniste (→ COGNITIVISME, CONNEXIONNISME, SYMBOLE). En Intelligence Artificielle, la valeur d'un système à base de connaissances (SBC → BASE DE CONNAISSANCES) dépend en grande partie de la richesse et de la qualité des connaissances qu'il contient. La construction d'un SBC nécessite donc l'acquisition de connaissances spécifiques à son domaine d'application (→ DOMAINE. Spécialisation quant au —). Or, l'acquisition des connaissances auprès d'un expert du domaine n'est pas chose aisée car – précisément parce qu'il est expert – une grande partie des mécanismes qui sous-tendent son expertise lui sont devenus quasi inconscients (→ CONSCIENCE, INTROSPECTION). Il est donc important de disposer de méthodologies et d'outils d'aide à l'acquisition de connaissances.

La façon d'aborder la tâche d'acquisition de connaissances a sensiblement évolué. On l'a d'abord considérée comme une phase d'extraction de connaissances avec l'objectif de transférer des connaissances réelles de l'expert dans la base de connaissances sous forme de règles de production du type « SI la situation présente telle caractéristique ALORS effectuer telle action » (→ ACTION). L'acquisition de connaissances se fondait sur des techniques d'entretien avec les experts et de recueil de connaissances.

L'analyse des difficultés rencontrées a conduit peu à peu à considérer cette tâche comme une phase de modélisation avec en résultat un modèle conceptuel de l'application (→ CONCEPT, MODÈLE). Ce modèle est une formalisation intermédiaire, sorte de plate-forme commune, comprise par tous les intervenants chargés de l'application : l'expert du domaine, le cogniticien et l'informaticien. Cette nouvelle perspective a modifié les objectifs et les méthodes de l'acquisition de connaissances. On s'est davantage intéressé à la nature des connaissances recueillies, à leur spécificité par rapport au processus de résolution (→ RÉSOLUTION DE PROBLÈMES) et à leur structuration à l'aide de primitives de modélisation. Différentes méthodes génériques de résolution de problèmes ont été identifiées et modélisées, ainsi que leurs liens avec des grands types de tâches (diagnostic, conception, etc.) et le rôle joué par les connaissances du domaine dans leur mise en œuvre.

La mise en évidence de méthodes et tâches communes à plusieurs applications, ainsi que la caractérisation, en termes abstraits, des connaissances du domaine et des raisonnements (→ RAISONNEMENT et RATIONALITÉ), a pour but de faciliter la réutilisation des modèles. Une autre approche, complémentaire, consiste à donner la capacité au SBC lui-même d'acquérir automatiquement de nouvelles connaissances par l'application d'algorithmes d'apprentissage automatique capables de produire à partir d'exemples (et de contre-exemples) de nouvelles règles ou de nouveaux concepts. Dans un processus incrémental et global d'acquisition de connaissances, l'intégration de techniques de modélisation et d'apprentissage automatique est une voie prometteuse. *Marie-Christine ROUSSET.*

## ACTANCE (Relation actancielle)

*(angl., thematic relation)*

**Linguistique.** — La notion de relation actancielle (ou relation d'actance) fait terminologiquement référence à la connexion entre le prédicat verbal et chacun de ses « actants » selon Lucien Tesnière.

Chaque actant assume un rôle déterminé dans la prédication. Dans la littérature anglo-américaine les rôles actanciels ont pour équivalents *semantic cases* ou *thematic relations*. En exceptant l'usage particulier de la notion d'actant dans la sémiotique d'Algirdas-Julien Greimas (→ SÉMIOTIQUE), la théorie de Tesnière *(Éléments de syntaxe structurale)*, dont on indiquera les hypothèses majeures, a ouvert différentes orientations de recherche en linguistique et en sciences cognitives.

La théorie de la dépendance syntaxique de Tesnière se fonde sur un principe général de structuration syntaxique (→ SYNTAXE) applicable aux syntagmes dont la tête appartient à l'une des quatre parties majeures du discours : verbe, substantif, adjectif et adverbe. La tête du syntagme est le régissant auquel un (ou plusieurs) subordonné(s) est (sont) rattaché(s) soit directement, soit par l'intermédiaire d'une translation (changement de catégorie) (→ CATÉGORISATION). La connexion entre le régissant et le subordonné est à la fois structurale et sémantique (→ SÉMANTIQUE) : selon Tesnière, le structural exprime le sémantique et l'incidence sémantique s'exerce en sens inverse de la connexion structurale. Ainsi, un régissant nominal peut avoir pour subordonnés des déterminants, des syntagmes adjectivaux, mais aussi des syntagmes prépositionnels dérivés par translation de syntagmes nominaux ou des propositions relatives ou complétives, ou encore des syntagmes à l'infinitif ou au participe dérivés par translation d'un syntagme verbal.

Les subordonnés du syntagme verbal se subdivisent en actants (incluant le sujet grammatical) et en circonstants. Les actants sont rattachés au verbe par l'une des relations suivantes : sujet (prime actant), objet direct (second actant) ou objet indirect (tiers actant), ou, dans les langues à marquage casuel, par un cas à fonction actancielle (→ FONCTION). Le nombre maximal des actants du verbe constitue sa valence, laquelle peut ne pas être saturée.

Cependant, l'hypothèse de concordance entre la connexion structurale et l'incidence sémantique met Tesnière plus d'une fois dans l'embarras. Ainsi, les trois types d'actant sont assimilés sémantiquement à la fonction primaire des cas nominatif, accusatif et datif en latin. De ce fait, les subordonnés introduits en latin par une marque de génitif ou d'ablatif ont *a priori* une fonction circonstancielle. De même, en français, les subordonnés introduits par *à* sont des tiers actants pour autant que leur fonction sémantique est assimilable à un datif et ceux qui sont introduits par *de* ne sont jamais des actants parce qu'ils sont en général assimilables à un ablatif (par exemple, les constituants suivants manifestement régis par le verbe sont considérés comme des circonstants : *Jean achète une voiture* à Paul, *Alfred change* de veste). Inversement certains circonstants peuvent se présenter sans translateur prépositionnel (par exemple, *Il travaille la nuit et dort le jour*).

Toutefois, intégrée par Igor Mel'čhuk à son modèle « Sens/Texte » aux deux niveaux de la syntaxe profonde et superficielle, la théorie des relations d'actance de Tesnière a ouvert trois orientations de recherche principales.

La première orientation a trait à la distinction entre actants et circonstants. Cette approche a été principalement représentée en Allemagne : Gerhard Helbig et Wolfgang Schenkel ont publié en 1969 l'esquisse d'un premier petit dictionnaire de valence des verbes allemands ; puis la théorie de la valence a été appliquée au latin par Heinz Happ et simultanément au français par Winfried Busse, qui a publié peu après avec Jean-Paul Dubost un lexique valenciel des verbes français très complet en macro- comme en microstructure (→ LEXIQUE). Dans tous ces travaux, la distinction entre actants et circonstants est opérée principalement à partir de tests d'effacement et de déplacement, mais en raison de la catégorie intermédiaire des actants facultatifs (par exemple, *J'attends qch/qn/∅*) l'interprétation sémantique des relations doit être également prise en compte (→ INTERPRÉTATION). La divergence essentielle avec la théorie de Tesnière est que tous les subordonnés locaux directifs (lieux d'origine, de passage et de destination) occupent une place spécifique, intermédiaire entre actants et circonstants (dans le lexique de Busse, la valence du verbe *accéder* dans *Le terrain accède à la plage* est non pas 1 (c'est-à-dire un seul actant sujet) comme chez Tesnière, mais 1 + L : 1 actant et un locatif).

La majorité des recherches se focalise toutefois sur la caractérisation sémantique des actants. On peut distinguer un versant proprement linguistique et un versant computationnel et (ou) cognitif. Chez les linguistes, différentes grammaires de cas sémantiques ont vu le jour (→ GRAMMAIRE). Certains chercheurs (Jerome Gruber, John Anderson et Ray Jackendoff) défendent l'hypothèse localiste selon laquelle les rôles actanciels locaux sont conceptuellement primaires. Les rôles thématiques sont intégrés en 1981 au modèle génératif de Noam Chomsky sous la forme d'un module propre

(→ MODULARITÉ) qui prend également le nom de « structure d'arguments » (Joan Grimshaw). En typologie des langues, de nombreux chercheurs s'attellent au classement des systèmes de marques casuelles en fonction du rôle des actants concernés (Gilbert Lazard et Gisa Rauh). L'un des aboutissements de cette recherche est la théorie de la participation de Hansjakob Seiler ; cette notion permet de comparer les langues avec et sans marquage casuel en intégrant les propriétés morphologiques (→ MORPHOLOGIE), syntaxiques, sémantiques et énonciatives des relations actancielles.

En Intelligence Artificielle (IA) et en sciences cognitives, les relations actancielles apparaissent soit directement par l'étiquetage des arcs des réseaux sémantiques ou conceptuels (→ RÉSEAU SÉMANTIQUE) (par exemple, Agent, Objet, Destinataire, Origine, etc.) soit indirectement par la décomposition sémantique des prédications complexes en relations primaires (par exemple, Changer, Causer, Agir) dans des théories telles celles de la dépendance conceptuelle de Roger Schank ou des représentations lexico-conceptuelles (d'inspiration localiste) de Jackendoff (→ CONCEPT, REPRÉSENTATION). En sémantique cognitive, la méthode de traitement des textes par analyse prédicative proposée par Walter Kintsch et Jean-François Le Ny relève du premier type (→ PROPOSITIONNEL. Format —, TEXTE. Traitement du —), tandis que la sémantique des scènes et des cadres (*scenes and frames* en anglais) de Charles Fillmore, la théorie du jeu des forces antagoniques dans la représentation des événements et des actions (→ ACTION) de Leonard Talmy ou le catalogue des archétypes cognitifs de Jean-Pierre Desclés relèvent du second. Avec David Dowty, la sémantique des prototypes s'applique également aux relations actancielles, de nombreux cadres prédicatifs présentant des variantes bâtardes des relations prototypiques d'Agent et de Patient.

Enfin, l'interdépendance entre les propriétés d'actance et les propriétés d'aspect des prédications (→ ASPECT), étudiée dans un cadre de linguistique fonctionnelle par Simon Dik ou cognitive par Jacques François et Guy Denhière, est corroborée par de nombreux travaux de linguistique descriptive et générale, par exemple sur les langues malayo-polynésiennes (Alain Lemaréchal) ou sur le hindi (Annie Montaut).

Ainsi, la notion de relation actancielle se révèle pertinente aussi bien en linguistique descriptive et en typologie des langues qu'en linguistique théorique et computationnelle, en psycholinguistique appliquée au traitement des textes et en IA. Son succès en dehors de la linguistique au sens étroit s'explique par l'exploitation des notions logiques de fonction et d'argument (→ LOGIQUE). Par exemple, le modèle néerlandais de grammaire fonctionnelle (Dik) présente une synthèse de différents aspects des recherches inspirées des *Éléments* de Tesnière : dans un cadre formel de logique des prédicats enrichie par l'introduction d'opérateurs à différents niveaux, Dik distingue la « prédication noyau » où les arguments entretiennent avec le prédicat (en général) verbal des relations actancielles et la « prédication étendue » qui prend en compte des « satellites » de différents types sémantiques. *Jacques FRANÇOIS.*

## ACTION

*(angl., action)*

**Psychologie.** — L'action motrice est conçue comme le déroulement d'un geste dont il est possible d'identifier trois étapes : la planification, la programmation et l'exécution motrice. Seule la dernière étape est directement observable et introduit une modification dans l'environnement. Les deux premières, mentalement élaborées et antérieures au déclenchement de l'action, déterminent le but et la stratégie à adopter (planification) ainsi que le déroulement du geste (programmation). Le bon déroulement d'une action suppose que le sujet traite deux catégories d'informations sensorielles (→ INFORMATION, PERCEPTION) : 1 / les informations prélevées sur l'espace externe (extéroceptives) ; elles peuvent être de nature auditive, visuelle, olfactive ou somesthésique, et agissent à la fois comme des déclencheurs et des guides de l'action motrice dans l'environnement ; 2 / les informations prélevées sur l'espace du corps (proprioceptives). Pour agir efficacement, le sujet doit connaître sa position par rapport à l'espace externe (→ ESPACE) et sentir la position de ses différents segments corporels avant le déroulement de l'action (statesthésie) et pendant l'exécution du geste (kinesthésie). L'action motrice se distingue du mouvement réflexe, réponse élémentaire et rapide aux sollicitations externes dont le niveau d'intégration se situe à la moelle épinière, et de la réponse automatique (→ AUTOMATISME) s'effectuant essentiellement au niveau du tronc cérébral et des ganglions de la base. L'action motrice est donc un mouvement volontaire (→ CONTRÔLE,

VOLONTÉ) dans la mesure où elle exprime les intentions de l'individu. Elle a pour origine une commande nerveuse générée au niveau du cortex (voir *neuro.* ci-dessous) consécutive ou simultanée à l'intégration des informations sensorielles extéroceptives et proprioceptives.

Accorder un rôle prépondérant au cerveau dans la programmation et le contrôle de *toutes* les actions, de la flexion d'un doigt à la locomotion, pourrait paraître insensé lorsqu'on sait que le corps humain peut mobiliser 792 groupes de muscles distincts comportant chacun un millier de fibres. Les actions sur le monde sont ainsi presque infinies. Toutefois, à l'intérieur de cette gamme, certains mouvements ont une forme reconnaissable (marcher, prendre un objet, manger, etc.). Des contraintes sur les possibilités sont donc introduites, mais pas de manière rigide, pour permettre au système moteur de générer de nouvelles formes d'action (danser, skier, jouer d'un instrument de musique). Comment l'organisme arrive-t-il à gérer ce potentiel ? Il revient à Nicolas Bernstein d'avoir montré que le contrôle d'une activité complexe est possible à comprendre si on donne aux muscles et aux jointures qui reçoivent les commandes une partie de la solution. Il suffit de grouper les muscles et jointures en systèmes plus larges ou synergies et de leur donner le contrôle d'une partie du mouvement. Une telle organisation a notamment été démontrée pour la locomotion, la coordination bimanuelle et les expressions faciales. Le cerveau délègue ainsi ses pouvoirs à la périphérie. Au concept de synergie motrice, véritable unité de mouvement, Alain Berthoz a récemment ajouté l'idée de stratégie pour rendre compte non seulement de la richesse de nos comportements les plus complexes, mais aussi de leur réalisation. Si chaque synergie constitue une unité de mouvement, bien localisée, grâce à la flexibilité des réseaux neuronaux (→ RÉSEAU NEURONAL), un ensemble de synergies locales va s'organiser en stratégies comportementales guidées par des mécanismes plus généraux. Ces stratégies peuvent être, chez l'Homme, anticipées, choisies, simulées mentalement avant d'être exécutées.

Pour produire un geste efficace, des conditions de tonicité et de posture doivent être remplies. Ces conditions sont loin d'être présentes chez le nouveau-né et le jeune bébé (→ COGNITION DU BÉBÉ). Parmi les nombreuses gesticulations du bébé, les chercheurs distinguent plusieurs catégories de mouvements pour en connaître la signification et la fonction (→ FONCTION).

1 / La motilité : indépendamment de toute stimulation extérieure, il existe une motricité de l'organisme. Elle fait partie de l'équipement fœtal (→ COGNITION DU FŒTUS) et néonatal de l'individu et constitue un « bruit de fond » dont il s'agit de dégager des conduites ayant une structure spatio-temporelle cohérente. La motilité spontanée fœtale, observée par échographie, apparaît clairement différenciée dès le deuxième mois et préfigure certains mouvements du nouveau-né. Parfois présentée comme un précurseur du comportement du nouveau-né, la motilité fœtale serait pour d'autres chercheurs un épiphénomène dû à la maturation nerveuse, sans aucune fonction adaptative. Selon Heinz Pretchl, les changements de position du fœtus facilitent la circulation sanguine, évitent l'adhérence des tissus et modèlent l'architecture corporelle. Ils ont ainsi un rôle fonctionnel immédiat. Par contre, les mouvements des yeux ou de pseudo-respiration s'exercent à vide et préparent l'organisme à la vie extra-utérine.

2 / Les rythmies sont des conduites originales, stéréotypées, observables dès le deuxième jour après la naissance et exécutées de manière répétitive dans un délai temporel de l'ordre de la seconde. Plus de 40 formes sont distinguées qui occupent jusqu'à 40 % du temps de la vie du bébé durant sa première année. L'ouverture-fermeture de la main, l'extension-flexion du bras ou de la jambe, les coups de pieds, les roulements de la tête, les balancements du tronc sont les plus remarqués. Certains mouvements, notamment néonatals, ne se déclencheraient pas au hasard mais selon un rythme intrinsèque, véritable « horloge interne » au niveau du système nerveux (→ TEMPS) qui contrôlerait les sorties motrices pour une durée de quelques minutes environ. Certaines rythmies pourraient également avoir une fonction sociale interactive d'inhibition ou de déclenchement des comportements des adultes (→ COGNITION SOCIALE, COMMUNICATION, INTERACTION).

3 / Les réflexes existent avant la naissance et peuvent être mis en évidence chez le fœtus et le prématuré. 73 réflexes sont actuellement recensés chez le nourrisson. Leur présence à l'examen clinique du nourrisson témoigne du bon fonctionnement de son organisme. Les réflexes posturaux apparaissent plus tardivement. Les réflexes appelés archaïques et de posture disparaissent chez l'enfant normal dans les deux ou trois premiers mois tandis que d'autres se transforment en conduites volontaires. Jean Piaget a appelé ces derniers des schèmes réflexes. Ces structures malhabiles et peu effi-

caces au début se consolident par l'exercice et se modifient en schèmes d'action, véritables préludes à l'intelligence (→ DÉVELOPPEMENT COGNITIF).

4 / Les actes moteurs dirigés de nature intentionnelle sont supposés absents chez le nouveau-né. Cependant, certaines conduites d'apparition tardive, matures et organisées présentent une morphologie similaire à celle des mouvements réflexes. Par exemple, la marche ou la prise d'un objet sont des conduites observables chez le nouveau-né qui, après une brève phase de disparition, réapparaissent et marquent les principales étapes du développement moteur de l'enfant. Le problème est de comprendre l'analogie de structure et de fonction entre ces deux types de conduites afin d'en établir le lien.

Si chez le bébé les diverses formes de motricité révèlent principalement des processus maturationnels, l'action peut être chez l'enfant un moyen plus ou moins efficace d'obtenir des informations sur le monde, d'en détecter les régularités. Cet apprentissage par l'action (→ APPRENTISSAGE) peut s'exercer sur des objets matériels, sur son corps propre ou sur autrui, ou même sur ses pensées ou expressions symboliques. Deux façons d'apprendre au moyen de l'action peuvent être distinguées.

Le conditionnement instrumental ou opérant que l'on doit à Burrhus Skinner est une première illustration. Cette forme de conditionnement (différente du conditionnement classique d'Ivan Pavlov), mise en évidence chez l'Animal, est basée sur une association entre une réponse de l'organisme et le renforcement de cette réponse. Le renforcement peut être positif, soit parce qu'il permet l'apparition d'un stimulus appétitif ou récompense (approbation, nourriture, etc.), soit parce qu'il élimine un stimulus aversif (punition, choc électrique, etc.). Le renforcement est négatif quand il est suivi du retrait d'un stimulus appétitif ou que la conduite provoque l'apparition d'un stimulus aversif. Le conditionnement instrumental est donc à la fois une source d'apprentissage et un moyen de contraindre, de sélectionner, voire de moduler, les actions qui permettront à l'enfant de s'ajuster à son environnement. L'enseignement programmé en est l'application pédagogique la plus démonstrative puisque l'élève, enfant ou adulte, acquiert, selon un rythme qui lui est propre, des savoirs, des connaissances scolaires, sous forme d'un véritable contrôle continu, la réponse ou action étant immédiatement suivie de la sanction.

Si dans le conditionnement instrumental, les relations entre réponses de l'organisme et renforcements peuvent être quantifiées, parce que directement observables, l'approche cognitiviste de Piaget est plus structuraliste et qualitative. Elle dévolue à l'action le rôle essentiel de source de connaissances et de principe organisateur de la pensée. A travers la manipulation des objets, leur recherche, etc., et d'une manière générale à partir de son activité sur et dans le monde, l'enfant organise, structure à la fois le monde externe et sa pensée. Son action, de par ses effets, lui permet non seulement de détecter les régularités physiques de son environnement (abstraction empirique), mais est aussi une source de questionnements et d'hypothèses, de raisonnements sur le monde (abstraction réfléchissante) (→ RAISONNEMENT et RATIONALITÉ). Les opérations logiques de l'enfant et de l'adolescent (→ LOGIQUE), véritables actions intériorisées et coordonnées, leur permettent de manipuler sous une forme symbolique les savoirs acquis au moyen des actions pratiques qu'ils ont exercées plus jeunes (→ SYMBOLE).

Chez l'adulte, l'étude de la motricité a longtemps été tributaire de contraintes méthodologiques et techniques, et ce n'est que depuis les années 1980 que l'on s'intéresse au niveau le plus abstrait de l'action, particulièrement par l'analyse de l'exécution de mouvements fins, comme le pointage ou l'atteinte manuelle d'une cible spatiale, la saisie et la manipulation d'objets, les saccades oculaires au cours de la lecture (→ LECTURE). Ces études ont permis de mieux comprendre les rapports entre commande centrale et ajustement périphérique. Par exemple, une analyse cinématique de la main s'approchant d'un objet a montré que la vitesse de la trajectoire peut se décrire selon une courbe en cloche légèrement asymétrique, forme d'invariance permettant de rendre compte d'une infinité de mouvements analogues. La vitesse de la main augmente rapidement jusqu'à un maximum puis décroît à l'approche de la cible. Ce schéma d'analyse a permis de faire l'hypothèse que le mouvement orienté comprendrait deux parties, une mobilisation initiale due à la commande motrice centrale et un ajustement terminal effectué sous le contrôle continu de la vision (Marc Jeannerod). Au-delà de ce schéma général, un mouvement particulier de transport de la main peut être spécifié en termes de direction, d'amplitude, de vitesse (de durée) et d'effecteur (main droite/gauche). Dans ce cas, on réalise une analyse chronométrique de la programmation motrice dans une perspective de temps de réaction.

La notion, aujourd'hui classique, de programme moteur, se fonde sur le constat que les individus organisent, préparent et planifient leurs mouvements. La métaphore informatique issue de la psychologie cognitive du traitement de l'information (*information processing* en anglais, → COGNITIVISME) aborde l'étude des mouvements biologiques selon un déroulement séquentiel avec des hiérarchies de niveaux d'exécution. L'approche dynamique non linéaire, plus récente, issue des travaux de Bernstein, s'oppose à l'approche classique et définit au contraire le mouvement biologique comme un système d'éléments interagissant en parallèle (→ SYSTÈME DYNAMIQUE). Laissant de côté la métaphore informatique, il s'agit de repenser le problème du contrôle moteur en termes de flux d'énergie. Au concept de programme moteur, la synergétique propose de substituer celui de paramètre de contrôle dont les changements entraînent des discontinuités plus ou moins brutales dans le mouvement (par exemple, le changement de régime dans le flux continu de la locomotion, marche, trot, galop, d'un animal) avec un paramètre d'ordre qui redonne une stabilité au système. Cette théorie a l'avantage d'expliquer et d'analyser les transitions entre les changements quelle que soit leur forme. *Arlette* STRERI.

**Neuroscience.** — Les êtres vivants ont la capacité d'agir sur leur environnement et même de le modifier selon un plan interne qui leur est propre. L'action implique donc la notion de plan en fonction d'un but. Plus généralement, l'action est abordée en neuroscience cognitive dans le cadre de la motricité volontaire (→ VOLONTÉ). En effet, une action nécessite, pour s'accomplir, la mise en jeu de différentes structures neuronales qui interviennent dans les étapes du contrôle moteur (→ CONTRÔLE) : intention, planification, programmation et exécution.

La notion de représentation est centrale dans les modèles du contrôle de l'action (→ REPRÉSENTATION). Elle est utilisée par des auteurs tels Marc Jeannerod pour désigner le contenu mental lié au but et aux conséquences d'une action, ainsi que les opérations neuronales qui sont supposées prendre place avant son exécution.

Les connaissances neurophysiologiques ont longtemps reposé sur des études réalisées chez l'Animal et sur des observations en clinique neurologique. Elles ont permis de mettre en évidence le rôle respectif des éléments nerveux organisés de façon hiérarchique : la moelle épinière, le tronc cérébral, les ganglions de la base, le cervelet et le cortex. Aujourd'hui, les techniques d'imagerie cérébrale (→ IMAGERIE CÉRÉBRALE FONCTIONNELLE) permettent une approche dynamique de cette organisation chez le patient neurologique mais surtout chez le sujet normal. En outre, ces techniques peuvent apporter des informations concernant les premières étapes par lesquelles une action s'organise en explorant le substrat neuronal des représentations motrices – voir les travaux de Jeannerod et de Jean Decety en France. Il a ainsi pu être montré que les structures nerveuses impliquées dans les étapes initiales de l'organisation de l'action (la préparation motrice, l'imagerie motrice, → IMAGERIE MENTALE) concernent le cortex prémoteur, le cervelet latéral, le lobule pariétal inférieur et le cortex cingulaire antérieur. Récemment, avec les travaux de Muriel Roth, Decety et collaborateurs, l'imagerie par résonance magnétique nucléaire fonctionnelle (IRMf) a permis de révéler l'implication du cortex moteur primaire dans les représentations liées à l'action. *Jean DECETY.*

**Intelligence Artificielle.** — La formalisation de l'action en Intelligence Artificielle vise à permettre une modélisation opérationnelle des conditions et des effets des changements dans le monde (→ MODÈLE). L'enjeu est d'exploiter cette modélisation pour prédire, planifier, voire même pour agir rationnellement dans le monde réel *via* des robots (→ ROBOTIQUE) ou dans un monde virtuel *via* des agents logiciels. Il existe des formalisations spécifiques à des actions de types particuliers, tels des mouvements, qui s'appuient sur des théories adaptées, ici la géométrie et la dynamique. Ces formalisations sont nécessaires mais trop restreintes. Le déplacement d'un agent, par exemple, a des effets non géométriques sur les objets qu'il porte et sur son environnement. Les formalisations logiques de l'action ambitionnent un large pouvoir expressif (→ EXPRESSIVITÉ, LOGIQUE). Elles imposent des hypothèses restrictives, par exemple la discrétisation du temps, ou, le plus souvent, des changements d'états du monde (→ TEMPS). Ainsi, une action à effets continus n'est prise en compte que par sa décomposition en séquence de changements discrets. Le monde est décrit par une succession d'états. Un état reste stable jusqu'au déclenchement d'une action. Il a plusieurs passés et futurs possibles : l'ordre partiel des états traduit une connaissance incomplète.

Un état E étant représenté par un ensemble de formules logiques, comment décrire une action qui transforme E et comment calculer l'état résultant E′ ? La réponse à cette question a été cherchée dans le cadre d'extensions de la logique classique (laquelle est monotone et ne traite pas le changement) ou dans un cadre extra-logique.

Le calcul des situations relève du premier cas. Il introduit très peu d'ajouts à la logique du premier ordre (un prédicat *hold(p, E)* : la propriété *p* est vérifiée en l'état E, et une fonction *result(A, E)* qui dénote l'état E′ résultant de l'action A déclenchée en E). Une action se décrit par ses préconditions, ensemble des propriétés nécessaires et suffisantes à son déclenchement, et ses effets, ensemble des propriétés toujours vérifiées dans l'état résultant de son exécution. Un axiome de base dit qu'en tout état E où les préconditions de A sont vérifiées, les effets de A le sont dans l'état résultant E′. Mais c'est insuffisant : on ne sait pas déduire le statut en E′ des autres propriétés du monde non concernées par les effets de A (→ CADRE. Problème du —).

La représentation par opérateurs de changement d'états (dite « de strips » ) (→ REPRÉSENTATION) résout ce problème dans un cadre extra-logique, au moyen d'une approche ensembliste. L'état, les préconditions et les effets sont décrits explicitement par des ensembles de propriétés (plutôt que de formules). On suppose ces descriptions complètes et le monde clos (ce qui n'est pas explicité comme étant vrai est faux). A est applicable en E si ses préconditions sont incluses en E. On calcule E′ par ajout algébrique dans E des effets de A. Toute propriété non modifiée par cette opération persiste de E à E′. Ceci résout très simplement le problème de l'approche précédente, mais soulève d'autres problèmes qui ne s'y posaient pas. Il est en effet très difficile de décrire exhaustivement tous les effets et toutes les préconditions d'une action dans tous les cas de figures. Ainsi, l'ouverture d'une porte peut créer comme effets induits un courant d'air ou un meilleur éclairage du couloir. Le problème de ramification de l'action correspond à la difficulté de décrire synthétiquement tous les effets induits, par exemple à l'aide des axiomes du domaine (→ DOMAINE. Spécialisation quant au —). Le problème de la qualification de l'action fait référence à la même difficulté pour les préconditions (la porte doit être non verrouillée, non bloquée par un obstacle, non condamnée, etc.). Diverses approches sont explorées pour résoudre ces problèmes. La plupart déterminent l'état résultant à la fois par un mécanisme d'inférence (les changements déduits des informations explicites, → RAISONNEMENT et RATIONALITÉ) et par un mécanisme extra-logique de minimisation du changement (ce qui persiste implicitement). L'idée est que l'action transforme localement le monde. Globalement il reste invariant sauf information permettant de déduire le contraire. Ainsi, on choisira parmi les états E′ compatibles avec les axiomes décrivant l'action et le domaine celui le plus proche de l'état E. Les critères de proximité, qui ne doivent pas dépendre de la forme syntaxique de la représentation, sont difficiles à formuler et à mettre en œuvre, et conduisent rarement à un choix unique d'état résultant.

Parallèlement à ces recherches, plusieurs travaux visent à étendre les possibilités calculatoires de la représentation par opérateurs de changement d'états pour la planification. Cette représentation a été généralisée, par exemple, pour tenir compte d'actions à effets conditionnels, de certains effets induits (le déplacement de la boîte déplace son contenu), de ressources consommées ou requises par l'action, de la durée des actions et de la répartition temporelle de leurs effets, de leur synchronisation à des événements contingents. La planification est un problème fortement combinatoire. A l'aide d'heuristiques, on parvient à synthétiser des plans relativement complexes impliquant des actions parallèles, des buts multiples et un environnement évolutif.

Toutefois, l'hypothèse de modèles complets et fiables requise par les approches qui viennent d'être présentées est difficilement acceptable en pratique. Ceci motive de nombreux travaux, en particulier ceux qui s'appuient sur la théorie de la décision, visant à gérer l'incomplétude et l'incertitude des modèles, le non-déterminisme des actions (dont les actions de perception ou de communication, → COMMUNICATION, PERCEPTION) et des évolutions du monde, ainsi que des fonctions d'utilité sur l'état du monde à satisfaire au mieux. *Malik* GHALLAB.

**Philosophie.** — Une action se distingue d'un simple mouvement parce qu'elle a été causée de la manière adéquate par les intentions, les désirs et les croyances de l'agent (→ CAUSALITÉ, CROYANCE, DÉSIR, RAISONNEMENT et RATIONALITÉ, VOLONTÉ). Bousculer quelqu'un intentionnellement est une action, mais le bousculer parce qu'on a trébuché n'en est pas une. Toutefois il y a plusieurs manières de décrire un seul et même acte. Par exemple tirer sur la gâchette, trouer le cœur de quelqu'un, tuer quelqu'un, faire justice soi-même : combien d'actions sont-elles ici accomplies ?

La première tâche d'une théorie de l'action est de donner un critère d'identification, ou d'individuation, d'une action. Il convient d'abord de distinguer un type d'acte d'une occurrence de ce type (→ TYPE/OCCURRENCE). Tuer quelqu'un est un type d'acte – défini par l'intervention d'un agent (quelconque) causant la mort d'autrui – qui se trouve réalisé par de nombreux événements singuliers possibles (*a* empoisonne *b*, *c* poignarde *d*, etc.).

Trois types de théories de l'individuation de l'action doivent être distingués. A l'un des pôles, représenté par Alvin Goldman, l'action est individuée par les propriétés par lesquelles on la décrit. Par exemple, tirer sur la gâchette est une action différente de trouer le cœur de quelqu'un, les deux descriptions étant potentiellement indépendantes l'une de l'autre. Au pôle opposé, Donald Davidson soutient que l'action est individuée par le mouvement du doigt sur la gâchette ; mais elle comprend également toutes les conséquences de ce mouvement (intentionnel). Les diverses descriptions de tel acte de tuer qualifient ici toutes la même action. Enfin, une position intermédiaire consiste à dire que l'action peut comporter des constituants qui sont eux-mêmes des actions ou des événements causés par ces actions.

Les philosophes ont remarqué que l'événement qui est le produit de l'action ne peut satisfaire l'intention que s'il se produit de la manière souhaitée. Davidson prend l'exemple de l'alpiniste qui, troublé par son envie de ne plus assurer son camarade en risquant sa propre vie, lâche involontairement prise. Il a réalisé son intention, mais sans que cette réalisation soit intentionnelle. John Searle résout cette difficulté en distinguant l'intention préalable, l'intention en action, et l'événement physique. L'alpiniste a pu former une intention préalable de l'action de lâcher la prise, sans encore former l'intention en action qui cause le mouvement physique du lâcher prise. Or c'est l'intention en action qui, par son contenu, fixe les conditions de satisfaction de l'action intentionnelle.

Une action peut être physique ou mentale. Dans le premier cas, le contenu intentionnel consiste dans un événement extérieur dont la réalisation dépend d'un mouvement de l'agent (ou, pour les actes de langage, d'un énoncé, → PRAGMATIQUE). Dans le second cas, le contenu intentionnel consiste dans un événement mental (ou une disposition) que l'agent se propose de faire advenir en lui-même. *Joëlle* PROUST.

## ACTIVATION/INHIBITION

*(angl., activation/inhibition)*

**Neuroscience.** — L'activation correspond à une augmentation rapide de l'excitabilité du système nerveux ; l'inhibition est la diminution ou le ralentissement de l'activité spontanée de ce système. A un niveau local, l'inhibition peut être présynaptique ou postsynaptique.

Le terme d'activation est fréquemment utilisé dans les études d'activation avec les techniques d'imagerie cérébrale (→ IMAGERIE CÉRÉBRALE FONCTIONNELLE) pour signifier qu'une région augmente son métabolisme en relation avec une tâche donnée.

Il est généralement admis que, dans des conditions de perfusion normale, le débit sanguin cérébral régional (DSCr) reflète l'activité synaptique locale. C'est au niveau synaptique que se trouve la source de consommation d'énergie, principalement au niveau des potentiels postsynaptiques excitateurs. La repolarisation des membranes est un processus particulièrement coûteux en énergie. Le rétablissement des concentrations des milieux intra- et extracellulaires est directement lié au fonctionnement de la pompe $NA^+/K^+$ - ATP dépendante. A l'inverse, l'inhibition postsynaptique induite par l'injection de THIP (4,5,6,7-tetrahydroisoxazolo (5,4)-pyridine-3,ol), agoniste de l'acide g-aminobutyrique (GABA), diminue le DSCr. Il a été montré qu'il existe un couplage entre le DSCr et la consommation métabolique d'oxygène. Bien que le mécanisme par lequel le DSCr et le métabolisme cérébral sont couplés reste incertain, il est établi que le DSCr est modifié par le métabolisme, probablement en réponse aux besoins énergétiques des substrats métaboliques ainsi qu'à la clairance des métabolites.

Dans le domaine des études d'activation, une région du cerveau est activée par une tâche seulement si elle augmente son métabolisme par rapport à une tâche de référence. Cette méthode soustractive repose sur l'hypothèse d'additivité des conditions d'activation. D'une manière idéale, la condition cible contient tous les traitements présents dans la condition de référence, plus le traitement lié à la fonction étudiée (→ FONCTION). Il est difficile d'être sûr de la validité de cette hypothèse, particulièrement dans l'étude de la cognition, où la condition de référence ne peut être établie aisément. Ce problème est moins crucial pour les études sensorielles dans lesquelles les conditions d'activation sont définies par des paramètres physiques mesurables (par exemple, pour la vision : la couleur, le contraste, la luminance, etc.) (→ PERCEPTION, PSYCHOPHYSIQUE).

Outre le fait que les activations communes aux deux tâches ne sont pas prises en compte, l'interprétation de ces activations pose un problème. En effet, une augmentation d'activité peut être le signe d'une augmentation d'inhibition d'une structure située plus bas hiérarchiquement (*downstream* en anglais). A l'inverse, une diminution d'activité peut refléter l'inhibition de certaines structures et la désinhibition d'autres structures *downstream*, dont le résultat net conduit à une activation dans ces dernières structures.

Le fait que le DSCr soit le reflet de l'activité synaptique locale a des conséquences importantes sur l'interprétation des images d'activation. Ainsi, lorsqu'on observe une augmentation du DSCr dans une région du cerveau, celle-ci doit être interprétée en fonction des afférences qu'on lui connaît. En outre, les processus inhibiteurs au même titre que les processus excitateurs peuvent donner lieu à des augmentations locales de DSCr. Quant aux déactivations observées au moyen de la méthode soustractive, elles reflètent les régions cérébrales qui sont plus actives au cours de la condition de référence par rapport à la condition cible. *Jean DECETY.*

**Psychologie.** — En psychologie, l'étude conjointe des mécanismes d'activation et d'inhibition est essentielle pour comprendre comment s'opère la sélection cognitive de l'information lors de la résolution d'une tâche (→ INFORMATION). Classiquement, l'attention sélective a été considérée comme une fonction d'activation (→ ATTENTION). De ce point de vue, après un traitement initialement automatique (→ AUTOMATISME), l'information pertinente est sélectionnée (précocement ou tardivement selon la place du « filtre sélectif ») par un mécanisme attentionnel d'activation, de facilitation. Dès ce moment, l'information non pertinente, à ignorer, se dissipe passivement dans le temps. N'étant pas activée, facilitée, elle ne fait donc pas l'objet d'un traitement cognitif ultérieur. Par rapport à cette conception classique de l'attention-*activation*, une analyse alternative s'est récemment imposée : celle de l'attention-*inhibition*. Selon cette analyse, le mécanisme essentiel de la sélection attentionnelle est l'inhibition, le blocage actif de l'information non pertinente en mémoire de travail (→ MÉMOIRE). Dans ce cas, le traitement cognitif de l'information pertinente, ultérieur à la sélection, ne s'opère pas en raison d'une activation-facilitation spécifique, mais du fait qu'il n'y a plus d'interférence avec l'information non pertinente inhibée.

Pour le psychologue, la question est de savoir comment distinguer expérimentalement ces deux modalités possibles de sélection cognitive. Le paradigme mis au point, dans ce cadre, est celui de l'amorçage négatif (*negative priming* en anglais). Soit, une situation *a* / où le sujet doit répondre en fonction de S1 (le stimulus pertinent) en ignorant S2 (le stimulus non pertinent). Supposons ensuite *b* / que le sujet, sans qu'il s'y attende, doive répondre en fonction de S2 ou, dans une autre condition, en fonction de S3 (un nouveau stimulus). Selon la conception de l'attention-*activation*, lors de la première phase de la procédure (*a*), S2 doit se dissiper passivement dans le temps. Si l'effet de S2 n'est pas encore complètement dissipé en mémoire lors de la seconde phase de la procédure (*b*), alors le traitement de S2 (qui est devenu le stimulus pertinent) doit être facilité par rapport à celui de S3 : c'est l'amorçage positif (*priming effect* en anglais), généralement mesuré par le temps de réaction. Toujours selon la même conception, si l'effet initial de S2 est totalement dissipé en mémoire lorsqu'on passe à la seconde phase de la procédure, alors le traitement de S2 ne doit pas différer de celui de S3. L'autre point de vue, celui de l'attention-*inhibition*, conduit à une prédiction inverse. Dans ce cas, S2 étant initialement inhibé, c'est-à-dire activement bloqué, son effet ne subsiste aucunement en mémoire par dissipation progressive. Dès lors, S2 doit être plus difficile à traiter que S3 en raison de son inhibition préalable : c'est l'amorçage négatif.

Sous l'impulsion de Steven Tipper, qui a introduit la notion d'amorçage négatif en psychologie cognitive, de très nombreux travaux expérimentaux ont confirmé l'existence de ce phénomène dans des situations variées : tâches d'identification (dénomination d'images, de mots, identification de lettres), tâches de catégorisation (catégorisation sémantique, décision lexicale, → CATÉGORISATION, LEXIQUE, SÉMANTIQUE), tâches d'appariement (appariement de lettres, de formes), tâches de comptage (→ NOMBRE), de localisation spatiale (→ ESPACE), etc. L'ensemble de ces travaux a conduit à mettre fortement l'accent, depuis une dizaine d'années, sur le contrôle inhibiteur de la cognition (→ CONTRÔLE), l'amorçage négatif étant considéré comme l'indicateur de l'existence et de l'efficience du mécanisme d'inhibition. Des questions nouvelles, plus précises, se sont alors posées : qu'est-ce qui est inhibé (la réponse, la perception, la représentation, → PERCEPTION, REPRÉSENTATION), cela dépend-il des exigences de la tâche, existe-t-il un mécanisme unique d'inhibition ou plusieurs, quels sont les paramètres qui affectent l'amorçage négatif, sachant que dans certains cas l'effet attendu ne s'observe pas, etc. ?

Au-delà du domaine de l'attention sélective et de l'amorçage négatif, le concept d'inhibition, dont l'histoire est longue et diverse (Charles Sherrington, Ivan Pavlov, Sigmund Freud, etc.), connaît aujourd'hui un regain général d'intérêt en psychologie cognitive. Cette résurgence de la problématique de l'inhibition est également issue de l'étude des différences développementales et interindividuelles (→ DÉVELOPPEMENT COGNITIF, DIFFÉRENCIATION), de l'impact croissant de la neuroscience cognitive (le glissement récent de la métaphore informatique d'activation à la métaphore neuronale d'activation *et* d'inhibition, voir *neuro.* ci-dessus), des modèles connexionnistes (le rôle de l'inhibition dans la robustesse des réseaux, → CONNEXIONNISME, RÉSEAU NEURONAL) et des relations nouvelles entre psychopathologie et sciences cognitives (les modèles cognitifs des troubles mentaux en termes de dysfonctionnement exécutif et d'inhibition inefficiente, → PSYCHIATRIE COGNITIVE).

Ainsi, l'une des critiques actuellement formulées aux modèles néostructuralistes ou néopiagétiens de psychologie du développement est qu'ils sont tous, comme la théorie de Jean Piaget, des modèles de coordination-*activation* d'unités structurales et non des modèles de sélection-*inhibition*. Or de nombreux auteurs, Adele Diamond, Frank Dempster, Katherine Harnishfeger, Olivier Houdé, etc., montrent dans des domaines variés, tels la construction de l'objet, le nombre, la catégorisation et le raisonnement (→ OBJET, RAISONNEMENT et RATIONALITÉ), que le développement cognitif ne doit pas seulement être conçu comme l'acquisition progressive de connaissances (ou de structures de complexité croissante), mais aussi comme relevant de la capacité d'inhibition de réactions qui entravent l'expression de connaissances déjà présentes. Dans cette perspective de nouveaux modèles psychologiques et neuropsychologiques du développement sont proposés (→ NEUROPSYCHOLOGIE), essentiellement centrés sur les notions de fonctions exécutives, d'inhibition inefficiente/efficiente et de résistance aux interférences. Des études comparatives sont ainsi menées, à propos de tâches cognitives précises, entre les performances des enfants et celles de patients adultes qui, à l'issue d'une lésion du cortex préfrontal, présentent un dysfonctionnement exécutif du contrôle inhibiteur (difficulté d'inhibition des systèmes cognitifs routiniers selon le modèle de Tim Shallice).

Le contrôle inhibiteur n'est toutefois pas limité aux fonctions exécutives du cortex préfrontal lors de tâches cognitives complexes (catégorisation, raisonnement, etc.). L'inhibition prend en fait des formes très variées dans le système neural et cognitif (voir, plus haut, la généralité de l'effet d'amorçage négatif). En atteste, par exemple, l'accent mis par le physiologiste Alain Berthoz sur le rôle essentiel du contrôle inhibiteur dans les conduites d'exploration visuelle. L'enjeu des recherches à venir est d'articuler les nouvelles méthodes d'imagerie cérébrale fonctionnelle (→ IMAGERIE CÉRÉBRALE FONCTIONNELLE) et l'étude comportementale des fonctions cognitives – selon une approche symbolique et (ou) connexionniste –, en spécifiant clairement ce qui relève des mécanismes activateurs et des mécanismes inhibiteurs, ainsi que le niveau de traitement où ces mécanismes opèrent. *Olivier HOUDÉ.*

## AGNOSIE → NEUROPSYCHOLOGIE

*(angl., agnosia)*

## AMNÉSIE → MÉMOIRE, NEUROPSYCHOLOGIE

*(angl., amnesia)*

## ANALYSE COMPUTATIONNELLE

*(angl., computational analysis)*

**Neuroscience.** — Une analyse computationnelle correspond à une analyse logique (→ LOGIQUE) des qualités requises à tout système, biologique ou artificiel, pour accomplir une tâche donnée. David Marr a été parmi les premiers chercheurs à souligner l'importance de ce type d'analyse. L'analyse computationnelle conduit donc à une description claire et explicite des différentes étapes du traitement de l'information (*information processing* en anglais, → INFORMATION). En vision, le problème de la séparation figure-fond, par exemple, est l'une des étapes incontournables que tout système doit accomplir afin de reconnaître ou d'identifier un objet (→ PERCEPTION).

Il ne faut pas confondre l'analyse computationnelle et la simulation informatique. Toutefois, la description des étapes de traitement qui résulte de l'analyse computationnelle est suffisamment explicite pour qu'il soit possible de construire un modèle artificiel simulant le comportement humain (→ MODÈLE).

L'approche computationnelle (approche utilisant l'analyse computationnelle) est un élément clé de la neuroscience cognitive. Il est postulé qu'un sous-système de traitement particulier est dédié à la réalisation de chaque étape spécifiée par l'analyse computationnelle. Ces sous-systèmes sont organisés en un tout cohérent formant ce que l'on appelle « une architecture fonctionnelle ». Dans une telle architecture, chaque sous-système représente une unité fonctionnelle de traitement recevant une information d'un autre sous-système et envoyant une information à un autre sous-système. Un tel sous-système peut être considéré comme un ensemble ou réseau de neurones (→ RÉSEAU NEURONAL) travaillant de concert pour transformer une entrée donnée (*input* en anglais) en une sortie *(output)* particulière. Un grand nombre de données expérimentales, issues de disciplines diverses, telles la psychologie cognitive, la neuropsychologie cognitive, la neurophysiologie, la neuro-imagerie (→ IMAGERIE CÉRÉBRALE FONCTIONNELLE, NEUROPSYCHOLOGIE), est utilisé afin de confirmer l'existence des sous-systèmes postulés. S'il y a convergence des conclusions de différentes observations émanant de disciplines diverses et reposant sur des paradigmes variés, davantage de crédit est accordé au modèle théorique postulé.

L'approche computationnelle en sciences cognitives conjugue ainsi les apports de la neuroscience et de la psychologie ; elle peut également s'articuler avec une simulation informatique. *Olivier* KOENIG.

**ANOSOGNOSIE** → CONSCIENCE

*(angl., anosognosia)*

**APHASIE** → LANGAGE, NEUROPSYCHOLOGIE

*(angl., aphasia)*

## APPRENTISSAGE

*(angl., learning)*

**Psychologie.** — L'apprentissage est une modification de la capacité à réaliser une tâche sous l'effet d'une interaction avec l'environnement. Il se distingue des changements comportementaux survenant à la suite de la maturation (évolution interne de l'organisme correspondant à un programme de développement caractéristique de l'espèce). Le concept d'apprentissage est invoqué tant au niveau vivant le plus élémentaire, la plasticité comportementale de certains animaux unicellulaires, qu'au niveau des systèmes artificiels sophistiqués : l'algorithme de rétropropagation des réseaux connexionnistes (→ CONNEXIONNISME, RÉSEAU NEURONAL). Il l'est aussi, c'est évident, dans l'étude du développement et du fonctionnement cognitifs chez l'Homme (→ DÉVELOPPEMENT COGNITIF).

On distingue en général deux grandes classes d'apprentissages selon le niveau d'intégration de l'activité psychologique : les apprentissages élémentaires relatifs au contrôle par les stimulus de l'environnement (empreinte, habituation, conditionnement classique, conditionnement opérant ou instrumental) et les apprentissages complexes médiatisés par des représentations symboliques (→ REPRÉSENTATION, SYMBOLE). Les premiers sont étroitement déterminés par les caractéristiques physiques des stimulus et se révèlent soumis aux facteurs de contiguïté, de répétition, d'intensité ou de validité prédictive. Les seconds dépendent de la signification que le sujet attribue aux stimulus (→ SIGNIFICATION) : ils font intervenir des représentations symboliques et aboutissent à des modifications stables de certaines représentations stockées en mémoire (→ MÉMOIRE). On reconnaît ici l'opposition théorique entre le béhaviorisme et le cognitivisme (→ COGNITIVISME). Une autre distinction, partiellement redondante, s'ajoute à cette dichotomie classique : celle qui oppose, du point de vue des processus d'acquisition de connaissances, l'approche symbolique et l'approche connexionniste. L'approche symbolique correspond à la seconde classe d'apprentissages distinguée ci-dessus. L'approche connexionniste s'en démarque par l'économie faite du concept de symbole. Le concept de représentation, la signification attribuée aux stimulus, est maintenu mais redéfini en termes de patterns numérisés d'activation (activation subsymbolique de processeurs élémentaires ou neurones formels, → ACTIVATION/INHIBITION). Les algorithmes d'apprentissage font intervenir ces patterns et aboutissent à des modifications stables de patterns d'activation stockés en mémoire (la mémoire est la structure même du système).

Concernant les apprentissages élémentaires relatifs au contrôle par les stimulus de l'environnement, les deux principaux mécanismes étudiés chez l'Animal et chez l'Homme sont le conditionnement classique et le conditionnement opérant ou instrumental. Le premier type de conditionnement, que l'on doit à Ivan Pavlov, consiste à présenter de façon répétée un couple de deux stimulus, dont l'un est initialement neutre en ce qu'il ne provoque pas de réaction spécifique (le stimulus conditionnel SC), alors que l'autre (le stimulus inconditionnel SI) déclenche une réaction caractéristique dite « réaction inconditionnelle » (RI). Après un nombre variable de couplages, le premier stimulus déclenche la même réaction que le second, ou une réaction similaire, dite « réaction conditionnelle » (RC). Le conditionnement opérant, conçu par Burrhus Skinner, se caractérise par la présentation d'un stimulus, agréable ou désagréable, consécutif à une action spécifique du sujet. Cette action est appelée la « réponse instrumentale » dans le sens où c'est elle qui permet d'obtenir le stimulus consécutif. La répétition des couplages entre la réponse instrumentale et le stimulus consécutif, dans un dispositif construit à cet effet (la « boîte de Skinner »), entraîne une augmentation de la probabilité d'apparition de la réponse si le stimulus consécutif, ou *feedback*, est agréable (renforçateur) et une diminution s'il est désagréable (punisseur). Lorsqu'une même action entraîne des effets différents selon la situation, des stimulus contextuels antérieurs ou concomitants à la réponse, dits « stimulus discriminatifs », permettent au sujet de discerner le type de situation dans lequel il est impliqué (→ CONTEXTE et SITUATION).

Qu'il s'agisse du conditionnement classique ou du conditionnement opérant, les facteurs fondamentaux d'apprentissage sont la contiguïté (entre le SC et le SI pour le premier, entre la réponse instrumentale et le stimulus consécutif pour le second), la répétition des couplages (entre deux stimulus ou entre une réponse et un stimulus) et l'intensité (du SI ou du stimulus consécutif renforçateur ou punisseur). Un autre facteur important est la valeur prédictive, dite aussi « informationnelle » (→ INFORMATION). Dans le cas du conditionnement classique, il s'agit de la valeur prédictive de SC par rapport à SI (facteur qui ne se confond pas avec la répétition du couplage des deux stimulus).

Concernant les apprentissages complexes médiatisés par des représentations symboliques, l'analyse porte davantage sur le sujet-apprenant, ses connaissances antérieures, les activités cognitives de traitement de l'information qu'il déploie, que sur les caractéristiques de l'environnement. L'étude de l'apprentissage par l'action en est un bon exemple (→ ACTION). Ce type d'apprentissage concerne toutes les formes d'acquisition de connaissances attribuables à l'action, source d'informations nouvelles. Le conditionnement opérant en est donc un exemple mais, selon la conception béhavioriste, la modification qu'il entraîne est strictement limitée au comportement. L'approche cognitive de l'apprentissage par l'action, en situation de résolution de problèmes (→ RÉSOLUTION DE PROBLÈMES) où le sujet est amené à apprendre des règles artificielles (règles de jeu, critères de classification, etc.) ou naturelles (lois physiques, etc.), met l'accent, au-delà du comportement, sur les stratégies mentales de planification de l'action et sur les opérations de traitement des informations recueillies. Ainsi, lorsqu'un sujet élabore son activité à partir d'une hypothèse, c'est à l'hypothèse elle-même qu'il pourra imputer sa réussite ou son échec. La même approche, centrée sur l'organisation et la réorganisation des représentations en mémoire, est appliquée à l'apprentissage par le texte ou par l'image (→ TEXTE. Traitement du —). L'intérêt porté aux activités mentales lors de la situation d'apprentissage conduit à mettre l'accent sur divers mécanismes cognitifs : l'analogie, la formulation et le test d'hypothèses, l'induction, la généralisation d'une connaissance, l'assimilation à un cas connu, etc. Il s'y ajoute aussi que ces mécanismes (et donc l'apprentissage) sont contraints par les capacités de mémoire de travail et d'attention sélective (→ ATTENTION). Des recherches portent également sur les modalités explicite ou implicite de l'apprentissage, ainsi que sur sa dimension métacognitive (→ MÉTACOGNITION). Outre les formes individuelles d'apprentissage, on distingue les apprentissages sociocognitifs par observation et imitation de modèles ou par co-construction (→ COGNITION SOCIALE, INTERACTION).

A contre-courant de l'approche cognitive de l'apprentissage en termes de représentations symboliques, une approche connexionniste s'est imposée. Dans ce cadre, l'apprentissage est décrit comme un ajustement subsymbolique de pondérations associées aux arcs d'un réseau (connexions entre processeurs élémentaires ou neurones formels) en vue de « capturer » les régularités contenues dans une suite d'exemples d'associations entrée-sortie externes. Un tel mode d'apprentissage est implicite, confondu avec la machinerie du traitement et inaccessible à l'introspection et à la verbalisation (→ INTROSPECTION). Plusieurs algorithmes d'apprentissage ont été proposés. Voici un algorithme simple : celui de Widrow-Hoff. Il comporte cinq étapes : 1 / considérer une première mise en situation, positionner les entrées et les sorties correspondantes ; 2 / incrémenter de D les poids des connexions qui ont à la fois entrées et sorties actives ; 3 / ne positionner que les entrées ; 4 / évaluer les sorties à partir du réseau, c'est-à-dire à partir des pondérations initiales ; et 5 / incrémenter de D les poids des connexions qui ont à la fois entrées et sorties actives. Si à l'étape 4 les sorties évaluées correspondent à celles attendues (sorties positionnées à l'étape 1), alors l'étape 5 remet la partie du réseau concernée dans l'état initial. En revanche, s'il n'y a pas correspondance, le réseau se modifie. C'est dans ce cas qu'il apprend. D'autres algorithmes plus complexes ont été conçus telle la procédure d'apprentissage par rétropropagation pour les réseaux multicouches.

Si le connexionnisme semble renouer avec la conception classique de l'apprentissage, à savoir l'idée selon laquelle des contiguïtés engendrent des connexions, cette idée est appliquée ici avec un degré de sophistication sans précédent. En outre, les réseaux de neurones formels sont un outil inédit de modélisation (→ MODÈLE) des relations entre la maturation et l'apprentissage, les caractéristiques des réseaux qui définissent leur architecture de base correspondant à la maturation, alors que les changements, résultant de l'interaction entre un réseau d'architecture donnée et son environnement, constituent l'apprentissage. L'enjeu des recherches à venir est de rendre compte aux niveaux symbolique et subsymbolique des rapports complexes entre apprentissage et cognition. *Olivier HOUDÉ.*

**Neuroscience.** — En neuroscience cognitive, il est classique de distinguer deux types d'apprentissage, selon la nature implicite ou explicite de la mémoire impliquée (→ MÉMOIRE), qui renvoient à des structures cérébrales différentes.

L'apprentissage d'une habileté est caractérisé par une modification adaptative du comportement au cours d'épreuves répétées et se manifeste dans des situations telles que l'apprentissage du ski ou du dessin en miroir (situation expérimentale souvent étudiée). Ce type d'apprentissage est considéré comme appartenant à la mémoire dite

« implicite », en ce sens qu'il se manifeste à travers le comportement (augmentation de la performance d'une séance d'entraînement à l'autre) et peut se réaliser en l'absence de tout souvenir explicite des épisodes d'apprentissage de la part du sujet. En effet, un tel apprentissage peut être observé chez un patient amnésique qui n'a aucun souvenir des épisodes d'apprentissage qu'il a vécus. Ce type d'apprentissage implique probablement les noyaux gris centraux puisqu'il s'avère perturbé chez des patients souffrant de la maladie de Parkinson par exemple, patients affectés par une insuffisance dopaminergique qui conduit à un dysfonctionnement du striatum.

Un autre type d'apprentissage intervient dans des situations de mémorisation intentionnelle, telles que l'apprentissage d'une liste de mots ou de courses à faire, ou encore d'un poème. Ce type d'apprentissage est considéré comme faisant partie de la mémoire explicite car il peut s'exprimer par le langage (→ LANGAGE. Traitement du —) (et non uniquement par le comportement) et l'apprenant peut faire explicitement référence aux caractéristiques spatiales et temporelles des épisodes d'apprentissage (→ ESPACE, TEMPS). Un tel apprentissage est perturbé dans le syndrome amnésique, syndrome observé chez des patients atteints de lésions de la partie médio-temporale du cerveau (en particulier de l'hippocampe) ou du diencéphale (thalamus et corps mamillaires). Ce type d'apprentissage semble donc dépendre de ces structures cérébrales, critiques pour encoder de nouvelles informations en mémoire (→ INFORMATION). Il est par contre bien connu aujourd'hui que ces structures ne consistent pas en des lieux de stockage de l'information. *Jean DECETY et Olivier KOENIG.*

**Intelligence Artificielle.** — En 1950, avant même que la locution « Intelligence Artificielle » (IA) n'ait été consacrée, Alan Turing avait déjà souligné l'importance de l'apprentissage pour les machines : selon Turing, une machine qui prétend à l'intelligence doit paraître perspicace dans la plupart des situations auxquelles elle se trouve confrontée, même les plus déconcertantes ; or, pour sembler perspicace, elle doit disposer d'un savoir lui permettant d'agir de façon appropriée. Il lui faut donc posséder des connaissances étendues pour faire face à l'inattendu. A cette fin, il faut soit qu'on lui dise tout, ce qui risque de prendre très longtemps, soit qu'elle puisse apprendre d'elle-même, ce qui serait préférable. L'expérience quotidienne nous le confirme : une machine qui réagit de façon strictement identique à chacune de nos sollicitations ne saurait passer pour intelligente.

L'étude des mécanismes par lesquels une machine est susceptible de tirer parti de son expérience (→ EXPÉRIENCE), autrement dit d'apprendre, est donc au cœur de l'IA. Cette étude est d'abord destinée à fabriquer des machines capables de s'adapter et d'agir plus efficacement, mais ce n'est pas tout : elle permet aussi de simuler certains aspects de l'apprentissage humain ou animal, ce qui en facilite notre compréhension (voir *psycho.* ci-dessus). Notons que la conception de machines qui aident les hommes à apprendre ne relève pas directement de ce qu'il est convenu d'appeler l'apprentissage en IA ; on préfère parler, là, « d'enseignement assisté par ordinateur ».

Indépendamment de leur objectif commun d'acquisition de connaissances (→ ACQUISITION DE CONNAISSANCES), les fonctions et les mécanismes d'apprentissage sont multiples. Pour simplifier, nous distinguerons d'abord quatre grandes fonctions. 1 / L'apprentissage passe par la mémorisation de souvenirs et par une organisation de la mémoire grâce à laquelle les souvenirs seront évoqués au moment opportun (→ MÉMOIRE). 2 / L'apprentissage relève de l'acquisition de concepts : étant donné différents exemples et contre-exemples d'une catégorie, par exemple *table, bistouri, carburateur*, il s'agit d'induire une fonction très générale qui discrimine les exemples des contre-exemples de chacune de ces catégories (→ CATÉGORISATION, CONCEPT). 3 / L'apprentissage porte sur la constitution de savoir-faire. Une tâche exécutée plusieurs fois s'accomplit plus rapidement, car on ne refait pas les mêmes erreurs, on n'a plus les mêmes hésitations. De même, après avoir exécuté une tâche, une machine devrait être en mesure de tirer parti de son expérience pour aller plus vite en besogne. 4 / Enfin, une machine pourrait, comme un homme, être capable d'inventer de nouvelles théories qui expliquent ou résument des ensembles de faits. C'est l'opération de l'esprit la plus difficile à cerner, et l'objectif le plus exaltant que l'on puisse se fixer.

La tentative de simulation de ces quatre grandes fonctions repose sur un certain nombre de mécanismes fondamentaux que l'on peut réaliser sur ordinateur. L'opération essentielle commune à tous ces mécanismes est la généralisation qui fait passer d'exemples, c'est-à-dire de points dans un espace de représentation (→ REPRÉSENTATION), à une fonction (→ FONCTION) qui opère une partition sur cet espace de représentation eu égard à un critère donné. On distingue les techniques de généralisation selon la structure de l'espace de représentation : booléen, discret, continu, logique du premier ordre (→ LOGIQUE), etc. ; selon que les exemples sont donnés d'un bloc ou qu'ils sont présentés un à un – cette dernière propriété des systèmes d'apprentissage se nomme « incrémentalité » ; enfin, selon les éventuelles métaphores employées pour les décrire : réseaux de neurones, algorithmes génétiques, etc. (→ CONNEXIONNISME, RÉSEAU NEURONAL, VIE ARTIFICIELLE).

L'apprentissage symbolique porte sur des exemples décrits soit avec des logiques propositionnelles étendues, soit avec la logique des prédicats du premier ordre. Dans la première éventualité, l'apprentissage procède par construction d'arbres de décision ou d'ensembles de règles de production en faisant appel à des procédures semblables à celles utilisées en analyse des données. Le principe général sur lequel reposent ces techniques tient à l'élimination des traits spécifiques et à la conservation des traits communs. Ainsi, les deux descriptions *Couleur-Fleur-Jaune & Narcisse* et *Couleur-Fleur-Blanche & Narcisse* se généraliseront en *Narcisse*. Dans ce cadre, l'originalité de l'apprentissage symbolique, par rapport à l'analyse des données, tient surtout à l'emploi de formalismes de représentation des connaissances, qui se distinguent de simples tableaux de données, et à l'introduction de connaissances qui traduisent l'implicite des descriptions. Ainsi, si le système sait qu'une jonquille est un narcisse jaune, il pourra généraliser les descriptions : *Jonquille* et *Couleur-Fleur-Blanche & Narcisse* en *Narcisse*.

Lorsque les exemples sont décrits en logique du premier ordre, outre l'élimination des traits spécifiques, la généralisation fait appel à une opération d'appariement, c'est-à-dire d'accouplement des parties semblables. Pour saisir le rôle de l'appariement, imaginons deux bouquets de fleurs, l'un qui contienne des narcisses blancs et des roses jaunes, l'autre fait de roses blanches et de jonquilles. Deux généralisations sont alors permises : on peut caractériser les bouquets ou bien par la couleur, blanche ou jaune, ou bien par la nature, rose ou narcisse, des fleurs qui les composent. Chacune de ces généralisations correspond à un appariement particulier : les narcisses blancs avec les roses blanches et les roses jaunes avec les jonquilles pour le premier, les roses blanches avec les roses jaunes et les narcisses blancs avec les jonquilles pour le second.

La généralisation d'objets structurés, représentés en logique du premier ordre, ou à l'aide de formalismes plus ou moins équivalents, est tout à fait spécifique à l'apprentissage symbolique ; elle a donné lieu à de nombreuses formalisations ces dernières années. Cependant, l'apprentissage symbolique n'aborde pratiquement pas les questions d'incrémentalité ; la plupart du temps, les exemples sont donnés tout d'un bloc. Il en va tout autrement des techniques de rétropropagation de gradient qui ajustent les poids synaptiques d'un réseau de neurones formels stratifiés sur plusieurs couches, en tenant compte de l'écart entre la réponse obtenue et la réponse désirée. Les succès remportés par ces techniques d'apprentissage sont à l'origine du regain d'intérêt, dans les années 1980, pour l'approche connexionniste issue de la cybernétique.

Il faut aussi mentionner les techniques dites « d'apprentissage adaptatif » et, en particulier, ce qu'il est convenu d'appeler, depuis que John Holland les a développés au début des années 1970, les algorithmes génétiques (en « vie artificielle »). Une population d'individus chargés d'accomplir des tâches variées en réponse à des stimuli est initialement simulée. Chacun des individus de cette population est doté d'un « patrimoine génétique » qui définit son caractère particulier. Une procédure teste l'adaptation de chaque individu en évaluant la pertinence de ses réponses. Suite à une série d'expériences, les moins adaptés disparaissent tandis que les plus adaptés se reproduisent en donnant naissance à des individus dont le patrimoine génétique résulte de croisements ou de mutations sur le patrimoine génétique de leurs parents (voir aussi : → DARWINISME NEURAL-MENTAL). Au bout de quelques générations, la population doit être adaptée aux tâches pour lesquelles elle est requise.

Au reste, précisons que tout ne peut pas être appris. D'une part, pour qu'une machine apprenne, il lui faut disposer d'exemples décrits dans un langage (→ LANGAGE. Traitement du —), qui est toujours lourdement chargé d'implicite. Dans le même ordre d'idées, tous les algorithmes d'apprentissage font appel à des connaissances additionnelles que l'on range sous le vocable de « biais d'apprentissage » et qui demandent à être acquises, sans pouvoir faire l'objet d'apprentissage. Parmi celles-ci, certaines sont explicites, par exemple le fait que les jonquilles sont des narcisses jaunes, alors que d'autres sont implicites et tiennent à la configuration ou à l'ajustage des paramètres dans les systèmes d'apprentissage. Enfin, il existe des limites formelles à l'apprentissage par machine qui tiennent à la complexité algorithmique des procédures ; ce sont ces limites théoriques qu'étudient les spécialistes des théories formelles de l'apprentissage (ou « apprenabilité » ). *Jean-Gabriel* GANASCIA.

## APRAXIE → NEUROPSYCHOLOGIE

*(angl., apraxia)*

## ASPECT

*(angl., aspect)*

**Linguistique.** — La notion d'aspect, apparue au XIXe siècle dans les grammaires russes, rapidement étendue à l'ensemble des langues slaves, a très longtemps tardé à s'imposer dans les grammaires de langues telles le français ou l'anglais, qui ne possèdent pas de systèmes de marques morphologiques exclusivement dévolues à son expression (→ GRAMMAIRE, MORPHOLOGIE). C'est, pour le français, à Gustave Guillaume que l'on doit le premier véritable effort de théorisation des phénomènes aspectuels. Il distingue ainsi le temps qui sert de cadre pour localiser les procès (états ou événements), du temps interne au procès (temps impliqué par son déroulement), qui constitue à proprement parler l'aspect du procès (→ TEMPS). Une autre distinction s'est progressivement imposée entre deux types d'aspect : l'aspect lexical, marqué par le lexème verbal et son environnement actanciel (→ ACTANCE. Relation actancielle, LEXIQUE), définit le type de procès ; l'aspect grammatical, essentiellement exprimé par le temps verbal et certains adverbes d'aspect, constitue le mode de présentation du procès (la façon dont il est perçu, pris en compte).

A l'opposition traditionnelle entre verbes d'action et verbes d'état, se sont progressivement substituées, dans les travaux linguistiques sur l'aspect lexical, des classifications beaucoup plus fines des types de procès. Elles prennent en compte l'ensemble de la prédication et non plus le verbe seul (car *sortir* n'exprime pas le même type de procès dans *Pierre sort de la cuisine* et *Une fumée noire sort de la cheminée*). Ces classifications se définissent à partir de (ou contre) celle, désormais classique, de Zeno Vendler, qui distingue les états, les activités, les accomplissements et les achèvements. Ces distinctions se fondent sur trois critères principaux : la dynamicité, le bornage et la ponctualité. Ainsi, un état est [– dynamique], [– borné], [– ponctuel], une activité est [+ dynamique], [– bornée], [– ponctuelle], un accomplissement est [+ dynamique], [+ borné], [– ponctuel] et un achèvement est [+ dynamique], [+ borné], [+ ponctuel].

L'attribution de ces valeurs résulte de l'application de tests. 1 / Si le prédicat est compatible avec la locution [*être en train de* Vinf] (Vinf = verbe à l'infinitif), le procès est [+ dynamique] ; par exemple, *Il est en train de marcher, * Il est en train d'aimer le chocolat* (l'astérisque indique l'agrammaticalité de la séquence). 2 / Si le prédicat est compatible avec [*pendant* + durée] et incompatible avec [*en* + durée], le procès est [– borné] : par exemple, *Il a marché pendant deux heures, ?* Il a marché en deux heures* (l'astérisque précédé du point d'interrogation indique que la grammaticalité est douteuse et que la séquence demanderait un contexte bien particulier pour pouvoir être acceptée), c'est-à-dire que la signification linguistique du prédicat, ici *marcher*, n'implique pas que le procès ait un terme. On parle aussi, selon les auteurs, de procès imperfectif, atélique, non conclusif ou de bornage extrinsèque. 3 / Si le prédicat est compatible avec [en + durée] et incompatible avec [pendant + durée], le procès est [+ borné] : par exemple, *?* Il a bu une limonade pendant cinq minutes, Il a bu une limonade en cinq minutes,* c'est-à-dire que la signification linguistique du prédicat (y compris les compléments du verbe) implique que le procès ait un terme. On parle aussi de procès perfectif, télique, conclusif, ou de bornage intrinsèque. 4 / Un procès est considéré comme [+ ponctuel] si le fait d'introduire la locution [*mettre un certain temps à* Vinf] dans l'énoncé conduit à interpréter cette dernière comme exprimant non la durée du procès lui-même (qui est ponctuel par définition), mais celle de sa phase préparatoire : par exemple, *Il mit deux heures à atteindre le sommet* (≈ *avant d'atteindre le sommet* ; procès ponctuel), *Il mit deux heures à lire son roman* (≠ *avant de lire son roman*).

Les tests de compatibilité 1, 2 et 3 rencontrent cependant des difficultés d'application, car il arrive bien souvent que le procès se « déforme » sous l'effet du test. Il s'agit là d'un phénomène courant de polysémie contextuelle (→ CONTEXTE et SITUATION) qui doit être détecté au moyen de tests supplémentaires mettant en œuvre des relations de paraphrase (à la manière du test 3). Ainsi, je puis très bien dire d'un enfant qu'*il a dormi en dix minutes*, mais il serait inexact de considérer pour autant *dormir* comme exprimant un accomplissement ou un achèvement, car dans cet exemple, c'est la phase préparatoire du procès qui est retenue, comme l'indique la paraphrase : *Il s'est écoulé dix minutes avant qu'il ne dorme.* De la même manière, dans *Il s'est arrêté pendant une heure,* c'est la durée de l'état résultant *(être arrêté)* qui est évaluée, et non celle du procès lui-même qui est intrinsèquement ponctuel.

L'aspect grammatical se laisse, quant à lui, assez aisément analyser et représenter à partir de la notion de moment de référence, dès lors que celui-ci est conçu comme l'intervalle correspondant à ce qui est pris en compte, montré (et éventuellement asserté) par l'énoncé. C'est la relation entre l'intervalle du procès et l'intervalle de référence qui définit les différents types d'aspects grammaticaux : 1 / l'aspect global, perfectif (ce terme est employé aussi par certains auteurs pour désigner l'aspect lexical, non sans risque de confusions), ou « aoristique » : les deux intervalles coïncident, le procès est vu dans son intégralité ; par exemple, *Il dormit deux heures* ; 2 / l'aspect imperfectif ou inaccompli : l'intervalle de référence est inclus dans celui du procès, dont ni le début, ni la fin ne sont pris en compte ; par exemple, *A minuit, il dormait (était en train de dormir)* ; 3 / l'aspect accompli : l'intervalle de référence est postérieur à celui du procès, dont n'est présenté que l'état résultant ; par exemple, *Il a terminé son travail depuis dix minutes* ; 4 / l'aspect prospectif : l'intervalle de référence est antérieur à celui du procès, dont seule la phase préparatoire est prise en compte ; par exemple, *(Je vois qu')il va tomber malade* ; 5 / l'aspect inchoatif : l'intervalle de référence (infiniment petit) correspond au début du procès ; par exemple, *Il dormit à huit heures (≈ s'endormit)* ; 6 / l'aspect terminatif : l'intervalle de référence (infiniment petit) coïncide avec la fin du procès ; par exemple, *Il rentra à huit heures (≈ arriva)* ; 7 / l'aspect itératif : le procès est réitéré de façon à constituer une série de procès, chacune des occurrences de procès étant le plus souvent vue de façon globale, tandis que la série est présentée sous un aspect inaccompli ; par exemple, *Il mangeait en un quart d'heure depuis un mois.*

Le calcul des valeurs aspectuelles se heurte aux mêmes difficultés que celui des relations temporelles : les marqueurs sont généralement polysémiques, ils interagissent de façon holiste (→ HOLISME). Ainsi, dans l'énoncé *(A cette époque) Pierre dormait en cinq minutes* – qui accepterait une suite du type *mais maintenant, il est obligé de lire pendant deux heures avant de pouvoir s'endormir* – l'imparfait prend une valeur itérative, *dormir* équivaut à s'endormir, et *en cinq minutes* désigne non pas la durée du procès lui-même, mais celle de la phase préparatoire de ce procès (la durée qui sépare le moment où Pierre se couche de celui où il s'endort). Ces significations sont interdépendantes : c'est parce que le procès est interprété comme ponctuel et inchoatif que le circonstanciel de durée porte sur sa phase préparatoire, mais c'est aussi à cause de ce circonstanciel que le procès est contracté sur sa phase initiale. *Laurent Gosselin.*

## ATTENTION

*(angl., attention)*

**Psychologie.** — L'attention renvoie à un ensemble d'activités cognitives s'exerçant sur des représentations (→ REPRÉSENTATION), recourant à des processus d'amplification (rehaussement) ou d'atténuation (inhibition) (→ ACTIVATION/INHIBITION) qui modulent transitoirement l'efficience de notre activité mentale et dont les conséquences comportementales se manifestent sous la forme d'un ensemble de bénéfices.

L'attention est liée à la manière dont le système cognitif traite l'information (→ INFORMATION). La structure en deux étapes de traitement, une première étape parallèle suivie d'une seconde séquentielle, initialement proposée par Donald Broadbent en 1958, a cédé la place dans les années 1970, sous l'impulsion de chercheurs tels Michael Posner, Richard Shiffrin et Walter Schneider, à une distinction entre deux modes de traitement : d'une part, les processus automatiques, rapides, parallèles et sans attention (→ AUTOMATISME) ; d'autre part, les processus contrôlés, lents, sériels et stratégiquement déterminés (→ CONTRÔLE). Par exemple, le modèle de l'intégration des traits d'Anne Treisman suggère que la détection d'une cible est automatique lorsque celle-ci est définie par une seule propriété élémentaire sur une dimension intégrale (la couleur, la luminance, la taille, la forme, etc.) qui peut être analysée par des détecteurs précablés, spécialisés et fonctionnant en parallèle (la cible « saute aux yeux » quel que soit le nombre de distracteurs simultanément présents). En revanche, la détection est contrôlée lorsque la cible est définie par une combinaison de deux propriétés élémentaires appartenant à deux dimensions différentes pour laquelle n'existe aucun analyseur dédié. L'attention, sorte de « colle », maintient temporairement la combinaison des propriétés attendues en une représentation cohérente de l'objet.

Une dimension importante de l'attention renvoie aux opérations sélectives. Posner précise, dans le domaine visuo-spatial (→ ESPACE), le rôle d'une orientation préparatoire de l'attention sur l'efficacité de la détection d'une cible. Il considère l'attention comme une sorte de faisceau attentionnel de taille réduite dirigé vers un endroit précis de la scène visuelle (→ PERCEPTION), améliorant le traitement des informations qui s'y trouvent présentes (bénéfices) et inhibant celui des informations situées à l'extérieur (coûts). L'orientation de ce faisceau peut être préparée par l'arrivée inopinée d'une stimulation externe périphérique (attention exogène) ou déterminée volontairement par une décision stratégique préalable (attention endogène). Lorsque les cibles et les distracteurs occupent la même position spatiale, David LaBerge suggère qu'une attention soutenue contribue à l'émergence de la saillance perceptive de la cible.

Enfin, les informations auxquelles nous ne faisons pas attention donnent généralement lieu à de médiocres performances de rappel (→ MÉMOIRE). La qualité de la performance mnésique semble dépendre, ainsi que l'ont montré Fergus Craik et Robert Lockhart, de la profondeur du traitement cognitif exercé lors de l'opération d'encodage, elle-même sous la dépendance de la quantité de ressources attentionnelles disponibles.

Diverses propositions théoriques ont été avancées pour rendre compte de la gestion des ressources attentionnelles : Daniel Kahneman suggère l'existence d'un « administrateur central » qui établit une priorité dans les traitements ; Alan Baddeley définit un « exécutif central » coordonnant et intégrant les représentations utiles à l'activité en cours ; Don Norman et Tim Shallice proposent un « système attentionnel superviseur » dont la fonction est d'assurer une certaine flexibilité cognitive et qui serait altéré lors de lésions neurologiques frontales (voir *neuro.* ci-dessous). L'outil privilégié de ces différentes « instances cognitives » est vraisemblablement constitué d'un ensemble de processus inhibiteurs, capables de résister à la distraction, mais aussi capables d'éviter l'irruption de schémas routiniers de conduites lorsque ceux-ci se révèlent inappropriés, notamment face à une situation nouvelle, un problème à résoudre. *Jean-François* CAMUS.

**Neuroscience.** — L'attention est une clé pour comprendre le fonctionnement du cerveau. Elle est liée aux limites des capacités mentales et semble être le principal facteur de contrôle du fonctionnement cérébral et du comportement (→ CONTRÔLE). L'analyse des aspects neuronaux de l'attention fait essentiellement ressortir le rôle prépondérant de certaines structures, organisées en circuit ou réseau complexe (→ RÉSEAU NEURONAL), qui sous-tendent les aspects fondamentaux des processus attentionnels déjà énoncés par William James : la sélection des informations à traiter et le maintien (ou les variations) d'un certain niveau de traitement (→ INFORMATION). La mise en évidence d'un tel réseau composé de différentes régions encéphaliques a bénéficié aussi bien des études neuropsychologiques chez l'Homme (études lésionnelles, enregistrement du métabolisme cérébral) que des études neurophysiologiques chez l'Animal (lésions, enregistrement électrique cellulaire) (→ IMAGERIE CÉRÉBRALE FONCTIONNELLE, NEUROPSYCHOLOGIE).

La composante sélective de l'attention permet de déterminer le choix de l'information à traiter. On ne peut, en effet, traiter de manière élaborée toutes les informations qui se présentent simultanément à nous. Ce choix nécessaire dépend du fonctionnement combiné de plusieurs aires ou régions cérébrales. L'attention sélective joue un rôle essentiel dans la prise d'information visuelle, notamment en sélectionnant une information dans un endroit donné de l'espace (→ ESPACE, PERCEPTION). Les colliculus supérieurs (mésencéphale) sont les structures phylogénétiquement les plus anciennes intervenant dans l'attention sélective. Elles semblent permettre un ajustement assez rapide des mouvements oculaires vers une cible périphérique. Dans le cerveau, certains noyaux du thalamus comme le pulvinar interviendraient pour filtrer l'information qui atteint le cortex, permettant ainsi l'engagement de l'attention vers une source d'information donnée. Le fonctionnement du pulvinar paraît lié aussi bien à une mise en jeu passive de l'attention (attention attirée sélectivement vers une modification soudaine de l'information) qu'à une mise en jeu active (attention dirigée par les processus centraux). Les régions corticales postérieures, et notamment les régions pariétales, sont impliquées dans la sélection de l'information spatiale. Une lésion pariétale provoque chez l'Homme le syndrome d'héminégligence qui se traduit par le fait que le patient a tendance à oublier la partie du monde qui est controlatérale à sa lésion : il n'y orientera son regard que difficilement et n'y portera pas attention.

Depuis longtemps, notamment avec les travaux de David Ferrier au XIX^e^ siècle, le cortex préfrontal est considéré comme un surcortex associatif, spécialement développé chez l'Homme et ayant un véritable rôle de commande du comportement. Les recherches actuelles montrent que ces aires corticales permettent de prendre les décisions ultimes de notre comportement, comme par exemple inhiber une réponse immédiate (routine) mais non pertinente dans une situation donnée (→ ACTIVATION/INHIBITION), initialiser une stratégie de traitement quand un choix est à faire, planifier un comportement. On peut donc considérer que ce cortex intervient dans l'attention sélective, comme un « système attentionnel superviseur » selon l'expression de Don Norman et Tim Shallice. Cependant, contrairement au cortex postérieur, il intervient moins dans la sélection des informations à traiter que dans la sélection d'une stratégie de traitement lors d'une tâche complexe. Pour certains chercheurs, comme Michael Posner, ce serait surtout le lobe frontal gauche qui jouerait ce rôle chez l'Homme.

Enfin, l'aspect le plus général de l'attention, c'est-à-dire la mobilisation d'un certain niveau général, non différencié, de nos capacités mentales, dépend de la mise en jeu de la formation réticulée ascendante, dont la fonction a été démontrée pour la première fois en 1949 par Giuseppe Moruzzi et Horace Magoun. Ce serait notamment le locus coeruleus qui jouerait le rôle de ce qu'on appelle la vigilance, ou l'alerte, correspondant tout simplement à des variations du niveau d'éveil. Ce système, noradrénergique, envoie des efférences vers la plus grande partie du système nerveux. Il opère en relation avec des noyaux réticulés du thalamus ainsi qu'avec certaines régions frontales, notamment frontales droites chez l'Homme.

L'ensemble du complexe neuronal qui vient d'être décrit représente donc un véritable circuit privilégié dans le système nerveux, permettant de réaliser les diverses fonctions de l'attention. Bien entendu, ce système attentionnel est fortement connecté à d'autres systèmes. Il l'est, par exemple, avec les aires temporales qui permettent de récupérer en mémoire les informations déjà apprises ou d'en stocker de nouvelles (→ MÉMOIRE). Il l'est aussi avec le circuit limbique, notamment le gyrus cingulaire, qui correspond au système de motivation de l'individu (→ ÉMOTION). Le système attentionnel doit également jouer un rôle dans les mécanismes de conscience (→ CONSCIENCE) puisqu'il permet de sélectionner « l'objet de la conscience ». *Éric* SIÉROFF.

## ATTITUDE PROPOSITIONNELLE

*(angl., propositional attitude)*

**Philosophie.** — On regroupe sous le nom d'attitude propositionnelle les croyances (→ CROYANCE), les désirs (→ DÉSIR), les intentions, les craintes, les espoirs, les souhaits, etc., qui ont en commun d'être identifiés par leur contenu propositionnel : la croyance qu'Aristote est un philosophe est identifiée par la proposition qu'Aristote est un philosophe (→ PROPOSITIONNEL. Format —).

Dans notre pratique ordinaire, ces notions jouent un rôle central pour expliquer, justifier et prédire les comportements (→ ACTION, CAUSALITÉ, THÉORIE DE L'ESPRIT). Mais ont-elles leur place dans une psychologie scientifique naturaliste (→ NATURALISATION) ? Le débat contemporain oppose les philosophes qui refusent d'accorder un statut scientifique aux attitudes propositionnelles, tels Paul Churchland, Willard Quine, Dan Dennett, Stephen Stich – même si certains reconnaissent néanmoins l'utilité pratique des attributions d'attitudes pour l'interprétation des comportements – et les philosophes réalistes, tels Jerry Fodor, Fred Dretske, Ruth Millikan, qui affirment qu'il s'agit d'états mentaux réels jouant un rôle causal dans l'explication des comportements en vertu de leur contenu (→ INTERPRÉTATION, RÉALISME). Dans une perspective naturaliste, les philosophes réalistes doivent expliquer comment les états physiques qui réalisent ces états mentaux peuvent avoir des propriétés représentationnelles (→ REPRÉSENTATION) et avoir une efficacité causale qui soit fonction du contenu dont ils sont porteurs. *Élisabeth PACHERIE.*

## AUTISME

*(angl., autism)*

**Psychologie.** — Dans son travail pionnier publié en 1943, Léo Kanner individualisait l'autisme comme un syndrome caractérisé 1 / par une inaptitude à établir des relations socio-affectives avec autrui (→ COGNITION SOCIALE), 2 / un mutisme ou une incapacité à donner au langage valeur de communication (→ COMMUNICATION, LANGAGE. Traitement du —) et 3 / des réponses anormales à l'environnement (stéréotypies, immutabilité), le tout contrastant avec une apparence physique normale et des îlots de compétence. Par la suite, la symptomatologie a été complétée avec un autre critère : 4 / l'apparition de ces signes avant l'âge de 30 mois. Malgré le consensus sur ces quatre critères, il reste toujours difficile d'établir de façon indiscutable le diagnostic. Les déficits mentaux et autres troubles associés, fréquents mais pas inéluctables, sont une des causes de cette incertitude, aggravée par le caractère longtemps assez subjectif des critères définis. Enfin, une autre forme d'autisme, individualisée par Hans Asperger, décrit des troubles socio-affectifs associés à un développement normal du langage.

A ces difficultés diagnostiques se sont ajoutées les oppositions entre deux grandes perspectives étiologiques : l'une, d'option psychanalytique, considérant les causes comme environnementales, l'autre, dite « cognitive » (→ PSYCHIATRIE COGNITIVE), admettant une étiologie biologique, de type neurologique. Il est à noter toutefois qu'une étiologie neurologique n'exclut pas l'hypothèse d'un trouble social ou émotionnel primaire (→ ÉMOTION).

La fiabilité du diagnostic a progressé avec l'adoption de critères comportementaux pour l'ICD10, classification internationale des troubles psychopathologiques de l'enfant, réalisée par l'Organisation mondiale de la santé (OMS), ou les versions successives du *Manuel diagnostic et statistique* (DSM) publié par l'Association américaine de psychiatrie (version actuelle : DSM IV).

L'hypothèse d'une étiologie biologique et la reconnaissance du caractère développemental du syndrome ont abouti dernièrement à des simulations du développement du syndrome à partir de déficits primaires postulés. Les postulats se fondent sur des modèles ontogénétiques. Les nombreuses recherches s'organisent autour de trois simulations de l'autisme : la théorie émotionnelle de Peter Hobson, pour lequel les troubles initiaux concernent la capacité innée à décoder les émotions, en tant qu' « états mentaux transparents » ; le modèle intersubjectif de Sally Rogers et Bruce Pennington, où la capacité néonatale de transfert intermodal liée à l'imitation est déficitaire (→ COGNITION DU BÉBÉ) ; la théorie métareprésentationnelle de Simon Baron-Cohen, Alan Leslie et Uta Frith, selon lesquels le trouble primaire concerne le développement d'une « théorie de l'esprit » (→ THÉORIE DE L'ESPRIT). Tandis que le déficit imitatif reste un objet de controverse, le consensus est établi sur les troubles émotionnels et métareprésentationnels, sans qu'on puisse actuellement décider d'une précédence. *Jacqueline NADEL.*

## AUTOMATISME

*(angl., automatism)*

**Psychologie.** — En psychologie cognitive, le traitement automatique de l'information est généralement caractérisé par l'absence de coût attentionnel (→ ATTENTION), l'absence de contrôle (→ CONTRÔLE), l'absence de conscience (→ CONSCIENCE), le parallélisme des opérations et la rapidité d'exécution (→ INFORMATION).

Richard Schiffrin et Walter Schneider ont opérationnalisé l'opposition entre traitement automatique et traitement contrôlé dans un paradigme expérimental qui a marqué la recherche sur les automatismes cognitifs. Il s'agit d'une tâche dans laquelle le sujet doit détecter parmi des distracteurs, sur des écrans successifs, des éléments cibles préalablement mémorisés (→ MÉMOIRE). Dans les premières séries d'essais, le temps de traitement de chaque écran est fonction du nombre des éléments mémorisés et du nombre des éléments présentés sur les écrans. Avec l'entraînement, le temps de traitement devient beaucoup plus court et indépendant du nombre des éléments mémorisés et présentés, comme si ceux-ci étaient traités en parallèle. Toutefois, le passage du traitement contrôlé, dépendant du nombre d'éléments, au traitement automatique, indépendant de la quantité d'information traitée, n'a lieu que lorsqu'il existe une cohérence entre les cibles des items successifs (c'est-à-dire lorsque la cible d'un item ne devient jamais le distracteur de l'item suivant).

Pour démontrer l'absence de coût attentionnel du traitement automatique, le paradigme expérimental le plus utilisé est celui de la « double-tâche », dans lequel deux tâches différentes doivent être exécutées simultanément. Dans une des variantes, il est demandé au sujet de donner la priorité à la tâche dont on cherche à évaluer le degré d'automatisation, la seconde étant alors effectuée avec les ressources attentionnelles résiduelles. Le degré d'attention mobilisé par la tâche prioritaire peut ainsi être évalué indirectement par le degré de dégradation de la performance dans la tâche secondaire par rapport au cas où elle est exécutée seule.

Pour démontrer l'absence de contrôle sur le traitement automatique, on a souvent recours à « l'effet Stroop ». John Stroop a montré qu'il était particulièrement difficile de nommer la couleur dans laquelle un mot est écrit lorsque ce mot est précisément le nom d'une autre couleur (par exemple, dire *bleu* lorsque le mot écrit en bleu est le mot *rouge*). La difficulté viendrait de ce que la lecture du mot est une activité hautement automatisée, donc « obligatoire », qui doit être inhibée (→ ACTIVATION/INHIBITION), pour ne nommer que la couleur du mot. Le degré d'automaticité de la lecture (mais aussi la difficulté à inhiber cet automatisme) peut être évalué par la différence entre le temps mis pour dénommer les couleurs en situation simple et dans la situation de Stroop. Le principe de l'effet Stroop a été généralisé à une grande variété de tâches.

Les problèmes rencontrés avec la caractérisation dichotomique des traitements, automatique *versus* contrôlé, ont conduit à relativiser cette distinction et à admettre qu'il n'y a probablement pas de traitement ne mobilisant aucune ressource attentionnelle, mais un continuum dans le degré d'engagement de l'attention. La nature du traitement automatique est aussi discutée. Il faut signaler, sur ce point, la théorie de Gordon Logan, selon qui l'automatisation ne consiste pas à exécuter les mêmes opérations plus vite et en désengageant l'attention, mais à récupérer directement en mémoire la solution spécifique à chacun des problèmes spécifiques déjà rencontrés. *Jacques* L*AUTREY*.

**Neuroscience.** — Dans les années 1880, John Hughlings Jackson, médecin anglais, insistait sur la dissociation automatico-volontaire dans le comportement (→ CONTRÔLE, VOLONTÉ). Il avançait également une hypothèse des mécanismes cérébraux des processus automatiques. Pour lui, les automatismes faisaient appel à des processus mieux organisés dans le système nerveux et donc moins fragiles devant une lésion partielle de celui-ci (→ NEUROPSYCHOLOGIE). Au contraire, les processus les plus volontaires, plus récents sur le plan phylogénétique, étaient considérés comme plus complexes et moins bien organisés, moins bien implantés dans le système nerveux et donc plus fragiles.

Une illustration de la robustesse des processus automatiques se retrouve dans les performances des patients dont le comportement devient moins contrôlé. Ainsi, une patiente anomique à qui Théophile Alajouanine demande le prénom de sa fille assise auprès d'elle échoue à cette tâche et, désolée, se tourne vers elle et lui dit : *Tu vois, ma pauvre Jeannine, je ne me souviens même plus de ton prénom*. Le prénom n'était pas perdu puisqu'il est retrouvé dans une situation plus commune. Les exemples d'automatismes subsistant après lésion cérébrale focale sont nombreux : routines de traitement libérées lors de lésions frontales, capacités d'apprentissage implicite chez les patients amnésiques par lésion hippocampale (→ APPRENTISSAGE, MÉMOIRE), traitement automatique de l'information spatiale chez les patients héminégligents ayant perdu la capacité d'orienter leur attention du côté opposé à leur lésion (→ ATTENTION, ESPACE), etc.

Il peut donc apparaître que les automatismes « appris », c'est-à-dire les automatismes cognitifs, correspondent à des réseaux largement ancrés dans le système nerveux et que seuls les processus attentionnels correspondraient à un ensemble d'aires anatomiquement et fonctionnellement distinctes (→ LOCALISATION CÉRÉBRALE). On sait pourtant que les automatismes des opérations les plus périphériques dans le traitement de l'information (comme, par exemple, la faculté innée de détecter des caractéristiques élémentaires du monde visuel telles la couleur, l'orientation des lignes de contrastes, etc.) reposent sur le fonctionnement de cellules spécialisées dans les aires corticales primaires et sur le fonctionnement d'aires corticales secondaires spécifiques (→ PERCEPTION). En fait, la question du soubassement neuronal des automatismes cognitifs est certainement l'une des questions les moins bien résolues en neuroscience. *Éric Siéroff.*

# B

## BASE DE CONNAISSANCES

*(angl., knowledge base)*

**Intelligence Artificielle.** — En Intelligence Artificielle, une base de connaissances n'est pas un logiciel mais regroupe un ensemble d'informations destinées à être exploitées par un programme informatique, le moteur d'inférences, avec lequel elle constitue ce qu'on appelle un système à base de connaissances (SBC).

Un SBC est conçu pour réaliser une tâche (par exemple, de diagnostic, de conception) dans un domaine d'application (par exemple, la mécanique automobile, la médecine, → DOMAINE. Spécialisation quant au —). La caractéristique essentielle d'un SBC est qu'il manipule des connaissances spécifiques au domaine d'application, représentées explicitement dans la base de connaissances et séparément des procédures conçues pour les utiliser, qui, elles, sont regroupées dans le moteur d'inférences.

L'hypothèse principale qui sous-tend la construction d'un SBC est la reconnaissance du rôle majeur que jouent les connaissances dans la résolution d'un problème (→ RÉSOLUTION DE PROBLÈMES). On s'aperçoit, en effet, que l'efficacité et la compétence d'un SBC viennent davantage de la richesse et de la qualité de sa base de connaissances que de la puissance des techniques générales de résolution de problèmes implantées dans son moteur d'inférences.

La construction d'une base de connaissances implique des activités de modélisation et de représentation des connaissances (→ MODÈLE, REPRÉSENTATION) en vue de leur utilisation par les mécanismes de raisonnement implantés dans le moteur d'inférences (→ RAISONNEMENT et RATIONALITÉ). La modélisation des connaissances correspond à l'identification et à la caractérisation des diverses connaissances mises en jeu et de leurs propriétés. Le support de la modélisation est une notation dont la propriété essentielle est d'être lisible et compréhensible par les différents interlocuteurs humains impliqués dans la conception du SBC.

Représenter les connaissances correspond à les traduire dans un formalisme approprié à un traitement informatique. On parle d'encodage symbolique des connaissances, puisqu'il s'agit de les coder sous forme de symboles (→ SYMBOLE), de sorte que les raisonnements sur les connaissances ainsi codées puissent être mécanisés sous forme d'algorithmes de manipulation de symboles. Il existe de nombreux formalismes de représentation des connaissances. Ils varient selon leur syntaxe qui définit les énoncés possibles, et leur sémantique, c'est-à-dire l'interprétation qu'ils donnent aux énoncés licites (→ INTERPRÉTATION, SÉMANTIQUE, SYNTAXE). Une propriété généralement requise pour un formalisme de représentation des connaissances est sa déclarativité : le formalisme doit permettre l'expression d'assertions représentant des éléments de connaissance sans préciser la façon dont ces assertions doivent être exploitées. La plupart des formalismes de représentation des connaissances se fondent sur des logiques (→ LOGIQUE) : les assertions sont des formules auxquelles on peut associer une sémantique formelle, et le raisonnement sur ces formules correspond à des schémas d'inférence d'un système déductif. Les algorithmes d'inférence, permettant de produire de nouvelles assertions à partir d'assertions existantes, sont mis en œuvre dans le moteur d'inférences.

La difficulté du passage de la modélisation à la représentation des connaissances provient de la nécessité de trouver un compromis entre le pouvoir d'expression du formalisme (→ EXPRESSIVITÉ), l'efficacité des inférences associées et l'adéquation de la représentation à la modélisation.

Les bases de connaissances regroupent généralement une grande quantité de connaissances données « en vrac ». Le moteur d'inférences doit, pour chaque problème particulier, accéder aux éléments de connaissance pertinents pour le problème à traiter et les organiser en vue de le résoudre. La précompilation de la base de connaissances consiste à la transformer, avant toute exécution du SBC, sous une forme adaptée à son traitement par le moteur d'inférences. On peut, par exemple, indexer la base de connaissances pour faciliter, en phase d'exécution, l'identification des éléments de connaissance pertinents. On peut également construire un graphe de dépendances, mettant en évidence certaines séquentialités entre éléments de la base de connaissances. Un tel ordre partiel peut être exploité en phase d'utilisation du SBC pour optimiser la construction des enchaînements déductifs nécessaires à la résolution du problème à traiter.

Les premiers SBC, appelés « systèmes experts », étaient caractérisés par une représentation uniforme des connaissances sous forme de règles de production, pour traduire des connaissances correspondant à des associations heuristiques entre propriétés du problème et éléments de solution. On considérait que de telles connaissances pouvaient être facilement acquises en interrogeant un expert du domaine. Cette idée simple mais forte a donné lieu à de nombreux systèmes opérationnels au début des années 1980, tout en faisant émerger de nouvelles questions liées aux difficultés rencontrées pour l'acquisition des connaissances (→ ACQUISITION DE CONNAISSANCES), la production d'explications (→ EXPLICATION) et la robustesse de ces systèmes. Cela a suscité de nombreux travaux autour de ce que l'on a appelé les « systèmes experts de seconde génération », et a donné naissance à une vision plus sophistiquée des SBC. A l'uniformité des connaissances et des représentations utilisées dans les premiers systèmes experts, s'est substituée l'hétérogénéité des connaissances participant à la résolution d'un problème, et des formalismes pour les représenter. Ainsi, la tendance actuelle est celle de SBC de plus en plus riches du point de vue des connaissances modélisées, de plus en plus complexes du point de vue des formalismes de représentation et des mécanismes de raisonnement associés. *Marie-Christine* ROUSSET.

**BÉHAVIORISME** → APPRENTISSAGE, COGNITION ANIMALE, RÉDUCTIONNISME

*(angl., behaviorism)*

# C

## CADRE (Problème du —)

*(angl., frame problem)*

**Intelligence Artificielle.** — En 1969, John McCarthy et Patrick Hayes, travaillant sur un formalisme logique (→ LOGIQUE) appelé « calcul des situations » pour raisonner sur les actions (→ ACTION) d'un robot R (→ ROBOTIQUE), ont rencontré la difficulté suivante, qu'ils ont baptisée « le problème du cadre ». Une action *a*, par exemple *R se déplace de A à B*, possède des préconditions *(R est en A)* et des effets *(R est en B)*. Si *a* est effectuée dans une situation *s*, il en résulte une situation *s'* = exéc (*s*, *a*), et si *v*(*p*, *s*) signifie que la proposition *p* est vérifiée dans la situation *s*, on aura : 1 / (∀ *s*, *s'*) (*s'* = exéc (*s*, *a*) ⊃ (*v*(= (lieu (R), A), *s*) ∧ *v*(= (lieu (R), B, *s'*))).

Supposons que, dans la situation *s*, R soit de couleur rouge : 2 / *v*(= (couleur(R), rouge), *s*) et que l'on demande quelle est sa couleur dans la situation *s'*. Le problème du cadre réside dans le fait que 1 / et 2 / ne permettent pas de répondre. Il aurait fallu que la liste des effets de *a* précise que la couleur de R est inchangée : on imagine le nombre de faits semblables à incorporer dans la description de toute action ! Pour éviter une telle énumération, on pourrait envisager de conserver en *s'* la valeur de vérité des propositions non explicitées dans les effets de *a*, mais cela ne convient pas, car on conclurait qu'en *s'*, = (lieu (R), A) est restée vraie.

Plusieurs solutions, basées sur les logiques non monotones, tentent de maximiser l'inertie des propositions, c'est-à-dire de faire en sorte que leur valeur de vérité persiste, sauf preuve du contraire.

D'autres problèmes de même nature se rapprochent de celui du cadre : la qualification (respectivement, la ramification) dénote la difficulté à énumérer les préconditions (respectivement, les effets) d'une action. Dans le cas de *a*, il faudrait, par exemple, indiquer parmi les préconditions que R est en état de marche, qu'il dispose d'une énergie suffisante pour aller en B ; parmi les effets, que l'usure de ses organes aura augmenté, que son passage aura provoqué des vibrations, etc. *Daniel Kayser.*

## CALCUL → COGNITIVISME, LOGIQUE, MACHINE DE TURING

*(angl., computation)*

## CATÉGORISATION

*(angl., categorization)*

**Psychologie.** — La catégorisation est la conduite adaptative fondamentale par laquelle nous « découpons » le réel physique et social (→ COGNITION SOCIALE). Sa fonction cognitive est la création de catégories (d'objets, d'individus, etc.) nécessaires à la transition du continu au discret. La conception classique de la catégorisation, dite « aristotélicienne », suppose l'équivalence logique des éléments d'une même catégorie (→ LOGIQUE), dans le sens où ces éléments partagent tous l'ensemble des traits nécessaires et suffisants qui définissent la catégorie. Cette conception a marqué les premiers travaux de psychologie cognitive, tels ceux de Jerome Bruner et collaborateurs, centrés sur la formation de catégories bien définies. Le paradigme princeps est ici celui d'objets construits à partir de la combinatoire d'un certain nombre de dimensions (la forme, la couleur, la taille, etc.) et par rapport auxquels le sujet doit découvrir une règle de catégorisation arbitrairement choisie par l'expérimentateur. Ce dernier présente successivement une suite d'objets en indiquant, pour chacun d'eux, s'il appartient ou non à la catégorie. La suite proposée est telle qu'il est logiquement possible, après un certain nombre d'observations, de découvrir la règle avec certitude. L'accent est donc mis sur le traitement analytique et logique, par test d'hypothèses, des exemples et contre-exemples rencontrés.

Cette conception logique de la catégorisation se retrouve également en psychologie du développement avec les travaux de Jean Piaget sur la genèse de la logique des classes (→ DÉVELOPPEMENT COGNITIF), étudiée du point de vue de la capacité à coordonner la compréhension (ou intension) et l'extension de catégories bien définies (la compréhension correspond à l'ensemble des traits nécessaires et suffisants qui définissent une classe). Selon Piaget, cette capacité logique n'apparaît chez l'enfant qu'à 7-8 ans, âge de réussite à l'épreuve de quantification de l'inclusion (*Y a-t-il plus de* A *ou plus de* B *?*, en présence d'un système de type A, A′ et B avec $A > A'$, $A \subset B$ et $A' \subset B$). Cette réussite témoigne de la mise en place d'une structure logico-mathématique (le groupement additif des classes : composition des opérations directe $A + A' = B$ et inverse $B - A' = A$) qui permet le traitement analytique de catégories bien définies, hiérarchisées selon un système inclusif.

La conception strictement logique et analytique de la catégorisation suppose donc que toutes les catégories soient traitées fondamentalement de la même manière (si ce n'est que certaines d'entre elles sont des sous-classes par rapport à d'autres) et que tous les exemplaires d'une même catégorie soient également traités de façon équivalente.

Cette conception a été remise en question par les travaux d'Eleanor Rosch sur les « catégories naturelles » dont il ressort 1 / qu'au sein des divers niveaux de catégorisation dans une hiérarchie d'inclusion de classes (ou taxonomie), l'un des niveaux, dit « le niveau de base », est psychologiquement plus prégnant que les autres et 2 / que les exemplaires d'une même catégorie ne sont pas équivalents quant à leur appartenance catégorielle mais se répartissent, au contraire, selon un gradient de représentativité ou de typicalité. Ainsi, pour une catégorie donnée, certains exemplaires sont peu représentatifs : ils sont dits « atypiques » ou « périphériques ». D'autres, en revanche, sont très représentatifs : ils sont dits « typiques ». Le représentant le plus typique de la catégorie est le prototype. Il assure la fonction de point de référence, « d'amer psychologique », pour la catégorisation de nouvelles instances. Les recherches menées sous l'impulsion de Rosch ont montré que les estimations de prototypicalité sont en corrélation élevée avec un ensemble de mesures de traitement de l'information (→ INFORMATION). On catégorise les exemplaires typiques plus rapidement et plus correctement que les exemplaires atypiques. Les enfants et les adultes ont de meilleures performances lors de tâches de raisonnement (→ RAISONNEMENT et RATIONALITÉ) si l'on utilise des exemplaires typiques (par exemple, dans l'épreuve piagétienne de quantification de l'inclusion).

L'abstraction d'un prototype, à partir d'une série d'exemplaires, peut correspondre à un prototype moyen ou modal. Dans le premier cas, il s'agit de l'exemplaire constitué des valeurs moyennes des dimensions qui structurent le matériel. Dans le second, il s'agit de l'exemplaire constitué des valeurs les plus fréquemment présentées. Selon les modèles dits « à exemplaires » (et non « à abstraction de prototypes » ), il n'est pas nécessaire de supposer que les sujets élaborent des résumés statistiques, prototypes moyens ou modaux, qui représentent les catégories. La catégorisation peut en fait correspondre au regroupement d'exemplaires selon leur « air de famille » (Ludwig Wittgenstein), c'est-à-dire leur similitude globale, chaque exemplaire conservant son identité propre. Catégoriser un nouvel objet consiste alors à rechercher en mémoire (→ MÉMOIRE), en fonction d'une métrique de similitude, les exemplaires qui ressemblent le plus à cet objet.

L'enjeu des recherches est ici de rendre compte – en termes symboliques ou connexionnistes (réseaux subsymboliques d'extraction de prototypes ou d'intégration d'exemplaires) (→ CONNEXIONNISME, SYMBOLE) – de la pluralité des processus de catégorisation, qu'il s'agisse de catégorisation logique et analytique ou fondée sur les principes de prototypicalité et « d'air de famille » (ainsi que d'autres formes de catégorisation impliquant des schémas ou scripts, des théories explicatives, etc.), en spécifiant en quoi l'implémentation de ces processus est étroitement dépendante de la structure du matériel et des exigences de la tâche. *Olivier HOUDÉ.*

**Linguistique.** — Émile Benveniste définit les catégories linguistiques comme des classes de formes caractérisées distinctivement et susceptibles de fonctions grammaticales (→ FONCTION, GRAMMAIRE), les membres d'une même catégorie linguistique pouvant figurer dans les mêmes environnements syntaxiques (→ SYNTAXE). Or, ces formes (les mots de la langue) véhiculent à la fois des informations grammaticales et sémantiques (→ SÉMANTIQUE). Les catégories linguistiques sont caractérisées par des éléments marqués et non marqués (*homme/femme* dans la catégorie *être humain*) et par des phénomènes de gradualité. De même que *moineau*, *poule* et *autruche* ont une place distincte dans l'échelle de typicalité des oiseaux (voir *psycho.*, ci-dessus), *glacial*, *froid*, *frais*, *tiède*, *chaud* et *brûlant* se situent sur une échelle croissante au sein de la catégorie graduée des adjectifs d'expression de la température. On peut dès lors se demander si les approches psychologiques de la catégorisation sont adaptées à la description des langues. Même si George Lakoff considère que l'étude linguistique de la catégorisation est une des premières sources d'évidence sur la nature des structures catégorielles en général, une catégorie « à la Rosch » n'est pas une classe lexicale (→ LEXIQUE), mais une classe d'objets ou de concepts (→ CONCEPT, OBJET). Elle est néanmoins généralement désignée par un nom, les noms de la langue n'étant alors que des symboles (→ SYMBOLE), des étiquettes (*labels* en anglais) permettant la désignation d'objets ou de concepts. On sait par ailleurs que le lexique n'est pas organisé de manière taxonomique ; la théorie du prototype, qui postule une telle organisation, ne peut donc que difficilement lui être appliquée. François Rastier justifie ainsi l'introduction du concept de « parangon » pour remplacer celui de prototype. Le parangon, au sein d'une catégorie lexicale, est le terme le plus dense, le plus valorisé. Il peut désigner d'autres membres de la catégorie, voire la catégorie elle-même (ainsi, en chinois, le terme qui signifie *jade* s'étend aux pierres précieuses).

L'intérêt de la catégorisation en langue est d'éviter au locuteur d'avoir à énumérer les propriétés de l'objet dont il parle en le situant dans une classe. Toute opération de catégorisation s'effectue dans un but et un cadre précis : le taxonomiste catégorise pour généraliser, le terminologue pour définir synthétiquement, le technicien dans une perspective opératoire. La catégorisation connaît en outre des variations individuelles ou propres à une communauté linguistique ou culturelle. *Gabriel Otman.*

## CAUSALITÉ

*(angl., causality, mental causation)*

**Psychologie.** — La causalité est la relation entre deux éléments dont l'un, la cause, produit un effet sur l'autre. Jean Piaget a fait de la compréhension des relations causales un point central du développement de l'intelligence (→ DÉVELOPPEMENT COGNITIF). Les relations qui intéressent le bébé sont d'abord celles dans lesquelles il est l'agent causal. A l'âge de 5 mois, le bébé a une conception magico-phénoméniste de la causalité. Il repère des relations de succession entre son action (→ ACTION) et des phénomènes qui se produisent dans l'environnement, et attribue les seconds à la première. Après un long processus de décentration et d'objectivation, le bébé de 2 ans comprend clairement les relations causales.

Albert Michotte met l'accent sur une autre forme de causalité : la causalité perceptive (→ PERCEPTION) où le sujet, ni agent ni agi, est spectateur de l'événement. La causalité perceptive s'établit sur des rapports de contiguïté spatio-temporelle entre deux éléments distincts. Elle s'accompagne d'une illusion : quand on regarde un mobile A se déplaçant à vitesse uniforme vers un objet B qui, lorsque A arrive près de lui, se met en mouvement dans la même direction, on voit A pousser B. En outre, cette perception « fait croire » que la vitesse de A augmente au voisinage de B. Selon Michotte, la causalité perçue est une *Gestalt*, au sens de la Théorie de la Forme, principe inné de base de l'organisation perceptive. Si les recherches cognitivistes actuelles, telles celles d'Elizabeth Spelke, montrent la compréhension précoce de lois physiques par les jeunes bébés (→ COGNITION DU BÉBÉ), remettant ainsi en question la théorie piagétienne, aucune étude n'a cependant établi l'existence d'une perception des relations causales dès la naissance. Le principe de contact (ou contiguïté spatio-temporelle entre éléments dans la causalité perceptive) n'est acquis que vers 6 mois (voir aussi → THÉORIE DE L'ESPRIT). *Arlette STRERI.*

**Philosophie.** — L'interprétation de la notion de causalité est controversée. Selon la théorie dominante, dite « nomologique », deux événements individuels A et B sont reliés comme cause à effet si et seulement s'ils tombent sous une loi de la nature reliant les types d'événement A et B. Cette théorie joue un rôle important en philosophie de l'esprit : selon le monisme anomal de Donald Davidson (→ DUALISME/MONISME), les propriétés intentionnelles de l'esprit (→ ESPRIT, INTENTIONNALITÉ), qui sont évoquées notamment dans l'explication rationnelle des actions (→ ACTION, RAISONNEMENT et RATIONALITÉ), sont inaptes à figurer dans une explication causale, car les explications causales requièrent des lois strictes, c'est-à-dire des lois qui s'appliquent sans exception dans toutes les circonstances. Or les lois qui gouvernent les états intentionnels ne sont pas strictes en ce sens : pour être valides, elles doivent être protégées par des clauses dites *ceteris paribus*, ou « toutes choses étant égales par ailleurs ».

La difficulté majeure de la théorie nomologique est qu'elle fait dépendre la relation causale singulière d'une condition générale. Cela s'oppose à l'intuition que la causalité est un phénomène local. Les théories singularistes de la causalité cherchent à rendre justice à la contrainte de localité (→ PHYSICALISME, RÉALISME et, ci-dessous, *causalité mentale*). *Max* KISTLER.

Le sens commun et les sciences humaines supposent que certains comportements d'un individu s'expliquent par le contenu de ses croyances et de ses désirs (→ CROYANCE, DÉSIR). Le contenu de ce que croit et désire un individu peut-il contribuer à expliquer causalement certains des gestes corporels accomplis par l'individu ? C'est le problème de la causalité mentale. Si l'esprit d'un individu est, comme le soutenait René Descartes, une entité immatérielle, si ses croyances ne sont pas des états physiques de son cerveau, la causalité mentale devient un mystère : comment des entités non physiques pourraient-elles agir sur des entités physiques ? Si, comme le soutiennent les physicalistes, les croyances d'un individu sont des états cérébraux de l'individu, le problème soulevé par la causalité mentale est celui de « l'exclusion explicative » : le contenu d'une croyance n'est-il pas privé d'efficacité causale par les propriétés physiques sous-jacentes de l'état cérébral ? Ces propriétés ne suffisent-elles pas à produire le geste corporel ? Le contenu de la croyance n'est-il pas épiphénoménal dans le processus de production du geste (→ ÉPIPHÉNOMÉNISME) ? Deux stratégies s'offrent aux physicalistes pour faire face à ce problème de l'exclusion explicative : le fonctionnalisme (→ FONCTIONNALISME) et le dédoublement des *explananda*.

L'exemple suivant illustre la stratégie fonctionnaliste. Un comprimé d'aspirine a une propriété chimique : il est composé d'acide acétylsalicylique. Il a aussi une propriété fonctionnelle : c'est un antalgique. Si un objet est rouge (propriété déterminée), il est coloré (propriété déterminable). Un objet exemplifie une propriété déterminable (ou fonctionnelle) en vertu du fait qu'il exemplifie une propriété déterminée. Supposons que le contenu de ma croyance soit aux propriétés physiques de mon cerveau ce que l'exemplification d'une propriété déterminable est à l'exemplification d'une propriété déterminée. Dans cette hypothèse, un physicaliste n'est pas condamné à tenir le contenu de ma croyance pour épiphénoménal dans le processus de production de mon geste. En avalant un comprimé d'aspirine, j'ai supprimé ma douleur de migraine. Le comprimé était un antalgique en vertu du fait qu'il était composé d'acide acétylsalicylique. Ce dernier fait explique causalement la disparition de ma douleur. Mais le fait que le comprimé était un antalgique n'en est pas pour autant privé d'efficacité causale. Si j'avais avalé un comprimé antalgique doué d'une autre composition chimique, j'aurais également supprimé ma douleur.

La stratégie du dédoublement des *explananda* souligne qu'à la différence d'une propriété physique, le contenu de ma croyance n'est pas une propriété intrinsèque de mon cerveau : c'est une propriété extrinsèque qui dépend de mes relations historiques avec l'environnement. Une propriété extrinsèque peut-elle avoir une efficacité causale dans un processus local ? Soit un distributeur automatique qui émet une friandise chaque fois qu'il reçoit deux pièces de 1 €. Une pièce de 1 € a des propriétés physiques intrinsèques et une valeur monétaire. Celle-ci est une propriété historique extrinsèque de la pièce de monnaie. Un physicaliste peut-il accorder une efficacité causale à la valeur monétaire d'un objet ? Distinguons la chute d'une friandise et le comportement du distributeur : la première est un constituant du second. S'il s'agit d'expliquer le mécanisme de la chute d'une friandise, seules les propriétés intrinsèques de la pièce de monnaie sont causalement efficaces. S'il s'agit d'expliquer pourquoi un distributeur dispense une friandise chaque fois qu'il reçoit deux pièces de 1 €, alors la valeur monétaire de la pièce de monnaie joue un rôle dans l'explication. Le fait qu'il existe une corrélation fiable entre la valeur monétaire et les propriétés intrinsèques de certains objets métalliques explique pourquoi, chaque fois qu'il reçoit deux de ces objets, le distributeur émet une friandise. Un geste physique n'est pas un comportement ; c'est un constituant du comportement. Une propriété extrinsèque de mon cerveau – le contenu de ma croyance – explique donc non pas l'occurrence de mon geste mais la structure de mon comportement, c'est-à-dire la coordination régulière entre des états de mon cerveau et un type de geste corporel. *Pierre JACOB.*

## **CERVEAU** → IMAGERIE CÉRÉBRALE FONCTIONNELLE, LOCALISATION CÉRÉBRALE, RÉSEAU NEURONAL

*(angl., brain)*

## COGNITION ANIMALE

*(angl., animal cognition)*

**Psychologie.** — Si l'intelligence animale a été l'objet d'écrits anciens (dans la tradition occidentale, depuis au moins Platon et Aristote), René Descartes et son dualisme (→ DUALISME/MONISME) ont joué un rôle majeur dans la pensée scientifique moderne à propos de la cognition animale. Selon Descartes, les animaux sont considérés comme des automates, et donc dépourvus de raison. Cependant, le dualisme cartésien et la théorie des « animaux-machines », par la séparation introduite entre l'esprit (→ ESPRIT) et les caractéristiques mécaniques des corps, qui sont, elles, partagées par tous les organismes, ont ouvert la voie à la physiologie moderne puis à la psychologie comparée. Cette dernière s'est surtout développée à partir du darwinisme et de ses hypothèses concernant la parenté entre les espèces animales. Selon Charles Darwin, toutes les espèces animales peuvent être situées sur un continuum qui inclut non seulement l'anatomie mais aussi les facultés mentales. Ce cadre évolutif a ainsi permis une étude comparative de l'intelligence entre espèces différentes et en particulier entre l'Animal et l'Homme. La psychologie humaine a apporté, quant à elle, des concepts unitaires s'appliquant à l'ensemble des comportements « intelligents ». Ces concepts, telle la résolution de problèmes, ou l'attention, associés à ceux de représentation et de mémoire, fournis par les théories de l'information (→ ATTENTION, INFORMATION, MÉMOIRE, REPRÉSENTATION), ont assuré l'essor d'une psychologie cognitive, animale et humaine, en opposition aux modèles d'apprentissage hérités du béhaviorisme (→ APPRENTISSAGE). La psychologie humaine a contribué également à procurer des méthodes, comme la chronométrie mentale, adaptées à l'étude expérimentale de la cognition, tout en complétant et dépassant celles empruntées aux procédures de conditionnement.

L'appel à la notion de cognition animale pour rendre compte du fonctionnement des comportements appris se justifie dès lors que les explications en termes de conditionnement ne sont plus convaincantes pour traduire la complexité des acquisitions. Cette première définition, qui procède par exclusion, doit cependant être complétée par des éléments positifs tel le recours à des systèmes de traitement centraux de l'information sous la forme, par exemple, de représentations internes des objets ou situations possédées par l'Animal et l'Homme.

Avec une telle optique, l'organisme (Animal ou Homme) est conçu comme un extracteur, un calculateur d'informations et un générateur d'inférences, qu'il s'agisse des niveaux élémentaires de l'intégration sensori-motrice ou de la résolution de problèmes et du raisonnement (→ RAISONNEMENT et RATIONALITÉ). L'étude contemporaine de la cognition animale recourt ainsi délibérément à des métaphores selon lesquelles l'Animal connaît en transformant de l'information et en prenant des décisions. Cette approche a donc comme caractéristique principale de considérer tout animal comme un acteur dans le processus adaptatif, un acteur qui sélectionne et traite l'information pour s'adapter. Ainsi, tous les champs d'activité sont susceptibles d'être analysés avec le « filtre cognitiviste » : la mémoire, la résolution de problèmes, le raisonnement, la reconnaissance de soi, l'attribution des savoirs (→ THÉORIE DE L'ESPRIT), etc.

Deux grandes spécialités se partagent l'étude de la cognition animale : la psychologie comparée et l'éthologie. A partir de ces deux disciplines principales, il est possible de repérer trois perspectives distinctes dans l'investigation de la cognition animale : l'approche synthétique, la psychologie de la cognition et l'éthologie cognitive.

1 / L'approche synthétique, qualifiée parfois « d'écologique », regroupe des chercheurs d'orientation biologique tels Allan Kamil ou Paul Rozin. Ceux-ci mettent l'accent sur les facteurs d'adaptation des animaux et sur leurs capacités à résoudre des problèmes dans le milieu naturel. Les thèmes de prédilection de ces éthologistes concernent tout particulièrement l'organisation de la mémoire et le comportement dans des activités de recherche et de collecte de nourriture (le *foraging* anglais), ou encore dans la perception et l'apprentissage des signaux de communication (comme le chant des oiseaux) (→ COMMUNICATION, PERCEPTION), ainsi que la reconnaissance des congénères.

2 / En psychologie de la cognition, les chercheurs, d'orientation plus psychologique comme Herbert Roitblat, Herbert Terrace ou Jacques Vauclair, s'intéressent aux comparaisons entre espèces et réalisent celles-ci au laboratoire, afin de déceler des mécanismes cognitifs généraux et communs dans le traitement des informations issues de l'environnement. L'ensemble des traitements cognitifs sont susceptibles d'être abordés par ce courant de recherche. C'est le cas notamment de la perception, de l'attention, de la résolution de problèmes, au cours du traitement d'objets inertes de l'environnement ou encore dans les mécanismes cognitifs (intentionnalité, « théorie de

l'esprit » par exemple, → INTENTIONNALITÉ) intervenant au cours de la communication et des relations sociales (→ COGNITION SOCIALE).

3 / Enfin, l'éthologie cognitive rassemble des chercheurs qui, sous l'impulsion de Donald Griffin, se sont donné pour objectif d'étudier dans une perspective comparative la pensée, la conscience (→ CONSCIENCE), les croyances (→ CROYANCE) et, de façon plus large, les « expériences mentales des animaux ».

Chacune des trois approches a des points d'ancrage forts ainsi que des limitations. Pour résumer, l'approche synthétique, dont la visée majeure est de spécifier le contexte biologique dans lequel les processus cognitifs ont évolué, restreint les comparaisons soit à des espèces animales possédant une parenté phylogénétique, mais confrontées à des problèmes cognitifs différents, soit à des espèces non apparentées, mais faisant face à des problèmes cognitifs identiques (par exemple, des espèces qui occupent la même niche écologique). Les résultats de ces recherches devraient permettre de mieux apprécier l'impact des mécanismes évolutifs sur la cognition et de montrer comment les processus cognitifs constituent des adaptations spécialisées aux demandes de l'environnement. Le programme de la psychologie de la cognition animale est généraliste, puisqu'il vise à établir l'identité des traits cognitifs parmi différentes espèces, parfois éloignées sur le plan phylogénétique. Une de ses contributions devrait conduire à limiter l'éventail des explications plausibles de la cognition, et particulièrement celles en rapport avec la possession et l'usage du langage articulé (→ LANGAGE. Traitement du —). Enfin, l'éthologie cognitive postule aussi l'intervention de mécanismes cognitifs complexes chez tous les animaux, quelle que soit leur position phylogénétique. Il lui reste, pour réaliser son ambitieux projet concernant l'étude de la conscience animale, à concevoir une méthodologie adaptée à un tel objet d'étude. *Jacques* VAUCLAIR.

**Philosophie.** — Du point de vue philosophique, poser le problème de la cognition animale permet de s'interroger sur les limites de validité des concepts de cognition et d'esprit (→ ESPRIT) et de distinguer des espèces cognitives linguistiques et non linguistiques (→ LANGAGE. Traitement du —). Donald Davidson estime que cette question est seulement une manière pittoresque (et quelquefois émotionnelle) d'aborder le problème de la nature de la pensée. On notera toutefois que la réponse que l'on apporte à ce problème conditionne à son tour l'éthique des interactions Homme-Animal.

L'une des objections les plus traditionnelles contre l'hypothèse de l'existence d'une pensée animale consiste dans l'invocation du fait que les animaux sont incapables de parler. C'est d'ailleurs réciproquement pour autant que les animaux leur semblaient manifester des capacités linguistiques que les philosophes de l'Antiquité et de l'Age classique ont attribué à l'Animal la capacité de penser et de raisonner (→ RAISONNEMENT et RATIONALITÉ), et donc ont adopté une position continuiste en matière de cognition animale, considérée comme ne différant de la cognition humaine que par degrés. Ils ont avancé trois types d'arguments. 1 / Le langage extérieur, qui semble rendre possible la coopération fructueuse des animaux dans une action conjointe, suppose une représentation interne des situations de coopération (→ ACTION, COGNITION SOCIALE, REPRÉSENTATION). 2 / L'imitation du langage humain par les animaux (pies, perroquets, etc.) suppose la capacité de représenter les énoncés imités. 3 / L'aptitude à la résolution de problèmes que possèdent certains animaux suppose qu'ils puissent raisonner. Contre ce continuisme, René Descartes fait valoir les trois objections suivantes : 1 / Si les bêtes étaient capables de penser, elles devraient être capables de se faire comprendre de nous, du fait qu' « elles ont plusieurs organes qui se rapportent aux nôtres ». 2 / L'essence du langage ne consiste pas dans la capacité d'émettre des signaux, mais dans celle de composer des signes pour se faire entendre (→ COMMUNICATION, SIGNE). Autrement dit, l'utilisation du langage implique une intention de signifier et une capacité structurée à utiliser un système linguistique, qui sont l'une et l'autre hors de portée de l'Animal. 3 / La maîtrise du langage va de pair avec la maîtrise de la pensée rationnelle, et c'est parce que les animaux sont dépourvus de raison qu'ils ne peuvent parler.

Mais les arguments de Descartes peuvent être remis en question. 1 / Si les animaux n'ont pas de langage « extérieur », ils disposent peut-être de moyens représentationnels « intérieurs ». 2 / Un animal peut être capable d'utiliser des représentations sans être disposé à les utiliser pour communiquer avec d'autres individus, congénères ou non (mais Descartes a raison sur un point : ce qu'on appelle improprement la « communication animale » se réduit souvent à la transmission et à l'exploitation d'une information, sans intention de voir reconnaître par autrui l'intention de lui communiquer un message). 3 / Ce n'est pas le caractère mécanique ou, plus généralement, matériel d'un dispositif qui le rend impropre à la rationalité. C'est plutôt le type de machine qu'il instancie qui en décide. Tout esprit, pour autant qu'il calcule, doit passer par des états formellement équivalents à ceux d'une Machine de Turing, et doit être physiquement réalisé (→ MACHINE DE TURING).

La réflexion sur l'intentionnalité a permis de préciser à quelles conditions les états internes d'un animal peuvent lui servir à connaître le monde, c'est-à-dire à en former une représentation adaptée à ses besoins (→ COMPORTEMENT ORIENTÉ, INTENTIONNALITÉ). La cognition animale requiert de l'Animal qu'il puisse mémoriser et exploiter ultérieurement l'information extraite de certains invariants et de certaines dynamiques environnementales (→ INFORMATION, MÉMOIRE), et que la représentation de ces invariants s'effectue en termes allocentriques ou de manière « détachée ». On peut supposer que la capacité d'intégrer les perceptions de manière intermodale joue un rôle crucial dans l'extraction des invariants spatio-temporels que sont les représentations d'objets et d'événements (→ PERCEPTION). Du point de vue philosophique, la capacité de corriger ses entrées perceptives d'une manière systématique – la recalibration perceptive –, qui préside à l'extraction des invariants, joue un rôle crucial dans la capacité de former une représentation véridique du monde. Cette capacité, présente chez les oiseaux, les reptiles et les mammifères, mais sans doute absente chez les insectes, pourrait permettre de dessiner la frontière de la cognition chez l'Animal. *Joëlle* PROUST.

## COGNITION DU BÉBÉ

*(angl., infant cognition)*

**Psychologie.** — Saisir l'état mental du sujet, son évolution, ses fluctuations et connaître la façon dont il partage à un moment donné de son développement (→ DÉVELOPPEMENT COGNITIF) la conception de l'adulte guident principalement les recherches sur le bébé. La découverte des possibilités d'apprentissage du bébé (→ APPRENTISSAGE) est imputable tout d'abord à un changement de paradigme. A contre-courant de la théorie de Jean Piaget, les sources de la connaissance sont davantage à rechercher dans les capacités des systèmes perceptifs du bébé à appréhender le monde (→ PERCEPTION) que dans ses habiletés motrices (→ ACTION). Les recherches sur la cognition du bébé envisagent à la fois ses compétences à interpréter des données sensorielles et sa faculté à comprendre et raisonner sur des événements complexes (→ RAISONNEMENT et RATIONALITÉ). L'ampleur de ce savoir trouve néanmoins ses contraintes dans la vitesse de maturation nerveuse du bébé et son inhabileté motrice.

Dès la naissance, le bébé détecte des régularités dans son environnement. Sa capacité de répondre aux objets et non à leur projection rétinienne assure déjà au nouveau-né une certaine stabilité de son environnement (constance de la taille et de la forme des objets). S'il préfère regarder un objet volumétrique plutôt que son dessin, la reconnaissance de l'objet n'est assurée qu'à partir de 4 mois et à la condition que l'objet amorce un mouvement continu de rotation. Les informations spatiales statiques demeurent difficilement interprétables pour le jeune bébé tandis qu'il possède un décodeur de perspectives lui permettant, même en vision monoculaire, de détecter les objets à partir des transformations optiques basées sur les règles de la géométrie projective. La perception tactilo-kinesthésique des objets trouve sa pleine efficacité dans les premiers mois de la vie. Une fois la coordination vision-préhension bien établie, vers 5-6 mois, les mains du bébé deviennent de véritables outils au service de la vision, dont la fonction se limite dans la tenue et le déplacement des objets dans l'espace (→ ESPACE). Cependant, une différenciation des compétences des deux mains s'amorce. La main gauche assure l'exploration et la perception de l'espace des lieux et des objets, tandis que la main droite trouve sa véritable fonction dans l'habileté manuelle et la motricité fine.

Si les connaissances auditives sont partiellement orientées à la naissance par une imprégnation fœtale (→ COGNITION DU FŒTUS), le changement de milieu de transmission des événements sonores se complique de la difficulté à détecter leur source dans un espace devenu sans limite. La détection des sons est tributaire de la capacité du bébé à orienter sa tête et son corps en direction de la source. L'analyse et le traitement des patterns auditifs non verbaux dépendent dans une large mesure de ses possibilités à stocker en mémoire un flux d'événements successifs (→ MÉMOIRE). Néanmoins, ces compétences émergent chez le bébé bien avant qu'il ne soit capable d'analyser en unités significatives une séquence de patterns verbaux.

Toutes les activités de la vie quotidienne reposent sur l'interaction et la participation simultanées des différents sens. Les signaux biologiquement importants pour répondre de manière efficace aux problèmes posés par l'environnement sont organisés de manière intermodale et jouent un rôle crucial dans l'ontogenèse des apprentissages. Cette intégration perceptive ou perceptivo-motrice est mise en évidence chez le bébé à partir de conduites aussi différentes que le transfert intermodal, les appariements visuo-auditifs, la perception de la parole, l'imitation précoce ou l'atteinte et la prise d'un objet. Il apparaît solidement établi que, dès la naissance, l'information traitée par une modalité sensorielle peut être modifiée par les autres (→ INFORMATION). Les recherches sur les relations intermodales ne doivent pas être comprises comme la somme des compétences de chaque système mais comme leur participation complémentaire à un moment précis de leur évolution pour répondre de manière adaptée aux demandes du milieu. Si ces intégrations sont parfois fragiles et instables, leur existence contredit l'hypothèse d'une modularité précoce du fonctionnement des systèmes perceptifs et moteurs (→ MODULARITÉ).

A partir de ces analyseurs dont la maturation n'est pas encore achevée durant la première année, le bébé sait interpréter les données sensorielles. Il est capable également, dès 3 mois, de détecter des invariants dans une succession d'objets de différentes formes et d'opérer des classements, véritables catégories perceptives (→ CATÉGORISATION). Mais son intelligence dépasse la seule analyse de la réalité brute. La compétence du bébé à raisonner sur son environnement se révèle également efficace très tôt. Raisonner implique ici qu'une dimension importante pour comprendre un monde cohérent est manquante ou non perceptible et que le bébé, pour la restituer, doit utiliser les informations dont il dispose immédiatement ou faire appel à sa mémoire. Cette compétence a surtout été estimée à partir du concept d'objet, son existence ou permanence, les contraintes qui régissent son déplacement dans l'espace et dans le temps et sa numérosité (→ NOMBRE, OBJET, TEMPS). Deux paradigmes expérimentaux, différents dans la phase d'apprentissage, éprouvent la réalité de ce raisonnement dans des situations qualifiées de « possibles/impossibles ». Le premier, utilisé dans les travaux d'Elizabeth Spelke, repose sur le déplacement invisible de l'objet et tente de cerner le raisonnement des bébés sur les représentations qu'ils se font du monde (→ REPRÉSENTATION). Le second paradigme, utilisé dans les travaux de Renée Baillargeon, appréhende la rapidité et la précision des bébés à apprendre une loi physique par la manière dont ils réagissent lorsqu'elle est transgressée.

Les recherches sur la permanence de l'objet révèlent que les bébés sont capables d'évoquer mentalement des parties du monde qu'ils ne peuvent pas ou plus percevoir. Un objet partiellement caché par un écran conserve son unité, sa cohésion. Si pour Jean Piaget le succès dans la recherche d'un objet caché relève d'une acquisition lente et progressive – dépendant des schèmes d'action –, l'absence de recherche active de l'objet n'implique pas que celui-ci n'existe plus pour le bébé, dès 3-4 mois. Il est surpris de voir un écran, après une rotation de 180°, anéantir un cube situé derrière lui. Les objets sont solides et deux objets ne peuvent occuper le même espace au même moment. Ils existent pour le bébé même hors de sa vue.

Du fait des propriétés de cohésion et de solidité, les déplacements des objets sont contraints par le principe de continuité (tout objet en mouvement trace exactement un chemin dans le temps et dans l'espace), par le principe de gravité (tout objet en l'absence de support tombe) et par le principe d'inertie (un objet en mouvement ne change pas sa direction abruptement et spontanément). Les lois physiques régissent aussi les relations des objets entre eux. Le principe de contact signifie qu'un objet n'est affecté dans son déplacement que s'il est touché par un second objet (→ CAUSALITÉ). Dans les situations où le déplacement de l'objet est invisible, ces lois ne sont pas toutes opérationnelles au même âge. Le principe de continuité est appliqué dès 2 mois tandis que ceux d'inertie et de gravité ne seraient pas encore clairement compris à 1 an. Le raisonnement repose ici sur un processus d'inférence puisque le bébé ne perçoit que les états de départ et d'arrivée de l'objet, non les transformations. Dans les conditions où les données du problème sont fournies au bébé et les règles apprises par lui, ces principes sont appliqués plus précocement, selon un raisonnement déductif ou prédictif.

Par exemple, le principe de gravité devient opérationnel plus précocement dans la situation où la règle est présentée dans la phase d'apprentissage. Des bébés âgés de 3 à 5 mois voient un support sur lequel est posé un objet qu'une main pousse avec l'index. L'objet glisse sur le support et s'arrête à mi-parcours. L'ensemble de la situation est visible. A la phase test, deux situations, possible et impossible, sont présentées aux bébés. L'objet est poussé sur le support jusqu'à atteindre ses limites. L'objet dépasse les frontières du support mais garde un contact avec lui. Les jeunes bébés de 3 mois et demi qui comprennent rapidement la situation à la phase d'apprentissage sont surpris et regardent plus longtemps l'objet en suspens dans la situation impossible.

Concernant la numérosité, on a pu mettre en évidence que le nouveau-né est capable de différencier deux ensembles constitués de deux et trois éléments, mais non des ensembles plus grands. Des recherches, menées par Karen Wynn, apportent un nouvel éclairage sur les capacités de calcul arithmétique (addition et soustraction) des jeunes bébés. En utilisant le paradigme des situations possibles/impossibles, on a pu montrer que les bébés âgés de 4-5 mois sont capables d'additionner et de soustraire de petits nombres.

A partir de ses recherches sur la cognition du bébé, Baillargeon propose un modèle du développement précoce du raisonnement physique en deux étapes. Le bébé âgé d'environ 3 mois serait capable d'un raisonnement qualitatif et global qui évoluerait vers un raisonnement plus précis et quantitatif au cours du second semestre de la première année. Ce point de vue s'oppose à la théorie, résolument rationaliste, défendue par Spelke selon laquelle un noyau de connaissances innées guiderait le raisonnement des bébés. Si les résultats observés dépendent des situations (ou répertoires de situations) vues par les bébés, alors l'analyse précise des relations entre perception et raisonnement devrait rapprocher ces deux conceptions du développement. Ce qui demeure surprenant concernant la cognition du bébé, c'est autant les faits obtenus que la rapidité des acquisitions durant cette brève période de la vie. *Arlette* STRERI.

## COGNITION DU FŒTUS

*(angl., fetal cognition)*

**Psychologie.** — Le développement des techniques d'exploration ultrasonore (échographie, cardiotocographie) du fœtus humain, les études sur les mammifères placentaires et l'observation de bébés prématurés ont établi l'idée que de nombreuses entrées sensorielles sont offertes à l'enfant dès la période fœtale. Les recherches sur les possibilités d'apprentissage du fœtus humain (→ APPRENTISSAGE) envisagent à la fois la contribution des stimulations prénatales au développement des systèmes sensoriels et l'influence de l'expérience sensorielle fœtale sur l'orientation des réponses comportementales postnatales (→ COGNITION DU BÉBÉ).

Les analyseurs sensoriels initient leur maturation selon la séquence temporelle ordonnée suivante : les systèmes somesthésique, chimiosensoriel (gustation, olfaction), vestibulaire, auditif et, enfin, visuel (→ PERCEPTION). Les données comportementales (modifications du rythme cardiaque ou réactions motrices) en réponse à une stimulation appropriée témoignent de la réactivité de chacun de ces systèmes. Tous les systèmes sensoriels présentent *in utero* des capacités réactives bien avant d'avoir atteint leur maturité structurale et fonctionnelle. Le fœtus est capable de mémoriser certaines propriétés de son environnement (en particulier, auditives et chimiosensorielles) (→ MÉMOIRE). Par ses réponses, il indique qu'il est apte à détecter des stimulations incidentes (bruits intenses), à discriminer des bruits complexes ou des énoncés parlés sur la base de leur hauteur, de leur pression acoustique ou de leurs aspects prosodiques, à reconnaître un énoncé complexe auquel il a été quotidiennement exposé. Si des stimulations nocives entraînent des traumatismes, l'activation prénatale contribue plutôt au développement des systèmes périphériques et des relais du tronc cérébral, ainsi qu'au maintien de leur intégrité anatomique et fonctionnelle pendant cette période de maturation.

Les recherches animales et humaines montrent que l'expérience sensorielle fœtale peut modifier, par le biais des apprentissages, les réponses comportementales postnatales à des stimulations auditives ou chimiosensorielles. Le rat nouveau-né exprime des aversions ou des préférences olfactives sur la base d'acquisitions prénatales. La préférence des nouveau-nés humains s'oriente vers les voix contenant des traits déjà détectés avant la naissance. La voix maternelle n'étant pas atténuée ni masquée par le bruit de fond intra-utérin, le nourrisson manifeste une sensibilité préférentielle pour elle et pour la langue maternelle (→ LANGAGE. Traitement du —). Il préfère également des séquences musicales ou des énoncés lus ou chantés quotidiennement, par la mère ou un autre locuteur, pendant plusieurs semaines avant la naissance. L'organisme est ainsi préparé *in utero* à détecter des indices sensoriels qui seront pertinents pendant la vie postnatale. Si l'on se place dans l'hypothèse selon laquelle le cerveau immature du fœtus ne serait pas en mesure d'intégrer l'information qui lui parvient, alors il faut admettre que les acquisitions fœtales ne résultent pas d'un traitement conscient des messages sensoriels (→ CONSCIENCE) et que ces « souvenirs » ne pourraient donc pas être évoqués ultérieurement. *Arlette STRERI.*

## COGNITION SOCIALE

*(angl., social cognition)*

**Psychologie.** — La cognition sociale est le champ des savoirs et savoir-faire relatifs aux personnes (soi et autrui), aux relations interpersonnelles qui interviennent entre des individus identifiés par des paramètres personnels et fonctionnels, en relation immédiate ou relayée (communications, processus de positionnement mutuel et d'influence), aux relations au sein d'un groupe humain ou entre groupes, aux situations sociales (→ COMMUNICATION, CONTEXTE et SITUATION, INTERACTION). Ces savoirs et savoir-faire portent sur les émotions et affects (→ ÉMOTION), les mobiles et intentions qui animent les agents sociaux, de façon habituelle ou dans une circonstance particulière, sur les processus d'ajustement, d'influence, d'évitement et de dissimulation. Ils permettent, en focalisant l'attention, de sélectionner au sein des multiples observables, souvent discrets, émis par les personnes, ceux qui revêtent une valeur d'indice pour interpréter les événements de l'environnement humain (→ ATTENTION, INTERPRÉTATION). Ces événements accidentels ou relativement stables dans le temps se situent à des niveaux d'intégration très différents : mimique furtive, message, décision, conduite actualisant un trait de personnalité, fonctionnements et attitudes habituels, scènes sociales, etc. Il peut s'agir d'événements immédiats, intervenus dans un passé plus ou moins lointain, à venir ou seulement probables. Ils ont donc un impact rétroactif quant à l'interprétation du passé ou de l'actuel, et proactif quant à l'anticipation de l'effet, composante majeure de la régulation des conduites puisqu'elle en gère la réitération, la modification, l'inhibition partielle ou totale (→ ACTIVATION/INHIBITION, CONTRÔLE).

Ces constituants de la cognition sociale sont caractérisés par leur composante pragmatique (→ PRAGMATIQUE). Il s'agit, en effet, dans les situations de la vie réelle, de connaître et (ou) d'agir en vue d'atteindre un but, éventuellement incompatible avec celui d'autrui et d'éviter des effets en retour indésirables (→ ACTION). Le report, le détour, la ruse, la séduction, la négociation interviennent pour éviter ou gérer les conflits. De même interviennent, de façon déterminante dans le traitement des informations et la résolution des problèmes sociaux, les jugements, inférences, déductions, catégorisations et évaluations reposant sur des bases souvent très subjectives et personnalisées, quand bien même sont-ils rationalisés avec art (→ CATÉGORISATION, INFORMATION, RAISONNEMENT et RATIONALITÉ). Ainsi que l'a montré Pierre Oléron (et coll.), la prise en compte du probable, du douteux et de l'irréversible est fortement requise. Les processus émotionnels, mis au premier plan dans l'empathie ou l'identification, font partie intégrante de l'appréhension des situations sociales. En outre, la cognition sociale connaît des normes, conventions et scénarios qui permettent de comprendre et de contrôler la vie sociale à tous les niveaux (→ NORMATIVITÉ). Les termes d'intelligence sociale, de compétence psychologique, de compétence interpersonnelle, qui intègrent ces différentes dimensions et réfèrent bien à la connaissance finalisée dans l'action réussie, ont été moins fréquemment retenus dans le discours scientifique.

La cognition sociale est envisagée selon quatre approches, assez indépendantes les unes des autres : la psychologie sociale cognitive, la psychologie du développement, la mesure de l'intelligence et la psychologie sociale du développement cognitif.

1 / La psychologie sociale cognitive considère la personne dans ses relations avec d'autres personnes, groupes, cadres sociaux conçus en tant que stimuli particuliers de l'environnement à traiter par des processus cognitifs qui permettent de dégager des propriétés, d'établir des liens de causalité (→ CAUSALITÉ). Les outils conceptuels invoqués sont le plus souvent ceux utilisés pour rendre compte de la cognition en général. Les travaux menés dans cette perspective (tels ceux de Germaine de Montmollin) se réfèrent à la théorie de l'attribution causale (Fritz Heider, Harold Kelley) et à l'idée d'une « théorie naïve de la personnalité » qu'élaborerait l'individu en guise de médiation pour donner sens aux événements humains (Salomon Asch, Jerome Bruner et Renato Tagiuri).

2 / La psychologie du développement s'intéresse à la connaissance de soi, à la connaissance d'autrui, à l'adaptation aux interactions et aux situations sociales (telles que la communication, les jeux, les rapports de pouvoir) et à la connaissance des phénomènes psychologiques (→ MÉTACOGNITION). L'étude de la genèse des connaissances sociales a été marquée autour des années 1970 par les concepts de décentration, de coordination des perspectives et de prise de rôle. La cognition sociale est ici décrite comme progressant vers la différenciation des points de vue (soi/autrui, comportement apparent / intention sous-jacente) et la prise en compte des intérêts mutuels à court et à plus long terme (John Flavell, Robert Selman).

A la même époque, plusieurs auteurs ont défendu l'idée de la précocité des connaissances sociales implicites manifestées par les enfants au sein de conduites de communication efficaces et ajustées aux interlocuteurs (Janine Beaudichon, Helen Borke, Tatiana Slama-Cazacu).

Une autre série de travaux, qui a émergé dans les années 1980-1990, s'intéresse aux représentations qu'ont les jeunes enfants des états psychologiques des personnes et à leur évolution avec l'âge (→ REPRÉSENTATION). Ces représentations forment, selon Henri Wellman, une « théorie naïve de l'esprit humain » car elles constituent pour l'enfant un cadre organisé, explicatif et prédictif des conduites humaines (→ THÉORIE DE L'ESPRIT). Les processus sous-jacents à la construction de telles représentations font l'objet de différents modèles : modularistes, postpiagétiens, centrés sur l'appariement soi-autrui ou sur l'intersubjectivité précoce. Selon les modèles modularistes, il s'agit de la maturation et de l'activation de mécanismes cognitifs spécialisés, notamment dans la détection d'intentionnalité (Simon Baron-Cohen, Alan Leslie) (→ DOMAINE. Spécialisation quant au —, INTENTIONNALITÉ, MODULARITÉ). Selon les modèles postpiagétiens, qui retiennent de Jean Piaget l'idée de coordination des perspectives, les savoirs psychologiques s'appuient d'abord sur l'expérience par l'enfant de ses propres attitudes psychologiques (→ EXPÉRIENCE), puis s'appliquent à autrui par différenciation et simulation (Paul Harris, Michael Tomasello, etc.). Selon les modèles centrés sur les processus d'appariement soi-autrui, c'est l'expérience que fait le jeune bébé de similitudes de fonctionnement, de la contingence ou de la réciprocité de ses conduites avec celles d'autrui (imitation, coordination comportementale) qui permet un partage précoce d'états mentaux, puis une prise de conscience progressive des relations psychologiques en tant que telles (Andrew Meltzoff, Sally Rogers et Bruce Pennington) (→ CONSCIENCE). Enfin, selon les modèles de l'intersubjectivité précoce, il existerait une capacité en partie innée à répondre à autrui et à agir sur lui directement au plan psychologique (émotions et motivations) à travers les conduites expressives, servant de base à la compréhension des relations de représentation entre les personnes et le monde (Peter Hobson, Colwyn Trevarthen).

3 / Dans une perspective de mesure de l'intelligence, la tradition psychométrique accorde peu de place à la composante sociale en dehors d'Edward Thorndike qui différencie trois types d'intelli-

gence : sociale, mécanique et abstraite (→ DIFFÉRENCIATION). Joy Guilford aboutit également, par décomposition factorielle des aptitudes intellectuelles, à un facteur renvoyant aux contenus comportementaux d'autrui. Des échelles de maturité sociale, comme celle d'Edgar Doll aux États-Unis ou de Marie-Claude Hurtig et René Zazzo en France, mesurent la composante adaptative de l'intelligence sociale, en situant les sujets par rapport à leur groupe d'âge sur une série de conduites sociales de la vie quotidienne. La difficulté d'établir des tests d'intelligence sociale qui répondent aux critères de fiabilité habituels de la psychométrie a contribué à rendre ces tentatives très marginales.

On doit retenir ici la description d'inspiration piagétienne, par Selman, des stratégies de négociation interpersonnelle en cinq niveaux successifs au cours de l'enfance. Cette description est plus largement valable pour rendre compte, chez l'adulte, des divers modes de fonctionnement qui peuvent coexister et prédominer selon la personnalité des acteurs sociaux et les circonstances : la négociation par recours à la force physique, la négociation par recours au pouvoir et la négociation par mise en œuvre de stratégies de persuasion ; ces niveaux se caractérisent par des rapports de dominance/soumission et par le recours à des procédures telles que la colère, le chantage, la séduction, etc. Suivent la négociation par collaboration interpersonnelle, où l'empathie, la communication, la prise en compte des différents points de vue président à l'issue (la décision), et la négociation par intégration/synthèse des différentes perspectives et modes de raisonnement ou d'issue envisageables. Dans une approche voisine, Lawrence Kohlberg a décrit le développement du jugement moral.

Enfin, 4 / la psychologie sociale du développement cognitif s'intéresse à l'individu en cours d'acquisition de connaissances dans des contextes sociaux qui fournissent des cadres à la sélection et au mode de traitement de l'information (le marquage social) à partir de représentations collectives, ainsi que des occasions de confronter des points de vue différents (le conflit socio-cognitif), conduisant à des déséquilibres et à des rééquilibrages d'origine sociale (Willem Doise, Gabriel Mugny, etc.). Une variante de cette perspective est constituée par la place accordée aux modèles d'aide provenant d'autrui (Fajda Winnykamen). Cette approche a une double origine : l'étude de l'apprentissage social (Albert Bandura) (→ APPRENTISSAGE) et celle de l'intériorisation des compétences acquises au cours des interactions sociales, avec le rôle qu'y joue l'adulte expert (Lev Vygotski).

Un problème récurrent dans les études sur la cognition sociale est la faiblesse des corrélations entre le niveau de compréhension sociale, évalué à partir de situations sociales fictives, et la qualité des conduites sociales dans des contextes adaptatifs réels. Plusieurs explications ont été proposées : l'inadéquation des situations expérimentales elles-mêmes, peu propices à l'émergence d'un enjeu et d'un contexte réel d'actualisation des compétences sociales, la simplification abusive de la manière d'atteindre les buts sociaux dans ces épreuves, qui occulte les spécificités du traitement des variables intrapersonnelles et sociales par des voies indirectes et subjectives, la non-prise en compte du dynamisme des régulations successives par lesquelles l'ajustement est réalisé et où les processus de contrôle exécutif semblent fortement impliqués. Des recherches comparatives en psychopathologie développementale ou en neuropsychologie contribuent ici à faire ressortir les dépendances ou indépendances fonctionnelles ou structurales entre ces différentes composantes : cognition sociale, comportement social, mécanismes de régulation, etc. (→ AUTISME, NEUROPSYCHOLOGIE, PSYCHIATRIE COGNITIVE). *Janine* BEAUDICHON *et Marie-Hélène* PLUMET.

## COGNITIVISME

*(angl., cognitivism)*

**Philosophie.** — Paradigme classique des sciences cognitives, le cognitivisme se définit par la conjonction de thèses fonctionnalistes et « computo-représentationnelles » (→ FONCTIONNALISME, REPRÉSENTATION). Il admet l'existence d'états mentaux dont chacun est identique à un état physique (→ PHYSICALISME). Toutefois, le type auquel appartient un état mental est déterminé par son rôle fonctionnel, c'est-à-dire par les relations causales qu'il entretient avec les autres états mentaux, les stimuli et les comportements (→ CAUSALITÉ).

Le cognitivisme postule l'existence de représentations mentales symboliques (→ SYMBOLE), conçues comme des énoncés d'un langage formel interne (→ LANGAGE DE LA PENSÉE) et considère les processus cognitifs comme des processus computationnels opérant sur ces représentations selon un système de règles formelles.

Ce paradigme s'inspire largement des travaux sur la calculabilité et les systèmes formels qui ont donné naissance à l'ordinateur. Il conçoit les rapports du physique et du mental sur le modèle des rapports entre matériel et logiciel en informatique (*hardware* et *software* en anglais) : le niveau de description des états et processus mentaux, représentationnel et computationnel, est considéré comme largement autonome par rapport au niveau de description physique du système matériel qui en est le substrat. *Élisabeth PACHERIE.*

## COMMUNICATION

*(angl., communication)*

**Neuroscience.** — La communication désigne tout processus par lequel une information est transmise d'un élément à un autre (→ INFORMATION). Dans le cadre de la neuroscience cognitive, il est possible de distinguer deux niveaux de communication. Le premier concerne les mécanismes de transmission de l'information entre neurones. Ce mécanisme est de type activateur ou inhibiteur (→ ACTIVATION/INHIBITION). Le second niveau concerne les mécanismes de transmission de l'information entre les sous-systèmes cognitifs de l'architecture fonctionnelle pouvant être considérés chacun comme un réseau de neurones (→ ANALYSE COMPUTATIONNELLE, RÉSEAU NEURONAL).

Les neurones ne communiquent généralement pas de façon arbitraire. Beaucoup d'entre eux sont précâblés et leurs connexions ne se modifient pas avec le temps, sauf en cas de mort cellulaire (phénomène observé à une échelle extrêmement importante durant l'enfance). La communication entre neurones se fait par neurotransmetteurs et, selon la région du cerveau concernée, un même neurotransmetteur peut avoir des fonctions activatrices ou inhibitrices. Cela dépend en fait d'un ensemble de caractéristiques affectant le neurone récepteur. Dans un réseau de neurones artificiels (→ CONNEXIONNISME), une même unité peut généralement engendrer des connexions activatrices et inhibitrices. Dans le cerveau, il demeure incertain que tout neurotransmetteur puisse exercer une action activatrice et inhibitrice à l'intérieur d'un même réseau. *Olivier KOENIG.*

**Psychologie.** — Les avis sont partagés sur la définition de la communication humaine. Certains auteurs admettent une définition extensive, assimilant la communication à toute forme d'interaction entre organismes vivants (→ INTERACTION), quels qu'en soient les niveaux et les formes : messages chimiques, sensoriels, codés (l'extension peut même aller jusqu'à la communication neuronale intra-organisme : voir *neuro.* ci-dessus). Dans ce cas, comme le souligne François Bresson, l'utilisation du terme demande à être spécifiée soigneusement, de façon à différencier les organisations et le fonctionnement du système de communication concerné. D'autres auteurs au contraire restreignent la définition de la communication aux cas où l'échange est basé sur une intention communicative : en témoigne la pragmatique de la communication (→ PRAGMATIQUE) qui met l'accent sur l'acte de parole en tant qu'action effectuée à l'aide du langage (→ ACTION, LANGAGE. Traitement du —) et produisant des effets, intentionnels ou non, sur l'interlocuteur. Plus stricte encore (mais complémentaire) est l'analyse qui implique – avec des auteurs tels Dan Sperber et Deirdre Wilson (→ PERTINENCE) – que les productions échangées soient produites en vue d'obtenir un effet anticipé par l'émetteur. Il s'agit alors d'une action pilotée par la métareprésentation et impliquant une planification sur la façon de changer l'état mental de l'autre (→ MÉTACOGNITION, THÉORIE DE L'ESPRIT).

L'avantage d'une définition par l'intentionnalité réciproque est sa clarté (→ INTENTIONNALITÉ). Son inconvénient est la difficulté à établir un critère d'intentionnalité valable sans équivoque pour les échanges non verbaux, et qui permette de situer les échanges intraspécifiques non humains, ainsi que ceux du très jeune bébé avec ses proches (→ COGNITION ANIMALE, COGNITION DU BÉBÉ). Or, ce que nous connaissons à cet égard est troublant. En effet, l'étude des prémisses de la communication intentionnelle au moyen de paradigmes provoquant expérimentalement un dysfonctionnement du « système adulte/bébé », par exemple un visage impassible de l'adulte, montre *a contrario* l'aspect actif, prédictif et planifié des émissions du jeune enfant dès 8 semaines.

Dans ces conditions, il semble plus adéquat d'utiliser plusieurs niveaux de définition de la communication. On pourrait distinguer en premier niveau une communication expressive où des effets sont attendus, sans qu'il y ait planification mentale de ces effets. Le deuxième niveau concernerait la communication instrumentale, où des effets précis de l'émission sont recherchés, à partir d'une planification portant sur des événements tangibles : par exemple, pointer le doigt pour obtenir quelque chose (proto-impératif). Le troisième niveau serait celui de la communication pragmatique, où les effets de l'émission sont recherchés et organisés sur la base d'une planification d'événements mentaux : par exemple, pointer l'index vers un objet non pour l'obtenir mais pour provoquer l'attention conjointe de l'autre (protodéclaratif) (→ ATTENTION) ; en faisant cela, l'enfant infère qu'il va provoquer un état d'intérêt pour la cible désignée. On s'accorde actuellement pour considérer que cette capacité à initier l'attention conjointe est le plus précoce indice d'intentionnalité dans le pilotage de l'état mental du partenaire.

Liés à ces problèmes de définition, plusieurs modèles de la communication se sont succédé et parfois cohabitent. Le « modèle de l'émetteur », pratiqué par les éthologistes pour étudier la communication non verbale, ne s'intéresse curieusement qu'à la nature et à la fréquence des émissions, sans prendre en compte ses effets sur le destinataire. Le « modèle du télégraphe », issu de la Théorie de l'Information (→ INFORMATION), décrit la communication en termes de messages circulant entre un émetteur et un destinataire, ce qui focalise l'intérêt sur le traitement du message et la gestion de la succession alternée des tours de parole. L'intérêt de ce modèle est d'introduire un critère de cohérence sémantique dans la définition de la communication (→ SÉMANTIQUE) : ainsi, à la fin de la deuxième année encore, ce critère n'est satisfait que pour des gestes comme donner et offrir. Plus récent, le « modèle de l'orchestre » propose d'ajouter aux critères du modèle du télégraphiste une autre composante essentielle de la communication : le simultané. On valorise ici le paramètre de synchronisation et la communication est étudiée comme un système de coconstruction du dialogue, que son contenu soit ou non référentiel, codé et inférentiel. *Jacqueline NADEL.*

**Linguistique.** — Dans le langage courant, il y a beaucoup d'expressions idiomatiques qui se rapportent à la communication. On a pu les regrouper sous l'expression générale de « métaphore du conduit ». En effet, elles présentent la communication comme le fait ou l'activité consistant à transporter de l'information d'un émetteur (locuteur) à un récepteur (auditeur), *via* les mots, les phrases, les textes, etc., considérés comme un contenant pour des idées qui en seraient le contenu (→ INFORMATION, LANGAGE. Traitement du —, TEXTE. Traitement du —). Cette définition n'est pas sans rappeler la définition la plus courante de la communication, que l'on trouve notamment en philosophie avec John Locke, et selon laquelle la communication réside dans la transmission de l'information. Claude Shannon et Warren Weaver ont proposé, dans le même esprit, le schéma d'un modèle codique de la communication. Selon ce modèle, le message, qui provient d'une source, est codé en un signal, puis transmis *via* un canal à une destination où le signal reçu est décodé.

Ce schéma, qui a été très largement repris et cité, semble bien s'appliquer à la communication animale, pour ce que l'on en sait (→ COGNITION ANIMALE). La communication animale passe par des canaux très divers, depuis le canal sonore (chants d'oiseaux, vocalisations des singes vervets, etc.) jusqu'au canal visuel (danse des abeilles), sans parler du canal olfactif (signaux par phéromones dans les sociétés d'insectes, notamment les fourmis). Les divers signaux que s'envoient les animaux sont susceptibles d'analyses différentes, suivant que l'on peut ou non les considérer comme intentionnels, mais ils semblent généralement avoir pour caractéristique de ne pouvoir donner lieu qu'à une interprétation unique (en d'autres termes, ils ne sont pas ambigus).

Une particularité de la communication humaine est de passer par le langage, qui se distingue des systèmes de communication animaux sur plusieurs plans : d'une part, le langage dépend d'une structure tout à la fois stricte et très riche, la syntaxe (→ SYNTAXE), alors que la plupart des signaux animaux ne se combinent pas entre eux ; d'autre part, le langage humain est un instrument de communication extrêmement souple, à la fois en raison de sa structure qui permet à partir des mêmes mots de communiquer des messages différents *(La souris mange le chat* ou *Le chat mange la souris)* et parce que les mots, les expressions ou les phrases y sont souvent polysémiques, ambigus ou vagues et dépendent largement du contexte pour leur interprétation (→ CONTEXTE et SITUATION, INTERPRÉTATION).

Non seulement le langage humain présente ces spécificités, mais il semble bien que la capacité linguistique soit propre à l'espèce humaine en deux sens au moins. Nous sommes seuls à la posséder, et toutes les tentatives pour apprendre à d'autres espèces (les grands primates notamment) des rudiments de langage humain ont échoué ; il semble que ce soit une faculté au même sens que la faculté de perception visuelle (→ PERCEPTION), dans la mesure où la capacité linguistique peut être endommagée sans que les autres capacités mentales le soient, ou peut, au contraire, être préservée alors que le reste des capacités mentales est fortement endommagé.

Pour autant, la communication ne se ramène pas au langage, puisque des systèmes de communication, notamment animaux, différents du langage, peuvent exister (voir aussi les travaux sur le bébé : *psycho.*, ci-dessus). Cependant, une grande partie, si ce n'est la majeure partie de la communication humaine, passe par le langage et, de ce fait, demande une analyse différente du modèle codique. Il est utile de rappeler ici la distinction introduite par Paul Grice entre signification naturelle et signification non naturelle (→ SIGNIFICATION). Selon Grice, cette distinction doit être rapprochée de celle qui démarque signaler ou indiquer, d'une part, et vouloir dire, de l'autre. Une éruption de boutons signale une maladie infantile, mais lorsque Pierre dit *Je suis malade*, sa phrase ne signale pas sa maladie, mais signale qu'il veut dire qu'il est malade. En d'autres termes, la signification non naturelle, propre au langage, implique une intention réflexive, l'intention de transmettre une information, et l'intention de transmettre cette information *via* la reconnaissance de la première intention. On pourrait ainsi, sur la base de la distinction gricéenne, distinguer les systèmes de communication animale du langage humain, en indiquant que les premiers relèvent de la signification naturelle, alors que le second relève de la signification non naturelle.

Si le modèle du code semble adéquat ou relativement adéquat pour rendre compte de la communication animale, il échoue à rendre compte de la communication humaine, notamment langagière. En effet, celle-ci met en cause des intentions et la reconnaissance de ces intentions, en somme ce que l'on a pu appeler une « théorie de l'esprit » (→ THÉORIE DE L'ESPRIT), c'est-à-dire la capacité à se représenter la pensée, les sentiments et les intentions d'autrui. Dans cette optique, Grice a proposé une théorie de la communication qui passe par un principe de coopération entre interlocuteurs (→ PRAGMATIQUE). Cette théorie, largement inférentielle, a souvent été reprise ou amendée depuis. Dans la même perspective, mais avec des développements théoriques originaux, il faut mentionner la théorie de la pertinence (→ PERTINENCE) qui présente l'avantage de combiner les aspects codiques et inférentiels de la communication langagière. *Jacques MOESCHLER.*

**Intelligence Artificielle.** — L'Intelligence Artificielle (IA) aborde la communication sous l'angle de l'interaction entre un utilisateur humain et un système automatique : la communication

Homme-Machine. Elle cherche à rendre cette interaction la plus naturelle et la plus efficace possible.

L'utilisation de langues naturelles en IA est un thème important, apparu dès les années 1960. L'être humain possède des capacités de traitement de la langue naturelle sans commune mesure avec celles d'une machine (→ LANGAGE. Traitement du —, TEXTE. Traitement du —). Néanmoins, des capacités limitées sont suffisantes pour de nombreuses applications et apportent dans certains cas une amélioration sensible par rapport aux moyens traditionnels tels que les interfaces graphiques.

En pratique, la communication porte sur un univers d'application connu *a priori*, et le problème de la compréhension de la langue s'en trouve un peu simplifié, puisqu'on cherche une « représentation profonde » des énoncés compatible avec les connaissances générales que la machine possède sur l'univers en question (→ DOMAINE. Spécialisation quant au —, REPRÉSENTATION). Un problème central et délicat demeure cependant : celui du traitement des ambiguïtés, celles-ci étant inhérentes à la langue naturelle, mais aussi introduites par l'indéterminisme du processus de reconnaissance dans le cas de la parole ou de l'écriture (→ RECONNAISSANCE DE FORMES). En fait, il est nécessaire de concevoir des architectures informatiques adaptées, notamment multi-agents, pour gérer l'interaction des différents niveaux de connaissance intervenant dans la langue : phonétique et phonologique (description des sons élémentaires et de leur déformation en contexte (→ CONTEXTE et SITUATION), morphologique et lexical, syntaxique, sémantique et pragmatique (→ LEXIQUE, MORPHOLOGIE, PRAGMATIQUE, SÉMANTIQUE, SYNTAXE).

Le thème de la langue naturelle en IA recouvre des activités diverses et en partie complémentaires.

1 / Le traitement de la langue sous la forme de suites de caractères supposées sans faute : compréhension et génération de phrases, traduction automatique ou assistée, génération de textes. Les produits actuels sont de capacité limitée, mais le développement d'interfaces avec des banques de données ou des centres de renseignement devrait s'accélérer dans un futur proche.

2 / Le traitement de la parole (→ ORAL) qui concerne la synthèse vocale (faire parler une machine), la reconnaissance de la parole (s'adresser à la voix à une machine) et la vérification de l'identité d'un locuteur : la reconnaissance de la parole fait appel aux

méthodes de la reconnaissance des formes. On distingue *a)* la reconnaissance de mots isolés (prononcés artificiellement séparés) utilisant des techniques de modèles stochastiques (en particulier les « modèles de Markov cachés » ) et de réseaux neuromimétiques (→ CONNEXIONNISME), *b)* la reconnaissance de la parole continue, incluant une analyse phonétique pour trouver les constituants élémentaires et une analyse syntaxique fondée sur un modèle de langage (modèle statistique *n*-grammes donnant les probabilités conditionnelles de suites de *n* mots, ou modèles syntaxiques classiques). On trouve actuellement des produits commercialisés dans ces deux catégories pour des applications de machines à dicter (avec des vocabulaires de plusieurs dizaines de milliers de mots), de commande vocale (en particulier pour les handicapés moteurs) et de télématique vocale. Les recherches actuelles concernent l'indépendance vis-à-vis du locuteur et l'augmentation de la robustesse de la reconnaissance (détection de mots hors vocabulaire, traitement de la parole spontanée, reconnaissance en présence de bruit).

3 / La reconnaissance de caractères écrits, autre champ de la reconnaissance de formes qui utilise les grands modèles du domaine : modèles statistiques (notamment, à nouveau, les « modèles de Markov cachés » ), réseaux neuromimétiques, modèles structurels dans lesquels un caractère est décrit comme un assemblage de formes élémentaires de type trait, courbe, etc.

4 / La reconnaissance de textes imprimés multi-fontes est un problème assez bien résolu pour lequel il existe plusieurs produits commercialisés. En revanche, la reconnaissance de l'écriture cursive manuscrite est un problème de recherche ouvert, d'une difficulté analogue à celle de la reconnaissance de la parole continue.

La communication Homme-Machine multimodale prend une importance croissante. Elle se situe dans le contexte de l'interaction multimedia, de plus en plus fréquente avec l'évolution technologique et le développement des documents hypermedia, ainsi que des systèmes de réalité virtuelle. Une telle interaction implique plusieurs médias : le clavier, la voix, la désignation (par souris, écran tactile, gant spécial). Ces médias peuvent se compléter dans le cadre d'une communication multimodale supposant une représentation commune des messages échangés. Une forme élaborée de communication suppose l'établissement d'un dialogue entre l'être humain et la machine, notamment lors de l'utilisation d'une langue naturelle, écrite ou parlée. Les recherches actuelles concernent l'analyse sémantique et pragmatique du dialogue, l'utilisation de l'historique du dialogue, la définition d'un modèle de l'acteur d'un dialogue, ainsi que les aspects ergonomiques. *Jean-Paul* HATON.

## COMPÉTENCE/PERFORMANCE

*(angl., competence/performance)*

**Linguistique.** — Notre acquisition et notre savoir linguistiques sont largement inconscients (→ LANGAGE. Traitement du —). Ferdinand de Saussure distinguait entre langue (le système de signes langagiers envisagé en lui-même et pour lui-même, et partagé par une communauté linguistique) et parole (l'ensemble virtuellement infini des énoncés écrits ou oraux produits par les individus de cette communauté, → ÉCRITURE, ORAL). Noam Chomsky a repris cette distinction dans le cadre de la grammaire générative (→ GRAMMAIRE), qu'il définit comme le modèle de la compétence langagière, c'est-à-dire du savoir implicite, non pas d'une communauté, mais d'un locuteur-auditeur idéal, indépendamment de sa culture, de sa situation sociale ou de son état neurologique. Tout locuteur natif d'une langue (c'est-à-dire l'ayant apprise « naturellement » comme langue maternelle, ou suffisamment tôt) a des intuitions concernant la grammaticalité de n'importe quelle phrase, sur son caractère ambigu ou non, sur ses liens de paraphrase avec d'autres phrases. Ainsi, tout locuteur français peut reconnaître un lien de paraphrase entre *Le chat a schtroumpfé la souris* et *La souris a été schtroumpfée par le chat*, indépendamment de sa connaissance ou non du verbe *schtroumpfer*. De même, confronté à une séquence de lettres inconnue, il peut déterminer si cette séquence est un mot possible dans sa langue, et éventuellement comment ce mot se décline ou se met au pluriel.

Les performances du locuteur, en revanche, dépendent de facteurs extralinguistiques, tels que son histoire personnelle (le plus ou moins grand nombre de mots auxquels il a été exposé), sa disponibilité mentale immédiate. Les nombreuses erreurs langagières observées, défauts de production ou de compréhension, ainsi que les variations constatées (au niveau de la prononciation, des connaissances lexicales, etc., → LEXIQUE) sont du domaine de la performance et non de la compétence, supposée identique pour tout locuteur natif d'une langue donnée.

Le fait qu'empiriquement le nombre de mots employés dans une langue soit limité, ou que la longueur des phrases observées ait une limite supérieure, relève de la performance : un modèle de la compétence langagière, selon Chomsky, comprendra des règles générant un nombre infini de mots possibles, et des phrases de longueur infinie. Le fait qu'on ne puisse comprendre une phrase à plus d'une relative emboîtée, telle que *Le fromage (que la souris (que le chat poursuit) mangeait) était du gruyère*, relève aussi de la performance et ne doit pas empêcher de considérer cette phrase comme grammaticale.

La distinction compétence/performance a des conséquences multiples. Du point de vue méthodologique, l'étude de la compétence éloigne des observations sur corpus chères aux structuralistes américains et conduit à privilégier l'introspection, pour l'étude de sa propre langue (→ INTROSPECTION), ou l'interrogation d'un locuteur natif. D'un point de vue pédagogique, les règles caractérisant la compétence ne sont pas de celles qui s'enseignent, et l'apprentissage volontaire et conscient (→ APPRENTISSAGE, CONSCIENCE) ne peut concerner que les performances langagières.

Chomsky a reformulé cette distinction dans les années 1980 avec les termes de *I-language* (*Internal language* en anglais), qui désigne l'ensemble des règles intériorisées par tout locuteur, et de *E-language (External language)*, qui désigne l'ensemble des énoncés générés par ces règles. Il a abandonné la notion de capacité générative qui ne caractérise que l'aspect externe du langage. Il a également élargi la définition de la compétence à la faculté de langage, indépendamment de la connaissance de telle ou telle langue. C'est le projet de la grammaire universelle, qui désigne non l'inventaire des invariants observés dans les différentes langues du monde, mais la modélisation du type de règles paramétrables (→ MODÈLE) permettant à n'importe quel enfant d'apprendre n'importe quelle langue. Au regard de la pauvreté des stimuli oraux perçus par l'enfant (vocabulaire limité, nombre fini de phrases, comprenant souvent des erreurs), comparée à la très grande complexité du système langagier à apprendre, la faculté de langage est conçue comme un dispositif biologique inné propre à l'espèce humaine.

Cette conception du langage a été critiquée de plusieurs points de vue. Pour William Labov, et la plupart des sociolinguistes, la variation est au cœur même de la compétence langagière et il faut définir la notion de « règle variable ». Pour de nombreux linguistes, les ratés de la communication sont partie intégrante de notre faculté de langage (→ COMMUNICATION). *Anne ABEILLÉ.*

**Psychologie.** — Par extension, la distinction compétence/performance s'applique à toute analyse de tâche en psychologie, où un décalage s'observe souvent entre la compétence évaluée (par exemple, une structuration logico-mathématique, → LOGIQUE) et la performance observée, compte tenu du contexte (→ CONTEXTE ET SITUATION) et des facteurs de perception, de mémoire, d'attention, etc. (→ ACTIVATION/INHIBITION, ATTENTION, MÉMOIRE, PERCEPTION). Dans ce cas, la compétence n'est pas nécessairement innée, mais peut renvoyer à une compétence cognitive (ou sociale) construite au cours du développement (→ DÉVELOPPEMENT COGNITIF). C'est ainsi, par exemple, que la théorie structuraliste et constructiviste de Jean Piaget (→ CONSTRUCTIVISME) a été critiquée du point de vue du décalage observé entre le « sujet épistémique » (la compétence cognitive : les structures piagétiennes) et le « sujet psychologique », c'est-à-dire les performances effectives de l'enfant en situation de résolution de problèmes. Selon certains psychologues, ce type de décalage est « La règle » même du développement et du fonctionnement cognitifs. *Olivier HOUDÉ.*

## COMPLEXITÉ

*(angl., complexity)*

**Intelligence Artificielle**. — Une ligne claire, même si elle n'est pas facile à tracer, sépare les classes de problèmes en deux grands types (→ RÉSOLUTION DE PROBLÈMES) : celles qui sont décidables (il existe un algorithme qui résout en un temps fini tous les problèmes de la classe) et celles qui ne le sont pas. Toutefois, ce n'est pas cette démarcation qui est la plus importante du point de vue de la complexité, mais celle qui, parmi les problèmes décidables, sépare ceux qui se résolvent « rapidement ». Cette affirmation semble paradoxale parce qu'elle considère comme capitale une notion contingente (la technologie ne trouvera-t-elle pas tôt ou tard des solutions rapides pour tous les problèmes décidables ?) et mal définie (qu'est-ce qu'une solution rapide ?). Comme on va le voir, il n'en est rien.

Considérons deux méthodes A et B pour résoudre un même problème, et soit *n* sa taille (par exemple, la quantité d'information nécessaire pour le désigner parmi ceux de sa classe, → INFORMATION) ; appelons $f$A($n$) et $f$B($n$) le nombre d'instructions exécutées (sur une machine réelle ou idéalisée) pour trouver la solution, en utilisant A et B ; si le rapport q($n$) = $f$A($n$)/$f$B($n$) est une fonction « modérément croissante » de *n* (→ FONCTION), alors pour de grandes valeurs de *n*, résoudre le problème a un coût « voisin », que l'on se serve de A ou de B.

Or on distingue deux modèles de calcul : le modèle déterministe (les ordinateurs) dans lequel l'exécution de chaque instruction détermine de façon unique l'instruction suivante à exécuter, et le modèle non déterministe où cette exécution fournit un sous-ensemble d'instructions, sans que l'on ait de critère pour savoir laquelle choisir. On peut simuler un calcul non déterministe B sur un ordinateur A, en explorant tour à tour tous les choix possibles, mais q($n$) est alors une exponentielle de *n*.

Deux types de classes de problèmes sont ici d'un grand intérêt : 1 / celles pour lesquelles existe une méthode A déterministe telle que $f$A($n$) est borné par un polynôme p($n$) ; si cette propriété est vraie, elle est vraie pour tous les modèles déterministes connus ; c'est donc une propriété intrinsèque, notée P, de la classe ; 2 / celles pour lesquelles cette propriété est vraie pour des modèles non déterministes ; ces classes sont dites NP. La question de l'égalité de ces deux types de classes est actuellement ouverte, mais tout donne à penser que P ≠ NP. Dans ce cas, les problèmes NP seraient intrinsèquement exponentiels.

La distinction est extrêmement importante : un calcul grossier (une vie humaine ≈ $2^{31}$ instructions ; $2^{50}$ instructions ≈ 350 000 siècles) montre que quels que soient les progrès techniques, un problème exponentiel de taille 50 (ce qui est un « petit » problème) ne sera jamais résolu dans un intervalle de temps à échelle humaine.

Steven Cook a montré en 1971 que l'un des problèmes les plus simples, la satisfiabilité d'une formule de logique propositionnelle (→ LOGIQUE), était NP. Ce résultat force ou bien à trouver des sous-classes P de problèmes NP (et il y en a beaucoup), ou bien à se contenter d'approximations, par exemple à estimer la probabilité que la réponse à une question soit oui. Ces deux voies de recherche sont très actives actuellement. *Daniel* KAYSER.

## COMPORTEMENT ORIENTÉ

*(angl., goal-directed behavior)*

**Philosophie.** — Intuitivement, un comportement orienté est celui qui est fait en vue d'atteindre un certain objectif. Le règne vivant présente d'innombrables exemples de comportements orientés, comme l'activité de tissage de la toile par l'araignée, les cours nuptiales chez l'oiseau, la construction de barrages par le castor, etc. (→ COGNITION ANIMALE). La difficulté que présente toutefois ce concept est qu'il semble impliquer un type de causalité finale, dans laquelle le résultat escompté est ce qui anime et guide l'action (→ ACTION, CAUSALITÉ). Le comportement orienté semble ainsi nécessairement impliquer la représentation du but (→ REPRÉSENTATION). Un certain nombre de travaux ont toutefois permis de montrer qu'un comportement orienté peut être effectué indépendamment de toute représentation.

La première tentative de naturalisation de l'idée de but (*purpose* en anglais) remonte à l'analyse d'Arturo Rosenblueth, Norbert Wiener et Julian Bigelow (→ NATURALISATION). Ils montrent que le but peut être compris indépendamment de l'idée de cause finale, et qu'il n'exige pas que l'on considère que la cause de l'action orientée réside dans un événement postérieur à l'action elle-même. Ils proposent de comprendre le comportement orienté comme un comportement qui requiert un *feedback*, une rétroaction négative « provenant du but ». Il y a *feedback* quand le système peut utiliser une partie de sa sortie (*output* en anglais) en entrée *(input)*. Il est positif quand il est de même signe que la sortie, négatif dans le cas contraire. Le *feedback* négatif qui est utilisé dans le comportement orienté correspond à des signaux émis par le but qui servent à contraindre les sorties pour réduire la marge d'erreur de l'objet dans sa poursuite du but. L'analyse de Rosenblueth et collaborateurs permet de définir comme orienté le comportement de dispositifs servomécaniques (comme ceux qui assurent le guidage d'une torpille) (→ ROBOTIQUE).

Cependant, cette première tentative de définition comporte deux difficultés. D'une part, elle ne permet pas de distinguer un système strictement physique d'un système orienté vers un but. Par exemple, un liquide dans un vase qui revient à l'équilibre semble manifester un comportement autorégulé. En second lieu, elle paraît impliquer qu'il ne puisse y avoir de comportement orienté sans que le comportement utilise une information qui lui permette de réaliser l'événement-cible par corrections adaptatives (l'élément-cible est l'objet sur lequel doit s'accomplir l'action et l'événement-cible est la phase terminale du processus comportemental qui doit être atteint pour que l'action soit réussie).

Pour y remédier, il convient de faire intervenir un ensemble supplémentaire de conditions, que Gerd Sommerhoff a analysées comme suit. 1 / Un comportement orienté se développe jusqu'à ce qu'il atteigne un certain état d'achèvement. C'est l'atteinte de cet état dit souvent « état d'équilibre » qui interrompt le comportement. 2 / L'agent doit être dans une certaine relation physique non nomologique avec l'élément-cible au temps *t* de l'événement-cible. Autrement dit, le système physique A qui consiste dans l'agent et son environnement, d'une part, et le système physique B qui consiste dans l'événement-cible et ses conditions de possibilité, de l'autre, sont liés entre eux par un lien causal certes, mais qui n'a pas force de loi. 3 / L'agent doit atteindre l'événement-cible partiellement en vertu de la manière dont il a initié et (ou) poursuivi l'action. Cette condition garantit que la séquence d'action ne soit pas le fruit du hasard ou d'une causalité physique qui ne peut manquer de produire ses effets. 4 / Si les propriétés causalement pertinentes pour l'action sur l'élément-cible avaient été différentes, l'action requise en direction de l'événement-cible par ces propriétés aurait néanmoins été accomplie. 5 / Les systèmes physiques formés respectivement par l'agent et l'instrument de son action et par le processus qui conduit à l'événement-cible partagent des déterminants causaux qui interviennent sur la dynamique en certains points cruciaux du déroulement du processus orienté (dispositifs de correction).

Il existe des types de comportement qui ne satisfont qu'une partie des propriétés 1-5 ; il s'agit de comportements orientés « affaiblis ». La classe la plus élémentaire comprend les comportements visant un but (*goal-seeking* en anglais) (David McFarland). Le système engagé dans ce type de comportement ne parvient pas à l'événement-cible en vertu de ses propres dispositifs de correction, ni ne peut identifier la réussite ou l'échec de l'action : il est conçu pour atteindre le but sans que celui-ci soit explicitement représenté dans le système. Une seconde classe, les comportements d'atteinte de but (McFarland), comprend les comportements qui, comme les comportements orientés, sont capables de reconnaître que le but est atteint quand il l'est, sans pour autant être en mesure de modifier la trajectoire de l'action. *Joëlle Proust.*

## CONCEPT

*(angl., concept)*

**Philosophie.** — Les concepts sont les constituants des pensées ; par exemple, le concept [chauve] est un constituant de la pensée [Socrate est chauve]. L'un des traits essentiels des concepts est qu'ils peuvent être partagés par des personnes différentes et par une seule et même personne au cours du temps. Il faut donc les distinguer des idées particulières qui viennent à l'esprit (→ ESPRIT) à un moment donné. Dans les travaux de psychologie, où l'on s'intéresse souvent au système de représentation interne de l'agent (→ CATÉGORISATION, REPRÉSENTATION), les concepts sont considérés comme des types de représentation interne dont les occurrences sont mobilisées en des occasions différentes (de la manière où le type de mot *chat* peut avoir beaucoup d'inscriptions différentes dans ses occurrences, → TYPE/OCCURRENCE). Mais beaucoup de philosophes considèrent que ces types de représentation interne ne sont pas davantage des concepts que le sont les types de mots dans la langue naturelle (→ LANGAGE. Traitement du —). Un sujet peut exprimer le concept de [ville] par le mot *ville*, un autre, par le mot *cité*, un autre encore par l'image mentale de boulevards animés (→ IMAGERIE MENTALE), les uns et les autres ayant pourtant le même concept de [ville]. En outre, des sujets différents peuvent employer la même représentation pour exprimer des concepts différents (→ DIFFÉRENCIATION) : l'un pourrait utiliser l'image de la tour Eiffel pour exprimer [la tour Eiffel], un deuxième pour exprimer [Paris], un troisième pour exprimer [la France].

Certains philosophes estiment que l'objet commun des pensées des sujets n'est autre que le référent de leur pensée. Toutefois, au moins dans le cas des concepts généraux, il existe au moins trois façons de concevoir le référent : 1 / l'extension, ou l'ensemble des objets réels qui satisfont le prédicat (par exemple, des villes particulières : New York, Paris, etc.) ; 2 / l'intension, ou la fonction qui va des mondes possibles aux ensembles d'objets possibles qui satisfont le prédicat considéré dans un monde (ainsi, [ville] serait la fonction qui mène du monde réel à l'ensemble contenant New York, Paris, etc., et d'un autre monde à un ensemble de villes possibles : par exemple, North Polis) ; 3 / la propriété causalement efficace (par exemple, l'urbanité) que tous les objets possibles ont en commun. Les logiciens extensionnels comme Willard Quine

(→ LOGIQUE), qui évitent toute mention de propriétés et de mondes non réels, préfèrent la première option ; les logiciens modaux et les sémanticiens formels, tels que Richard Montague, qui cherchent à rendre compte de la sémantique des langues naturelles (→ SÉMANTIQUE), tendent à préférer la deuxième ; de nombreux philosophes de l'esprit, comme Jerry Fodor, qui s'intéressent aux interactions causales entre les représentations et le monde (→ CAUSALITÉ), tendent à préférer la troisième.

En outre, on estime souvent – par exemple, Gottlob Frege, Christopher Peacocke – qu'il faut distinguer, du référent d'un terme général, son sens ou « mode de présentation » (parfois on utilise ici aussi le terme « intension » ) (→ SENS/RÉFÉRENCE). Après tout, *est un triangle équiangulaire* et *est un triangle équilatéral* font référence aux mêmes choses non seulement dans le monde réel, mais dans tous les mondes possibles. Ils semblent avoir la même extension réelle et possible, et ils sont peut-être subsumés sous les mêmes lois causales, sans cesser d'être des concepts différents (il paraît informatif de dire que tous les triangles équilatéraux sont équiangulaires et seulement eux). Ces sens, ou concepts au sens étroit du terme, sont souvent considérés comme la règle interne qui détermine l'extension des concepts au sens large dans l'une ou l'autre des acceptions distinguées plus haut. *Georges REY.*

## CONDITIONNEMENT → APPRENTISSAGE

*(angl., conditioning)*

## CONNAISSANCES DÉCLARATIVES/ PROCÉDURALES → MÉMOIRE, REPRÉSENTATION

*(angl., declarative/procedural knowledge)*

## CONNEXIONNISME

*(angl., connectionism)*

**Intelligence Artificielle.** — Le connexionnisme s'est développé au sein de la tradition cybernétique. Des fondateurs de la cybernétique comme Warren McCulloch et Walter Pitts ont été les premiers à modéliser les neurones formels. Mais ce courant de recherche s'est arrêté à la fin des années 1960 lorsque Marvin Minsky et Seymour Papert ont démontré que le « perceptron » (premier système connexionniste de reconnaissance de formes, → RECONNAISSANCE DE FORMES) ne peut résoudre qu'une classe restreinte de problèmes simples. Au milieu des années 1980, le connexionnisme a repris sa place au sein des sciences cognitives en s'affirmant comme le paradigme alternatif du paradigme symbolique (→ COGNITIVISME, SYMBOLE).

Le connexionnisme conserve l'idée de représentation (→ REPRÉSENTATION), mais les états du monde ne sont plus représentés par des symboles. Ils le sont par l'état d'un réseau connexionniste, la connaissance devenant distribuée sur les poids des connexions. La cognition n'est plus vue comme la manipulation de symboles mais comme un calcul parallèle distribué sur l'ensemble d'un réseau. Le connexionnisme peut être considéré comme la branche computationnelle de la neuroscience cognitive (→ ANALYSE COMPUTATIONNELLE, MODÈLE, RÉSEAU NEURONAL ; voir aussi *neuro.* ci-dessous). En ce sens, il participe d'un mouvement général de la science moderne qui tend à adjoindre une branche computationnelle aux disciplines qui ont à modéliser et à simuler des systèmes dynamiques complexes (→ SYSTÈME DYNAMIQUE). Parce qu'il abstrait les dynamiques fondamentales des réseaux neuronaux naturels, le connexionnisme, branche des sciences de l'artificiel, peut aussi être vu comme une discipline plus large dont l'objet est l'étude de l'apprentissage (→ APPRENTISSAGE), aussi bien dans les systèmes artificiels que naturels. Il rejoint en cela la tradition cybernétique qui vise à étudier les systèmes naturels et artificiels dans un même cadre théorique.

Le connexionnisme occupe une position intermédiaire entre le paradigme symbolique et le paradigme constructiviste (→ CONSTRUCTIVISME). Concernant le paradigme symbolique, il peut apporter une réponse au problème de l'ancrage des symboles dans les perceptions (→ PERCEPTION). Même s'il reste une tentative de modélisation des dynamiques fondamentales d'un « pur esprit », il prépare la voie au paradigme constructiviste qui vise à l'étude intégrée d'un système cognitif incorporé dans un appareil sensori-moteur ayant à satisfaire ses contraintes de viabilité dans des environnements complexes (→ ÉMERGENCE, VIE ARTIFICIELLE).

Un réseau connexionniste comporte une dynamique et une métadynamique. Il s'agit, dans son acception la plus générale, d'un ensemble de fonctions couplées (→ FONCTION) : chaque unité du réseau possède une fonction qui calcule son état présent à partir des états des unités voisines à l'instant précédent. La dynamique globale du réseau est ainsi bien définie : à travers le fonctionnement en parallèle des unités, l'état global présent du réseau est fonction de son état précédent. A ce niveau d'abstraction, un réseau connexionniste peut modéliser une variété de grands systèmes interactifs depuis les sciences physiques jusqu'aux sciences sociales. Mais il peut aussi fournir une variété de modèles de l'activité neuronale, selon la manière dont la structure du réseau et le type de fonction des unités sont spécifiés.

La structure des connexions peut être décrite par un graphe orienté. Généralement, les unités sont disposées en couches, la première couche recevant le signal et la dernière fournissant le résultat recherché. Mais le graphe des connexions présente de grandes différences selon les modélisations. Dans les réseaux multicouches, les connexions vont seulement des unités d'une couche vers les unités de la couche suivante : on peut distinguer clairement une entrée (le signal) et une sortie (le résultat), le fonctionnement du réseau étant purement ascendant, du signal vers son interprétation (→ INFORMATION). Dans d'autres modèles (par exemple, visant à se rapprocher de la structure du cerveau en colonnes corticales), des connexions sont de plus introduites entre les unités d'une même couche : le fonctionnement du réseau reste essentiellement ascendant. Dans les réseaux récurrents, plus plausibles biologiquement, des connexions vont aussi, de manière descendante, des couches de rang plus élevé vers les couches de rang plus faible : le fonctionnement du réseau est à la fois ascendant et descendant. Il est alors difficile de distinguer des entrées et des sorties, et les phénomènes dynamiques deviennent plus complexes. Les réseaux récurrents constituent un formalisme universel pour les Machines de Bernoulli, c'est-à-dire une Machine de Turing (→ MACHINE DE TURING) munie d'un registre de Bernoulli (un pile ou face).

Pour un réseau donné, le choix du type de fonction est uniforme : toutes les unités agrègent les sorties des unités voisines en amont et calculent leurs propres sorties de la même manière. Généralement, l'agrégation est choisie linéaire avec une pondération dépendant du poids des connexions $w_i^j$ avec les unités voisines en amont : si Γ représente la structure des connexions, les unités voisines en amont de l'unité $i$ appartiennent à $\Gamma_i$. Chaque unité transforme l'entrée agrégée à l'aide d'une fonction sigmoïde $\sigma$ :

$$x_i^t = \sigma(\sum_{j \in \Gamma_i} w_i^j \, x_j^{t-1}) \tag{1}$$

Plusieurs sigmoïdes sont utilisées qu'il n'est pas utile de préciser ; seule compte leur propriété générique : une fonction sigmoïde désigne une fonction non linéaire de $\mathrm{R} \rightarrow \mathrm{R}$, croissante et bornée à l'infini, dont le rôle est de saturer la valeur de sortie lorsque la valeur d'entrée devient très grande en valeur absolue. Plus importante est la discussion sur le caractère linéaire de l'agrégation : les liaisons « sigma » dans l'expression ci-dessus peuvent être généralisées en liaisons « sigma-pi » qui ont une plausibilité biologique. Cela revient à ajouter dans la somme des termes $w_i^{jj'} \, x_j \, x_{j'}$ où l'influence des unités en amont ne se fait plus de façon indépendante les unes des autres mais de manière conjointe.

L'équation (1) définit la dynamique du système comme fonction de la structure du réseau et des poids des connexions. Elle permet en même temps de comprendre comment le réseau peut être le support d'un apprentissage : il suffit qu'il soit doté d'une autre dynamique pour modifier ses poids, voire sa structure ; cette nouvelle dynamique vient modifier la dynamique du réseau et peut être désignée de ce fait comme une métadynamique. Les métadynamiques d'apprentissage sont lentes comparées à la dynamique rapide du réseau connexionniste. Trois grandes familles de métadynamiques ont été étudiées, correspondant aux trois modes d'apprentissage suivants : l'apprentissage autonome, l'apprentissage supervisé et l'apprentissage par renforcement.

L'apprentissage autonome permet à un système cognitif de catégoriser ses perceptions en construisant de manière autonome des prototypes des différentes classes d'objets de son environnement (→ CATÉGORISATION). Cette activité de catégorisation est purement interne et autonome : il y a bien un signal sur la couche d'entrée du réseau mais il n'y a pas de sortie. Les cartes topologiques de Kohonen ont joué un rôle fondateur dans l'étude de ce mode d'apprentissage. Même si elles ne rentrent pas directement dans le cadre décrit ci-dessus, la dynamique et la métadynamique des cartes topologiques sont particulièrement simples : *a)* dynamique : choisir le prototype le plus proche de l'objet à catégoriser ; *b)* métadynamique : « tirer un peu » le prototype choisi vers l'objet. Cette métadynamique tend à équidistribuer les prototypes dans l'espace des instances rencontrées : cette équidistribution joue le rôle d'un attracteur, un « métaattracteur ». On sait qu'une telle équidistribution a de bonnes propriétés dans l'opération de catégorisation : il n'est pas très pertinent, au moins au niveau de base de la catégorisation défini par Eleanor Rosch, d'avoir des catégories très fréquentes et d'autres très exceptionnelles.

L'activité de catégorisation est fondamentale pour un système cognitif plongé dans un environnement complexe. Sans elle, le système cognitif serait noyé dans un flux d'information sensorielle beaucoup trop riche. Il lui faut profiter des redondances au sein de ce flux pour construire des prototypes à partir de ses perceptions. Les travaux s'orientent vers des structures de réseaux modélisant celles du cortex, les métadynamiques se chargeant d'extraire des régularités statistiques pour construire des invariants perceptifs, de nature géométrique dans le cas de la vision computationnelle.

Avec l'apprentissage supervisé, le réseau reçoit un signal sur la couche d'entrée et aussi un signal sur la couche de sortie. Il apprend la fonction qui permet de passer du signal d'entrée au signal de sortie, en corrigeant progressivement ses erreurs. On parle d'apprentissage supervisé parce que le signal de sortie est donné au réseau. Ce paradigme d'apprentissage a donné lieu à une importante littérature et à un vaste champ d'applications : il a été utilisé pour des tâches de classification de patterns, d'apprentissage à partir d'exemples, d'acquisition de concepts (→ CONCEPT), d'identification de systèmes et de prédiction. Pour des tâches de classification, où les instances se produisent de manière indépendante, un réseau multicouche purement ascendant est suffisant. Il n'en va plus de même pour une tâche d'identification de systèmes lorsqu'il s'agit d'apprendre toute une dynamique, c'est-à-dire anticiper le signal à l'instant suivant à partir du signal présent : ce sont alors les réseaux récurrents, le formalisme le plus puissant au sein des machines connexionnistes, qui sont nécessaires.

La méthode d'apprentissage la plus étudiée ici est la rétropropagation du gradient de l'erreur. Elle convient aussi bien pour les réseaux multicouches que pour les réseaux récurrents. Cette méthode est plus difficile à exposer dans le cas d'un réseau récurrent. Comme le principe est le même, la description ci-après est relative au cas d'un réseau multicouche purement ascendant : la sortie du réseau est une fonction $Y_W(X_0)$ dépendant de l'état $X_0$ de la couche d'entrée du réseau et du vecteur W des poids du réseau ; il en va donc de même de l'erreur $E_W(X_0) = | Y_W(X_0) - Y_0 |^2$ par rapport à la sortie supervisée $Y_0$. Pour diminuer cette erreur, il suffit de déplacer un peu ($\alpha$ petit) les poids en sens inverse du gradient $\nabla_W E_W$ de l'erreur par rapport à ces poids :

$$W_{t+1} = W_t - \alpha \nabla_W E_W(x_0^t) \tag{2}$$

Le calcul du gradient de l'erreur se fait de manière descendante de la couche de sortie vers la couche d'entrée du réseau : il suit la règle de rétropropagation du gradient qui utilise de manière répétée la règle de dérivation des fonctions composées $(f(u)' = f'(u)\, u')$. Tandis que l'équation (1) décrit la dynamique du réseau, l'équation (2) décrit précisément sa métadynamique. Lorsque le nombre d'exemples augmente indéfiniment en obéissant à la même loi de distribution, on démontre que cette métadynamique fait converger le réseau multicouches vers l'erreur minimale : celle-ci correspond au meilleur estimateur de la sortie en fonction des entrées, c'est-à-dire à l'estimateur bayésien, qui joue ainsi le rôle de métaattracteur pour cette métadynamique d'apprentissage.

Pour les réseaux multicouches, cette méthode a un caractère local, temporel et spatial : la modification des poids se fait à chaque instant et de proche en proche dans le réseau, ainsi qu'on peut le voir ci-dessus dans l'équation de la métadynamique. Ce caractère local, généralement considéré comme une précondition pour avoir un mécanisme biologiquement plausible, n'est toutefois pas suffisant puisque la rétropropagation du gradient reste éloignée de cet objectif. En outre, dans le cas récurrent, la méthode perd son caractère local.

Enfin, l'apprentissage par renforcement a pour but d'apprendre l'espérance des récompenses à venir dans une situation donnée, ainsi que l'action à choisir dans une situation pour maximiser cette espérance (→ ACTION). C'est une tâche difficile parce que les conséquences des choix présents peuvent se manifester beaucoup plus tard. Et cette tâche est rendue encore plus ardue si l'on ne présuppose pas connus *a priori* de modèles des transitions entre les états ni les récompenses attachées à ces transitions. La difficulté supplémentaire consiste à réaliser un subtil compromis entre l'exploitation des stratégies bien connues et l'exploration de nouvelles stratégies qui le sont moins. Lorsqu'on dispose d'un modèle des transitions et des récompenses attachées à ces transitions, le problème relève de la programmation dynamique. Les solutions optimales sont obtenues par les équations de Bellman, qui sont des équations locales, décentralisées dans le temps : pour être optimal sur tout un chemin, il faut l'être sur toute partie, même petite, de ce chemin.

La méthode d'apprentissage la plus étudiée ici est le « Q-Learning », qui consiste à estimer la qualité Q de chaque action dans chaque situation. De nombreuses heuristiques ont été expérimentées pour incorporer le compromis exploitation/exploration au sein du Q-Learning. Le métaattracteur de cette méthode d'apprentissage est la solution optimale de la programmation dynamique. L'erreur considérée n'est plus une erreur de prévision, comme dans le cas de l'apprentissage supervisé, mais l'erreur par rapport aux équations de Bellman. Il est remarquable que l'algorithme du Q-Learning converge vers la solution de la programmation dynamique, bien que le système cognitif, à aucun moment, n'ait appris le modèle des transitions et des récompenses associées à ces transitions. *Paul Bourgine.*

**Neuroscience.** — La simulation connexionniste des processus cognitifs dans des réseaux de neurones artificiels est un outil critique de la neuroscience cognitive. Les travaux de simulation permettent de tester la validité computationnelle ou la validité logique des modèles de traitement postulés (→ ANALYSE COMPUTATIONNELLE, LOGIQUE, MODÈLE, VALIDATION). Ils permettent également, par le jeu complexe des connexions du réseau, de faire apparaître des résultats difficiles à imaginer à l'aide du seul bon sens. Cela se manifeste en particulier dans le cas de « lésions » opérées sur les réseaux (suppression d'unités ou de connexions) dans le but de simuler les dysfonctionnements cognitifs possibles, consécutifs à des lésions cérébrales (→ NEUROPSYCHOLOGIE).

Les réseaux de neurones cérébraux sont toutefois d'une complexité bien supérieure à celle des réseaux de neurones artificiels (→ RÉSEAU NEURONAL). A ce jour, aucun modèle informatique n'est capable de simuler quelque chose d'une telle complexité. Un seul neurone peut avoir plusieurs milliers de connexions, et il n'est pas certain que les caractéristiques des apprentissages mises en évidence dans les réseaux artificiels de taille habituelle (voir *IA* ci-dessus) soient de même nature que celles qui seraient observées dans des réseaux artificiels de taille réelle (→ APPRENTISSAGE). Par ailleurs, un des principes d'apprentissage couramment utilisé dans les réseaux connexionnistes, la rétropropagation de l'erreur, n'est probablement pas un mécanisme d'apprentissage plausible au niveau des réseaux de neurones du cerveau. La rétropropagation ne correspond directement à aucun processus biologique connu. Il n'y a pas de données permettant d'affirmer que l'information est renvoyée vers l'arrière dans le système nerveux d'une manière qui permette d'ajuster précisément la performance du système vers l'avant (→ INFORMATION).

Si les modèles connexionnistes ne représentent que de grossières approximations des réseaux cérébraux, ils ont néanmoins largement prouvé leur utilité dans la modélisation d'architectures fonctionnelles en neuroscience cognitive. *Olivier Koenig.*

## CONSCIENCE

*(angl., consciousness)*

**Psychologie.** — La conscience a retrouvé une place centrale dans les sciences cognitives contemporaines, après avoir été, sinon éclipsée, du moins marginalisée sous l'influence du béhaviorisme. Celui-ci l'avait rejetée à la fois comme outil méthodologique, la méthode introspective ayant révélé ses limites (→ INTROSPECTION), et comme objet prioritaire de la psychologie, en raison de la difficulté d'y accéder à l'aide des techniques alors disponibles.

Le « retour de la conscience » est cependant moins la réhabilitation d'un thème interdit par l'idéologie sous-jacente à un paradigme dominant qu'une résultante de lignes d'évolution convergentes dans les disciplines qui participent au champ des sciences cognitives. Au plan empirique, les recherches de la psychologie cognitive et de la neurobiologie apportent des éléments de réponse aux questions de l'émergence et des fonctions de la conscience (→ ÉMERGENCE, FONCTION), de son unité, de son intervention, nécessaire ou occasionnelle, dans divers processus psychologiques. Au plan théorique, l'Intelligence Artificielle (IA) soulève le problème troublant de la possibilité de construire une machine qui, ne se limitant plus à calculer, discourir et raisonner, se trouverait dotée d'une forme de conscience. Il ne peut surprendre enfin que le renouvellement des problématiques ait suscité un regain d'intérêt philosophique, et conduit à reformuler les interrogations classiques quant à l'ultime possibilité de rendre compte de la subjectivité et quant aux rapports entre l'esprit (âme/conscience) et le corps (cerveau) (→ DUALISME/MONISME, ESPRIT). Le thème de la conscience se trouve au centre de la philosophie de l'esprit et de la « neurophilosophie » (voir *philo.* ci-dessous).

Des apports multiples de la psychologie cognitive, on retiendra, d'une part, la démonstration, notamment dans le contexte des recherches sur la mémoire (→ MÉMOIRE), les prises de décision, etc., de ce que la conscience n'est nullement indispensable au traitement d'informations à un haut niveau de complexité (→ INFORMATION), impliquant par exemple des opérations de catégorisation sémantique (→ CATÉGORISATION, SÉMANTIQUE) ou des évaluations de risques ; d'autre part, un affinement de la distinction entre activités se déroulant sans ou avec intervention de la conscience, telle la distinction entre mémoire implicite et explicite, processus automatiques et contrôlés (→ ATTENTION, AUTOMATISME, CONTRÔLE). Particulièrement éclairante dans cette seconde catégorie, l'étude des processus dits « métacognitifs » – par lesquels le sujet appréhende, décrit, interprète ses propres activités cognitives (mnésiques, langagières, de raisonnement, d'attribution, etc.) (→ MÉTACOGNITION, THÉORIE DE L'ESPRIT) – propose une voie d'approche inédite à la construction de la subjectivité, et aux fonctions de la prise de conscience, allant de la régulation et du contrôle par le sujet de ses propres activités à l'élaboration d'une représentation cohérente (→ REPRÉSENTATION) ou à la justification de celles-ci, par quoi l'on rejoint des notions jadis proposées par la psychanalyse.

Les neurosciences, après avoir élucidé les niveaux de vigilance, ont fourni des données souvent intrigantes quant aux processus cérébraux intervenant dans la prise de conscience ou dans les activités conscientes (voir *neuro.* ci-dessous) : évocation de souvenirs précis par stimulation de certaines zones corticales ; cerveau bissectionné, soulevant le problème de l'unité de la conscience et de la spécialisation, à cet égard, des hémisphères cérébraux ; vision résiduelle et héminégligence, attestant des dissociations entre fonctionnement sensori-moteur objectivé et conscience (→ ESPACE, PERCEPTION) ; décalage paradoxal entre initiation de l'acte volontaire et conscience de l'intention d'agir (celle-ci suivant celle-là) (→ ACTION, VOLONTÉ).

Dans l'enthousiasme provoqué par les progrès spectaculaires tant des neurosciences que de l'IA, des théories de la conscience se sont développées qui en font une propriété émergente de la matière cérébrale ou de la machine pensante, négligeant le rôle qu'il convient d'attribuer dans son apparition aux interactions du sujet avec son milieu (→ INDIVIDUALISME, INTERACTION), particulièrement avec son entourage linguistique (→ LANGAGE. Traitement du —). Les travaux des sciences cognitives qui ont renouvelé le problème de la conscience appellent une confrontation et une synthèse avec les apports bien antérieurs des conceptions interactionnistes qui subordonnent la conscience au langage, et en font par là une production psychosociale (→ COGNITION SOCIALE), se construisant à travers l'ontogenèse.

Tout en s'alimentant des données scientifiques évoquées ci-dessus, la philosophie de l'esprit ne s'est pas vraiment dégagée des diverses options qui continuent de s'offrir à la réflexion philosophique. On y retrouve, sous des formes et avec des nuances diverses, l'éventail des positions classiques, du dualisme spiritualiste le plus affiché au monisme matérialiste le plus réductionniste (→ RÉDUCTIONNISME). Le problème de la conscience y demeure aussi inévitablement lié à ceux de l'intentionnalité (→ INTENTIONNALITÉ), de la subjectivité et de la liberté. *Marc RICHELLE.*

**Neuroscience.** — La conscience est l'un des domaines les plus complexes de la neuroscience cognitive, et les difficultés débutent au niveau même de sa définition. On ne se hasardera donc pas ici à proposer une définition précise de la conscience qui ne pourrait être que trop réductrice. On peut dire simplement que la conscience, contrairement à d'autres activités mentales, ne semble par pouvoir être décrite sous la forme d'une architecture fonctionnelle composée de sous-systèmes de traitement de l'information (→ ANALYSE COMPUTATIONNELLE, FONCTION, INFORMATION). Elle « émanerait » plutôt d'un fonctionnement coordonné de nombreux sous-systèmes spécialisés.

Il faut tout d'abord remarquer que certaines activités mentales seulement sont accompagnées d'une expérience consciente (→ ESPRIT, EXPÉRIENCE, MÉTACOGNITION). En effet, s'il nous est possible par simple introspection « d'être conscient » du fait que nous procédons à une rotation des objets représentés, dans l'activité d'imagerie mentale visuelle, nous ne sommes pas conscients du fait que nous construisons ces images une partie après l'autre (→ IMAGERIE MENTALE, INTROSPECTION). Par ailleurs, dans le domaine de la mémoire, il apparaît clairement que les apprentissages dits « explicites » se font sous un contrôle conscient, alors que d'autres dits « implicites » échappent à ce contrôle (→ APPRENTISSAGE, CONTRÔLE, MÉMOIRE).

En neuropsychologie, la conscience a pu être abordée sous au moins trois angles (→ NEUROPSYCHOLOGIE). Dans le domaine de la perception visuelle (→ PERCEPTION), l'existence de capacités perceptives résiduelles a été démontrée en l'absence de cortex visuel primaire ; cette observation, décrite sous le nom de « vision aveugle » (ou *blindsight* en anglais) ne peut être mise en évidence qu'en forçant un patient – dit « aveugle » – à localiser l'emplacement d'un stimulus qu'il n'a pas conscience de percevoir. Par ailleurs, les nombreux travaux réalisés sur des patients commissurotomisés (dont les hémisphères gauche et droit ont été déconnectés par voie chirurgicale, principalement suite à une épilepsie rebelle) ont révélé que chaque hémisphère peut fonctionner de façon relativement autonome et posséderait en quelque sorte son propre système de conscience. Enfin, certains troubles neuropsychologiques, tels que l'héminégligence (difficultés à traiter les informations situées dans la moitié de l'espace controlatérale à l'hémisphère cérébral lésé) ou l'anosognosie (méconnaissance par le patient d'un déficit d'ordre neurologique), révèlent également que des lésions cérébrales peuvent affecter la prise de conscience d'une partie de l'espace (→ ATTENTION, ESPACE) ou d'un trouble comportemental évident pour l'entourage du patient.

Il apparaît donc clairement que la conscience est liée à une activité cérébrale. Il est d'ailleurs possible d'enregistrer une activité électrique cérébrale spécifique apparaissant juste avant la prise de conscience. Il a également été observé que des décharges neuronales synchrones apparaissent dans les différentes aires du cerveau qui traitent un même stimulus en un instant donné. Les neurones de ces diverses régions oscillent apparemment en phase à une fréquence de 40 Hz environ. Certains auteurs en ont conclu que l'émergence de la conscience (→ ÉMERGENCE) se produirait à partir de l'interaction de ces rythmes électromagnétiques. *Olivier KOENIG.*

**Philosophie.** — Le terme de « conscience » recouvre plusieurs phénomènes de notre vie mentale dont la nature, les relations et pour certains l'existence même restent controversées.

Au sens le plus courant, une personne ou un animal sont dits « conscients » s'ils sont en état d'éveil et sont mentalement réceptifs aux signaux provenant de leur environnement. Par conscience phénoménale on désigne les aspects qualitatifs de notre vie mentale, la manière dont les choses nous apparaissent subjectivement, « l'effet que cela fait » (Thomas Nagel) de ressentir une douleur ou d'éprouver une sensation de rouge. Par conscience introspective ou réflexive (→ INTROSPECTION), on désigne la capacité que nous avons d'inspecter délibérément le cours de nos pensées et notamment d'avoir des pensées de second ordre portant sur le fait que nous sommes dans un certain état mental (→ MÉTACOGNITION). La conscience de soi consiste en la possession par un sujet d'un concept de soi et en la capacité d'utiliser ce concept pour conférer une certaine unité à sa vie mentale (→ IDENTITÉ). Enfin, Ned Block a récemment proposé la notion de conscience d'accès : en ce sens, un état est conscient si, en vertu du fait que l'on est dans cet état, une représentation de son contenu est immédiatement disponible en tant que prémisse pour le raisonnement et peut jouer un rôle dans le contrôle rationnel de l'action et de la parole (→ ACTION, CONTRÔLE, ORAL, RAISONNEMENT ET RATIONALITÉ, REPRÉSENTATION).

René Descartes et John Locke ont soutenu que tout notre fonctionnement mental est conscient, ce qui est aujourd'hui contesté par beaucoup. Pour mesurer la portée exacte de ces affirmations, il faut distinguer entre deux grandes catégories d'états mentaux : les états intentionnels comme les croyances et les désirs (→ CROYANCE, DÉSIR, INTENTIONNALITÉ), qui ont un contenu, et les états sensoriels ou *qualia* comme les douleurs ou sensations de rouge (→ QUALIA). Dire qu'un état mental est conscient peut renvoyer à des choses différentes selon que cet état relève de l'une ou l'autre de ces catégories. De nombreux philosophes s'accordent pour penser que tous les états sensoriels sont conscients au sens phénoménal. Ils jugent incohérente l'idée d'une sensation inconsciente dans la mesure où le fait d'avoir une certaine qualité subjective semble être constitutif de ce qu'est une sensation. En revanche, beaucoup pensent aujourd'hui que les états intentionnels ne sont pas toujours conscients. Toutefois, la notion de conscience alors en jeu n'est pas celle de conscience phénoménale mais plutôt de conscience d'accès. Le fait d'entretenir une pensée, par exemple que *3 est la racine carrée de 9*, ne semble pas lié à une expérience subjective d'une qualité particulière (→ EXPÉRIENCE). Cette pensée sera plutôt dite « consciente » ou « inconsciente » selon que son contenu représentationnel sera ou non accessible à un moment donné par les systèmes de raisonnement et de parole.

La notion de conscience la plus problématique pour les sciences cognitives est celle de conscience phénoménale. Il semble que nous nous trouvions devant un fossé explicatif : nous ne disposons pas de théorie de notre nature physique ou fonctionnelle qui explique notre expérience subjective. Pour l'essentiel, trois types d'attitudes se dessinent face au caractère mystérieux de l'expérience subjective. A un extrême, les éliminativistes, comme Daniel Dennett, nient la cohérence de la conception traditionnelle de la conscience phénoménale et nient que nos expériences possèdent les propriétés spéciales qui leur sont traditionnellement imputées et leur confèrent leur mystère – à savoir le fait d'être ineffables, intrinsèques, privées, ou immédiatement accessibles à la conscience. A l'autre extrême, les inconditionnels de la conscience phénoménale affirment son caractère irréductible et considèrent que cette irréductibilité manifeste l'incomplétude fondamentale des conceptions physicalistes ou fonctionnalistes de l'esprit (→ ESPRIT, FONCTIONNALISME, PHYSICALISME). Les arguments dits « des *qualia* absents » et « des *qualia* inversés » visent à montrer que l'identité fonctionnelle ne garantit pas l'identité des expériences qualitatives et, ainsi, que le fonctionnalisme est incapable de rendre compte de la conscience phénoménale. Les arguments de Nagel et de Frank Jackson attaquent plus spécifiquement la possibilité de donner une explication physicaliste de la conscience phénoménale. Ils mettent en avant le fait que la conscience fait intervenir une perspective subjective dont aucune description physicaliste en troisième personne ne permet de rendre compte.

Entre ces deux extrêmes, on trouve une voie intermédiaire qui admet l'existence de la conscience phénoménale mais qui, refusant de lui attribuer un caractère irréductible, cherche à montrer que l'on peut en rendre compte en termes fonctionnels, physiologiques ou représentationnels. Une stratégie possible consiste à soutenir que la conscience phénoménale ne constitue pas une catégorie *sui generis* mais peut être ramenée à d'autres notions de conscience. David Rosenthal considère, par exemple, qu'un état mental conscient est simplement un état mental dont nous sommes conscients, autrement dit qui est accompagné par la pensée que nous sommes dans cet état. Dans cette perspective, la notion de conscience phénoménale se laisse reconstruire en termes de conscience réflexive ou de second ordre. *Élisabeth* PACHERIE.

## CONSTRUCTIVISME

*(angl., constructivism)*

**Psychologie.** — L'une des plus grandes figures du constructivisme au XX^e^ siècle est le psychologue genevois Jean Piaget. Sa théorie, qui refuse tant l'empirisme que l'innéisme, décrit l'intelligence comme la forme la plus générale des coordinations des actions et opérations d'un sujet que se construit en (re)construisant, (re)structurant logiquement son environnement (→ ACTION, DÉVELOPPEMENT COGNITIF, LOGIQUE). Cette théorie est l'une des sources essentielles d'inspiration du courant constructiviste interdisciplinaire actuel en sciences cognitives.

Selon le constructivisme, la connaissance n'est pas le reflet du monde extérieur, ni la projection sur la réalité des structures transcendantales innées de l'esprit (→ ESPRIT). Le monde physique est à modéliser, « à (ré)inventer », selon l'expression de Paul Watzlawick, « à faire émerger », dans les termes de Francisco Varela (→ ÉMERGENCE), c'est-à-dire qu'il n'est reconnu, découpé en objets singuliers interreliés, qu'en vertu des actions et opérations que le sujet exerce à son encontre. Ainsi, dans la théorie piagétienne, objectivité et subjectivité se construisent conjointement et complémentairement à travers l'action incessante du sujet sur le réel. La connaissance objective du monde, c'est-à-dire la représentation (→ REPRÉSENTATION), est soumise aux structures des actions coordonnées du sujet (du bébé à l'adulte), d'où la nécessaire assimilation du donné expérimental aux schèmes logico-mathématiques inhérents à cette coordination elle-même (→ EXPÉRIENCE). La position épistémologique de Piaget (la psychologie est ici le terrain expérimental de l'épistémologie, → ÉPISTÉMOLOGIE) explique que l'accent soit mis, dans l'étude piagétienne du fonctionnement cognitif, sur les structures d'opérations, de calculs, avec leurs propriétés de totalité, de transformation interne et d'autoréglage.

L'approche de l'« enaction » défendue par Varela, à partir de ses travaux sur les modèles d'automates cellulaires appliqués à la neurophysiologie de la perception (→ CONNEXIONNISME, PERCEPTION, VIE ARTIFICIELLE), consiste à dénoncer le cognitivisme classique (→ COGNITIVISME) à propos du critère même d'évaluation de la cognition, critère qui est toujours « La représentation adéquate » d'un monde extérieur prédéterminé. Il s'agit d'une mise en question de la philosophie de la représentation, qui dépasse largement le cadre de la psychologie et de la neurophysiologie (Michel Foucault, Martin Heidegger, Maurice Merleau-Ponty, Michel Serres, etc.). Selon Varela – et, au-delà du cognitivisme, la critique vaut aussi pour Piaget – l'endogène et l'exogène se définissent mutuellement au fil d'un historique prolongé ne nécessitant qu'un couplage viable et ignorant toute forme d'adéquation optimale. Il y a donc bien un constructivisme, comme chez Piaget, mais un constructivisme où la normativité logico-mathématique (→ NORMATIVITÉ) cède la place au flux des significations contextuelles : les critères de pertinence sont dictés par notre sens commun, de manière toujours contextuelle (→ CONTEXTE et SITUATION, SIGNIFICATION). Si le constructivisme radicalement pragmatique de Varela (simple critère de viabilité contextuelle) est applicable à la neurophysiologie de la perception, on peut toutefois douter de sa pertinence pour la psychologie de l'intelligence, où il est peut-être un contre-pied excessif du constructivisme « solipsiste-transcendantal » de Piaget (→ EXTERNALISME/INTERNALISME).

Une autre variante encore du constructivisme est le darwinisme neural-mental de Jean-Pierre Changeux qui explique (conjecturalement) le développement neurocognitif, notamment la construction des objets logico-mathématiques, selon un mécanisme de variation-sélection (→ DARWINISME NEURAL-MENTAL). Il s'agit d'un constructivisme neuronal des objets de pensée, opposé à la thèse réaliste de certains mathématiciens (→ RÉALISME) et généralisé, au-delà de la pensée logico-mathématique, aux rapports entre raison et plaisir dans la création (ou le jugement) artistique (→ CRÉATIVITÉ) ainsi qu'aux règles de l'éthique et de l'accès à la vérité (→ VÉRITÉ). *Olivier HOUDÉ.*

## CONTEXTE ET SITUATION

*(angl., context and situation)*

**Linguistique.** — La notion de contexte renvoie à la prise en considération, lorsqu'on focalise son attention sur un objet d'étude, du domaine dans lequel il est intégré (→ DOMAINE. Spécialisation quant au —). Sa caractérisation varie selon les cadres théoriques : le fait même que les usages linguistiques, comme les pratiques sociales et cognitives, aient lieu dans un certain contexte a reçu des appréciations différentes.

La notion de contexte ne possède pas de définition stable et partagée. D'une part, les notions de contexte et de situation se chevauchent, voire se confondent – ainsi Bronislav Malinowski et John Firth parlaient de contexte situationnel ou de contexte de la situation (voir la notion de situation ci-dessous). D'autre part, il existe des tentatives de les distinguer nettement : on peut, par exemple, définir le contexte comme un ensemble délimité de dimensions pertinentes pour l'activité en cours, alors que la situation serait l'ensemble des dimensions potentiellement disponibles au moment de cette activité.

Dans d'autres approches, la notion de contexte a été souvent identifiée avec le discours (→ DISCOURS) entourant l'entité linguistique étudiée (on parle aussi d'environnement), par opposition à la situation entendue ici comme la scène où ce discours est énoncé (on parle aussi de circonstances). Cette opposition est reformulée, en linguistique textuelle notamment (→ TEXTE. Traitement du —), par la dichotomie entre cotexte (l'entourage linguistique du fragment textuel concerné) et contexte (les facteurs extralinguistiques de l'acte de communication, → COMMUNICATION). Cette opposition entre le contexte « externe » et le contexte « interne » du discours ne définit toutefois pas deux domaines radicalement disjoints : ainsi, deux interlocuteurs caractérisables comme médecins par leur statut externe peuvent manifester leur identité dans leur discours (contexte interne) en exhibant leur parler spécialisé.

La place et le rôle dévolus au contexte externe peuvent être centraux ou marginaux selon les conceptions que l'on a de la langue et des activités linguistiques (→ LANGAGE. Traitement du —). Ainsi, les approches de la langue en termes de système ont réduit, voire nié, la part du contexte, alors que les approches se focalisant sur les actions, activités ou pratiques linguistiques en ont reconnu le rôle fondamental et structurant (→ ACTION, PRAGMATIQUE). La réduction du rôle du contexte s'opère notamment par l'opposition entre ce qui est intra- et extralinguistique : la langue est conçue comme un objet indépendant, que l'on peut détacher et isoler des pratiques des locuteurs ; les unités du système reçoivent une définition et une description autonomes ; la reconnaissance du contexte se fait éventuellement en termes d'influence de facteurs extérieurs, secondaires, modifiant des sens littéraux et des entités virtuelles déjà constitués (→ SENS). En revanche, la reconnaissance de l'importance du contexte s'impose lorsqu'on considère que non seulement les usages mais aussi la définition des ressources linguistiques sont structurés de façon essentiellement contextuelle. On peut donc distinguer les approches pour lesquelles le contexte est une dimension périphérique et celles pour lesquelles il est constitutif, impliquant une redéfinition des objets de l'analyse et de leurs modes d'appréhension.

Par ailleurs, le contexte n'est pas défini de la même façon si on le considère comme un ensemble prédéfini de paramètres qui influencerait unilatéralement les usages linguistiques, ou bien si on le considère comme un ensemble de dimensions émergeant au fil de l'activité linguistique, établi par les participants autant que structurant leur comportement. La première conception est statique, la seconde dynamique : le contexte ne se réduit ni aux aspects physico-perceptifs ni aux aspects cognitifs (savoirs, croyances, buts partagés ou non, → CROYANCE), mais se constitue par les activités des participants et se transforme au fil des actions et des interactions (→ INTERACTION). Selon la première conception, la question est de savoir ce qui appartient ou n'appartient pas au contexte, alors que, selon la seconde, la question est plutôt de décrire les processus d'identification, de sélection, de configuration des aspects pertinents du contexte par les locuteurs. Dans le premier cas, la visée est celle d'une description systématique, centrée sur un nombre fini de paramètres permettant d'isoler des variables comparatives (telles que le lieu, le temps, les catégories caractérisant les participants, le degré de formalité, le type d'événement) ; dans le second cas, il s'agit d'une description phénoménologique qui tient compte du point de vue des locuteurs, ainsi que de leurs stratégies interprétatives et énonciatives (→ INTERPRÉTATION).

Le traitement traditionnel du contexte comme un ensemble de facteurs causaux externes, délimité *a priori* par un regard abstrait, pose un problème, soulevé par les ethnométhodologues : le contexte dans lequel se déroule une interaction peut faire l'objet de descriptions multiples et concurrentes, sans que l'on sache *a priori* laquelle est pertinente. Ainsi en va-t-il, par exemple, de la catégorie professionnelle des interactants, souvent retenue comme un paramètre contextuel : le fait qu'une conversation ait lieu dans un hôpital entre des personnes pouvant être catégorisées comme un docteur et un patient n'autorise pas automatiquement son interprétation en termes d'une conversation médicale – d'autres descriptions de ces personnes étant tout aussi possibles, selon leur âge, leur sexe, leur religion, leur appartenance ethnique, mais aussi selon des caractéristiques plus contingentes. Une description extérieure et *a priori* du contexte est ainsi toujours potentiellement infinie.

Une solution consiste à définir le contexte comme réflexivement accompli par les participants à l'activité en cours. Cela signifie que le contexte n'est pas donné mais construit par les participants dans leur effort de le rendre disponible ; il est exploité par les acteurs comme une ressource leur permettant d'organiser leur activité de façon mutuellement compréhensible au fur et à mesure que celle-ci se déroule, et en même temps il est configuré, produit et reproduit par cette même activité comme étant pertinent et intelligible pour elle. La question du contexte, dans sa reformulation par Emmanuel Schegloff, devient alors celle de savoir par quelles procédures les participants retiennent comme étant pertinent tel ou tel aspect du contexte (en s'orientant vers lui pour interpréter et produire l'interaction) et le rendent pertinent dans l'organisation séquentielle de l'interaction en cours (→ PERTINENCE). Afin de pouvoir se comprendre et se faire comprendre, les participants procèdent à des activités de contextualisation qui configurent les éléments pertinents du contexte : les locuteurs recourent à un certain nombre de marqueurs, verbaux et non verbaux, appelés par John Gumperz des « indices de contextualisation », par lesquels ils pointent, identifient, rendent pertinent, maintiennent ou transforment un aspect du contexte. Les stratégies de contextualisation, qui définissent la compétence communicationnelle des locuteurs, relient ainsi des indices tels que le fait de sélectionner le prénom au lieu du nom de famille, d'opérer une alternance de langue, de modifier la prosodie, de faire un geste particulier, etc., avec des interprétations, des inférences, des attentes d'arrière-plan qui confèrent son intelligibilité au discours.

Quant à la notion de situation, qui chevauche souvent celle de contexte, elle renvoie au cadre social et spatio-temporel dans lequel ont lieu une énonciation, une interaction et, plus généralement, une activité (→ ESPACE, TEMPS). Le lien entre énoncé et situation a été reconnu en linguistique (par exemple, par Roman Jakobson) et en logique (Yehoshua Bar-Hillel) à propos des unités déictiques ou indexicales (comprenant les pronoms de première et de deuxième personnes, les morphèmes verbaux, des adverbes de temps et de lieu, etc.), qui ont la caractéristique de lier nécessairement l'interprétation de leur référence à la situation de leur énonciation (ainsi, pour comprendre le référent de *ici* il faut évidemment identifier le lieu où se trouve le locuteur). Ces unités ne peuvent être comprises indépendamment des circonstances de leur usage, mais leur analyse peut être envisagée selon deux versions. La première, une version faible de l'indexicalité, distingue les unités déictiques ou indexicales des autres éléments linguistiques et limite par là les domaines linguistiques qui rendent nécessaire le recours à la situation. Cette position traite l'indexicalité comme une imperfection des langues naturelles, par contraste avec les langages formels qui ne reçoivent d'interprétation qu'au sein d'un système autonome. La seconde version, exprimant une thèse forte, celle de l'indexicalité généralisée, élargit l'analyse des déictiques à tous les autres usages linguistiques : le sens d'une expression est toujours contingent par rapport aux circonstances de son énonciation. Cette position considère donc l'indexicalité comme la condition même du fonctionnement du langage. Son indétermination n'est pas un « défaut », mais au contraire une ressource fondamentale qui garantit la plasticité des usages linguistiques dans la variété et la singularité des situations. *Lorenza* MONDADA.

**Psychologie.** — Dans son acception linguistique, le contexte est constitué par la partie du texte qui précède l'énoncé en cours de traitement (→ TEXTE. Traitement du —). La nécessité de distinguer cette information proprement verbale des autres éléments traités au cours de la compréhension du langage (→ INFORMATION, LANGAGE. Traitement du —) a conduit la plupart des auteurs à appeler « cotexte » le contexte linguistique proprement dit, le contexte désignant alors, comme pour toute autre activité cognitive, l'ensemble des éléments de la situation dans laquelle est inclus l'objet (stimulus) à traiter (voir *ling.* ci-dessus). Les effets du contexte, ainsi entendus, ont été mis en évidence dans de nombreux domaines. Leur interprétation toutefois suscite encore des controverses.

En psycholinguistique, un effet de contexte, dit « effet d'amorçage » (*priming* en anglais), est fréquemment utilisé pour l'étude des processus d'accès au lexique (→ LEXIQUE). La présentation brève d'un mot-amorce influence le temps de décision sur l'appartenance ou non au lexique d'un mot-cible proposé ensuite. L'amorce fonctionne alors comme un contexte. D'une façon plus large, la « théorie de la pertinence » proposée par Dan Sperber et Deirdre Wilson fait jouer un rôle essentiel au choix d'un contexte cognitif par le locuteur pour rendre compte de la compréhension du langage dans les situations d'interlocution (→ COMMUNICATION, PERTINENCE).

L'importance de la compatibilité entre le contexte d'encodage et le contexte de récupération sur la probabilité de récupérer une connaissance en mémoire a été bien mis en évidence par Endel Tulving (→ MÉMOIRE). Ce même contexte d'encodage est une composante essentielle de la modélisation connexionniste simulant l'acquisition de la reconnaissance des visages, proposée par Anne-Caroline Schreiber, Stéphane Rousset et Guy Tiberghien (→ CONNEXIONNISME). Les effets de contraste et d'assimilation décrits par Alan Parducci dans les jugements perceptifs constituent également des effets de contexte qui ont été étendus par Jean-Marc Fabre aux jugements sociaux (→ COGNITION SOCIALE, PERCEPTION). Le fait que les tâches de catégorisation d'objets soient particulièrement sensibles au contexte, ce qui se manifeste par l'ampleur des différences interindividuelles mais aussi intra-individuelles en fonction des tâches, constitue selon Laurence Barsalou un argument essentiel pour mettre en cause le caractère universel et stable des catégories sémantiques « naturelles » (→ CATÉGORISATION, DIFFÉRENCIATION, SÉMANTIQUE). Enfin, en résolution de problèmes, le « point de vue » qui détermine la représentation de l'espace-problème par le sujet génère un contexte cognitif dont le rôle a été analysé de façon approfondie par Jean-François Richard dans la résolution de problèmes logiques, par Claude Bastien dans la résolution de problèmes arithmétiques et par René Amalberti dans l'étude du fonctionnement cognitif des pilotes d'avions (→ LOGIQUE, NOMBRE, RAISONNEMENT et RATIONALITÉ, REPRÉSENTATION).

Si de très nombreuses données expérimentales attestent des effets de contexte dans l'activité cognitive, leur rôle et leur importance font l'objet d'analyses différentes. On peut schématiquement opposer deux grandes conceptions. Selon la première, défendue par exemple par Jean-François Le Ny, le contexte a essentiellement une fonction de modulateur : les connaissances et les processus sont généraux mais leur mise en œuvre se spécifie en fonction du contexte qui, dans cette perspective, ne peut être qu'un contexte situationnel externe. Cette même fonction modulatrice apparaît dans la théorie piagétienne classique : les caractéristiques des situations facilitent ou rendent plus difficile la mise en œuvre de structures cognitives générales, ce dont on rend compte en invoquant l'implication de schèmes procéduraux qui jouent le rôle de médiateurs entre la situation et les structures cognitives du sujet (→ COMPÉTENCE/PERFORMANCE, DÉVELOPPEMENT COGNITIF). Selon la seconde conception, le contexte est au contraire considéré comme constitutif des connaissances dont il détermine à la fois l'activation et les limites de validité (les connaissances ne sont valides que dans le cadre d'un contexte donné). Il existe donc également un contexte interne. Ce point de vue est conceptualisé par les théories de la cognition contextuelle (*situated cognition* en anglais) qui se développent actuellement. Il a par ailleurs donné lieu à des modélisations aussi bien symboliques (→ SYMBOLE) que connexionnistes. Un bon exemple de modélisation symbolique dans laquelle l'organisation des connaissances est contextualisée par les buts est le formalisme « PROCOPE » développé par Sébastien Poitrenaud, Jean-François Richard et Charles-Albert Tijus pour la résolution de problèmes : les objets y sont catégorisés par des procédures et organisés par inclusion dans un réseau sémantique (→ RÉSEAU SÉMANTIQUE). Dominique Béroule a proposé une modélisation connexionniste de la compréhension d'énoncés verbaux dans laquelle les connaissances activées à un moment donné constituent un contexte interne qui guide le traitement du stimulus. Dans cette seconde conception, la contextualisation qui caractérise l'organisation des connaissances humaines, loin de constituer une limite, apparaît au contraire comme la condition de leur efficacité. *Claude BASTIEN.*

## CONTRAINTE (Satisfaction de —)

*(angl., constraint)*

**Neuroscience.** — La notion de contrainte est critique en neuroscience cognitive, comme en psychologie, dans l'expression « satisfaction de contraintes ». La satisfaction de contraintes décrit un mécanisme d'appariement à des représentations stockées en mémoire (→ MÉMOIRE, REPRÉSENTATION). L'entrée (*input* en anglais) d'un sous-système de mémoire stockant des représentations est un signal complexe dont les différentes informations proviennent de divers sous-systèmes ayant traité des aspects particuliers du stimulus (par exemple, des variations de texture, des intersections de traits, des couleurs, pour un stimulus visuel) (→ INFORMATION, PERCEPTION). Ces informations sont comparées à celles stockées en mémoire, et la représentation qui satisfait le mieux aux différentes contraintes de l'entrée sera la plus activée (→ ACTIVATION/INHIBITION). La sortie *(output)* du sous-système de stockage spécifiera donc cette représentation et sera transmise à un autre sous-système de l'architecture fonctionnelle (→ ANALYSE COMPUTATIONNELLE). *Olivier KOENIG.*

**Intelligence Artificielle.** — La satisfaction de contraintes (CSP pour *constraint satisfaction problems* en anglais) est un paradigme général de résolution de problèmes (→ RÉSOLUTION DE PROBLÈMES) dont les applications sont multiples : systèmes d'aide à la conception ou à la décision, ordonnancement et gestion de production, reconnaissance de formes (→ RECONNAISSANCE DE FORMES) et autres domaines à la jonction de l'Intelligence Artificielle et de la recherche opérationnelle.

Selon l'approche CSP, un problème est décrit par un nombre fini de variables d'état, les domaines des valeurs possibles de ces variables et un ensemble de contraintes que doivent satisfaire les variables en toute solution au problème. Par exemple, une chaîne audiovisuelle comportera sept composantes à choisir dans un catalogue (amplificateurs, tuners, lecteurs, enregistreurs, antennes, enceintes et écrans), auxquelles on associera des contraintes de compatibilité, de qualité et de coût. Une solution à un CSP est l'affectation à chaque variable d'une valeur dans son domaine, en respectant toutes les contraintes du problème.

Il existe diverses approches pour la résolution d'un CSP selon les domaines et le type de contrainte. Les domaines finis et ceux formés d'intervalles numériques sont particulièrement étudiés. Les CSP à domaines finis s'appuient sur des analyses énumératives. Les contraintes binaires mettent en jeu deux variables (par exemple, la compatibilité électrique entre deux composantes), mais un plus grand nombre de variables peut parfois être impliqué (par exemple, le coût de chaîne). Elles sont soit explicites (liste des couples antenne-tuner possibles), soit implicites *via* une relation (somme des coûts inférieure au budget). Un CSP à contraintes binaires se représente par un graphe : les nœuds sont les variables, les arêtes symbolisent les contraintes.

Pour un CSP donné, on peut être intéressé à prouver l'existence d'une solution (les contraintes sont cohérentes), à trouver une solution quelconque, à les énumérer toutes, à en choisir une qui optimise un critère (par exemple, le rapport qualité/prix de la chaîne), ou bien à réduire les domaines des variables aux seules valeurs qui figurent nécessairement dans une solution. Un CSP à domaine fini correspond en général à un problème NP-complet (→ COMPLEXITÉ). Aussi est-on fréquemment amené à se contenter d'approches partielles. Les algorithmes de filtrage en sont un bon exemple. On peut parcourir tous les couples de variables et réduire leurs domaines respectifs en fonction de la contrainte qui existe entre elles (consistance d'arc). On peut réduire davantage encore en propageant par composition les contraintes deux à deux (consistance de chemin). La réduction à un domaine vide prouve l'incohérence des contraintes initiales, mais l'absence d'une telle réduction ne prouve pas la cohérence : ces algorithmes sont incomplets. *Malik* G*HALLAB*.

## CONTREFACTUEL

*(angl., counterfactual)*

**Philosophie.** — Dans une proposition conditionnelle dite « contrefactuelle », on envisage une situation qui n'est pas réalisée et on en tire les conséquences dans le monde ainsi transformé (→ LOGIQUE, MODALITÉ). Par exemple, *Si tu avais travaillé, tu aurais réussi à ton examen*, que l'on symbolise par $p \Box\!\!\rightarrow q$ (si $p$ avait été réalisé, $q$ aurait été réalisé). $p$ est l'antécédent et $q$ le conséquent du conditionnel contrefactuel. Ce type de conditionnel se distingue du conditionnel matériel $p$ implique $q$ dans la mesure où cette dernière implication est vraie si $p$ est faux ou si $q$ est vrai ; elle est donc vraie quand l'antécédent est faux et le conséquent vrai, ce qui n'est pas le cas d'un contrefactuel conditionnel.

Les contrefactuels sont indispensables pour définir les concepts de propriété dispositionnelle, de loi et de causalité (→ CAUSALITÉ), dans la mesure où ces notions supposent que l'on s'intéresse à des propriétés ou à des effets non instanciés : la solubilité du sucre dans l'eau est une propriété qui s'applique non seulement au sucre plongé effectivement dans de l'eau, mais aussi à celui qui se trouve ne pas y être plongé. De même, dire qu'une cause $c$ est nécessaire pour produire un effet $e$ revient à dire que si $c$ ne s'était pas produite, $e$ ne se serait pas produit. *Joëlle* P*ROUST*.

## CONTRÔLE

*(angl., control)*

**Neuroscience.** — Pour contrôler le comportement, le système nerveux central dispose d'environ $10^{12}$ neurones, tous connectés en réseaux (→ RÉSEAU NEURONAL).

Du point de vue de la neuroscience cognitive, il y a trois questions fondamentales relatives au contrôle. La première est de savoir comment le cerveau contrôle notre comportement. Ultimement, son moyen est de commander les différents actes moteurs de l'organisme (→ ACTION). La deuxième question est de savoir comment s'établit ce contrôle dans le cerveau. Les priorités fonctionnelles vont privilégier différentes réponses neuronales (→ ACTIVATION/INHIBITION, ATTENTION). Chez l'Homme, il semble que l'on puisse identifier deux grandes régions corticales dans le contrôle du comportement. Les régions corticales postérieures peuvent être à la base d'un certain contrôle du comportement, au moins dans des situations routinières. Toutefois, dans des situations plus complexes, la décision ultime d'un comportement dépend des structures préfrontales. Ces deux régions sont intimement liées au système limbique qui est impliqué dans la motivation de l'individu (système des valeurs, émotions, → ÉMOTION). Le contrôle semble donc reposer sur des structures neuronales intervenant dans un système hiérarchisé. Lors de la lésion d'une aire de contrôle (→ NEUROPSYCHOLOGIE), il peut survenir des troubles attentionnels, exprimant le fait que le patient contrôle moins bien une partie de son comportement. Il semble aussi que bon nombre de troubles psychopathologiques (→ PSYCHIATRIE COGNITIVE), qui peuvent se décrire par un mauvais contrôle des situations par l'individu, reposent sur des dysfonctionnements de l'un et (ou) l'autre de ces circuits neuronaux.

La troisième question est plus délicate : quels sont les mécanismes intimes du contrôle au niveau du neurone ? Tout semble se jouer par un jeu d'excitation et d'inhibition neuronales (→ COMMUNICATION). La part de ces deux mécanismes est cependant difficile à établir. Ce que l'on sait, c'est que, au moins au niveau cortical, il doit y avoir une sommation de nombreux potentiels excitateurs pour qu'un neurone devienne lui-même actif. En revanche, dans certains cas, une seule cellule peut inhiber la réponse d'un autre neurone. Il y a donc un mécanisme dissymétrique dans le contrôle neuronal. Reste à connaître l'organisation de ces différents types de neurones. *Éric SIÉROFF.*

**Psychologie.** — En psychologie cognitive la question du contrôle renvoie à la distinction, établie expérimentalement par Richard Schiffrin et Walter Schneider, entre deux modes de traitement de l'information : d'une part, les processus automatiques, caractérisés par l'absence de coût attentionnel, l'absence de contrôle, l'absence de conscience, le parallélisme des opérations et la rapidité d'exécution (→ ATTENTION, CONSCIENCE) ; d'autre part, les processus contrôlés, plus lents, sériels et stratégiquement déterminés, imposant un coût attentionnel en mémoire de travail (→ MÉMOIRE) (pour une description du paradigme princeps de Schiffrin et Schneider, ainsi qu'une analyse de la distinction automatique/contrôlé : → AUTOMATISME). Les processus contrôlés, tout au moins ceux impliqués dans des tâches cognitives complexes, sont souvent décrits comme relevant d'une instance cognitive hiérarchiquement supérieure, telle le « système attentionnel superviseur » de Don Norman et Tim Shallice, qui serait altéré en cas de lésion du cortex préfrontal (voir *neuro.* ci-dessus), ou encore « l'exécutif central » d'Alan Baddeley. D'autres formes de contrôle sont sans doute plus distribuées, ainsi que le montre, par exemple, le physiologiste Alain Berthoz dans l'étude du mouvement.

Sous l'impulsion de John Flavell, les processus contrôlés ont été analysés du point de vue de leur fonction métacognitive (→ MÉTACOGNITION) lors d'activités de mémoire (métamémoire), d'acquisition du langage (métalangage), de communication (métacommunication), etc., et, plus récemment, dans la construction de « théories de l'esprit » (→ COMMUNICATION, LANGAGE. Traitement du —, THÉORIE DE L'ESPRIT). Dans ce cadre, l'analyse porte essentiellement sur les métaconnaissances, ou « cognition de la cognition » (connaissances acquises sur le fonctionnement cognitif), utilisées par les processus de contrôle.

En psychologie de l'enfant, certains modèles néopiagétiens mettent spécifiquement l'accent sur les processus de contrôle exécutif, ou fonctions exécutives, pour rendre compte des étapes et des mécanismes du développement cognitif (→ DÉVELOPPEMENT COGNITIF). Ainsi, Robbie Case décrit une hiérarchie de stades, du bébé à l'adulte (sensori-moteur, relationnel, dimensionnel et vectoriel), subdivisés en sous-stades (unifocal, bifocal et élaboré), à travers lesquels se complexifient des structures de contrôle exécutif. Le processus de transition entre sous-stades est lié à l'accroissement de la mémoire de travail, elle-même fonction de l'efficience opératoire (automatisation des schèmes), alors que le passage d'un stade à un autre est assuré par l'intégration hiérarchique de structures de contrôle, cognitives et sociales, de plus en plus puissantes (→ DIFFÉRENCIATION).

Qu'il s'agisse du contrôle de l'action (→ ACTION), de la perception (→ PERCEPTION) ou des représentations en mémoire (→ REPRÉSENTATION), l'une des questions centrales des recherches actuelles, tant en psychologie cognitive qu'en neuroscience, est celle des rôles respectifs des processus d'activation et d'inhibition dans une architecture fonctionnelle multi-niveaux (→ ACTIVATION/INHIBITION) : de la communication neuronale aux fonctions exécutives du cortex préfrontal.

Précisons toutefois, à propos du contrôle exécutif central, que certains neurophysiologistes refusent cette idée et lui préfèrent celle d'un processus de synchronisation temporelle (Wolf Singer). Selon ce point de vue, les ensembles neuronaux, ou modules cognitifs, impliqués dans une tâche se lieraient transitoirement par synchronisation de leur activité électrique (oscillations à 40 Hz environ). Un réseau émergerait ainsi momentanément, où se concentreraient l'attention, la conscience, toutes les ressources dont dispose le sujet pour effectuer cette tâche (→ RÉSEAU NEURONAL). Puis, un nouveau réseau se construirait pour une autre tâche, etc. L'unité de l'esprit découlerait dès lors de l'association transitoire de modules spécialisés (→ MODULARITÉ) et non d'un superviseur hiérarchiquement supérieur, ce qui écarterait définitivement l'idée d'un « Théâtre cartésien » (selon l'expression du philosophe Daniel Dennett) au centre du système cognitif. La question est loin d'être tranchée.

Ces processus (sélection par un superviseur central, synchronisation temporelle) pourraient être impliqués de façon différentielle ou simultanée selon la structure du matériel et les exigences de la tâche. *Olivier HOUDÉ.*

**Intelligence Artificielle**. — On ne dispose généralement pas, pour les tâches auxquelles s'intéresse l'Intelligence Artificielle (IA), de méthodes de résolution qu'il suffirait d'appliquer pas à pas (→ RÉSOLUTION DE PROBLÈMES). Les systèmes d'IA qui raisonnent à partir de connaissances déclaratives (→ RAISONNEMENT et RATIONALITÉ) nécessitent donc des mécanismes élaborés pour le contrôle (ou la conduite) de la résolution d'un problème. Par contrôle, on entend ici le mécanisme décidant des actions à mener à chaque pas de la résolution (→ ACTION) : quelle connaissance utiliser, comment, sur quel aspect du problème focaliser l'attention (→ ATTENTION) ? Un exemple simple concerne les systèmes à base de règles (→ BASE

DE CONNAISSANCES) : lorsque le moteur d'inférences a le choix entre plusieurs possibilités, le contrôle est le mécanisme de résolution de conflits qui permet de choisir une règle applicable.

La résolution d'un problème nécessite en général l'exploration d'un très grand nombre d'hypothèses. Cette exploration peut être contrôlée « en largeur » ou « en profondeur ». Elle fait intervenir des connaissances heuristiques qui vont aider à découvrir une solution, mais sans garantie de succès, ce qui implique de recourir éventuellement à un mécanisme de retour en arrière. Plus généralement, le contrôle utilise des métaconnaissances qui traduisent en particulier l'expérience acquise dans un certain domaine d'application (→ DOMAINE. Spécialisation quant au —, MÉTACOGNITION). Le contrôle peut être mis en œuvre à l'aide d'un mécanisme de planification d'actions qui permet de déterminer une séquence, dynamiquement révisable, des étapes de la résolution d'un problème.

On définit parfois, notamment dans les systèmes multi-agents, deux niveaux de contrôle, l'un tactique permettant de prendre des décisions locales, l'autre stratégique permettant d'implanter une politique générale de résolution.

Par ailleurs, la direction du contrôle détermine deux démarches cognitives devant un problème à résoudre : un contrôle ascendant qui consiste à exploiter les données et les faits disponibles pour parvenir à une solution (c'est le mécanisme de « chaînage avant » d'un moteur d'inférences) et un contrôle descendant qui, inversement, part d'un but à atteindre, progressivement affiné (le « chaînage arrière » ). Ces deux méthodes sont en général utilisées conjointement, à des moments différents, dans la résolution de problèmes complexes, en particulier dans des stratégies de contrôle élaborées par « îlots de confiance », consistant à s'appuyer sur des points d'ancrage sûrs. Un tel contrôle est notamment appliqué dans les systèmes d'interprétation de formes (images, parole ou signaux) (→ RECONNAISSANCE DE FORMES).

Le contrôle d'un système d'IA peut être centralisé dans un module unique, ou hiérarchisé (les niveaux tactique et stratégique), voire totalement réparti (→ DISTRIBUÉE. Intelligence —). Dans ce dernier cas, le contrôle global résulte d'un ensemble de décisions prises localement par des modules différents. *Jean-Paul Haton.*

**CORPS** → ACTION, DUALISME/MONISME, ÉMOTION, ESPACE, VIE ARTIFICIELLE

*(angl., body)*

## CRÉATIVITÉ

*(angl., creativity)*

**Psychologie.** — La créativité est la capacité de réaliser une production qui soit à la fois nouvelle et adaptée. Cette production peut être une idée, une composition musicale, une histoire, un message publicitaire, ou toute autre forme de création.

Par définition, une production nouvelle est originale et imprévue. Elle se distingue de ce que le sujet ou d'autres personnes ont déjà réalisé, mais elle peut être nouvelle à différents degrés. Une réponse nouvelle ne peut cependant être considérée comme créative que si elle est adaptée, c'est-à-dire si elle satisfait aux différentes contraintes d'un problème (→ CONTRAINTE. Satisfaction de —). Les poids accordés à ces deux critères, la nouveauté et l'adaptation, dans les jugements de créativité varient selon les individus et aussi selon la nature des tâches (→ DIFFÉRENCIATION). Par exemple, le critère d'adaptation est plus fortement impliqué dans les productions créatives des ingénieurs que dans celles des artistes.

Il n'existe pas de norme absolue pour juger de la créativité d'une production. Les jugements sur la créativité impliquent, de fait, un consensus social. Un juge unique, un comité constitué de plusieurs personnes, ou une société dans son ensemble, évaluent des œuvres et déterminent leur degré de créativité par rapport à d'autres productions. De la même façon, le niveau global de créativité d'une personne (ou d'un groupe) est évalué par rapport à celui d'autres individus (ou d'autres groupes).

Certains psychologues ont élaboré des tests de créativité. Les plus connus sont ceux de Joy Guilford et de E. Paul Torrance où l'on demande au sujet de produire le maximum de solutions différentes à un problème. Il s'agit, par exemple, de dire en un temps limité toutes les utilisations possibles d'une boîte en carton. Dans les épreuves de ce genre, la créativité est évaluée par la fluidité des réponses (le nombre de réponses différentes données), leur flexibilité (le nombre de catégories différentes dans lesquelles ces réponses peuvent être classées) et leur degré d'originalité (qui est une fonction inverse de leur fréquence dans la population de référence). Ces tests mettent l'accent sur la variété de solutions, la pensée « divergente ». La tendance actuelle est de considérer la créativité comme une capacité multidimensionnelle dans laquelle interviennent non seulement des aspects cognitifs, mais également des aspects de personnalité et des aspects émotionnels (→ ÉMOTION).

La nature du processus de production peut aussi être prise en compte pour juger si un produit témoigne de la créativité de son auteur. Une œuvre créée par hasard ou par l'application de règles spécifiées par un tiers est souvent considérée comme moins créative qu'une œuvre résultant d'un travail ardu et intentionnel ayant rencontré des problèmes de réalisation. Dans le même ordre d'idées, la créativité des systèmes artificiels de traitement de l'information est sujette à débat parce que si leurs réponses sont parfois nouvelles et adaptées aux contraintes des problèmes, les processus de production de ces réponses ne sont pas nécessairement ceux que l'on suppose sous-jacents à la créativité humaine.

Enfin, la conception de la créativité peut varier selon la culture et l'époque. Par exemple, dans certaines cultures la créativité est centrée sur le produit et sur une rupture avec la tradition, alors que d'autres cultures valorisent le processus de création plus que le résultat et une utilisation novatrice des éléments traditionnels.

L'étude de la créativité connaît actuellement un regain d'intérêt en psychologie dans la perspective de « l'approche de la cognition créative » (*creative cognition approach* en anglais) où il s'agit de comprendre les processus créatifs en utilisant les méthodes et les concepts des sciences cognitives. *Jacques* LAUTREY *et Todd* LUBART.

**Linguistique.** — En linguistique, la notion de créativité renvoie à celle de générativité. Combien y a-t-il de mots en français ? Quelle est la longueur maximale d'une phrase ? Impossible de répondre, en raison de notre créativité langagière, c'est-à-dire de notre faculté de comprendre ou de produire des mots nouveaux ou des phrases nouvelles, sans limite supérieure apparente.

La grammaire générative, proposée par Noam Chomsky en 1957, conçoit cette créativité comme gouvernée par des règles formalisables (→ GRAMMAIRE). Une grammaire formelle (au sens mathématique) est définie comme l'ensemble fini de règles permettant à partir d'un vocabulaire lui aussi fini d'engendrer un ensemble de phrases bien formées qui peut être infini. C'est la notion de récursion (dont témoignent les mécanismes récurrents de subordination ou de coordination qu'on rencontre dans toutes les langues du monde) qui permet à une même règle d'être utilisée un nombre illimité de fois, et peut produire des phrases de longueur non bornée, en nombre illimité. L'ensemble des phrases engendré ou reconnu par la grammaire est un sous-ensemble de toutes les combinaisons possibles à partir du vocabulaire, et constitue sa capacité générative faible, ou son « langage » (→ LANGAGE. Traitement du —). L'ensemble des combinaisons de règles utilisées pour produire ou reconnaître les phrases du langage, c'est-à-dire les analyses associées à ces phrases (généralement représentées sous forme d'arbres syntaxiques, → SYNTAXE), constitue la capacité générative forte de la grammaire. Deux grammaires peuvent avoir la même capacité générative faible, c'est-à-dire caractériser le même ensemble de phrases comme grammaticales, et leur associer des structures différentes (par exemple, à une phrase de trois mots, une grammaire associera un arbre binaire « branchant à gauche », une autre associera un arbre « branchant à droite »).

L'approche générative du langage a été critiquée par Maurice Gross qui caractérise les langues comme des combinatoires finies, ainsi que par Jaako Hintikka qui rejette la notion de récursion, au motif que l'identité des symboles employés dans les règles masque la distinction essentielle à ses yeux entre la phrase principale et la subordonnée. De façon plus générale, il est clair que la créativité langagière ne se réduit pas à la syntaxe. *Anne Abeillé.*

## CROYANCE

*(angl., belief)*

**Philosophie.** — Au sens courant, une croyance est un certain état psychologique qui porte à donner son assentiment à une certaine représentation dont le statut épistémique est seulement incertain ou douteux (en ce sens une croyance n'est pas une connaissance : si X sait que *p*, *p* est vrai, alors que si X croit que *p*, cela ne s'ensuit pas) (→ ÉPISTÉMIQUE, REPRÉSENTATION). A la suite de Bertrand Russell, les philosophes contemporains traitent les croyances comme des attitudes propositionnelles, douées d'un certain contenu intentionnel ou sémantique, c'est-à-dire susceptibles d'être vraies ou fausses et de représenter le monde d'une certaine façon (→ ATTITUDE PROPOSITIONNELLE, INTENTIONNALITÉ, SÉMANTIQUE). Ils distinguent habituellement le problème psychologique, qui porte sur la nature de l'état mental qu'est une croyance, du problème sémantique ou logique (→ LOGIQUE), qui consiste à déterminer la forme logique des attributions de croyances (du type X croit que *p*). Mais le second problème, celui de savoir si ces attributions désignent une relation entre un sujet et une certaine entité (une proposition, une phrase ?) est étroitement lié au premier, car on ne peut déterminer si ces attributions sont vraies ou fausses que si l'on peut élucider la nature psychologique de l'état en question.

La conception psychologique des croyances la plus simple est béhavioriste : les croyances sont des dispositions au comportement (verbal ou non verbal). Mais elle se heurte à deux problèmes : d'une part, on ne peut spécifier la classe des dispositions comportementales correspondantes ; d'autre part, ces dispositions n'existent que moyennant l'existence d'autres états mentaux, tels que des désirs (→ DÉSIR). Une conception dispositionnaliste plus complexe utilise cette circularité et définit les croyances comme des dispositions à l'action, moyennant d'autres états mentaux (→ ACTION). Mais les croyances et les désirs ne sont pas seulement des dispositions à agir ; ce sont aussi des causes des actions (→ CAUSALITÉ). La conception fonctionnaliste les définit donc comme des rôles causaux ou fonctionnels intervenant (en relation à d'autres états mentaux) entre les entrées sensorielles et les sorties comportementales (→ FONCTIONNALISME). Dans certaines versions matérialistes, ce fonctionnalisme identifie ces structures causales à des types d'états physiques (David Armstrong) (→ PHYSICALISME). Dans d'autres versions (Jerry Fodor), les croyances comme rôles causaux se réalisent de manière multiple dans des occurrences physiques variées (*tokens* en anglais) distinctes selon les individus (→ TYPE/OCCURRENCE). Dans d'autres versions encore (Ruth Millikan), les croyances sont identifiées à des fonctions biologiques déterminées par la sélection naturelle.

Il y a deux conceptions principales de la sémantique des croyances comme attitudes propositionnelles. Elles peuvent être conçues comme des relations à des propositions ou entités abstraites (des fonctions de mondes possibles à des valeurs de vérité), ou comme des relations à des phrases, soit d'un langage public, soit d'un « langage de la pensée » (→ LANGAGE. Traitement du —, LANGAGE DE LA PENSÉE). Ces deux conceptions se heurtent au problème de l'individuation des entités en question et au problème de l'opacité référentielle des contenus d'attitudes propositionnelles (si X croit que *a* est F, et si $a = b$, il ne s'ensuit pas que X croit que *b* est F). Selon Fodor, les croyances sont des états computationnels liés à des représentations identifiées à des phrases du langage de la pensée, et qui reçoivent leur contenu en partie de leurs relations causales à l'environnement. Selon Fred Dretske, ces représentations sont des structures fonctionnelles d'information (définies physiquement) covariant causalement avec l'environnement (→ INFORMATION).

Chacune de ces conceptions traite les croyances (et les autres états mentaux intentionnels) comme des états réels des organismes, et comme des représentations internes (→ EXTERNALISME/INTERNALISME, RÉALISME). Mais d'autres philosophes les considèrent comme des propriétés globales des individus, inséparables des attributions d'états mentaux qu'ils peuvent effectuer, à la troisième personne, dans le cadre d'un environnement physique, social et communicationnel (→ COMMUNICATION). Ces philosophes sont conduits à douter de la réalité de ces états en dehors de ces schèmes d'attribution, et ils préfèrent plutôt considérer les croyances comme des schèmes interprétatifs permettant d'expliquer et de prédire le comportement en vertu d'une posture intentionnelle (Daniel Dennett) (→ INTERPRÉTATION), et dont le contenu intentionnel est nécessairement indéterminé.

Qu'on traite les croyances selon ce mode antiréaliste ou selon le mode réaliste, deux problèmes restent à résoudre. Le premier est celui de l'asymétrie entre les attributions de croyances à la troisième personne ou dans le mode « objectif » et les attributions de croyances à la première personne ou dans le mode « subjectif » (en général un sujet a plus aisément accès à ses propres croyances qu'à celles d'un autre organisme). Le second problème est celui de la nature de l'attitude de croyance, c'est-à-dire de la nature de l'assentiment à une représentation, qui suppose que le sujet non seulement ait certaines croyances, mais qu'il ait aussi des croyances au sujet de ses propres croyances. L'étude, en psychologie du développement, des croyances comme métareprésentations et de la formation d'une « théorie de l'esprit » chez l'enfant (→ MÉTACOGNITION, THÉORIE DE L'ESPRIT) permettra peut-être de préciser la nature de ces conditions. *Pascal* ENGEL.

**CULTURE** → CATÉGORISATION, CRÉATIVITÉ, DISCOURS, ESPACE, FONCTION, NATURALISATION, PRAGMATIQUE, SÉMIOTIQUE, THÉORIE DE L'ESPRIT

*(angl., culture)*

**CYBERNÉTIQUE** → APPRENTISSAGE, CONNEXIONISME, VIE ARTIFICIELLE

*(angl., cybernetics)*

# D

## DARWINISME NEURAL-MENTAL

*(angl., neural Darwinism)*

**Psychologie.** — Le darwinisme neural-mental, ou darwinisme neuronal, est notamment représenté en France par Jean-Pierre Changeux et aux États-Unis par Gerald Edelman. Il s'agit d'un développement conjectural de la pensée évolutionniste (Charles Darwin, etc.) en neuroscience cognitive et en psychologie, à propos de questions comme le constructivisme des objets logico-mathématiques, le plaisir et l'émotion esthétiques, la perception, la catégorisation, la mémoire, la conscience, etc. (→ CATÉGORISATION, CONSCIENCE, CONSTRUCTIVISME, ÉMOTION, LOGIQUE, MÉMOIRE, PERCEPTION).

La théorie neurobiologique de Changeux part du constat de multiples niveaux d'organisation fonctionnelle à l'intérieur du système nerveux : le niveau moléculaire et cellulaire, le niveau des circuits (arcs réflexes, circuits locaux), le niveau dit de « l'entendement » (assemblées de neurones) et, enfin, celui de la « raison » (enchaînements d'assemblées de neurones). Dans le cadre de cette architecture neurale-mentale, allant des aspects moléculaires et cellulaires aux « objets mentaux », toute fonction (y compris cognitive, → FONCTION) est assignée à un niveau d'organisation donné et n'est en aucune façon autonome (elle obéit aux lois du niveau juste inférieur, mais présente aussi une dépendance marquée vis-à-vis des niveaux supérieurs). Pour rendre compte de la dépendance duelle à l'intérieur de chaque couple de niveaux, Changeux propose un schéma (darwinien) de variation-sélection généralisé. Celui-ci comporte deux composants : un générateur de diversité et un système de sélection (de test). Aux niveaux les plus élaborés de l'architecture décrite (entendement et raison, selon les termes de Changeux), la dynamique du schéma de variation-sélection est la suivante. 1 / Le générateur de diversité produit l'activation, spontanée et transitoire, d'assemblées de neurones ou « prereprésentations » (équivalents neuro-psychologiques des variations darwiniennes) (→ ACTIVATION/INHIBITION, REPRÉSENTATION, RÉSEAU NEURONAL). 2 / Le système de sélection procède ensuite à une activité combinatoire qui anticipe l'interaction avec l'environnement. Deux cas de figure sont possibles : soit il y a « résonance » entre l'état interne du système neural-mental et l'état externe, soit il n'y a pas résonance, la résonance *versus* non-résonance étant fonction de la valeur adaptative de la (ou des) assemblée(s) de neurones ou préreprésentation(s) générée(s). Dans le premier cas, il y a stabilisation et stockage en mémoire. Dans le second cas, aucune mise en mémoire n'a lieu.

On sait que le schéma de variation-sélection est classique dans le cas de l'évolution des espèces et qu'il est mis en évidence dans le développement de la réponse immunologique, où la variation (ou diversité) provient de la réorganisation génomique et de l'expression génique ; la sélection provient, quant à elle, de la survivance de ce qui est le plus adapté (y compris la correspondance à l'antigène). Le même schéma peut aussi rendre compte du passage du cellulaire aux organismes multicellulaires, et de la morphogenèse générale du cerveau. Mais Changeux va plus loin encore : il généralise (ou transpose) le schéma darwinien à l'interaction entre le système nerveux et le monde extérieur durant le développement postnatal jusqu'à l'âge adulte, lors de l'acquisition des fonctions cognitives supérieures (→ DÉVELOPPEMENT COGNITIF). L'évolution se réalise toutefois ici à l'intérieur du cerveau sans changement nécessaire du matériel génétique (à la différence des conceptions biologiques de Jean Piaget) et dans les limites d'échelles temporelles courtes : des mois, des jours, jusqu'à des dixièmes de secondes (ou microgenèses) pour le traitement et la réorganisation de représentations mentales.

Cette théorie présente donc l'originalité d'articuler (conceptuellement) deux échelles de temps, la phylogenèse (l'évolution des espèces) et l'ontogenèse (le développement neurocognitif : macrogenèse et microgenèses), en mettant l'accent sur un mécanisme darwinien (généralisé) de variation-sélection. Changeux souligne l'implication du cortex préfrontal et du système limbique dans le fonctionnement de ce mécanisme (→ CONTRÔLE). Du point de vue des fonctions cognitives les plus intégrées, les illustrations données sont relatives aux objets logico-mathématiques : le débat entre Changeux et le mathématicien Alain Connes à propos du constructivisme et du réalisme, ainsi que les modélisations neurofonctionnelles de Changeux et Stanislas Dehaene à propos du nombre et du raisonnement (→ NOMBRE, RAISONNEMENT et RATIONALITÉ, RÉALISME). Une tentative de généralisation de la théorie (toujours conjecturale) a également été proposée dans le domaine des rapports entre la raison et le plaisir esthétique, tentant ainsi de réduire le mystère de la créativité artistique, notamment picturale, en termes neurofonctionnels (→ CRÉATIVITÉ) ; des généralisations, plus récentes encore, portant sur les règles de l'éthique (le débat entre Changeux et le philosophe Paul Ricœur) et sur l'accès à la vérité (→ VÉRITÉ).

La théorie du darwinisme neural-mental de Changeux est cohérente avec les modèles actuels du développement cognitif qui mettent l'accent non seulement sur des processus de coordination-*activation* d'unités structurales (comme dans les théories néo-structuralistes inspirées de Piaget), mais aussi sur des processus de sélection-*inhibition*. Par ailleurs, elle conduit à dénoncer l'idée cognitiviste classique, selon laquelle la science de la vie mentale serait une « science spéciale » : celle du « langage de la pensée » (Jerry Fodor, → COGNITIVISME, LANGAGE DE LA PENSÉE). Contre cette idée programmatique, associée à la métaphore logiciel/matériel (*software/hardware* en anglais) de l'esprit ordinateur, Changeux dénonce la proposition radicale (de cognitivistes tels Philip Johnson-Laird) selon laquelle la nature physique du cerveau ne pose aucune contrainte sur la structure de la pensée. La pensée (entendement et raison), comme les circuits, le niveau cellulaire, etc., est ici inscrite dans – et contrainte par – une architecture neurofonctionnelle multi-niveaux soumise au schéma (darwinien) de variation-sélection généralisé.

Une autre variante du darwinisme neural-mental est la théorie d'Edelman dont l'approche innéiste-sélectionniste peut être résumée comme suit : « L'esprit et sa morphologie ou comment achever le programme de Darwin » (titre d'un chapitre de son ouvrage *Biologie de la conscience*) (→ ESPRIT). L'esprit est ici considéré comme un processus particulier qui dépend de formes particulières d'organisation de la matière : la connectivité des groupes de neurones du cerveau, constitués sous l'influence de facteurs génétiques. Cette théorie, comme celle de Changeux, propose un schéma de variation-sélection généralisé (à partir de la connectivité intra- et intergroupes neuronaux) appliqué aux fonctions cognitives : perception, catégorisation, mémoire et conscience.

Si séduisantes que soient les théories du darwinisme neural-mental pour la neuroscience cognitive et la psychologie, il s'agit toutefois, ainsi que le souligne le physiologiste Marc Jeannerod, d'une utilisation métaphorique de la théorie de la sélection naturelle. *Olivier* HOUDÉ.

## DÉSIR

*(angl., desire)*

**Philosophie.** — On explique une action en disant que l'agent désirait quelque chose et croyait pouvoir l'obtenir en l'accomplissant (→ ACTION, VOLONTÉ). Une croyance (→ CROYANCE) est vraie si elle correspond à un état de choses (si l'esprit s'ajuste au monde), mais un désir est satisfait si le monde lui correspond (si le monde s'ajuste à l'esprit) (→ ESPRIT). Une conception béhavioriste assimile le contenu intentionnel d'un désir au comportement que l'agent est disposé à avoir (→ INTENTIONNALITÉ). Cette disposition ne peut être spécifiée que si l'agent croit aussi que l'action satisfera son désir. Une conception fonctionnaliste définit donc les désirs par les rôles causaux qu'ils jouent conjointement avec des croyances (→ CAUSALITÉ, FONCTIONNALISME). Mais un désir n'est pas seulement une disposition à faire certaines choses ; c'est aussi une raison d'agir. Celle-ci peut être indépendante des croyances de l'agent dans le cas de désirs non motivés, comme la soif ou la faim. Mais elle dépend de ces croyances quand les désirs sont motivés et susceptibles d'une évaluation rationnelle (→ RAISONNEMENT et RATIONALITÉ). Une théorie causale du contenu intentionnel des désirs reliant les représentations qu'ils produisent à des types d'actions primitives (→ REPRÉSENTATION) est sans doute possible pour les désirs immotivés (Fred Dretske), mais elle est inadéquate pour les désirs motivés, car un agent rationnel n'a pas seulement des désirs ; il a des désirs au sujet de ses désirs. *Pascal* ENGEL.

## DÉVELOPPEMENT COGNITIF

*(angl., cognitive development)*

**Psychologie.** — La référence obligée dans l'étude du développement cognitif est la théorie structuraliste de Jean Piaget. Tous les psychologues qui s'attaquent au problème de la genèse de la cognition, dans des domaines aussi divers que la construction de l'objet, le nombre, la catégorisation, le raisonnement, etc., s'y réfèrent pour en souligner les apports ou en proposer une remise en question (→ CATÉGORISATION, NOMBRE, OBJET, RAISONNEMENT et RATIONALITÉ). L'originalité de cette théorie tient à son triple ancrage : épistémologique, biologique et logico-mathématique (→ ÉPISTÉMOLOGIE, LOGIQUE). Qu'il s'agisse du développement des connaissances scientifiques (la perspective « historico-critique ») ou de l'ontogenèse (la psychologie de l'intelligence), il y a modélisation, reconstruction du réel à travers des cadres logico-mathématiques de plus en plus puissants qui constituent la forme optimale d'adaptation biologique (→ CONSTRUCTIVISME, LOGICISME/PSYCHOLOGISME, RÉALISME). Ainsi, l'enfant « acteur-calculateur », comme le logicien ou le mathématicien, « modélise » les objets en tant que tels, leurs propriétés et leurs relations, à travers une succession de cadres cognitifs. Du bébé à l'adolescent, il s'agit tout d'abord des processus initiaux d'assimilation-accommodation et des schèmes d'action (→ ACTION) (le stade sensori-moteur, de la naissance à 18 mois), puis des opérations ou actions coordonnées et intériorisées, concrètes et formelles (respectivement, le stade de préparation et de mise en place des opérations concrètes, de 18 mois - 2 ans à 11-12 ans, et le stade des opérations formelles, de 11-12 ans à 16 ans).

L'intelligence est ici définie comme la forme la plus générale des coordinations des actions et opérations du sujet. Les mécanismes de son développement sont l'équilibration (au sens d'une autorégulation en réponse aux perturbations extérieures) et l'abstraction réfléchissante (abstraction des propriétés de l'action et des coordinations d'actions). En relation constante avec les interrogations posées par le contexte logico-mathématique contemporain, Piaget a décrit les organisations, ou structures, sous-jacentes à ce développement en termes de « groupements » (pour les opérations concrètes vers 7-8 ans), de combinatoire et de groupe (pour les opérations formelles vers 11-12 ans) et, dans ses derniers ouvrages qui révisent les formalisations antérieures, en termes de « logique des significations » (ou logique intensionnelle, → PERTINENCE) et de morphismes et catégories.

A ce cadre théorique fort sont associées des situations expérimentales ingénieuses, telles les épreuves de conservation (du nombre, de la substance, etc.), d'inclusion des classes, de sériation (utilisées pour étudier la mise en place des opérations concrètes), etc., ainsi qu'une méthode originale d'interrogation clinique. Celle-ci consiste à converser librement avec les enfants à propos de thèmes dirigés (par exemple, pour la conservation du nombre et de la substance : *Y a-t-il plus de jetons quand on les écarte les uns des autres, plus de pâte à modeler quand on aplatit la boule ?*) en suivant leurs réponses par des demandes de justifications et des contre-suggestions.

La postérité a retenu de Piaget son approche théorique, structuraliste et constructiviste, mais aussi, et peut-être surtout, ses situations expérimentales (les « tâches piagétiennes » ) devenues célèbres dans le monde entier. Si la théorie piagétienne s'est rapidement imposée comme une référence obligée, elle a également suscité de nombreuses critiques. Pour l'essentiel, celles-ci ont porté sur le pouvoir excessif accordé par Piaget à l'action (et au développement opératoire en général), sur son intérêt exclusif pour les structures logico-mathématiques d'un « sujet épistémique » (ou « épistémologique » et non psychologique ; le sens d'épistémique est ici différent de celui défini en philosophie de l'esprit et en logique), ainsi que sur l'incapacité de sa théorie à expliquer l'importante variabilité des performances observée selon les situations et les individus (variabilité intra- et interindividuelle, → DIFFÉRENCIATION). La non-prise en considération des facteurs sociaux du développement cognitif a également été dénoncée (→ COGNITION SOCIALE, INTERACTION).

Certaines de ces objections ont été levées par l'École piagétienne elle-même. L'exemple le plus marquant est celui de la perspective tracée par Bärbel Inhelder et Guy Cellérier. Il s'agit du passage de l'étude des structures générales du « sujet épistémique » à celle des procédures d'invention et de découverte du « sujet psychologique ». L'accent est mis sur la fonction d'adaptation immédiate des conduites, les procédures, ce qui situe l'adaptation productrice d'équilibre local au niveau des microgenèses cognitives (résolution de problèmes) et d'équilibre global à celui de la macrogenèse (développement). Un rapprochement s'amorce ainsi entre le structuralisme piagétien et le cognitivisme anglo-saxon ou psychologie cognitive du traitement de l'information (*information processing* en anglais, → COGNITIVISME). Selon l'analyse de Cellérier, le structuralisme piagétien a pour objet la transformation épistémique, à long terme, de l'action en connaissance, alors que l'objet du cognitivisme est la transformation pragmatique, à court terme, de la connaissance en action. Ces deux psychologies « travaillent » à des échelles de temps différentes : l'une diachronique (macrogenèse ou développement), l'autre synchronique (microgenèses à un niveau de développement donné). Le défi de la psychologie néopiagétienne est d'articuler ces deux perspectives.

Le courant de recherche qui a le plus explicitement relevé ce défi, dans les années 1980, est le néostructuralisme, représenté notamment par Juan Pascual-Leone, Robbie Case, Graeme Halford et Kurt Fischer. Ces auteurs conservent de Piaget l'objectif d'une théorisation générale du développement qui rende compte de la construction des structures cognitives quel que soit le domaine considéré. L'innovation introduite tient à la synthèse tentée entre le structuralisme piagétien et le cognitivisme anglo-saxon. Il en ressort une diversité de modèles où le fonctionnement de l'enfant « résolveur de problèmes » (*problem solver* en anglais) est analysé en termes d' « opérateurs silencieux » et de système modulaire de l'attention mentale (Pascual-Leone) (→ ATTENTION), de structures de contrôle exécutif et de structures conceptuelles centrales (Case) (→ CONCEPT, CONTRÔLE), de structures d'appariement de symboles (Halford) (→ SYMBOLE) et de structures de *skills* (Fischer). Forts de ces concepts nouveaux, radicalement différents des structures logico-mathématiques piagétiennes, les néostructuralistes redéfinissent les stades et sous-stades du développement, du bébé à l'adolescent (selon un découpage assez proche de celui proposé par Piaget), ainsi que les processus de transition.

Pascual-Leone quantifie la variable « développement cognitif » par la puissance d'un opérateur d'attention mentale qui assure, en mémoire de travail (→ MÉMOIRE), l'activation des schèmes pertinents lors de la résolution d'un problème (quantification qui détermine les stades et sous-stades du développement) (→ ACTIVATION/INHIBITION). Case décrit une hiérarchie de stades, sensori-moteur, relationnel, dimensionnel et vectoriel, subdivisés en sous-stades, unifocal, bifocal et élaboré, à travers lesquels se complexifient les structures de contrôle exécutif et les structures conceptuelles centrales. Le processus de transition entre sous-stades est lié à l'accroissement de la taille de la mémoire de travail, elle-même fonction de l'efficience opératoire ou automatisation des schèmes (→ AUTOMATISME), alors que le passage d'un stade à un autre est assuré par un processus d'intégration hiérarchique. Pour Halford, le développement correspond à des niveaux d'appariement de symboles, appariement d'unités, de relations, de systèmes et de systèmes multiples, le processus de transition étant défini par l'accroissement des capacités de traitement. Enfin, le modèle de Fischer décrit des « étages » de structures de *skills,* réflexe, sensori-moteur, représentationnel et abstrait, hiérarchisés par un processus d'intercoordination, chaque « étage » étant subdivisé en quatre niveaux : unité, *mapping*, système et système de systèmes. Autant de modèles où les structures psychologiques ne sont plus réduites aux seules structures logico-mathématiques d'un « sujet épistémique » et où l'accent est mis sur les processus de traitement de l'information (et sur les contraintes liées au fonctionnement de ces processus en mémoire de travail) plutôt que sur la seule action du sujet. Il en ressort que le néostructuralisme permet de mieux rendre compte – que ne le faisait la théorie piagétienne – de l'importante variabilité des performances, à partir d'une analyse précise des caractéristiques des tâches, des objectifs et stratégies adoptés par l'enfant et de la charge cognitive que ces stratégies impliquent.

Les modèles néostructuralistes ont connu plusieurs évolutions au cours des années 1990, notamment une articulation neuropsychologique plus précise (par exemple, le lien établi par Pascual-Leone entre les opérateurs attentionnels et le cortex préfrontal), l'introduction de la perspective des systèmes dynamiques non linéaires (Fischer et Case, à partir des travaux de Paul van Geert), qui conduit à envisager des courbes de développement moins régulières, sous la forme de turbulences, d'explosions, d'effondrements, etc. (→ SYSTÈME DYNAMIQUE), ainsi que l'introduction de la modélisation connexionniste pour l'analyse des tâches et des niveaux de complexité cognitive nécessaires à leur résolution (Halford) (→ CONNEXIONNISME).

L'une des critiques actuellement formulées aux modèles néostructuralistes est qu'ils sont tous, comme la théorie piagétienne, des modèles de coordination-*activation* d'unités structurales et non des modèles de sélection-*inhibition.* Or de nombreux auteurs, Adele Diamond, Frank Dempster, Katherine Harnishfeger, Olivier Houdé, etc., montrent dans des domaines variés, tels la construction de l'objet, le nombre, la catégorisation et le raisonnement, que le développement cognitif ne doit pas seulement être conçu comme l'acquisition progressive de connaissances (ou de structures de complexité croissante), mais aussi comme relevant de la capacité d'inhibition de réactions qui entravent l'expression de connaissances déjà présentes. Dans cette perspective, où l'accent est mis sur les fonctions exécutives, de nouveaux modèles psychologiques et neuropsychologiques du développement sont proposés, essentiellement centrés sur les notions d'« inhibition inefficiente/efficiente » (Diamond, Harnishfeger, Houdé) et de résistance aux interférences (Dempster). Cette approche est compatible avec celle du darwinisme neural-mental, représentée notamment par Jean-Pierre Changeux, qui explique la dynamique de l'ontogenèse neuronale et cognitive par un mécanisme de variation-*sélection* (→ DARWINISME NEURAL-MENTAL).

Une autre critique adressée au néostructuralisme est qu'il s'agit toujours de modèles très généraux du développement, d'où l'intérêt d'une approche complémentaire, plus locale et fonctionnelle. Cette approche correspond en fait à un courant de recherche qui, après Piaget, s'est développé parallèlement au néostructuralisme : le cognitivisme développemental. L'orientation est locale dans le sens où les chercheurs étudient précisément, pour une tranche d'âge donnée, un domaine particulier (par exemple, la permanence précoce de l'objet chez le bébé de 4-5 mois, l'image mentale de rotation chez l'enfant d'âge préscolaire, etc.). Elle est fonctionnelle (par opposition à structurale au sens (néo)piagétien) car elle décrit le fonctionnement cognitif du sujet en faisant l'économie des concepts de structure et de stade.

L'un des exemples les plus marquants de ce courant de recherche, et qui a conduit à réviser radicalement la théorie piagétienne, est l'étude des compétences précoces du bébé (perspective également développée par l'École (néo)piagétienne elle-même, sous l'impulsion de Pierre Mounoud) (→ COGNITION DU BÉBÉ). L'essentiel des progrès a été ici associé à un changement de méthodologie (permis par l'usage de la vidéo et de l'informatique), passant de l'analyse des schèmes d'action du bébé, préconisée par Piaget, à celle de son regard (→ PERCEPTION) : l'enregistrement des temps de fixation visuelle, notamment dans le cadre de la technique d'habituation – réaction à la nouveauté ou de détection d'événements impossibles. Les chercheurs ont ainsi découvert des compétences précoces ignorées par Piaget, telles, par exemple, l'unité et la permanence de l'objet dès 4-5 mois (et d'autres principes physiques ; Elizabeth Spelke et Renée Baillargeon) ou encore, au même âge, l'existence de capacités numériques (Karen Wynn) et, dès trois mois, de catégorisation (Roger Lécuyer). D'autres recherches ont porté sur l'imitation néonatale, dès les premiers jours de vie, et sur l'intermodalité au cours des premiers mois (Andrew Meltzoff et Arlette Streri). Autant de données qui conduisent à considérer, soit que les capacités du bébé sont innées (position théorique adoptée par Spelke), soit qu'elles se construisent à travers des mécanismes de raisonnement physique (Baillargeon) associés à une faculté très précoce d'apprentissage par la perception (notamment par la perception visuelle) qui elle seule serait préprogrammée (Lécuyer) (→ APPRENTISSAGE). La première position est opposée au constructivisme piagétien, la seconde reste constructiviste mais situe la genèse de l'intelligence au niveau de la perception (en rapport avec le raisonnement) et non de l'action. D'autres auteurs, comme Annette Karmiloff-Smith, s'intéressent aux rapports entre les compétences précoces du bébé, la modularité de l'esprit (Jerry Fodor, → MODULARITÉ) et les processus de développement au cours de l'enfance : changements représentationnels, caractère flexible et créatif de l'esprit, processus spécifiques à un domaine (*domain-specific* en anglais) ou processus généraux *(domain-general),* etc. (→ CRÉATIVITÉ, DOMAINE. Spécialisation quant au —, REPRÉSENTATION). Sur ces questions, une synthèse est tentée entre l'innéisme de Fodor et le constructivisme de Piaget.

Outre l'étude de la cognition du bébé, le cognitivisme développemental a exploré de multiples aspects du fonctionnement psychologique à des âges différents (jusqu'à la personne âgée : la perspective dite *life-span development* en anglais, → VIEILLISSEMENT) tels, par exemple, l'image mentale, le nombre, la catégorisation, les « théories de l'esprit » (→ THÉORIE DE L'ESPRIT), etc., chez l'enfant d'âge préscolaire et scolaire. L'un des domaines actuellement en plein essor est celui des théories de l'esprit chez l'enfant de 2 à 6 ans, objet d'étude qui articule les aspects cognitifs, émotionnels (→ ÉMOTION) et sociaux du développement, et qui intéresse tout particulièrement les philosophes de l'esprit (→ CROYANCE). L'analyse porte sur les processus de construction de métareprésentations « naïves » du fonctionnement psychologique, à partir de situations comme la prise de perspective visuelle et la distinction apparence-réalité (John Flavell), ou encore l'attribution de croyances (Josef Perner et Henri Wimmer). Si Piaget s'intéressait au sujet logico-mathématicien, l'enfant étudié ici est d'une autre nature : c'est un sujet psychologue.

Parmi les perspectives nouvelles qui, dans les années à venir, devraient se croiser systématiquement avec le néostructuralisme et le cognitivisme développemental, on peut en citer trois : les systèmes dynamiques non linéaires, le connexionnisme et la neuroscience cognitive (voir déjà les évolutions récentes du néostructuralisme). 1 / Les équations mathématiques des systèmes dynamiques non linéaires permettent, à partir de paramètres de croissance, de formaliser des formes plus turbulentes et chaotiques de développement. 2 / Les réseaux de neurones formels du connexionnisme sont un outil de modélisation des relations entre la maturation et l'apprentissage, les caractéristiques des réseaux qui définissent leur architecture de base correspondant à la maturation, alors que les changements, résultant de l'interaction entre un réseau d'architecture donnée et son environnement, constituent l'apprentissage. Le connexionnisme peut ainsi conduire à « repenser l'innéisme » (*Rethinking innateness*, selon le titre anglais d'un ouvrage récent). Enfin, 3 / la neuroscience cognitive, avec ses nouvelles méthodes d'imagerie cérébrale fonctionnelle, devrait permettre d'établir une « banque d'images » du développement et du fonctionnement du cerveau, complément indispensable de l'étude comportementale des fonctions cognitives (→ IMAGERIE CÉRÉBRALE FONCTIONNELLE).

Ajoutons également que des tendances théoriques nouvelles se dégagent telles, par exemple, le retour marqué à l'action, ou plus exactement à l'« agentivité » (*agency* en anglais, concept plus large que l'action piagétienne, incluant également les mécanismes d'attention sélective), avec des auteurs comme James Russell, pour la construction de l'objet et les théories de l'esprit, ou Alain Berthoz pour la perception.

Sans qu'il s'agisse d'un recensement exhaustif, le développement cognitif a été défini ici à travers les divers modèles ou approches qui tentent d'en cerner la complexité. Il n'est plus possible aujourd'hui, comme à l'époque où Piaget régnait en maître, d'en donner une définition unique. L'enjeu des recherches à venir est de dégager les conditions de coexistence structurale et fonctionnelle de ces multiples formes d'accès à l'intelligence. *Olivier Houdé.*

## DIFFÉRENCIATION

*(angl., differentiation)*

**Psychologie.** — La notion de différenciation peut avoir des acceptions différentes, qu'il est possible de relier les unes aux autres, mais qu'il convient de ne pas confondre. Nous distinguerons donc la différenciation intra-individuelle, la différenciation du monde perçu, et la différenciation interindividuelle.

On attribue au philosophe anglais Herbert Spencer, durant la seconde moitié du XIXe siècle, la première formulation d'une relation systématique entre la différenciation et le développement. Spencer remarquait que tout développement s'opère par un passage progressif de l'homogénéité à l'hétérogénéité de structure, et il considérait que cette loi s'appliquait aussi bien à l'évolution de l'univers qu'à celle des espèces, des structures sociales, du langage.

Les idées de Spencer ont influencé plusieurs courants de la psychologie. Dans le domaine de la psychopathologie, cette influence passe par Hughlings Jackson, un neurologue qui, en se référant à Spencer, relie le processus de dissolution qu'il observe dans la pathologie, au processus de différenciation et d'intégration hiérarchique qui caractérise le développement (→ NEUROPSYCHOLOGIE). Selon lui, trois niveaux d'organisation se différencieraient au cours du développement neurologique, celui des réflexes élémentaires, celui des centres intermédiaires et celui des centres supérieurs. Les centres supérieurs auraient pour fonction de coordonner progressivement les centres inférieurs et de les contrôler par des mécanismes d'inhibition (→ ACTIVATION/INHIBITION, CONTRÔLE). Les atteintes de la maladie toucheraient d'abord les centres supérieurs, libérant alors les réponses incoordonnées, jusque-là inhibées, des centres inférieurs. Le processus de dissolution provoqué par les atteintes pathologiques était en somme supposé, selon Jackson, suivre le cheminement inverse de celui du développement.

On retrouve l'hypothèse d'une différenciation suivie d'un retour à l'indifférenciation dans certains travaux relatifs à la structure factorielle de l'intelligence. Il existe un consensus assez large, chez les psychologues qui s'appuient sur les méthodes d'analyse factorielle afin d'étudier la structure de l'intelligence humaine, pour adopter un modèle factoriel hiérarchique. Dans le cadre de ce modèle, on extrait des facteurs de niveaux d'intégration différents : d'une part, un facteur général qui rend compte de la variance commune à l'ensemble des tests d'intelligence soumis à l'analyse et, d'autre part, des facteurs de groupe ne rendant compte que de la variance commune à certains groupes de tests et correspondant donc à des aptitudes relativement différenciées (par exemple, le facteur spatial, verbal, numérique, etc., → ESPACE, LANGAGE. Traitement du —, NOMBRE). C'est en se référant explicitement à Spencer et à Jackson que Cyril Burt a proposé ce modèle hiérarchique de la structure de l'intelligence. Il a aussi cherché à montrer que la différenciation des aptitudes croissait avec le développement en comparant les parts de variance respectives du facteur général et des facteurs de groupe à des âges différents (dans le cadre du modèle factoriel hiérarchique, la différenciation des aptitudes se traduit par une diminution de la proportion de variance expliquée par le facteur général au profit des facteurs de groupe). Il est difficile de tirer une conclusion ferme des nombreuses études réalisées depuis pour vérifier ce point, car elles se heurtent à des problèmes techniques délicats. Sous cette réserve, on peut considérer que ces études tendent généralement à conforter l'hypothèse d'un processus de différenciation de la structure factorielle de l'intelligence au cours de l'enfance et de l'adolescence et d'un processus de dé-différenciation (augmentation relative de la part de variance expliquée par le facteur général au détriment des facteurs de groupe) au cours du vieillissement (→ VIEILLISSEMENT).

La notion de différenciation a également joué un rôle important chez des psychologues influencés par la théorie de la Gestalt, mais pour qui les formes, les structures cognitives, ont néanmoins une genèse. On trouve, par exemple, l'idée d'un passage d'un état d'indifférenciation à un état de différenciation croissante dans la théorie développementale de Heinz Werner, et cette idée devient tout à fait centrale chez un de ses disciples, Herman Witkin. Ce dernier s'est d'abord intéressé aux différences individuelles dans la perception de la verticale (→ PERCEPTION) et les a expliquées par la plus ou moins grande différenciation dans le traitement des informations perceptives, notamment entre les informations d'origine interne (proprioceptive et gravitaire) et celles d'origine externe (vision périphérique) (→ INFORMATION). Par la suite, Witkin a généralisé cette notion de différenciation à la séparation moi/non-moi, à la séparation des fonctions neurophysiologiques et aussi à la séparation des fonctions psychologiques (spécialisation des défenses, articulation du schéma corporel, etc.). Il a fait ainsi de la notion de différenciation le principe explicatif central d'un style cognitif général qu'il a baptisé « dépendance/indépendance à l'égard du champ ».

On a reproché à Witkin d'avoir négligé dans sa théorie de la différenciation le rôle du processus d'intégration qui doit assurer la coordination des structures différenciées. Ces deux notions sont au contraire indissociables dans la théorie structuraliste du développement cognitif de Jean Piaget (→ DÉVELOPPEMENT COGNITIF). Pour cet auteur, la construction de structures cognitives nouvelles se fait par un processus d'assimilation-accommodation qui assure à la fois la différenciation de schèmes d'action préalablement indifférenciés et leur coordination au sein d'une structure de niveau surordonné qui les intègre (→ ACTION, CONSTRUCTIVISME). Piaget insiste aussi sur le fait que le sujet ne peut différencier deux stimuli que s'il a différencié deux schèmes susceptibles de les assimiler. Sa théorie relie donc de façon étroite la différenciation intra-individuelle des structures cognitives, dont il a été question jusqu'ici, et la différenciation du monde perçu, qui en est une conséquence.

Bien que liée à la différenciation intra-individuelle, la différenciation du monde perçu renvoie à une acception différente de la notion. Elle est employée pour désigner les cas où une modification du stimulus donne lieu, chez le sujet, à une modification de la réponse. La genèse des capacités de différenciation des propriétés du monde perçu chez les jeunes enfants a été particulièrement étudiée en France par Éliane Vurpillot.

La notion de différenciation peut enfin être relative au processus par lequel les individus se distinguent les uns des autres. L'étude des différences individuelles, qui est l'objet de la psychologie différentielle, passe par la mise au point de situations suffisamment standardisées pour permettre la comparaison des individus qui y sont confrontés, l'exemple le plus connu étant celui des tests. Elle passe aussi par la mise au point de méthodes susceptibles d'isoler des dimensions sur lesquelles les individus peuvent être classés ou ordonnés de façon relativement stable et de permettre l'analyse des relations entre la position relative des sujets sur ces dimensions et leur comportement dans d'autres situations. L'analyse factorielle, dont il a été question plus haut à propos de la structure de l'intelligence, est un exemple des méthodes utilisées en psychologie différentielle.

Quelles relations la différenciation interindividuelle entretient-elle avec la différenciation intra-individuelle ? Toute la question est de savoir si la différenciation intra-individuelle, qui est un processus général, prend la même forme chez tous les individus. Si oui, les différences interindividuelles ne peuvent porter que sur la vitesse de la différenciation intra-individuelle et donc du développement. Si, par contre, le processus de différenciation intra-individuelle des structures cognitives peut prendre des formes variables selon les individus, les différences portent alors sur la forme prise par ce processus (ce qui n'empêche pas qu'il puisse y avoir aussi des différences de vitesse de développement). La première position est celle qui sous-tend implicitement la plupart des théories de développement cognitif, tandis que la seconde, qui admet la possibilité de cheminements différents dans le développement, est une voie originale de recherche. *Jacques* LAUTREY.

## DISCOURS

*(angl., discourse)*

**Linguistique.** — On entend couramment par discours toute production verbale, écrite ou orale, rapportée au contexte dans lequel elle est produite (→ CONTEXTE et SITUATION, ÉCRITURE, ORAL). En linguistique, jusqu'à une époque récente, le discours n'était pas considéré comme une unité d'analyse pertinente. Les grammaires traditionnelles s'arrêtent en effet à la phrase et renvoient à la rhétorique ou à la stylistique l'étude du discours (→ GRAMMAIRE). Cette distinction se retrouve dans la linguistique structurale. Ainsi, pour Roman Jakobson et Émile Benveniste, la phrase constitue un seuil au-delà duquel on quitte le domaine des faits strictement codés pour entrer dans celui de la parole où le sujet a le maximum de liberté pour tirer profit des ressources que lui offre la langue définie comme système (→ LANGAGE. Traitement du —). Pour les grammairiens générativistes, ressortissent semblablement au discours tous les phénomènes qui ne sont pas contraints par des règles tenant à la position des morphèmes dans la représentation syntaxique (→ REPRÉSENTATION, SYNTAXE). Par exemple, dans la « théorie du gouvernement et du liage » (*government and binding* en anglais) de Noam Chomsky, on dira que l'interprétation de la référence du pronom dans *Paul croit qu'il est malade* est libre, et donc relève du discours, dans la mesure où cette expression est à même de renvoyer à Paul aussi bien qu'à un autre référent accessible dans la situation ou le co-texte (→ INTERPRÉTATION). Par contre, dans

*Paul se croit malade*, le pronom réfléchi ne pouvant que coréférer avec Paul, doit nécessairement recruter son antécédent dans la phrase minimale qui l'accueille ; cette interprétation, strictement prédictible, ne dépend pas des connaissances des sujets sur les entités dont il est question dans la phrase ni de facteurs psychologiques comme la récence de l'antécédent. Elle s'explique uniquement par des contraintes structurales qui tiennent à la langue utilisée, et le champ de l'analyse linguistique s'arrête à ce niveau.

Les linguistes se rattachant au structuralisme nord-américain (comme Leonard Bloomfield) n'ont jamais développé (à l'exception de Zellig Harris) de programme de recherche sur le discours, arguant du fait qu'aucune règle linguistique ne pouvait être dégagée au-delà de la phrase. Ils ont laissé ce terrain aux anthropologues ou ethnologues et, plus récemment, pour les générativistes, aux psycholinguistes, seuls à même de dégager les stratégies préférentielles d'interprétation utilisées par les sujets lors de la compréhension ou en production.

Les structuralistes européens ont par contre cherché très tôt à étendre le champ de la linguistique au discours tout en reconnaissant que les finalités et les méthodes de ces analyses ne pouvaient être les mêmes que celles pratiquées en phonologie, en morphologie (→ MORPHOLOGIE) ou en syntaxe. C'est le cas notamment de Benveniste, pour qui, une fois qu'on est sorti de l'univers sémiotique où les possibilités combinatoires sont strictement codées (→ SÉMIOTIQUE), il reste à se demander comment les sujets parlants exploitent en fonction de leurs buts communicationnels les ressources d'expression que les langues mettent à leur disposition (→ COMMUNICATION). L'analyse du discours qui en découle vise donc à repérer, dans des corpus attestés, des indices formels de l'énonciation, des marques de subjectivité (pronoms de première et de deuxième personnes, déictiques, modalisateurs, etc., → MODALITÉ), indiquant la façon dont le locuteur se situe par rapport à son propos et à son auditoire. Le relevé de ces marques au sein de discours recueillis dans des situations comparables conduit à des analyses contrastives permettant de différencier deux types de textes : le récit (ou histoire), dans lequel le locuteur s'efface derrière son propos et le discours où, au contraire, il revendique sa position de locuteur (→ TEXTE. Traitement du —).

Le contexte théorique est aujourd'hui bien différent de celui qui présidait à l'époque du structuralisme : l'analyse du discours a droit de cité parmi les grandes subdivisions de la linguistique, elle entretient des relations privilégiées avec la sémantique et la pragmatique (→ PRAGMATIQUE, SÉMANTIQUE), mais aussi avec la psycholinguistique, la sociolinguistique et l'Intelligence Artificielle. Les publications sont nombreuses, notamment sous l'impulsion de Teun van Dijk, avec une forte représentation nord-américaine, et les directions de recherche sont très diverses. Parmi celles qui sont les plus représentées, on peut dégager deux grands axes : l'analyse des marques de cohésion du discours et la mise au jour de schémas organisationnels plus globaux. On retrouve donc les deux thématiques privilégiées du structuralisme européen, à ceci près que les travaux actuels visent essentiellement à montrer qu'à l'échelle du discours il existe aussi des principes réguliers gouvernant la construction et l'interprétation des séquences de phrases ou d'énoncés. A défaut de proposer une véritable « grammaire de l'au-delà de la phrase », les chercheurs s'attachent à mettre au jour ce qui fait que les textes ne sont pas des suites inarticulées d'unités.

Les discours présentent, en effet, toujours une certaine cohérence, et lorsque celle-ci n'est pas immédiatement accessible, les interprètes développent des inférences permettant de reconstituer les relations entre énoncés (→ RAISONNEMENT et RATIONALITÉ). Le développement de ces inférences mobilise des connaissances d'arrière-plan plus ou moins communément admises (scénarios, stéréotypes, etc.) et il est régi par un principe général de pertinence (Paul Grice, Dan Sperber et Deirdre Wilson, → PERTINENCE). Les langues disposent d'une vaste palette de marques permettant de guider les interprètes dans l'établissement des relations entre énoncés. Ces expressions, que les grammaires de phrases étiquettent comme des conjonctions, adverbes, pronoms, groupes prépositionnels, etc., et analysent en fonction de leur comportement morpho-syntaxique, jouent, au plan du discours, un rôle essentiellement sémantique et pragmatique. Ces marques, dites « de cohésion », sont très diverses, mais on peut les répartir en grandes familles dont les plus importantes sont les connecteurs qui signalent des rapports du type consécution, justification, opposition, etc., entre faits dénotés et/ou actes de langage (Oswald Ducrot), les anaphores qui indiquent des relations entre référents (Georges Kleiber, Francis Corblin, etc.), les expressions introductrices de domaines de discours (les « espaces mentaux » de Gilles Fauconnier, → DOMAINE. Spécialisation quant au —) et les organisateurs métadiscursifs tels que les alinéas.

L'étude des marques de cohésion constitue aujourd'hui un secteur essentiel de l'analyse du discours oral et écrit. Les descriptions proposées visent à expliciter les instructions interprétatives que ces marques grammaticalisent. Il s'agit donc de descriptions fonctionnelles de caractère sémantico-pragmatique mais aussi cognitif (par exemple, dans les travaux sur l'anaphore, le recours à des notions comme celles de saillance, de proéminence, etc.) qui jouent un rôle essentiel dans les grammaires dites « cognitives » (Ronald Langacker).

La connexion de ces recherches avec les travaux de psycholinguistique expérimentale consacrés à la façon dont les sujets traitent en temps réel ces expressions est importante (→ LANGAGE. Traitement du —). Les travaux les plus avancés dans le domaine concernent l'interprétation des anaphores (Ann Morton Gernsbacher, Allan Garrod, Allan Garnham, etc.), mais on dispose aussi d'observations sur les connecteurs. Les travaux de linguistique descriptive consacrés aux marques de cohésion intéressent également les informaticiens qui travaillent à l'élaboration de systèmes de traitement automatique. Aucun système n'est aujourd'hui en mesure de résoudre correctement les anaphores ou de traiter adéquatement les relations indiquées par les connecteurs, mais des efforts sont développés en ce sens. Un des problèmes cruciaux qui se posent dans ce secteur est d'arriver à mettre au point des systèmes de représentation capables de formaliser dans un langage traitable par les machines l'évolution dans le temps des événements et entités évoqués dans le discours (→ TEMPS).

Si les marques de cohésion jouent un grand rôle dans la structuration locale des discours, leur organisation d'ensemble mérite aussi attention. C'est à ce niveau qu'intervient la notion de type de texte qui constitue le second grand volet des recherches sur le discours. L'organisation des discours répond en effet à des critères dispositionnels qui sont fonction des intentions présidant à leur production (intention de raconter, de décrire, de persuader, etc.). Le problème, à ce niveau, est d'arriver à dégager des schémas organisationnels prototypiques régulièrement associés à ces grands types d'intention communicative. La mise au jour de ces schémas ne peut être qu'inductive, et leur pouvoir normatif, même s'il se traduit par des contraintes sur la forme des discours, ne tient pas à la langue utilisée mais à des critères socioculturels qui sont fonction du degré de codification, à une époque donnée, de certaines formes d'interaction (→ INTERACTION).

Dans le prolongement des analyses structuralistes du récit, des travaux ont été consacrés à la typologie des textes narratifs, descriptifs, argumentatifs, etc., avec pour ambition de dégager des superstructures distinctives (Walter Kintsch et van Dijk). Ces superstructures mettent en jeu des unités (séquences, épisodes, etc.) regroupant, sur la base de critères sémantiques et fonctionnels (thématique, dialectique, dialogique, tactique, selon François Rastier), des suites d'énoncés saturant les cases préétablies d'un schéma de texte déterminé. Ces travaux ont engendré des observations psycholinguistiques, et l'élaboration de systèmes informatiques destinés à traiter des corpus de textes spécialisés a conduit à développer des schémas ne valant que pour des textes bien déterminés (déclarations d'accident par exemple).

De nombreuses recherches sont également consacrées au dialogue et aux conversations. Ces travaux visent à dégager les principes qui gouvernent la succession des tours de parole et l'enchaînement des énoncés dans les interventions et les échanges (Eddy Roulet, Jacques Moeschler, etc.). Plus généralement, ils mettent l'accent sur les facteurs susceptibles de peser sur les démarches des locuteurs comme le respect de la « face » d'autrui (Catherine Kerbrat-Orecchioni). Ils entretiennent des relations privilégiées avec les études de (micro-)psychosociologie et notamment avec le courant ethnométhodologique. En outre, ils ont donné lieu à des recherches en informatique pour la modélisation du dialogue Homme-Machine. *Michel* CHAROLLES.

## DISTRIBUÉE (Intelligence —)

*(angl., distributed intelligence)*

**Intelligence Artificielle**. — Alors que la grande majorité des travaux en Intelligence Artificielle considèrent que l'intelligence est une capacité individuelle, un courant de pensée, qui date des années 1980, remet en cause cette idée et tente de prendre en compte les composantes interactives et sociales qui sont à l'origine de la complexité des activités réputées intelligentes (→ COGNITION SOCIALE, INTERACTION).

Cette conception a initié un secteur de recherche appelé « intelligence artificielle distribuée », qui porte sur l'étude et la réalisation de systèmes multi-agents, c'est-à-dire de systèmes dans lesquels un ensemble d'entités informatiques, appelées « agents », interagissent selon des modes complexes de coopération et de conflit pour satisfaire leurs buts. Ce domaine est multidisciplinaire par nature et bénéficie des travaux menés en représentation des connaissances (→ REPRÉSENTATION), en robotique (→ ROBOTIQUE), en biologie en général et en éthologie en particulier (→ COGNITION ANIMALE), en sociologie, en philosophie de l'action et de l'esprit (→ ACTION, ESPRIT), etc.

On peut dégager deux courants de recherche : le premier met l'accent sur l'émergence d'une intelligence collective résultant d'une interaction entre agents qui ne sont pas eux-mêmes considérés comme intelligents (→ ÉMERGENCE) ; le second met en avant la notion de construction collective de savoirs et de compétences par un ensemble d'agents présentant déjà une certaine capacité cognitive.

Dans le premier cas, on parle de systèmes réactifs, et l'exemple paradigmatique en est la fourmilière dont les membres s'auto-organisent et coordonnent leurs actions sans disposer de fortes capacités cognitives (Éric Bonabeau et Paul Bourgine). On a ainsi montré qu'il était possible de faire réaliser des tâches relativement complexes, telles que l'exploration d'un terrain ou la construction d'habitats, par des techniques ne mettant en œuvre aucune intelligence spécifique des agents (Luc Steels). Ceux-ci coordonnent leurs activités sans avoir ni représentation des autres, ni conscience du fait qu'ils coopèrent (→ CONSCIENCE). Ces agents communiquent par le biais de signaux simples qui se diffusent dans l'environnement (→ COMMUNICATION). On rencontre ces formes de communication surtout dans la robotique collective mobile et dans la simulation de sociétés animales, beaucoup moins dans les réseaux informatiques.

Dans le second cas, on parle de systèmes cognitifs, c'est-à-dire de systèmes dans lesquels les agents sont doués d'intentions, disposent de représentations mentales de leur environnement et des autres agents, et sont capables d'élaborer des plans relativement complexes pour satisfaire leurs objectifs. Le comportement de ces agents peut alors être décrit formellement par les relations qui existent entre leurs états mentaux (croyances, buts et intentions essentiellement) (→ CAUSALITÉ, CROYANCE, FONCTIONNALISME). Ces agents communiquent généralement par envoi de messages ou par migration d'agents de communication appelés « messagers ». Ces formes de communication utilisent la théorie des actes de langage (→ PRAGMATIQUE). Issue initialement des travaux de John Austin et de John

Searle en philosophie du langage (→ LANGAGE. Traitement du —), la théorie des actes de langage décrit l'aspect pragmatique de la communication en termes d'états mentaux de l'émetteur et du destinataire de l'acte. Ce cadre théorique a été repris et formalisé par Phil Cohen et Hector Levesque. Il est à la base de nombreux protocoles d'interaction entre agents communicants.

La coopération est la forme générale d'interaction la plus étudiée dans les systèmes multi-agents. De manière simplifiée, il s'agit de déterminer qui fait quoi, quand, où, avec quels moyens, de quelle manière et avec qui, en vue de résoudre une tâche collective, ce qui implique de répartir les tâches, de résoudre les conflits qui surgissent et d'une manière générale de coordonner les tâches entre les agents.

Les techniques mises en œuvre diffèrent donc selon qu'il s'agit d'agents réactifs ou cognitifs. Dans le premier cas, on fait appel à des concepts physiques (forces, champs de potentiels) (Jacques Ferber). Dans le second cas, on définit des protocoles de communication qui décrivent une suite d'échanges normalisée. Le protocole du réseau contractuel, fondé sur la notion de marché (Reid Smith), en est un exemple caractéristique. *Jacques* FERBER.

## DOMAINE (Spécialisation quant au —)

*(angl., domain specificity)*

**Philosophie.** — Selon une conception longtemps prédominante du fonctionnement de l'esprit (→ ESPRIT), les humains sont dotés d'un ensemble de capacités générales de raisonnement qui interviennent dans toutes les tâches cognitives quel qu'en soit le contenu spécifique (→ DÉVELOPPEMENT COGNITIF, RAISONNEMENT et RATIONALITÉ). Une conception rivale suggère, au contraire, que de nombreuses capacités cognitives sont spécialisées dans le traitement de certains types d'informations (→ INFORMATION) et que différents domaines de connaissances sont organisés et structurés selon des principes spécifiques. Un domaine peut alors être défini comme un corps de connaissances qui permet l'identification et l'interprétation d'un ensemble de phénomènes supposés partager certaines propriétés et former un type général (→ INTERPRÉTATION) ; il guide les tâches de perception, d'encodage, de mémorisation et de raisonnement liées à cette classe de phénomènes (→ MÉMOIRE, PERCEPTION).

Plusieurs disciplines ont contribué au développement de cette approche. En linguistique, Noam Chomsky a soutenu que les grammaires des langues naturelles possèdent des propriétés particulières dont on ne peut rendre compte qu'en supposant l'existence de capacités cognitives spécialisées dans le traitement du langage (→ GRAMMAIRE, LANGAGE. Traitement du —). Les théories modulaires de la perception suggèrent également que les différents types d'informations sensorielles sont soumis à des opérations de traitement spécialisées (→ MODULARITÉ). Des psychologues du développement, tels Susan Gelman, travaillant sur la formation des concepts, ont été amenés à postuler l'existence de structures d'organisation spécifiques pour expliquer comment sur la base d'une expérience inadéquate et pluripotentielle les enfants sont néanmoins capables d'induire des concepts qu'ils partageront avec les adultes (→ CATÉGORISATION, CONCEPT).

On trouve également des données en faveur de l'hypothèse d'une organisation spécifique des domaines en neuropsychologie où certaines lésions cérébrales donnent lieu à des déficits spécifiques de certains domaines cognitifs et, inversement, à une préservation d'autres domaines (→ NEUROPSYCHOLOGIE), ainsi que dans les études comparatives portant sur l'organisation des domaines conceptuels auprès de diverses cultures.

Toutefois, même pour les partisans de cette approche, un grand nombre de questions restent ouvertes ou controversées : elles portent notamment sur les critères de définition des domaines, sur le nombre de domaines, sur le caractère nécessairement inné ou non des principes d'organisation qui les sous-tendent, sur les relations entre capacités cognitives spécifiques d'un domaine et capacités cognitives générales, sur les relations entre domaines ou encore sur la nature des changements conceptuels. *Élisabeth PACHERIE.*

**Linguistique.** — La linguistique utilise la notion de domaine dans deux de ses branches appliquées : la lexicologie et la terminologie (→ LEXIQUE). En lexicologie, la notion de domaine se concrétise par des marques de domaine adjointes à des entrées de dictionnaire. Les pages introductives de chaque dictionnaire présentent ainsi une liste de noms de domaine qui renvoient soit à de vastes domaines d'ordre encyclopédique (didactique, histoire, littérature, etc.), soit à des domaines techniques plus ou moins spécialisés (cybernétique, agronomie, fauconnerie, zootechnie, etc.). Ce découpage vise à répondre à une double attente des utilisateurs de ce type d'ouvrage : fournir à la fois des informations sur les mots et les choses, c'est-à-dire des informations lexicales et encyclopédiques (→ INFORMATION). Ainsi, une indication de domaine permet de présenter les diverses conditions d'emploi d'une unité polysémique en les ramenant à plusieurs cadres monosémiques successifs. Le domaine permet de la sorte de lever toute ambiguïté polysémique.

En sémantique cognitive, la notion de domaine est étendue à toute classe sémantico-conceptuelle (→ SÉMANTIQUE). Ronald Langacker affirme ainsi qu'un domaine peut être n'importe quelle sorte de conceptualisation : une expérience perceptive, un concept, un complexe conceptuel, un système de connaissances élaborées (→ CATÉGORISATION, CONCEPT, EXPÉRIENCE, PERCEPTION).

La terminologie, qui vise à la monosémie à l'intérieur de tout système terminologique, considère qu'un domaine constitue un système de notions dans lequel toutes les notions sont liées les unes aux autres par des relations sémantiques (→ RÉSEAU SÉMANTIQUE). En terminologie, un terme n'existe qu'en référence à un domaine spécialisé, structuré et délimité (par exemple, le domaine de l'Intelligence Artificielle) au sein duquel il est défini par les similitudes et différences par rapport aux termes qui l'environnent. Il en résulte qu'à un mot donné de la langue (généralement un substantif) correspondent autant de concepts que l'on répertorie de domaines spécialisés dans lesquels ce mot est employé, étant défini différemment dans chacun d'eux. En chimie, l'eau est un corps dont les molécules sont formées de deux atomes d'hydrogène et d'un atome d'oxygène. Il s'oppose dans ce domaine au carbone, à l'azote, au chlorure de potassium, etc. En physique, l'eau est un corps qui gèle à 0 °C et bout à 100 °C. Dans ce cas, on peut l'opposer à l'alcool qui bout à 78° C et se solidifie à – 112° C. La notion de domaine est fortement liée à celle d'ontologie, et l'un des rôles de la terminologie est précisément de formuler l'ontologie des domaines. *Gabriel* OTMAN.

## DUALISME/MONISME

*(angl., dualism/monism)*

**Philosophie.** — En métaphysique, la position moniste consiste à soutenir que tout ce qui existe peut être réduit, dérivé ou expliqué en termes d'une seule chose ou d'un seul genre de choses

(→ RÉDUCTIONNISME). L'existence de l'esprit constitue l'un des défis majeurs au monisme (→ ESPRIT) : on doit admettre qu'au niveau des apparences, les phénomènes mentaux diffèrent de toute entité ou propriété physique connue ; il paraît en outre difficile de les réduire ou même de les expliquer en termes physiques. Pour le dualiste, il convient dans ce cas de se fier aux apparences : corps et esprit sont des choses fondamentalement différentes et également fondamentales. Le dualisme le plus fort, comme le dualisme des substances de René Descartes, soutient qu'ils sont indépendants quant à leur existence : il peut y avoir non seulement des corps sans esprit, mais aussi des esprits sans corps.

Aujourd'hui, on ne considère plus le dualisme des substances comme satisfaisant, dans la mesure où il est incapable de rendre compte de l'interaction du physique et du mental, notamment dans la perception et dans l'action (→ ACTION, MODÈLE, PERCEPTION). Cependant, les formes extrêmes du monisme physicaliste que sont le béhaviorisme logique et la théorie de l'identité psycho-physique ont également été rejetées (→ IDENTITÉ, PHYSICALISME) : contre le béhaviorisme logique, on a fait valoir que les formes supérieures de comportement (par exemple, l'usage du langage) ne peuvent pas être expliquées sans poser l'existence d'états mentaux irréductibles à des comportements (→ LANGAGE. Traitement du —). Contre la théorie de l'identité, on a avancé l'argument qu'elle ne permet pas d'expliquer le caractère qualitatif de l'expérience et de la conscience (→ QUALIA), ni le fait que le contenu de certains états mentaux, les attitudes propositionnelles, dépend des propriétés de leurs objets (externalisme) (→ ATTITUDE PROPOSITIONNELLE, CONSCIENCE, EXPÉRIENCE, EXTERNALISME/INTERNALISME).

Dans le contexte contemporain, le débat entre monisme et dualisme ne porte plus sur l'existence d'une « substance pensante », mais sur l'existence de propriétés mentales. L'éliminativisme est un monisme radical qui nie l'existence des propriétés mentales. Le « monisme anomal » (Donald Davidson) soutient que chaque événement mental particulier est identique à un événement physique. L'épiphénoménisme interprète les propriétés mentales en termes de leur survenance sur les propriétés physiques sous-jacentes (→ ÉPIPHÉNOMÉNISME, SURVENANCE). La position la plus largement adoptée aujourd'hui est le fonctionnalisme, d'habitude interprété comme un dualisme des propriétés mentales/physiques (→ FONCTIONNALISME). *Max* KISTLER.

# E

**ÉCHECS (Jeu d')** → IMAGERIE MENTALE, MÉTACOGNITION, RÉSOLUTION DE PROBLÈMES

*(angl., chess)*

**ÉCRITURE**

*(angl., writing)*

**Psychologie.** — L'écriture est une activité complexe qui implique des processus cognitifs relevant d'une approche psycholinguistique (production de texte, production orthographique du mot) et des processus moteurs (Pascal Zesiger) (→ ACTION, LANGAGE. Traitement du —). Seule l'écriture en tant que mouvement est définie ici.

Considérée comme une tâche motrice, l'écriture consiste en une activité de production de séquences de symboles graphiques (lettres, chiffres) correspondant à des formes spatiales spécifiques, prédéfinies (production de morphocinèses selon Jacques Paillard), en respectant un ensemble de règles conventionnelles, comme pour ce qui concerne notre système alphabétique, un ordre de progression de gauche à droite par exemple (production de topocinèses selon Paillard) (→ ESPACE, SYMBOLE). Pour une écriture de taille normale, la composante morphocinétique est assurée par une motricité distale (doigts, poignet) et requiert un contrôle du mouvement de type proactif (en anticipation), propre aux mouvements automatisés (→ AUTOMATISME, CONTRÔLE). Les mouvements du poignet produisent des oscillations latérales sur un axe X′ à peu près rectiligne, ceux des doigts des oscillations antéropostérieures sur un axe Y′ plus ou moins parallèle à l'axe de la main. On comprendra pourquoi certains modèles périphériques (John Hollerbach) de la production d'écriture considèrent celle-ci comme résultant d'un couplage coordonné entre deux systèmes oscillatoires orthogonaux, l'un responsable des déplacements horizontaux, l'autre des déplacements verticaux du stylo dans l'espace graphique. Des invariants ont été décrits dans la production de lettres (Paolo Viviani, Carlo Terzuolo), comme les principes d'homothétie spatiale et d'homothétie temporelle affirmant la conservation des rapports de taille et de durée des unités élémentaires de la lettre (le *stroke* en anglais : partie de trajectoire comprise entre deux minima de vitesse) au travers de variations respectivement de la taille de la lettre ou de sa durée d'exécution (→ TEMPS). Une covariation locale entre espace et temps a été mise en évidence sous le principe d'isogonie, stipulant une invariance de la vitesse angulaire lors de modifications du rayon de courbure de la trajectoire. Une stabilité plus grande des aspects spatiaux de l'écriture que de ses aspects temporels étant souvent rapportée, l'hypothèse d'un codage central spatial de la lettre est avancée, certains auteurs considérant l'allographe (représentation spatiale spécifique du graphème, minuscule ou majuscule par exemple, → REPRÉSENTATION) comme le bon candidat de l'unité centralement stockée (Hans-Leo Teulings, Arnold Thomassen). Largement moins étudiée, la composante topocinétique de l'écriture met en œuvre une motricité proximale (coude, épaule), responsable des mouvements de translation sur l'axe horizontal, et reposant sur un contrôle en *feedback* du mouvement, avec une prépondérance des informations visuelles. De nombreux arguments, notamment neuropsychologiques (→ NEUROPSYCHOLOGIE), sont avancés en faveur de l'indépendance de ces composantes morpho- et topocinétiques (Andrew Ellis).

L'écriture étant une activité sérielle à débit lent (2-3 lettres par seconde), les modèles centraux de l'écriture (Gérard van Galen, Lambert Schomaker) proposent des architectures hiérarchiques modulaires (existence d'étapes successives indépendantes dans la production, comme la programmation de la forme de la lettre, suivie de sa paramétrisation en taille et en vitesse), au fonctionnement massivement parallèle (→ ANALYSE COMPUTATIONNELLE, MODULARITÉ). Dans ce contexte sont étudiés les effets de différentes variables linguistiques ou non, relevant du mot ou de la lettre (fréquence, régularité, longueur, position, etc.), sur la production écrite (temps de réaction, temps de mouvement, taille, vitesse, accélération, etc.). Enfin, de nombreuses autres approches computationnelles de l'écriture sont développées dans la littérature, intéressées par des questions telles celles du contrôle cinétique et (ou) cinématique des déplacements observés dans l'espace de la tâche (Anatol Feldman, Tamar Flash, Piétro Morasso), dans l'espace des articulations (Stephen Grossberg, Rund Meulenbroek, David Rosenbaum), ou relativement aux unités musculaires antagonistes (Réjean Plamondon). Il reste à préciser comment se coordonnent l'ensemble des activités se déroulant à ces différents niveaux. *Annie* VINTER.

**Neuroscience.** — Jusque vers les années 1980, les neuropsychologues considéraient qu'un trouble de l'écriture, ou agraphie, ne pouvait pas exister isolément lors d'une lésion cérébrale (→ NEUROPSYCHOLOGIE). Ils pensaient que l'écriture était troublée uniquement en association avec d'autres déficits, comme notamment un trouble du langage oral (→ LANGAGE. Traitement du —, ORAL). Certains auteurs ont insisté sur le fait que l'écriture est un acte demandant beaucoup d'attention (→ ACTION, ATTENTION), et devant donc être plus volontiers perturbé lors de trouble confusionnel chez les patients cérébro-lésés. On retrouve également cette « fragilité » dans le fait que l'agraphie est fréquemment rencontrée dès le début de l'évolution d'une démence (de type Alzheimer par exemple, → VIEILLISSEMENT). Depuis les années 1980, de nombreux cas d'agraphies isolées, sans autre déficit, ont été décrits ; ils sont organisés actuellement en plusieurs syndromes. Les agraphies centrales sont des troubles des processus lexicaux impliqués dans l'écriture des mots irréguliers ou ambigus (agraphie lexicale, → LEXIQUE) ou des processus de conversion phonologique permettant d'écrire sous dictée un non-mot ou logatome en transcrivant les phonèmes en graphèmes (agraphie phonologique). Des troubles de la mémoire de ces graphèmes (troubles du *buffer* graphémique) ont aussi été décrits (→ MÉMOIRE). Les agraphies périphériques touchent plus la réalisation graphique de l'écriture. Si les troubles proprement spatiaux comme l'héminégligence ne provoquent qu'assez rarement des troubles de l'écriture (→ ESPACE), on retrouve une agraphie plutôt de type spatial dans le classique syndrome de Gerstmann. Il existe aussi des troubles praxiques dans la réalisation des traits constituant la lettre, mais l'individualisation d'un tel type de trouble est encore discutée. Les lésions cérébrales provocant des agraphies sont presque toutes situées dans la région temporo-pariétale de l'hémisphère gauche. *Éric SIÉROFF.*

## ÉMERGENCE

*(angl., emergence)*

**Intelligence Artificielle.** — Les systèmes dynamiques auto-organisés, composés d'un très grand nombre d'entités en interaction, manifestent des propriétés globales qui n'existent pas au niveau de leurs entités de base et que l'on désigne sous l'expression de « propriétés émergentes » (→ HOLISME, SYSTÈME DYNAMIQUE). Ces propriétés dépendent généralement des patterns spatiotemporels qui résultent des interactions entre les entités. Les phénomènes de verre de spins en physique, des assemblées de neurones synchrones associées à la capacité de catégorisation en neuroscience cognitive (→ CATÉGORISATION, CONSCIENCE, RÉSEAU NEURONAL), les phénomènes d'épidémiologie des représentations en anthropologie (→ REPRÉSENTATION), etc., constituent autant d'exemples de tels patterns.

Au vu des théories des systèmes dynamiques non linéaires, il n'est pas possible de considérer que ces patterns spatiotemporels et leur morphodynamique puissent se prédire de manière déterministe à partir des interactions entre les entités : même si celles-ci présentent des comportements parfaitement déterministes, la plus petite incertitude sur l'un d'eux conduit à de grandes incertitudes futures, comme l'avait remarqué Henri Poincaré pour les interactions entre trois corps. Tout au plus, on peut espérer prédire l'évolution en probabilité, selon Ilya Prigogine, ou, de manière plus minimale encore, l'évolution qualitative, selon René Thom. Le manque de prévision en certitude est la source permanente de création de nouveauté, inexpliquée par l'histoire du système : l'évolution d'un système dynamique produit indéfiniment une entropie marginale positive dans sa phase chaotique ; cela reste vrai au bord du chaos, même si dans ce cas l'entropie marginale et la création de nouveauté tendent à s'annuler. *Paul BOURGINE.*

**Philosophie.** — La notion d'émergence est apparue chez certains métaphysiciens évolutionnistes, tels Conwy Morgan et Samuel

Alexander, pour éviter les conséquences réductionnistes apparemment impliquées par la théorie darwinienne de la sélection naturelle, qui suppose qu'aucune création d'organismes nouveaux ou modification soudaine de leur structure ne peut intervenir dans l'histoire naturelle (Charles Darwin). Les « émergentistes » soutiennent, au contraire, que les processus évolutifs ne sont pas incompatibles avec l'apparition de formes mentales et organiques nouvelles plus complexes émergeant au cours de l'évolution (notamment la conscience, → CONSCIENCE), avec l'idée qu'il existe des niveaux d'organisation distincts qui ne se réduisent pas, dans leur nature et dans les forces qui les produisent, aux mécanismes causaux physiques et chimiques (→ RÉDUCTIONNISME). Il existe des versions plus ou moins radicales de la doctrine, dont la plus forte est que les propriétés des totalités organiques ne peuvent pas être prédites à partir des propriétés de leurs parties ni de leur histoire (la thèse biologique a sa contrepartie avec le holisme en sciences sociales, qui soutient, contre l'atomisme, qu'une totalité sociale n'est pas réductible à la somme de ses entités, → HOLISME). Sous cette version radicale, l'émergentisme semble compatible avec une forme de dualisme ou de vitalisme, qui sépare les structures « supérieures » du vivant de ses structures « inférieures » matérielles en créant une nouveauté irréductible ( « l'élan vital » selon Henri Bergson semble être une version de ce type, et Alexander en tire un argument pour une version temporelle de l'existence d'une divinité) (→ DUALISME/MONISME). Mais, outre son parfum de mysticisme, cette version se heurte au fait que les formes émergentes semblent ne pas obéir aux principes de la causalité mécanique qui gouvernent le vivant, et conduire à l'épiphénoménisme (→ CAUSALITÉ, ÉPIPHÉNOMÉNISME). Une version plus faible, celle de Charlie Broad, retient l'idée d'une dépendance des niveaux supérieurs de l'évolution des propriétés (psychologiques notamment) par rapport aux niveaux inférieurs, qui serait compatible avec leur irréductibilité. En ce sens, la notion d'émergence est proche de celle de « survenance » des philosophes actuels de l'esprit (→ SURVENANCE). Mais cette dernière rencontre aussi les difficultés de l'épiphénoménisme. Les philosophes contemporains de l'évolution, tels Eliott Sober, l'emploient cependant pour soutenir que la valeur adaptative (*fitness* en anglais) des organismes est une propriété survenante par rapport à l'évolution et à la sélection des gènes, et les théories dynamiques de la morphogenèse des formes vivantes peuvent être tentées de retrouver une version d'émergentisme. *Pascal* ENGEL.

## ÉMOTION

*(angl., emotion)*

**Psychologie.** — Le visage humain est une source importante d'information dans la communication (→ COMMUNICATION). Il renseigne, en effet, sur les états internes d'émotion, comme la joie, la peur, la tristesse, la colère ou la surprise, pour ne citer que les émotions dites « primaires ». Exprimer et comprendre les états internes d'émotion est aujourd'hui considéré comme procurant un système d'échange très précoce entre le bébé et l'adulte (→ COGNITION DU BÉBÉ, COGNITION SOCIALE).

L'étude des expressions faciales a été rendue possible grâce à l'apport conjugué des techniques de filmage et des systèmes de codage des expressions. Le système de codage de l'action faciale (FACS) de Paul Ekman et Wallace Friesen présente l'avantage de différencier les caractéristiques morphologiques des expressions faciales selon les actions musculaires qui les sous-tendent (→ ACTION). Les études issues de ce système et de celui de Carol Izard (MAX) montrent que le bébé humain dispose, dès les premières semaines de vie, d'un répertoire émotionnel varié et morphologiquement proche de celui de l'adulte.

En utilisant la technique de l'habituation, les études sur les capacités de discrimination des émotions montrent que le bébé de 2-3 mois est déjà capable de discriminer l'expression de joie de celle de tristesse ou de peur. En effet, l'intérêt visuel pour une diapositive présentant un visage joyeux décroît à la présentation répétée (habituation), alors que la durée de fixation visuelle remonte lorsqu'on présente le même visage avec une autre expression. Il ne s'en déduit pas que ces bébés comprennent la sémantique de ces expressions (→ SÉMANTIQUE) ; ils ne sont pas troublés dans leur discrimination par la présentation du visage à l'envers (ce qui n'est plus vrai trois mois plus tard). On peut seulement en conclure qu'ils sont capables de discriminer deux patterns faciaux qui changent sur une dimension. A sept mois, les bébés sont capables de catégoriser des expressions puisqu'ils explorent davantage la nouvelle expression posée par un nouveau visage que celle familière posée par ce même nouveau visage (→ CATÉGORISATION). D'autres précisions extraites de l'utilisation des techniques de l'habituation ou de la comparaison par paire (comparaison de deux stimuli contrastés) permettent de cerner la question des rapports entre discrimination de changements morphologiques et discrimination de patterns émotionnels signifiants.

Cette question peut être abordée directement dans le cadre d'étude de la référenciation sociale, où il y a traitement sémantique de l'information émotionnelle pour adapter son comportement dans une situation ambiguë (→ INFORMATION). Par exemple, séparés de leur mère par une pseudo-falaise visuelle, les bébés traversent si la mère manifeste une expression de joie, mais pas si elle exprime la peur. Malheureusement, la compréhension sémantique ayant ici pour critère la marche autonome, on ne peut pas dater l'émergence d'une telle capacité.

Colwyn Trevarthen, proche en cela d'Henri Wallon et de l'École de Palo Alto, considère l'appréhension sémantique de l'émotion comme innée et non inférentielle. Peter Hobson utilise ce cadre théorique pour proposer une explication du développement de l'autisme à partir d'un trouble primaire du décodage et de l'expression des émotions (→ AUTISME). Des études vont dans ce sens, qui semblent indiquer une faible expressivité des autistes ainsi qu'une difficulté à distinguer entre les mouvements faciaux porteurs de sens et les autres. Or, la compréhension de la sémantique des émotions est considérée par certains auteurs comme un précurseur de l'élaboration d'une « théorie de l'esprit », dans la mesure où les émotions sont des états mentaux observables, qu'on peut partager directement (→ THÉORIE DE L'ESPRIT). En outre, comme le montre Henry Wellman, ces états mentaux sont rapidement compris (vers 18 mois) et sont traités dès 2 ans comme une résultante de causalité événementielle (elle est triste parce que c'est son anniversaire et elle n'a rien reçu) (→ CAUSALITÉ). Certes, il faut attendre que les enfants aient compris que les croyances sont un complément nécessaire d'information sur les désirs pour qu'ils réussissent à prédire ou expliquer l'action d'un agent (→ CROYANCE, DÉSIR) : c'est sans doute pourquoi la surprise, qui suppose un savoir ou une prédiction épistémique mis en défaut (→ EPISTÉMIQUE), n'est pas explicitable par l'enfant avant 5 ans. *Jacqueline NADEL.*

Chez l'adulte, comme chez l'enfant, l'expression et la discrimination des émotions sont essentielles dans le traitement de l'information. Le neuropsychologue Antonio Damasio a récemment publié un ouvrage remarqué, dont le titre est *L'erreur de Descartes : la raison des émotions*. Pour Damasio, la raison pure n'existe pas : nous pensons avec notre corps et nos émotions. Dénonçant non seulement le dualisme cartésien (→ DUALISME/MONISME), mais aussi la conception contemporaine d'un « cerveau-ordinateur », Damasio souligne que la notion cartésienne d'un esprit considéré « à part » du corps a été à la source, vers le milieu du XX^e^ siècle, de la métaphore erronée de l'esprit considéré comme un logiciel informatique (→ COGNITIVISME, ESPRIT). Contre cette métaphore, et en référence à un ensemble cohérent de données neuropsychologiques, il soutient une théorie des marqueurs somatiques. À partir d'expériences de laboratoire menées avec des patients atteints de lésions touchant le cortex préfrontal ventro-médian (→ NEUROPSYCHOLOGIE), Damasio constate 1 / que ces patients semblent ne plus ressentir d'émotions et sont incapables d'en détecter chez autrui (l'un des indicateurs utilisés est la variation de la conductance cutanée) et 2 / que tout se passe comme si leur façon de raisonner totalement de sang-froid les empêchait d'attribuer des poids différents aux diverses solutions qui s'offrent à eux, de sorte que le « paysage » où s'opèrent les prises de décision est « sans relief » (→ RAISONNEMENT et RATIONALITÉ). Selon la théorie des marqueurs somatiques, la capacité d'exprimer et de ressentir des émotions est indispensable à la mise en œuvre des comportements rationnels. Elle a pour rôle d'indiquer au sujet la bonne direction, de le placer au bon endroit dans l'espace où se joue la prise de décision, en un endroit où il peut mettre en œuvre correctement les principes de la logique (→ LOGIQUE).

Du point de vue neurobiologique, les circuits neuronaux qui seraient à la base du fonctionnement des émotions ne semblent pas seulement localisés dans le système limbique (ou « cerveau des émotions » ), comme on le dit traditionnellement, mais aussi dans d'autres parties du cortex préfrontal, ainsi que dans les régions du cerveau où sont intégrés les signaux en provenance du corps. Le cortex préfrontal joue, de ce point de vue, un rôle anatomo-fonctionnel central car il reçoit des signaux de toutes les régions sensorielles où se forment les images qui sont à l'origine de nos processus de raisonnement (→ IMAGERIE MENTALE), y compris des aires somato-sensorielles où les états du corps passés et présents sont représentés de façon continue. Et c'est à ce niveau qu'intervient l'hypothèse des marqueurs somatiques de Damasio.

Ces marqueurs sont définis comme des connexions établies entre certaines catégories d'objets ou d'événements et des états somatiques plaisants ou déplaisants. Ils procèdent des multiples expériences individuelles régulées par le système d'homéostasie. Au cours du développement de l'enfant (→ DÉVELOPPEMENT COGNITIF), ces connexions, dont les formes deviennent de plus en plus nuancées, seraient stockées dans le cerveau sous l'aspect de « boucles de simulation » qui permettent l'économie d'une référence directe aux états somatiques réels. Selon Damasio, ces marqueurs somatiques, porteurs de valeurs émotionnelles, sont intégrés dans le cortex préfrontal au niveau de zones de convergence où ils fonctionnent comme une sorte de guide automatique qui oriente les choix du sujet et donc son raisonnement. Ils agiraient de façon « cachée », c'est-à-dire sans que le sujet en ait nécessairement une perception explicite, pour privilégier, par le biais des mécanismes d'attention, certains éléments par rapport à d'autres, et pour commander les signaux de marche, arrêt, changement de direction, impliqués dans la prise de décision (→ ACTIVATION/INHIBITION, ATTENTION, CONTRÔLE). On rejoint, à ce niveau d'intégration cognitive, le « système attentionnel superviseur » décrit par Tim Shallice, ou encore l' « exécutif central » d'Alan Baddeley. Ainsi, l'esprit et ses opérations les plus complexes seraient enracinés dans la chair, l'absence d'émotions corporelles empêchant d'être « vraiment rationnel ». Il s'agit d'une théorie parmi d'autres, donnée ici en exemple pour illustrer le souci actuel, en neuroscience cognitive (voir *neuro.* ci-dessous) et en psychologie, de briser l'image classique d'un « esprit froid ». En atteste la multiplication des recherches sur les aspects dits « conatifs » (émotions, motivations, sentiments, valeurs, etc.) qui orientent le traitement cognitif de l'information. *Olivier HOUDÉ.*

**Neuroscience.** — Les travaux de neuroscience cognitive sur l'émotion sont relativement récents au regard des recherches sur les mécanismes perceptifs et moteurs, par exemple. Aborder l'étude de l'émotion d'un point de vue computationnel peut aujourd'hui surprendre (→ ANALYSE COMPUTATIONNELLE), mais certains n'étaient-ils pas surpris, il y a une quinzaine d'années, quand l'étude de l'imagerie mentale visuelle fut abordée selon ce même point de vue (→ IMAGERIE MENTALE) ?

L'étude des mécanismes cérébraux impliqués dans l'émotion connaît depuis peu un développement fulgurant, et il apparaît aujourd'hui que l'émotion peut être étudiée en termes de système cognitif, composé d'un certain nombre de sous-systèmes, au même titre que la vision, l'action ou le langage (→ ACTION, LANGAGE. Traitement du —, PERCEPTION). Stephen Kosslyn et Olivier Koenig ont proposé une architecture fonctionnelle de l'émotion composée d'un système ventral et d'un système dorsal, à l'instar du traitement visuel de la forme et de la localisation (→ ESPACE). Le système émotionnel ventral, impliquant la partie antérieure de l'insula, permettrait de reconnaître des états du corps, alors que le système émotionnel dorsal, situé au niveau pariétal postérieur, serait spécialisé dans la localisation de la source des sensations corporelles. Les informations traitées par ces deux systèmes seraient projetées vers une mémoire associative recevant des informations de toutes les modalités perceptives (→ INFORMATION, MÉMOIRE) et permettant l'interprétation de la situation et la sélection de la réponse la plus appropriée.

Mais d'autres sous-systèmes correspondant à des structures ou des ensembles de structures sous-corticales sont également impliqués dans les mécanismes émotionnels. Un sous-système semble être, par exemple, responsable de la construction d'associations entre un stimulus perceptif et une réponse émotionnelle. Le striatum pourrait être impliqué dans ce mécanisme, de même que l'amygdale. Il a été largement démontré que l'amygdale joue un rôle critique dans la production quasi automatique d'une réponse à un stimulus potentiellement effrayant ou dangereux. L'hypothalamus, activé par l'amygdale, engendre la production de nombreux neuromodulateurs facilitant certains traitements cognitifs et en inhibant d'autres (→ ACTIVATION/INHIBITION, CONTRÔLE). Les mécanismes mnésiques et attentionnels (→ ATTENTION) paraissent particulièrement sensibles à ces facteurs. De cette façon, l'émotion semble profondément interagir avec les autres fonctions cognitives. *Olivier* KOENIG.

**Philosophie.** — Les émotions sont des changements mentaux corrélés à des modifications physiologiques et hormonales. Les croyances peuvent être considérées comme des causes, ou comme des interprétations des émotions (→ CAUSALITÉ, CROYANCE, INTERPRÉTATION).

Pour William James, une émotion est essentiellement la perception d'un changement physiologique involontaire (→ PERCEPTION). On ne pleure pas parce que l'on est triste ; on est triste parce que l'on pleure : l'interprétation est un fait second par rapport à la réaction physiologique. Les expressions de l'émotion s'inscrivent dans cette boucle rétroactive : on peut, au moins dans certains cas, provoquer délibérément des réactions émotionnelles en manipulant les manifestations de l'émotion : la fuite augmente la panique ; le sanglot accroît la douleur. « Refusez d'exprimer une passion : elle disparaît. »

Selon William Lyons, ce sont des évaluations qui causent les émotions. Une émotion suppose qu'à une « sensation émotionnelle » (*feeling* en anglais) s'associe une perception appréciative *(appraisal)*, voire un jugement conceptuel portant sur la situation (→ CONCEPT). Cette évaluation peut être perceptive et non conceptuelle (Kevin Mulligan, Christine Tappolet), ce qui n'implique pas que notre accès aux valeurs (à distinguer des situations évaluées) soit de nature perceptive. En effet, les procédures perceptives sont fixées par l'évolution et non révisables, tandis que la stabilité des valeurs tient à ce qu'elles prétendent guider nos révisions futures (réviser, c'est choisir ce qu'il faut changer de nos représentations pour les rendre cohérentes avec de nouvelles informations, → INFORMATION, REPRÉSENTATION). On peut ainsi considérer que les émotions sont liées aux situations qui déclenchent la révision de nos croyances, de nos attentes, voire de nos préférences. Mener une révision à son terme prend du temps, et l'émotion reste activée tant que la révision n'est pas accomplie.

Mais cela induit un effet pervers : l'état émotionnel peut attirer et retenir l'attention au détriment de la révision de la croyance. Franz Brentano a fait de cet effet le centre de sa théorie de l'émotion, en parlant de redondance du sentiment : lorsqu'on aime la sagesse, on n'aime pas seulement un objet ; on fait aussi l'expérience immédiatement évidente d'une émotion « juste » (→ EXPÉRIENCE). De même, dans l'émotion artistique, par exemple, nous n'aimons pas simplement la qualité sensible de l'objet apprécié : nous éprouvons un plaisir non sensoriel au fait de prendre du plaisir, plaisir qui est cette fois autoprésentant (il ne renvoie pas à un contenu autre que lui-même).

Les émotions ne sont pas simplement des projections d'états subjectifs sur des situations. Elles sont, au moins partiellement, objectives. Considérées comme des dispositions, les émotions renvoient à la tendance d'un individu à répondre à certains types de circonstances par certains types de comportements. Les propriétés d'une situation donnée justifient, quand elle se produit, le déclenchement d'une émotion, accompagnant tel type de révision chez un individu « normal ». Ces dispositions pourraient être activées par la perception de ressemblances d'une situation occurrente avec des scénarios prototypiques appris au cours du développement (voir *psycho.* ci-dessus).

On peut s'interroger sur la relation entre émotions et croyances. Selon Ronald de Sousa, chaque émotion aurait un type formel propre, irréductible à une combinaison de désirs (→ DÉSIR) et de croyances. Anna Wierzbicka, de son côté, fonde l'émotion sur les croyances : dans l'émotion, on ressent quelque chose de similaire à ce qu'on ressent normalement quand on a telles croyances. Dans l'analyse des émotions en termes de révision, les croyances sont les informations qui survivent à la révision. Nos désirs orientent nos attentes et nos actions, en fonction de nos préférences concernant les changements induits par le monde ou par nos actions (→ ACTION). Or l'action suppose que l'on contraigne ses révisions à respecter comme constante la réalisation d'un but. Les émotions sont alors les résonances affectives convenant aux diverses situations de révision. Les émotions cognitives sont déclenchées par une révision des attentes cognitives (surprise, découverte, remise en cause, etc.) ; les émotions affectives sont liées à des révisions cognitives qui vont ou non dans le sens de nos préférences sur les situations (contentement, tristesse, etc.) ; les émotions appréciatives sont liées à des révisions face à un changement dû au monde ou à l'action, qui vont ou non dans le sens de nos préférences sur les changements (déception, soulagement, etc.) ; enfin, les émotions conatives sont liées à des révisions impliquant nos actions (colère, peur, espoir, etc.). Ainsi, la colère convient à la situation où je reste engagé dans une action, mais où un changement dû au monde ou à une action d'autrui entrave ou empêche cette action, me contraignant à d'autres actions qui vont contre mes préférences : communiquer ce que je ressens peut alors favoriser la poursuite de l'action (au moins en maintenant ma disposition à agir).

La fonction des émotions pourrait être non seulement de nous focaliser sur les informations importantes (de Sousa), mais de maintenir la tension de la révision jusqu'à son terme. Elles nous préparent ainsi à l'action quand c'est possible et, par les expressions qui signalent les différents types de révision, permettent d'assurer la coordination entre les individus (Charles Darwin) : le schéma moteur de mes expressions me sert à décoder les expressions que je perçois, en restant associé à certains changements physiologiques. Les émotions sont essentielles à la poursuite de l'unité d'une personnalité (→ IDENTITÉ) au travers des révisions que nos actions, celles des autres et les mutations du monde nous imposent. *Pierre* LIVET.

## ENACTION → CONSTRUCTIVISME

*(angl., enaction)*

## ENFANT → COGNITION DU BÉBÉ, DÉVELOPPEMENT COGNITIF

*(angl., infant, child)*

## ÉPIPHÉNOMÉNISME

*(angl., epiphenomenalism)*

**Philosophie.** — L'épiphénoménisme est traditionnellement la thèse selon laquelle les événements mentaux n'ont aucune efficacité causale et sont seulement des épiphénomènes par rapport aux événements physiques qui les causent (→ CAUSALITÉ). Selon une autre version, la plus discutée aujourd'hui, les événements mentaux ont bien un pouvoir causal, mais seulement en tant qu'ils sont identiques à, ou exemplifient, des propriétés physiques (→ IDENTITÉ, PHYSICALISME), et non pas en tant qu'ils exemplifient des propriétés mentales (si ma douleur me fait crier, ce n'est pas en vertu du fait qu'elle est ma douleur, mais parce qu'elle est un certain état neuronal ; comparer : si la voix de la Castafiore brise les vitres du salon, ce n'est pas en vertu du fait qu'elle chante l'Air des Bijoux, mais en vertu de la hauteur du son). L'objection d'épiphénoménisme en ce second sens semble pouvoir être adressée à toute théorie de « l'identité occasionnelle » des événements mentaux et des événements physiques (en tant qu'occurrences, ou *tokens* en anglais, et non en tant que types ou propriétés), comme le « monisme anomal » de Donald Davidson, ou certaines versions du fonctionnalisme (→ DUALISME/MONISME, FONCTIONNALISME, TYPE/OCCURRENCE).

Si seules les propriétés physiques ou neurophysiologiques d'un événement mental ont une efficacité causale, et non pas les propriétés intentionnelles ou fonctionnelles de cet événement (→ INTENTIONNALITÉ), ces dernières sont exclues de toute explication causale, ou au mieux paraissent redondantes. Cela semble en particulier vrai des propriétés intentionnelles « larges » renvoyant à des traits distaux ou lointains de l'environnement, par opposition aux propriétés psychologiques « étroites » ou internes aux organismes (car la causalité ne semble opérer qu'à un niveau local) (→ EXTERNALISME/INTER-

NALISME). Mais l'épiphénoménisme va contre la psychologie du sens commun, pour laquelle les événements mentaux causent des actions et des événements physiques en vertu même de leur contenu intentionnel (→ ACTION). Les théoriciens qui, comme Jerry Fodor ou Fred Dretske, entendent préserver l'intuition selon laquelle il existe une causalité mentale en admettant la réalité et l'efficacité des contenus intentionnels, cherchent à rendre compte de l'efficacité causale des propriétés intentionnelles à partir des caractéristiques physiques ou fonctionnelles associées à ces propriétés. Les théoriciens pour qui les propriétés mentales ont une pertinence causale sans être directement efficaces causalement doivent préciser la nature de cette contribution causale, en montrant comment les niveaux de causalité intentionnelle peuvent « survenir » sur les niveaux de causalité physique (→ ÉMERGENCE, SURVENANCE) sans entrer en compétition avec eux, ni être redondants et épiphénoménaux. *Pascal* ENGEL.

## ÉPISTÉMIQUE

*(angl., epistemic)*

**Philosophie.** — Les concepts épistémiques sont tels que leur définition contient nécessairement une référence à une croyance ou à la connaissance (→ CONCEPT, CROYANCE). A titre d'exemple, le concept d'*a priori* fait partie de cette catégorie de concepts. La vérité d'un jugement peut être connue *a priori* si aucune expérience n'est requise à cette fin (→ EXPÉRIENCE, VÉRITÉ). La position réaliste consiste à soutenir que les concepts ordinaires n'impliquent pas dans leur définition de référence au sujet de connaissance (→ RÉALISME). Ils sont donc non épistémiques.

En outre, il existe des concepts dont le caractère épistémique est controversé. Tel est le cas du concept de hasard. Pour les uns, le hasard est une propriété que possèdent certains événements indépendamment de la présence ou même de l'existence de sujets qui pourraient les connaître. Le hasard est alors conçu comme non épistémique. Pour les autres, ce concept n'a aucun sens en dehors de sa relation à la connaissance, car, lorsque quelqu'un attribue un événement au hasard, cela ne signifie rien d'autre que le fait qu'il lui manque l'information nécessaire (et en principe disponible) qui ferait apparaître cet événement comme déterminé.

Une controverse analogue existe à propos de l'information (→ INFORMATION). Pour les uns, un événement ne reçoit une valeur informative que grâce au sujet pour lequel il a un sens (→ SENS). Pour les autres, l'information est une donnée objective qui existe indépendamment des sujets de connaissance (Fred Dretske). *Max Kistler.*

## ÉPISTÉMOLOGIE

*(angl., epistemology)*

**Philosophie.** — Le terme d'« épistémologie » est utilisé dans deux acceptions différentes dont l'une correspond à l'usage traditionnel français et l'autre au sens du terme anglais *epistemology*. Dans sa première acception, le terme est synonyme de philosophie des sciences. L'épistémologie en ce sens s'intéresse à la structure logique des théories scientifiques et aux méthodes d'évaluation de leurs propositions (→ LOGIQUE, VALIDATION).

Dans l'autre acception, le terme est employé pour désigner la théorie de la connaissance. Celle-ci pose deux questions : Qu'est-ce que la connaissance ? Comment l'acquiert-on ? (→ DÉVELOPPEMENT COGNITIF). Traditionnellement, la réponse à la première question a la forme « S sait que P si et seulement si S a la croyance vraie justifiée que P » (→ CROYANCE, VÉRITÉ). Reste alors à construire un concept approprié de justification. Les théories internalistes font dépendre la justification d'une croyance de ses seules relations avec les autres états épistémiques du sujet (→ ÉPISTÉMIQUE), tandis que le fiabilisme est une théorie externaliste : il fonde la justification sur la fiabilité des processus de formation de croyances (→ EXTERNALISME/INTERNALISME). *Max Kistler.*

## ESPACE

*(angl., space)*

**Psychologie.** — L'espace psychologique concerne les propriétés spatiales des objets (y compris le corps propre) et les relations spatiales que ces objets entretiennent entre eux (→ OBJET). La psychologie cognitive de l'espace s'interroge sur la nature et l'origine des connaissances spatiales qui assurent la maîtrise de l'environnement.

*Où ?* et *quoi ?* sont deux questions primordiales : où tel objet est-il situé (et comment l'atteindre ?), et qu'est-ce que cet objet (et comment l'utiliser ?) ? Cette distinction classique entre localisation, en direction et en distance, et identification a trouvé une justification en neuroscience cognitive (voir *neuro.* ci-dessous) lorsqu'on a montré que ces deux types d'opérations mettaient en jeu des circuits neuronaux différents et pouvaient donc être dissociés par certaines atteintes cérébrales (→ NEUROPSYCHOLOGIE) : 1 / la voie dite « dorsale » (axe occipito-pariétal) pour les opérations de localisation et 2 / la voie dite « ventrale » (axe occipito-temporal) pour l'identification, circuits neuronaux dont l'existence a été confirmée par l'imagerie cérébrale fonctionnelle (→ IMAGERIE CÉRÉBRALE FONCTIONNELLE).

La localisation spatiale dépend du système de référence choisi. Le système égocentré prend pour origine le propre corps du sujet *(à ma droite)*, alors que le système exocentré localise par rapport à des indices extérieurs *(en face de la fenêtre)*. La référence égocentrée doit être réactualisée à chaque déplacement tandis que la référence exocentrée est indépendante du sujet. Ces deux systèmes de référence dépendent probablement eux-mêmes d'un référentiel géocentré organisé par la direction gravitaire (Jacques Paillard).

Deux types de traitement peuvent être appliqués aux données spatiales. Le traitement sensori-moteur concerne les portions du monde physique avec lesquelles l'organisme est en contact par ses systèmes perceptifs et moteurs (→ ACTION, PERCEPTION). Dans ce « dialogue sensori-moteur » avec l'environnement, selon l'expression de Paillard, l'espace extracorporel est organisé dans un cadre égocentré, réactualisé en permanence après les déplacements des objets et (ou) du sujet. C'est ce qui se passe, par exemple, lorsqu'un objet en mouvement est suivi des yeux puis est saisi pour être manipulé. Le traitement sémantique (ou conceptuel, représentationnel) repose sur l'activation de représentations internes conservées en mémoire, et permet la formation de cartes cognitives spatiales (→ CONCEPT, IMAGERIE MENTALE, MÉMOIRE, REPRÉSENTATION, SÉMANTIQUE). Ces cartes, d'un format imagé ou propositionnel, synthétisent les positions relatives des objets et celle du corps propre, et intègrent les trajets reliant différents points (→ PROPOSITIONNEL. Format —). Conduisant à une connaissance abstraite, indépendante des actions sensori-motrices actuelles, ce type de traitement s'organise dans un cadre exocentré.

Les systèmes perceptivo-moteurs permettant d'accéder aux propriétés spatiales sont, chez l'Homme, la vision, l'audition, le toucher et la proprioception somato-vestibulaire. On a cru longtemps, avec Jean Piaget, que ces systèmes, séparés à la naissance, ne se coordonnaient que par l'expérience multisensorielle des individus (→ EXPÉRIENCE). Mais on sait aujourd'hui que le très jeune nourrisson a déjà des coordinations intersensorielles : il oriente son regard vers une source sonore et peut projeter son bras vers un objet visible (→ COGNITION DU BÉBÉ). Une unité rudimentaire des sens permet donc très tôt d'acquérir des connaissances spatiales cohérentes. Cette acquisition, qui s'étend sur plusieurs années, prend sa source dans l'activité motrice qui engendre des changements au niveau des flux sensoriels, permet l'extraction des invariances spécifiant les lieux et les objets (James Gibson) et coordonne les espaces perceptifs et moteurs. Grâce à ses capacités discriminatives et à son vaste champ perceptif, la vision est la modalité perceptive la plus performante dans le domaine spatial, où elle est dominante. Ainsi, si des données visuelles spatiales sont en conflit avec des données issues de l'audition, du toucher ou de la proprioception, le sujet, avant tout, tiendra compte des données visuelles et, souvent, ne s'apercevra même pas de la discordance entre ses sens.

Quant à l'origine des connaissances spatiales, l'opposition entre innéisme et empirisme est aujourd'hui dépassée au profit d'un interactionnisme dans lequel l'expérience permet l'actualisation de potentialités préexistantes. Les stades du développement décrits par Piaget (construction d'abord de la géométrie topologique, puis des géométries projective et euclidienne) ont aussi été remis partiellement en question (→ DÉVELOPPEMENT COGNITIF). Il reste cependant que le développement se caractérise, comme Piaget l'avait suggéré, par des changements dans les systèmes de référence utilisés et par la capacité à se représenter l'espace de différents points de vue. *Yvette* HATWELL.

**Neuroscience.** — En neuroscience cognitive, la question de l'espace a été essentiellement abordée par le biais de l'étude neuropsychologique de l'héminégligence (→ NEUROPSYCHOLOGIE). Les patients qui souffrent d'un tel trouble ont des difficultés à traiter (détecter, identifier, s'orienter vers) les informations situées dans la moitié de l'espace controlatérale à l'hémisphère cérébral lésé (→ INFORMATION). Le syndrome d'héminégligence, fréquemment observé en cas de lésions de l'hémisphère cérébral droit, peut survenir dans les modalités visuelle, auditive ou tactile d'appréhension de l'espace, sans qu'il y ait pour autant de déficit sensoriel ou moteur élémentaire. Il s'agit en général de lésions du lobe pariétal, mais des lésions sous-corticales, ainsi que des lésions frontales, peuvent aussi provoquer le syndrome. Il semble que la représentation et le traitement des informations spatiales (→ REPRÉSENTATION) soient sous-tendus par les régions pariétales inféro-postérieures de l'hémisphère droit, certaines parties du thalamus, ainsi que le cortex frontal prémoteur. Selon les modèles explicatifs, le syndrome d'héminégligence est attribué à un trouble de l'orientation de l'attention (Michael Posner) (→ ATTENTION), à un déséquilibre d'activation entre les hémisphères cérébraux (Marcel Kinsbourne) ou encore à une perturbation du cadre même de la représentation de l'espace (Edoardo Bisiach).

La neuroscience cognitive a par ailleurs confirmé qu'il existe deux circuits neuronaux distincts, impliqués dans les deux aspects essentiels du traitement des objets dans l'espace : leur localisation *(où ?)* et leur identification *(quoi ?)* (→ IMAGERIE MENTALE, PERCEPTION). Il s'agit, d'une part, de la voie dite « dorsale », comprenant des régions situées sur un axe occipito-pariétal et qui s'étend jusqu'au lobule pariétal supérieur. Cette voie est impliquée dans la localisation des objets et l'analyse des attributs spatiaux des scènes perçues. Il s'agit, d'autre part, de la voie dite « ventrale », qui se situe le long d'un axe occipito-temporal jusqu'au gyrus temporal inférieur. Cette voie est spécialisée dans le traitement de la forme et plus généralement des caractéristiques figurales des objets (opérations d'identification). L'existence de ces deux circuits neuronaux est confirmée par les travaux de John Haxby en imagerie cérébrale fonctionnelle (→ IMAGERIE CÉRÉBRALE FONCTIONNELLE). *Olivier HOUDÉ.*

**Linguistique.** — Les conceptions de l'espace qui émergent à travers la langue et le discours ne correspondent à aucun modèle préexistant, l'espace exprimé dans les usages linguistiques étant hétérogène, discontinu, phénoménologique, topologique, spécifique à la langue, plutôt que tridimensionnel, euclidien, isotrope et homogène (→ DISCOURS, LANGAGE. Traitement du —). L'espace a une double fonction : d'une part, il est un référent des expressions linguistiques, structuré selon les possibilités et les contraintes propres à leur grammaire (→ GRAMMAIRE) ; d'autre part, il est une forme qui permet d'organiser d'autres entités, ce qui lui confère une puissance structurante.

Les approches des expressions de la spatialité sont révélatrices de la façon de théoriser non seulement le langage, mais aussi son articulation à la culture, au corps et à la cognition. L'étude des verbalisations spatiales a donné lieu à des prises de position contradictoires sur le statut du langage : pour les tenants d'un déterminisme physico-biologique, l'expression de la localisation et de l'orientation du sujet dépend des contraintes de l'environnement et surtout des propriétés innées de l'organisme humain (par exemple, la dimension de la verticalité est définie par les lois de la gravité et par l'évolution de l'*Homo Erectus,* caractérisé par une station debout) ; pour les tenants du relativisme, les verbalisations de l'espace relèvent au contraire de la façon dont les corps, l'Homme, le monde sont catégorisés au sein d'un système mythico-culturel (→ CATÉGORISATION).

Les verbalisations de l'espace peuvent être considérées selon trois axes thématiques, de l'espace comme référent structuré par la langue à l'espace comme forme structurante : les ressources de langue disponibles pour « dire l'espace », l'organisation des descriptions spatiales dans le discours et l'interaction sociale (→ INTERACTION), le fonctionnement de l'espace dans les métaphores.

Parmi les expressions linguistiques de l'espace, la *deixis* occupe une place essentielle. En elle se lient l'espace contextuel de l'interlocution, défini par la coprésence des énonciateurs, et l'espace dans lequel sont repérés des objets (→ CONTEXTE et SITUATION). Les repères déictiques s'organisent autour de ce que Karl Bühler a appelé l' « origo » de la *deixis*, définie par la triade *je-ici-maintenant.* Celle-ci est structurée : 1 / d'abord par l'opposition (variable selon les langues) entre les termes désignant l'*ici* et ceux désignant l'*ailleurs*, non seulement en rapport à la distance de l'énonciateur, mais aussi à d'autres dimensions, faisant intervenir la position verticale des lieux (en haut *versus* en bas) ainsi que la localisation dans un territoire spécifique (vers la mer *versus* vers la forêt), en dyirbal (Australie) par exemple, ou encore la présence ou l'absence de l'objet repéré dans le champ visuel (→ PERCEPTION), son accessibilité, son ancienneté ou sa nouveauté dans le discours, en daga (Nouvelle-Guinée) par exemple. Il en résulte une articulation complexe de la *deixis* locale avec d'autres dimensions, comme la topicalité ou les relations figure/fond.

2 / Au-delà de la sphère de l'*ici*, les modes de localisation structurés dans des oppositions telles que *à gauche/à droite*, *devant/derrière*, etc., se définissent en rapport à deux dimensions fondamentales, l'orientation et la configuration. La dimension orientationnelle peut être organisée par des repères absolus (comme les points cardinaux, les étoiles, ou des éléments saillants du paysage) ou des repères relatifs, basés sur des propriétés inhérentes aux objets (comme l'asymétrie de l'armoire dans *Le stylo est tombé devant l'armoire*) ou des relations contextuelles (dans *La fléchette est tombée derrière l'arbre*, où la position est comprise non pas directement par rapport à l'arbre mais par rapport au locuteur ou à l'interlocuteur), elles-mêmes régies par différents schémas (on oppose, par exemple, l'orientation en miroir qui définit l'avant et l'arrière en anglais à l'orientation en tandem ou par alignement qui les définit en haoussa, Afrique occidentale). La dimension configurationnelle renvoie, quant à elle, à la façon dont les objets et l'espace sont structurés par le choix d'un mode de repérage (ainsi, la rue n'est pas configurée de la même façon dans *auf der Strasse* ou *dans la rue* : la première préposition exploite comme dimension pertinente la surface de la chaussée, alors que la seconde privilégie l'espace volumétrique comprenant les façades des bâtiments qui la bordent). Cette dimension met en jeu des opérations de sélection et d'idéalisation. Ces opérations montrent que dans les repérages spatiaux sont à l'œuvre des processus symboliques et cognitifs de mise en forme, de focalisation, de catégorisation et d'organisation de la saisie du monde.

D'autres formes de structuration sont notables dans les stratégies cognitives et interactionnelles qui caractérisent les descriptions de l'espace. Du point de vue cognitif, les verbalisations spatiales (qui ont été étudiées surtout à travers des descriptions d'appartements) donnent lieu à des modes spécifiques de planification discursive, régis selon la figure du parcours qui linéarise les éléments de la description dans la succession, ou selon la figure de la carte qui distribue les éléments décrits dans un espace saisi globalement (→ IMAGERIE MENTALE). Ces deux stratégies fournissent des schémas différents d'organisation de l'espace. Dans la situation d'interaction, les verbalisations spatiales (étudiées surtout à travers des descriptions d'itinéraires) comportent la négociation d'un point de vue, d'un ensemble de repères et d'un mode de formulation des entités spatiales qui respectent un ajustement au destinataire. Ainsi, le choix des modes de référence à des lieux identifiés comme connus (repères) ou inconnus (repérés) se fait au fil de la conversation. Ce choix ne se limite pas à activer une carte mentale préalable, mais se construit à travers les confirmations, les questions, les évaluations, les négociations et les réajustements de la description proposée, où interviennent notamment les catégorisations des interlocuteurs, qui les orientent vers les descripteurs pertinents (la formulation repérant un lieu n'est pas la même si elle est adressée à un jeune marginal ou à un représentant de commerce, ni lorsqu'elle signale l'appartenance locale de son énonciateur ou un autre mode de connaissance du quartier). Les descriptions d'itinéraires offrent un exemple de la variation contextuelle des modes de représentation de l'espace (→ REPRÉSENTATION).

Le propre des expressions spatiales est qu'elles ne se limitent pas à référer à des entités spatiales. Les métaphores spatiales, utilisées dans des domaines sémantiques variés, et notamment pour l'expression de la temporalité, sont un exemple de la puissance modélisatrice de l'espace (→ DOMAINE. Spécialisation quant au —, SÉMANTIQUE, TEMPS). La *deixis* textuelle, constituée d'expressions permettant de renvoyer à des lieux dans le discours, utilise aussi massivement des repères spatiaux, qui figurent la page comme un espace vertical ou la parole comme un espace linéaire (→ ORAL, TEXTE. Traitement du —). Plus généralement, les hypothèses localistes assignent à l'espace le rôle de forme structurante fondamentale non seulement de nos expériences et connaissances, mais aussi de la langue en général. Cela motive l'adoption de catégories spatiales pour la description linguistique. Les cas locatifs dont sont dotées certaines langues, et qui expriment des mouvements et des repérages spatiaux, sont alors considérés comme des prototypes des valeurs casuelles en général, par une analogie iconique entre les valeurs grammaticales et les valeurs spatiales (par exemple, le schéma du parcours, comportant un déplacement d'une entité d'un lieu source à un lieu cible, permet de décrire le fait d'entrer dans un certain état ou de le quitter, d'acquérir ou de perdre une propriété, d'apprendre ou d'oublier quelque chose, etc.).

Autant d'illustrations qui montrent les exploitations possibles de la spatialisation de la langue et de la référence. Elles sont utilisées efficacement par les schémas cognitifs en action dans les expériences quotidiennes autant que par les modèles scientifiques. Elles opèrent le passage de représentations de l'espace, traité comme référent, à des espaces de représentation, traités comme formes structurantes, comme lieux d'inscription et de distribution des connaissances. *Lorenza* MONDADA.

## ESPRIT

*(angl., mind)*

**Philosophie.** — Se demander en quoi consiste un esprit revient à savoir quel critère doit remplir un état, un processus ou une propriété pour être dit « mental » (par opposition à un état, un processus ou une propriété seulement physiques). Deux critères sont généralement avancés. L'un consiste dans la propriété d'être conscient (→ CONSCIENCE) : un état conscient est un état qui a la propriété d'être ressenti par son porteur ; un organisme conscient est un organisme auquel, selon l'expression de Thomas Nagel, « cela fait un certain effet d'être cet organisme ». Avoir un esprit, c'est essentiellement être conscient ou capable de conscience. L'autre critère consiste dans ce que Franz Brentano a appelé « l'intentionnalité des états mentaux » (→ INTENTIONNALITÉ) : ceux-ci portent sur des états de choses, ils les représentent (→ REPRÉSENTATION). Avoir un esprit, c'est être capable de former des représentations. Ce second critère exige toutefois d'être complété par le critère en vertu duquel le contenu représentationnel des états doit jouer un rôle causal dans les comportements de l'organisme ou du système considéré, sans quoi une photographie pourrait être dite « mentale » (→ CAUSALITÉ, COGNITIVISME, FONCTIONNALISME).

Alors que le premier critère accorde un rôle privilégié aux sensations et aux *qualia* (→ QUALIA), déniant ainsi un esprit à une entité dépourvue de « phénoménologie » consciente, le second considère que la classe la plus importante des états mentaux consiste dans les attitudes propositionnelles, soit les croyances ou les désirs qu'un organisme forme au sujet de son environnement ou à son propre sujet, et qui déterminent son comportement (→ ATTITUDE PROPOSITIONNELLE, CROYANCE, DÉSIR).

Le choix d'un critère du mental dépend étroitement de la manière dont on traite les rapports entre l'esprit et le corps (→ DUALISME/MONISME). Les mentalistes (George Berkeley) dérivent le monde physique de l'esprit et de ses opérations. Les matérialistes (David Armstrong, Paul Churchland), s'efforcent au contraire de réduire l'esprit au cerveau, au corps ou à certaines de leurs propriétés (→ RÉDUCTIONNISME). Les dualistes posent l'existence de substances irréductibles : ainsi, René Descartes oppose l'esprit, chose pensante, et le corps, chose étendue. Les monistes neutres (William James, Bertrand Russell) tentent, au contraire, de dissoudre l'opposition entre les régimes de causalité physique et mentale. Le fonctionnalisme offre une tentative intéressante de définition non réductionniste des états mentaux, qui reste néanmoins compatible avec une ontologie matérialiste (dans la version du « physicalisme occasionnel », → PHYSICALISME). *Joëlle PROUST.*

## ÉTHOLOGIE COGNITIVE → COGNITION ANIMALE

*(angl., cognitive ethology)*

## ÉVOLUTION → COGNITION ANIMALE, DARWINISME NEURAL-MENTAL, ÉMERGENCE

*(angl., evolution)*

## EXPÉRIENCE

*(angl., experience)*

**Philosophie.** — Le terme d'« expérience » est utilisé dans deux acceptions. Selon l'acception la plus générale, l'expérience est le lieu de rencontre entre l'esprit et la réalité (→ ESPRIT). Elle permet au sujet cognitif d'extraire de l'information des signaux qui atteignent ses récepteurs sensoriels (→ INFORMATION). Il semble inévitable de caractériser nos expériences dans les termes appropriés à ce dont elles sont des expériences. Mais l'une des tâches de la philosophie de la perception est de construire un concept d'expérience perceptive compatible avec des expériences non véridiques (→ PERCEPTION) : dans une illusion, l'expérience fait apparaître un objet comme réel, mais elle ne le présente pas avec ses propriétés réelles ; dans une hallucination, aucun objet réel ne correspond à l'expérience. Pour cela, on pose la distinction entre le contenu intentionnel ou représentationnel et le contenu subjectif ou qualitatif de l'expérience (→ INTENTIONNALITÉ, QUALIA, REPRÉSENTATION).

Selon l'acception plus technique du terme, une expérience signifie une expérimentation, c'est-à-dire le recours systématique au test contrôlé des hypothèses qui est de rigueur dans les sciences de la nature (→ NATURALISATION). Par exemple, l'expérimentation est la principale méthode appliquée en psychologie cognitive. *Max* KISTLER.

## EXPLICATION

*(angl., explanation)*

**Intelligence Artificielle**. — Le succès des premiers systèmes à base de connaissances (SBC), appelés alors « systèmes experts » (→ BASE DE CONNAISSANCES), a notamment tenu à leur capacité à fournir des explications pour justifier leurs résultats. La production d'explications, généralement textuelles, destinées aux utilisateurs de SBC s'inscrit dans un contexte de communication de type question/réponse : il s'agit de produire des phrases en réponse à une question de l'utilisateur (→ COMMUNICATION).

Les SBC sont caractérisés par la représentation explicite, à l'aide d'un formalisme non informatique, de leur expertise dans ce qu'on appelle une base de connaissances (→ REPRÉSENTATION). L'explicitation des connaissances spécifiques au domaine d'application est un atout important pour la production d'explications (→ DOMAINE. Spécialisation quant au —). Ainsi, il est aisé de décrire l'enchaînement des règles utilisées par un système expert pour aboutir à un résultat. Les règles de production constituent un formalisme simple et uniforme que l'on pensait suffisamment puissant pour traduire l'expertise relative à un domaine d'application, tout en restant compréhensible et lisible pour un utilisateur. Fournir la trace du raisonnement du système expert sous la forme d'une séquence de règles a donc été dans un premier temps considéré comme une explication satisfaisante (→ RAISONNEMENT et RATIONALITÉ).

Cependant, on s'est très vite aperçu que borner l'explication à une trace était insuffisant, du fait même du formalisme homogène des systèmes experts, qui empêchait de distinguer les connaissances dont la nature et le rôle pouvaient être différents en les codant de façon uniforme par des règles de production. A l'uniformité des connaissances et des représentations utilisées dans les premiers systèmes experts, s'est substituée l'hétérogénéité des connaissances participant à la résolution d'un problème (→ RÉSOLUTION DE PROBLÈMES), et des formalismes pour les représenter. En conséquence, les nouveaux SBC, qui se fondent sur des représentations explicites des connaissances de stratégie et de contrôle (→ CONTRÔLE), ont désormais la capacité de présenter les buts poursuivis et les méthodes de résolution mises en œuvre pour atteindre ces buts. Ils peuvent également présenter les connaissances du domaine utilisées en justifiant leur rôle dans la résolution du problème. De manière plus générale, l'explicitation de différents modèles du domaine et de diverses méthodes de résolution pour exploiter ces modèles permet la mise en évidence de lignes de raisonnement possibles, dont on peut comparer le pouvoir explicatif.

Cependant, expliciter et distinguer les différents types de connaissances utiles pour le raisonnement ne suffit pas pour produire des explications. Des connaissances supplémentaires sont nécessaires : notamment, des connaissances sur l'utilisateur, ou encore des métaconnaissances (→ MÉTACOGNITION). Ces dernières sont utiles pour indiquer l'importance des concepts du domaine, situer les connaissances de l'utilisateur par rapport à celles du SBC, etc.

Devenant de plus en plus élaborée au fur et à mesure de l'évolution des modèles d'expertise représentés dans les SBC, l'opération de construction d'explications a finalement été envisagée comme une tâche de résolution de problèmes à part entière, se fondant sur ses propres connaissances, et sujette à modélisation (→ MODÈLE). Différentes méthodes d'explication ont été ainsi identifiées comme l'explication par synthèse d'un raisonnement, l'explication négative, l'explication par analogie ou encore l'explication par production d'exemples. Une tendance récente est de ne plus considérer l'utilisateur comme un simple récepteur de l'explication, mais comme quelqu'un jouant un rôle actif dans la production de l'explication. Le processus de génération d'explications s'inscrit alors dans le contexte d'un réel dialogue Homme-Machine.

La tâche de production d'explications débouche sur une mise en forme en langue naturelle, ce qui nécessite de faire appel à des techniques de génération de textes (→ LANGAGE. Traitement du —, TEXTE. Traitement du —). La forme des explications est toutefois susceptible d'évoluer, faisant émerger d'autres modes de communication avec l'utilisateur d'un SBC. *Marie-Christine* ROUSSET.

## EXPRESSIVITÉ

*(angl., expressiveness)*

**Intelligence Artificielle.** — Certains résultats théoriques indiquent qu'il est impossible de raisonner de façon valide et efficace sur un langage expressif (→ COMPLEXITÉ, LANGAGE. Traitement du —, RAISONNEMENT et RATIONALITÉ). L'expressivité d'un langage L n'est pas mesurable ; tenter de l'évaluer par la variété des énoncés pour lesquels existent des formules de L n'est pas satisfaisant : la logique des propositions accepte, en effet, une infinité dénombrable de symboles de proposition, et il est loisible d'interpréter chaque symbole par l'énoncé que l'on voudra, or elle ne permet pas de rendre compte des syllogismes usuels (→ LOGIQUE, SYMBOLE).

Il est donc préférable de lier l'expressivité de L à la correspondance entre ce que permet un système déductif sur L et les inférences « naturelles » sur les énoncés que les formules de L sont censées traduire. Par exemple, les énoncés *Tous les A sont des B* et *C est un A* se traduisent dans un langage propositionnel $L_0$ par deux symboles atomiques, disons $p$ et $q$, d'où aucune inférence « intéressante » ne sera tirée. En revanche, en les traduisant dans un langage du premier ordre $L_1$ par $(\forall x)\ (A(x) \supset B(x))$ et $A(C)$, les systèmes déductifs habituels infèrent $B(C)$, formule que l'on interprète par *C est un B.* C'est en cela que $L_1$ sera jugé plus expressif que $L_0$.

Dans quelle mesure peut-on conserver l'expressivité sans quitter une classe de langages sur laquelle le raisonnement a de bonnes propriétés d'efficacité ? On sait qu'il faut un langage du deuxième ordre $L_2$ pour exprimer des propriétés sur les relations. Par exemple, la symétrie d'une relation R s'exprime dans $L_2$ par $f_2 : (\forall R)\ (\text{symétrique}\ (R) \equiv\ (\forall x, y)\ (R(x, y) \equiv\ R(y, x)))$. Mais la formule $f_1 : (\forall R, x, y)\ (\text{symétrique}(R) \equiv\ (v(R, x, y) \equiv\ v(R, y, x))))$ appartient à un langage $L_1$ et tente d'exprimer la même chose. Dans $f_2$, la variable R parcourt l'ensemble des relations sur les objets, alors que dans $f_1$ elle ne parcourt qu'un univers d'objets. Est-ce important ? Oui, si l'on veut exprimer une propriété sur toutes les relations entre objets, ce qui est *a priori* le but visé par l'idée de symétrie. Non, si on se contente d'affirmer que certaines propriétés, par exemple celles d'une liste donnée, sont symétriques.

Jusqu'où peut-on aller dans ce genre de réduction ? Curieusement, certains résultats du calcul des probabilités apportent des éléments de réponse. Ainsi, on a pu prouver que toute formule de $L_1$

admettait une « loi 0-1 », c'est-à-dire que sa probabilité d'être satisfaite, lorsqu'on l'interprète sur un univers U dont la taille tend vers l'infini, tend ou bien vers 0, ou bien vers 1. Cela suffit à prouver qu'aucune formule de $L_1$ ne peut exprimer la parité de U, puisque, lorsque la taille de U augmente, sa parité est alternativement vraie et fausse, sans tendre vers une limite. *Daniel KAYSER.*

## EXTERNALISME/INTERNALISME

*(angl., externalism, internalism)*

**Philosophie.** — Ce qu'on appelle couramment l'internalisme cartésien consiste à considérer les pensées comme subjectives et internes, c'est-à-dire indépendantes du monde (→ INDIVIDUALISME). En effet, selon René Descartes, on pourrait avoir les mêmes pensées que celles que nous avons si le monde objectif était entièrement différent de ce qu'il (ou pensons qu'il) est – même si le monde extérieur n'existait pas.

L'intuition fondamentale de l'internalisme est la suivante. Des causes différentes peuvent produire les mêmes effets sur nos organes des sens et, en vertu de ces effets, peuvent produire en nous les mêmes expériences subjectives (→ CAUSALITÉ, EXPÉRIENCE). Du point de vue du sujet, l'expérience du monde est la même que l'on perçoive une pomme ou que l'on hallucine une pomme qualitativement identique (en pensant, dans les deux cas, qu'elle est verte) : dans l'un et l'autre cas, le sujet a l'impression de percevoir une certaine pomme (→ PERCEPTION).

L'une des raisons qui conduisent à rejeter l'internalisme cartésien réside dans la découverte qu'il existe des pensées indexicales au sens où il existe des phrases indexicales. Les conditions de vérité de l'énoncé d'une phrase indexicale dépendent non seulement de la signification intrinsèque de la phrase, mais aussi des propriétés objectives du contexte de l'énoncé (→ CONTEXTE et SITUATION, SIGNIFICATION, VÉRITÉ). De la même manière, comme l'ont montré entre autres Hilary Putnam et John Perry, la condition de vérité de la pensée *Il fait froid ici* dépend non seulement du contenu intrinsèque de la pensée, mais aussi du contexte de l'épisode de pensée. Sous le même mot *ici,* mon jumeau et moi pouvons penser à des endroits différents, y penser exactement de la même façon (c'est-à-dire avoir les mêmes représentations sur les endroits en question : ce qui se passe dans notre tête quand nous pensons *Il fait froid ici* peut être rigoureusement identique) (→ REPRÉSENTATION). Il existe pourtant une différence entre nos pensées au niveau de la référence et des conditions de vérité : ma pensée porte sur l'endroit où je suis, tandis que celle de mon jumeau porte sur là où il est (→ ESPACE). Ainsi, il existe au moins un aspect du contenu, l'aspect référentiel, qui n'est pas interne à l'individu, mais qui dépend de l'environnement extérieur. Comme Putnam l'a montré, il en va de même des pensées portant sur les espèces naturelles (par exemple, l'eau). Une pensée dont le contenu référentiel (les conditions de vérité) dépend du contexte est parfois nommée « pensée *de re* ».

Les philosophes qui, comme Putnam, ont mis en évidence l'existence de pensées dont le contenu référentiel dépend de l'environnement extérieur, ne sont toutefois que modérément externalistes. En effet, ils ne soutiennent pas que toutes les pensées sont *de re*, et sont prêts à reconnaître qu'il existe une autre classe de pensées, formée de pensées purement descriptives, lesquelles sont cartésiennes, c'est-à-dire entièrement internes et indépendantes du monde. Ils semblent accepter la position cartésienne relativement à un aspect du contenu des pensées *de re* : ces pensées comportent un ingrédient interne, subjectif, qui n'est pas affecté par les changements de l'environnement extérieur (c'est-à-dire par les changements de l'environnement qui n'induisent pas de changement correspondant dans les états neurophysiologiques du sujet pensant). Selon eux, une pensée *de re* se décompose en un constituant subjectif, interne, et un constituant objectif qui détermine les conditions de vérité de la pensée.

Ce qui apporte une plausibilité intuitive à cette analyse en deux constituants réside dans des exemples du type suivant. Si je perçois une certaine pomme et pense qu'elle est verte, tandis que mon jumeau perçoit une pomme qualitativement indiscernable de celle que je perçois et pense qu'elle est verte, nos pensées diffèrent dans leurs conditions de vérité (l'une est vraie si et seulement si la pomme A est verte, l'autre si et seulement si la pomme B est verte), mais il y a un sens où elles constituent « la même pensée », comme le montre le fait qu'elles sont suscitées par les mêmes stimulations sensorielles et suscitent les mêmes réactions cognitives ou comportementales. Ce que nos pensées ont en commun est appelé leur « contenu étroit » : l'aspect subjectif, interne de la pensée. Joint au contexte, le contenu étroit détermine une pensée complète, un

« contenu large », qui possède à la fois un constituant subjectif et un constituant objectif (les conditions de vérité, déterminées conjointement par le contenu étroit et par le contexte). Dans certains cas, comme celui où mon jumeau hallucine une pomme qualitativement indiscernable de celle que je perçois, le contenu étroit ne détermine pas de conditions de vérité. Dans ce cas particulier, le sujet n'a pas formé de pensée complète ; sa pensée n'a qu'un contenu étroit.

L'externalisme radical a initialement été avancé en réponse à la conception qui vient d'être présentée. Cette dernière n'est externaliste que relativement au contenu large, mais elle reste cartésienne pour ce qui concerne le contenu étroit. Les externalistes radicaux, comme Tyler Burge, Gareth Evans, John McDowell, ou Putnam lui-même dans ses travaux les plus récents, vont jusqu'à rejeter cette forme limitée d'internalisme. Ils considèrent que le monde extérieur constitue nos pensées d'une manière telle qu'il est impossible d'isoler un ingrédient de la pensée qui serait interne et indépendant du monde. A l'appui de leur position, ils présentent l'argument suivant : le prétendu contenu étroit est, par définition, indépendant de l'environnement extérieur ; on dit ainsi d'un sujet qui perçoit une pomme et de son jumeau qui perçoit (ou hallucine) une pomme qualitativement indiscernable qu'ils ont des pensées de même contenu étroit. Mais, ce qui fait de l'état interne d'un sujet un contenu (ou ce qui donne à cet état un contenu) n'est autre que la relation entre cet état et quelque chose dans le monde. Si l'on supprime cette relation ou si l'on en fait abstraction, ce qui reste ne mérite plus d'être appelé contenu : c'est au mieux un support possible de contenu, c'est-à-dire un objet syntaxique (→ SYNTAXE). Dans cette perspective, les contenus étroits ne sont pas des contenus. Au mieux, ce sont des « phrases » mentales ou neuronales. Ces phrases ne sont interprétées (elles n'acquièrent un contenu) que par leurs relations avec des objets et états de choses du monde extérieur. Les relations en question sont constitutives du contenu des pensées, et il n'y a pas de contenu, même étroit, qui ne soit constitué par ces relations. *François* RECANATI.

# F

## FLOU

*(angl., fuzzy)*

**Intelligence Artificielle**. — Une des difficultés de la logique ordinaire à représenter les connaissances vient de ce que le calcul de la valeur de vérité aboutit nécessairement soit à *vrai*, soit à *faux*, alors que de nombreuses situations appellent des verdicts moins tranchés (→ LOGIQUE, REPRÉSENTATION, VÉRITÉ). On sait associer une mesure graduelle aux propositions : leur probabilité. On considère cependant que celle-ci est adaptée à la représentation de l'incertitude et que d'autres techniques doivent être utilisées pour les connaissances imprécises, ne serait-ce que parce que le calcul des probabilités est d'une difficulté incompatible avec le traitement cognitif de ces connaissances. D'autres techniques ont donc été proposées depuis longtemps (par exemple, Jan Lukasiewicz en 1920). En 1965, Lotfi Zadeh a introduit, sous le nom de « sous-ensemble flou », l'idée d'un degré $\mu_E(e)$ d'appartenance d'un élément $e$ à un ensemble E. Comme l'interprétation d'une relation unaire est un sous-ensemble, on prolonge cette idée en exprimant que le degré de vérité de la proposition atomique P(A) est égal à $\mu_p(a)$ où $a$ est l'élément interprétant la constante A et $p$ le sous-ensemble interprétant la relation P, d'où la construction d'une logique floue.

Le calcul de la vérité $v$ d'une formule s'effectue comme suit : pour une formule atomique, c'est le degré d'appartenance correspondant ; pour une négation, $v(\neg f) = 1 - v(f)$ ; pour une conjonction, $v(f \wedge g) = \min(v(f), v(g))$, d'où l'on tire $v(f \vee g) = \max(v(f), v(g))$.

L'implication pose un problème délicat : la définition habituelle de $f \supset g$ par $\neg f \vee g$ fait bizarrement dépendre la vérité de la tautologie $f \supset f$ de celle de $f$. Plusieurs solutions évitent cette difficulté : celle de Lukasiewicz consiste à prendre $v(f \supset g) = \min(1, 1 - v(f) + v(g))$.

Dans le but d'effectuer des inférences directes sur des données langagières (→ LANGAGE. Traitement du —), Zadeh a associé aux mots de la langue dont l'interprétation intuitive est graduelle (*jeune*, *riche*, etc.) des fonctions d'une « variable support » *(âge, fortune)* dans l'intervalle [0, 1] des degrés de vérité, et aux expressions évoquant explicitement la gradualité (par exemple, *très*, *peu*, *plus ou moins*) des calculs sur ces degrés (notamment, l'élévation au carré et la racine carrée). Cependant, l'adéquation à la langue de cette représentation unidimensionnelle est loin d'être parfaite.

Une généralisation de la logique floue, la théorie des possibilités, associe deux grandeurs à chaque proposition, ses degrés de nécessité et de possibilité. La logique floue est surtout utilisée en tant que technique d'ingénierie cognitive. Les systèmes experts emploient des coefficients de plausibilité qui se réclament parfois d'elle (→ BASE DE CONNAISSANCES). Elle fournit des outils intéressants pour la catégorisation, notamment pour modéliser le phénomène cognitif de typicalité (→ CATÉGORISATION). Mais ces outils nécessitent la détermination de degrés de vérité, ce qui pose des problèmes empiriques et épistémologiques. *Daniel KAYSER.*

## FONCTION

*(angl., function)*

**Neuroscience.** — Une fonction se rapporte à un ensemble de propriétés actives et dynamiques concourant chez un être vivant vers un même but. Depuis ses origines, la neuroscience cognitive a cherché à mettre en relation, de manière plus ou moins univoque, les fonctions et les structures cérébrales (→ LOCALISATION CÉRÉBRALE, NEUROPSYCHOLOGIE). Les conceptions en ce domaine ont oscillé entre une tendance localisationniste et antilocalisationniste. Actuellement, les travaux utilisant les techniques d'imagerie cérébrale fonctionnelle (→ IMAGERIE CÉRÉBRALE FONCTIONNELLE) sont souvent perçus comme néophrénologistes (en référence à la phrénologie, ou étude des « bosses du crâne », développée autour de 1800 par Franz Gall), car ils permettent la mise en parallèle d'activations cérébrales avec une fonction sensorielle, motrice ou cognitive. Ces travaux apportent toutefois un éclairage nouveau sur les relations structures/fonctions. Les images de soustraction (par rapport à différentes conditions expérimentales) indiquent que les opérations élémentaires sont localisées dans des régions cérébrales discrètes. En corollaire, les tâches cognitives sont réalisées par des réseaux neuronaux largement distribués (→ RÉSEAU NEURONAL). Plutôt qu'un simple modèle sériel, c'est l'idée d'une organisation non linéaire qui s'impose, où l'activité d'une région cérébrale est fonction de sa propre activité ainsi que de l'activité d'autres régions (→ ACTIVATION/ INHIBITION). En effet, il existe de nombreuses entrées (*inputs* en anglais) vers une région d'intérêt, dont certaines sont originaires de régions inférieures. Des régions d'entrées projettent aussi vers des régions de sorties *(outputs)*.

En fait, ce qui pose problème même si cela est rarement explicité, c'est le découpage des fonctions. Il s'agit d'un choix théorique qui repose sur le paradigme dominant de l'état des sciences à une époque donnée. Cela est particulièrement vrai pour les fonctions cognitives dont la fragmentation en attention, mémoire, etc. (→ ATTENTION, MÉMOIRE), reste théorique. *Jean DECETY.*

**Psychologie.** — En psychologie cognitive, la notion de fonction se confond aujourd'hui avec celle étudiée en neuroscience du point de vue des relations structures/fonctions (voir *neuro.* ci-dessus). Le nouveau paradigme introduit par l'imagerie cérébrale fonctionnelle (→ IMAGERIE CÉRÉBRALE FONCTIONNELLE) signe cette relation étroite entre l'étude des grandes fonctions psychologiques telles la perception, l'attention, la mémoire, l'imagerie mentale, les fonctions exécutives, etc. (→ ATTENTION, CONTRÔLE, IMAGERIE MENTALE, MÉMOIRE, PERCEPTION) et l'analyse systématique des structures cérébrales ou réseaux impliqués (→ LOCALISATION CÉRÉBRALE, RÉSEAU NEURONAL). Ce nouveau paradigme interdisciplinaire, qui se démarque du cognitivisme fonctionnaliste princeps de Hilary Putnam et de Jerry Fodor (→ FONCTIONNALISME), devrait conduire à réviser le découpage classique – et avant tout théorique – des fonctions psychologiques, définissant ainsi une forme inédite de modélisation neurofonctionnelle (→ MODÈLE). En psychologie, comme ailleurs, un modèle se définit par une syntaxe et une sémantique. La syntaxe, inspirée des systèmes informatiques dans les années 1980 (sous l'impulsion de l'Intelligence Artificielle), (re)devient aujourd'hui de nature cérébrale : physico-chimique et neuro-anatomique. Quant à la sémantique, elle correspond à la projection spatiale et temporelle de cette syntaxe dans une réalité « psychologiquement signifiante » : le niveau des fonctions cognitives. Les nouveaux débats théoriques et méthodologiques portent (et porteront) sur les modalités de cette projection et sur leur pertinence. *Olivier* HOUDÉ.

**Intelligence Artificielle**. — En mathématiques, quand la valeur d'une grandeur $y$ est déterminée par celle d'autres grandeurs $x_1, \ldots, x_n$, on dit que $y$ varie en fonction des $x_i$. Formellement, étant donné $n$ ensembles de valeurs, appelés « domaines », $X_1, \ldots, X_n$, et un ensemble de valeurs, appelé « codomaine », Y, une fonction $f$ associe à tout $n$-uplet de valeurs $< x_1, \ldots, x_n >$, dans lequel chaque $x_i$ appartient à l'ensemble $X_i$, une unique valeur de l'ensemble Y, notée $f(x_1, \ldots, x_n)$. Les $x_i$ sont les arguments de $f$. Si la valeur de la fonction n'est définie que pour une partie du domaine, la fonction est dite « partielle ». Une fonction n'est pas nécessairement calculable : la valeur $f(x_1, \ldots, x_n)$ peut en effet être définie de façon unique sans que l'on connaisse de procédé systématique pour en calculer la valeur.

En informatique, la plupart des langages de programmation permettent de définir des fonctions (bien évidemment calculables) (→ LANGAGE. Traitement du —). L'en-tête de la fonction indique les domaines et le codomaine, puis son corps exprime le procédé par lequel on calcule sa valeur. Certains langages de programmation sont dits « fonctionnels », c'est-à-dire que le corps de la fonction n'est composé lui-même que d'appels de fonctions. LISP, créé par John McCarthy vers 1960, est un langage fonctionnel encore très utilisé en Intelligence Artificielle.

Une fonction est dite « récursive » si le corps de la fonction $f$ comporte un appel à la fonction $f$ elle-même. Soit, par exemple, une fonction *asc* recevant le nom de deux personnes $x$ et $y$ et calculant une valeur de vérité ; celle-ci est vraie si et seulement si $x$ est un ascendant de $y$. On suppose disposer de fonctions *père* et *mère* non exprimées ici, et qu'au bout d'un certain nombre de générations, ces fonctions fournissent une valeur notée « indéfini », différente de toute personne réelle. On appelle *père* avec pour argument $y$. Si $x$ est égal au résultat obtenu, la fonction *asc* se termine en fournissant la valeur *vrai* ; même chose avec *mère (y)* ($x$ est alors un ascendant de $y$, puisque c'est l'un de ses parents). Sinon, et si *père (y)* n'est pas indéfini, la fonction *asc* s'appelle elle-même en se transmettant les noms *x* et *père (y)*. Si cet appel fournit la valeur *vrai*, on termine avec cette valeur (*x* est un ascendant du père de *y* donc un ascendant de *y*). Dans le cas contraire, et si *mère (y)* n'est pas indéfini, le résultat recherché est celui d'un nouvel appel à *asc* en transmettant les noms *x* et *mère (y)* (en effet, *x* ne peut alors être ascendant de *y* que s'il est ascendant de sa mère). Enfin, si *mère (y)* est indéfini, la fonction *asc* fournit la valeur *faux*.

Telle qu'elle vient d'être décrite, la fonction *asc* est récursive puisque son exécution peut nécessiter des appels à elle-même. Pour que cette description corresponde à une véritable définition, la suite des arguments utilisés dans ces appels doit être finie. Ainsi, l'énoncé *Un entier* $\geq 0$ *est pair s'il est égal à 0 ou si, lorsqu'on lui ôte 2, on obtient un entier pair* fait partie d'une définition récursive ; mais si on substitue *ajoute* à *ôte*, on obtient une vérité mathématique inutilisable dans une définition (en effet, dans le premier cas, les arguments forment une suite finie, alors que, dans le second, la suite est infinie).

En logique formelle, les langages utilisent des symboles fonctionnels, auxquels est associé un entier : l'arité, qui est le nombre d'arguments de la fonction mathématique par lequel s'interprète le symbole (→ LOGIQUE, SYMBOLE). Sauf dans le cas d'une logique typée, le même ensemble sert à la fois pour les domaines et le codomaine de la fonction. Les symboles d'arité 0 sont des constantes (le résultat de la fonction ne dépend d'aucun argument). Alors que les mathématiques et l'informatique se préoccupent de définir et de calculer des fonctions particulières, la logique s'intéresse plutôt aux énoncés vrais pour toute interprétation de ses symboles fonctionnels (→ INTERPRÉTATION, VÉRITÉ). Par exemple, $f$ et $g$ étant des symboles fonctionnels respectivement d'arité 0 et 1, et $x$ un symbole de variable, la formule $g(f) \supset (\exists\, x)\,(g(x))$ est vraie dans toute interprétation. *Daniel Kayser.*

**Linguistique.** — En linguistique, le fonctionnalisme (à ne pas confondre avec le fonctionnalisme cognitif, → FONCTIONNALISME) est un courant de pensée qui considère que la fonction des éléments d'un système prime sur leur catégorisation et sur les modifications du système (→ CATÉGORISATION). Il considère que la culture humaine sous toutes ses formes n'est pas un simple assemblage de traits hétérogènes mais un ensemble d'éléments complexes qui constituent des mécanismes interdépendants. Le cas de la fonction syntaxique en est une bonne illustration (→ SYNTAXE). En effet, la fonction d'un élément est ici définie par le rôle qu'il joue dans un énoncé (par exemple, la fonction de sujet, de prédicat, de complément, etc.). La fonction d'un mot s'oppose à sa « nature » (catégorie morphologique : nom, verbe, adjectif, etc., → MORPHOLOGIE) ou, en d'autres termes, son rôle s'oppose à sa catégorie. Certains éléments ont une forme propre correspondant à une fonction donnée (par exemple, *je* sujet et *moi* complément).

Ferdinand de Saussure a souligné le rôle de la langue en tant qu'outil de communication (→ COMMUNICATION) et le Cercle linguistique de Prague, partant du principe que la fonction de communication est la fonction principale du langage (→ LANGAGE. Traitement du —), a cherché à en détailler les composantes. Roman Jakobson a ainsi établi une typologie de six fonctions du langage en relation avec les six facteurs inhérents à tout acte de communication. Il distingue les fonctions référentielle, émotive, poétique, conative, phatique et métalinguistique qui portent respectivement sur le contexte, le destinateur, le message, le destinataire, le contact et le code (→ CONTEXTE et SITUATION, ÉMOTION, MÉTACOGNITION).

Les premières recherches fonctionnalistes en linguistique ont porté sur la phonologie. Dans ce domaine, les sons de la langue ont pour fonction de permettre la distinction entre unités pourvues de sens (par exemple, le phonème /m/ dans *mont* permet de distinguer cette unité de *thon, rond, long, plomb, etc.*) (→ SENS). Les sons pertinents (phonèmes) sont dès lors ceux qui engendrent une modification du message perçu. Le procédé utilisé pour les repérer est celui de la commutation. Georges Gougenheim a, quant à lui, cherché à appliquer les méthodes du fonctionnalisme phonologique à la description grammaticale du français (→ GRAMMAIRE). Il appelle « opposition » tout couple d'éléments grammaticaux et parle d'opposition de sens lorsqu'il y a une différence pertinente. André Martinet, poursuivant sur la voie de la syntaxe fonctionnelle, considère que tout énoncé est composé d'un sujet ou prédicat (qui contient ce dont on parle, qu'on affirme ou que l'on nie) et éventuellement de compléments destinés à apporter des informations concernant le prédicat (lieu, temps, etc., → ESPACE, TEMPS). La fonction de communication de la langue glisse alors vers une fonction de transmission d'informations nouvelles (le Cercle de Prague parle de « perspective fonctionnelle de la phrase ») qui s'appuient sur des informations connues (opposition thème/rhème ou topique/commentaire) (→ INFORMATION). Luis Prieto, en cherchant à appliquer le principe de la commutation à la fonction sémantique des énoncés, a dégagé la notion de traits sémantiques pertinents (→ SÉMANTIQUE). Mais cette notion ne suffisant pas à préciser la fonction sémantique d'un énoncé, il y a ajouté celle de traits contrastifs destinée à exprimer le point de vue selon lequel le trait pertinent est considéré. Le succès de la méthode n'est que très partiel.

Une autre notion de fonction a été définie en analyse textuelle (→ TEXTE. Traitement du —). Dans ce cadre, une fonction est une interaction typique entre acteurs. Vladimir Propp en a répertorié 31 pour le genre des contes et légendes : demande de renseignements, appel au secours, accomplissement, châtiment, imposture, succès, etc. A sa suite, Roland Barthes distingue trois niveaux dans les récits : les fonctions, les actions et la narration (→ ACTION).

Il faut reconnaître que le fonctionnalisme s'applique globalement assez mal à l'étude de la langue dans la mesure où celle-ci présente un éventail très étendu de fonctions. On peut considérer avec Oswald Ducrot que s'il y a un sens à étudier la langue « en elle-même », comme le prescrit Saussure, ce n'est pas la recherche de fonctions qui peut y conduire. *Gabriel OTMAN.*

**Philosophie.** — En philosophie, deux manières de comprendre le concept de fonction au sens téléologique (ou téléofonction) s'affrontent depuis deux décennies. La théorie étiologique soutient qu'une structure possède une fonction si, par le passé, la structure considérée a eu, dans des systèmes analogues, des effets qui expliquent causalement la sélection-reproduction de cette structure (→ CAUSALITÉ). La théorie propensionniste soutient qu'une structure possède une fonction si elle a actuellement une disposition à produire un effet qui favorise sa capacité à être sélectionnée-reproduite.

La théorie étiologique de la fonction, largement majoritaire depuis 1976 avec Larry Wright, vise à expliquer causalement l'existence de la structure qui supporte la fonction. Selon cette théorie, la fonction d'un élément (objet ou comportement) a toujours à voir avec l'un des effets des éléments de ce type, et cet effet est ce qui explique que l'élément soit « où il est ». La théorie subordonne ainsi la possession d'une fonction à deux conditions, qui sont respectivement une condition « dispositionnelle » et une condition historique. Dans la version qu'en propose Wright, la fonction de X est Z ssi (1) X produit Z et (2) X existe parce qu'il accomplit (a pour résultat) Z. La condition (1) établit que, parmi les conséquences liées à la présence ou à la forme de X, figure Z. Toutefois, l'effet n'a pas à être effectivement produit pour que la disposition existe ; il suffit que X soit capable de produire Z. La condition (1) est une condition nécessaire mais non suffisante de la possession par X d'une fonction (c'est la seconde étape qui permet de limiter à un sous-ensemble pertinent de conséquences la qualité de fonction de X). Il faut, pour qu'un élément ait une fonction, non seulement que les éléments de ce type aient la disposition consistant à produire l'effet fonctionnel (condition 1), mais qu'il doive son existence à la capacité d'éléments antérieurs à produire cet effet (condition 2). Certains défenseurs actuels de la théorie étiologique contestent l'importance de la condition dispositionnelle (1) en insistant sur le fait qu'avoir une fonction n'implique pas l'actualisation régulière de la disposition (Ruth Millikan).

L'idée fondamentale de la théorie propensionniste de la fonction est de subordonner la sélection d'un élément dans une fonction à l'existence de dispositions, au lieu de subordonner la valeur fonctionnelle à la sélection. John Bigelow et Robert Pargetter ont contribué, en 1987, à populariser la définition de la fonction biologique comme tout ce qui confère à l'organisme qui le possède une propension accrue à survivre. De manière un peu plus précise, on peut formuler la définition propensionniste de la fonction par deux étapes analogues à celles de la théorie étiologique : la fonction de X est Z ssi (1) toutes choses égales par ailleurs, X produit typiquement Z et (2) Z confère une propension accrue de reproduction à X. Cette définition peut être étendue à l'usage ordinaire du terme de « fonction » appliqué aux artefacts, moyennant une légère modification de (2), que suggèrent Bigelow et Pargetter : (2′) une caractéristique ou une structure a une certaine fonction lorsqu'elle a une propension à être sélectionnée en vertu des effets pertinents qu'elle produit.

On distingue généralement cette théorie de la fonction de la théorie étiologiste en disant qu'elle est antérograde (*forward looking* en anglais) et non rétrograde ou historique *(backward looking)*. Les deux théories ne coïncident pas dans l'extension du concept de fonction. La théorie étiologique exige d'un effet qu'il ait été sanctionné par la sélection naturelle pour qu'il puisse être considéré comme une fonction. La théorie propensionniste exige seulement de l'effet présent d'une structure qu'il contribue ultérieurement à la reproduction des organismes qui en disposent – et qu'il soit donc, en tant que tel, sélectionné. Ainsi, pour la première, l'appendice du cæcum a une fonction (décomposer la cellulose), alors que pour la seconde il n'a plus de fonction. *Joëlle* PROUST.

## FONCTIONNALISME

*(angl., functionalism)*

**Philosophie.** — Le terme de « fonctionnalisme » désigne une stratégie philosophique souvent employée dans l'analyse (ou la définition) des phénomènes mentaux (termes, concepts, propriétés mentales) (→ CAUSALITÉ, CONCEPT, ESPRIT). Elle est fondée sur une idée simple : beaucoup de choses sont dans le monde ce qu'elles sont, non pas du fait qu'elles sont ainsi faites, mais en vertu de la fonction, ou du rôle, qu'elles ont dans un système (→ FONCTION). Par exemple, quelque chose est de l'argent en vertu du fait que c'est le type de chose qui est employé d'une certaine manière dans l'échange de biens. Depuis le travail de pionnier d'Hilary Putnam, beaucoup de philosophes de l'esprit considèrent que les phénomènes mentaux peuvent être compris de cette manière. Par exemple, on peut définir la croyance en disant qu'elle est produite sur la base de la perception et du raisonnement et que, combinée à des désirs, elle contribue à former des décisions (→ CROYANCE, DÉSIR, PERCEPTION, RAISONNEMENT et RATIONALITÉ). La théorie du langage de la pensée, défendue en particulier par Jerry Fodor, selon laquelle les attitudes propositionnelles consistent en des relations computationnelles relatives à des représentations encodées dans le cerveau fournit un bon exemple de théorie fonctionnaliste (→ ATTITUDE PROPOSITIONNELLE, COGNITIVISME, LANGAGE DE LA PENSÉE, REPRÉSENTATION) ; mais bon nombre de théories connexionnistes sont également fonctionnalistes (→ CONNEXIONNISME).

Un avantage technique des théories fonctionnalistes réside dans le fait qu'elles permettent de définir beaucoup de termes mentaux à la fois par le rôle qu'ils jouent par rapport aux autres (dans l'exemple évoqué, la croyance et le désir peuvent être définis simultanément en relation l'un à l'autre, et peut-être avec d'autres états), ainsi qu'en relation avec des stimuli et des réponses (ce que l'on fait par l'exploitation de « phrases de Ramsey », comme le montre le travail de David Lewis). Elles constituent de ce point de vue un progrès par rapport au béhaviorisme, qui tente de lier trop étroitement les états mentaux à des dispositions comportementales. Un autre avantage, plus décisif encore, consiste en ce que le fonctionnalisme permet de rendre compte du fait, laissé de côté par le béhaviorisme, que la manière dont un comportement est produit est au moins aussi importante que le comportement lui-même. Des relations causales différentes entre états internes peuvent conduire à distinguer des états mentaux qui ne pourraient l'être sur la base du comportement.

Le fonctionnalisme permet aussi de rendre compte de l'intuition essentielle de la « multiréalisabilité » : de même qu'un processus fonctionnel donné peut être réalisé dans toutes sortes de substances différentes, l'esprit peut aussi être composé de matériaux très différents de celui des humains (ce qui ouvre la possibilité d'intelligence dans les ordinateurs et (ou) chez les extraterrestres).

La conséquence la plus importante du fonctionnalisme est méthodologique : il permet d'accéder à un niveau d'explication psychologique relativement autonome à l'égard de la physiologie qui en fournit la réalisation, sans pour autant nier la réalité ou l'importance causale sous-jacente de la physiologie. Si le fonctionnalisme est fondé, l'étude de la seule physiologie des états mentaux qui ne s'intéresserait pas à leur organisation serait explicativement aussi aveugle que l'étude de la chimie de l'argent le serait pour la compréhension des cycles économiques. Le fonctionnalisme rend ainsi compte de l'idée largement répandue selon laquelle la psychologie n'est pas réductible à la physiologie, sans que cela conduise à soutenir (comme l'ont fait les dualistes cartésiens) qu'elle implique une substance non physique particulière (→ DUALISME/MONISME, RÉDUCTIONNISME).

Telle est la stratégie générale du fonctionnalisme. Quand on se tourne vers la production d'analyses fonctionnelles effectives, on rencontre toutefois une surprenante variété de points de vue, selon les relations qui sont tenues comme essentielles pour les concepts mentaux. Les fonctionnalistes « ordinaires » (*folk functionalists* en anglais), tels David Lewis ou Frank Jackson, proposent d'analyser le rôle joué par les phénomènes mentaux selon des évidences communément admises au sujet de l'esprit. Par exemple, la douleur peut être un état causé par des brûlures et des chocs qui conduisent à leur tour les sujets à éviter ces stimulations. Mais beaucoup de philosophes craignent que les croyances ordinaires se révèlent fausses.

Ainsi, les fonctionnalistes analytiques, comme Sydney Shoemaker, s'intéressent plutôt aux relations déterminées par une analyse philosophique réflexive idéale. Enfin, les psychofonctionnalistes, comme Georges Rey, s'intéressent aux relations entre les états que peut postuler une psychologie empirique idéale, un peu à la manière dont l'économie empirique peut fournir une bonne définition fonctionnelle de l'argent.

Il y a aussi un désaccord sur la question de savoir combien il faut inclure de relations entre états dans la définition de l'un d'entre eux. Les fonctionnalistes holistes (comme Lewis) souhaitent considérer la psychologie entière de l'organisme (→ HOLISME) ; les fonctionnalistes moléculaires (comme Rey), de petits groupes d'états impliqués dans des sous-systèmes particuliers (→ ANALYSE COMPUTATIONNELLE).

Beaucoup de philosophes estiment qu'un système fonctionnel d'états du cerveau interconnectés entre eux ne suffit pas à rendre compte de la manière dont les états mentaux peuvent avoir du sens, ou un contenu (→ EXTERNALISME/INTERNALISME). Le célèbre exemple des « Terres Jumelles » de Putnam expose cette difficulté : supposons qu'il existe une planète exactement semblable à la Terre sauf que, là où la Terre a $H_2O$, cette planète a un composé chimique différent, XYZ, qui a toutes les apparences de $H_2O$. On peut défendre l'idée qu'un terrien qui pense à de l'eau n'a pas une pensée de même contenu que son jumeau de Terre Jumelle, même s'il occupe exactement les mêmes états fonctionnels. Il semble que l'esprit de quelqu'un doit être convenablement « ancré » dans le monde pour que ses états possèdent un contenu particulier. De nombreux auteurs estiment que cet ancrage peut être fourni par les relations causales entre un état fonctionnel interne et les phénomènes du monde extérieur qui en donnent le sens. D'autres soutiennent que cet ancrage doit provenir de la sélection naturelle.

Beaucoup de philosophes estiment toutefois que de tels ancrages extérieurs pour l'esprit ne sont pas suffisants : les définitions fonctionnalistes, même complétées par des relations externes, sont encore assez abstraites pour qualifier d'esprit quasiment n'importe quoi. Dans son célèbre argument « du peuple chinois », Ned Block observe que si la matière dans laquelle un système mental est réalisé est vraiment sans pertinence, un milliard de gens peuvent être organisés pour réaliser l'esprit d'un être conscient ; toutefois, montre-t-il, il semble complètement invraisemblable que l'organisation résultante en réalise vraiment un. En outre, Block soutient que le fonctionnalisme ne peut pas exclure la possibilité de l'isomorphisme fonctionnel : deux états peuvent impliquer les mêmes relations fonctionnelles, tout en étant intuitivement des états mentaux différents. Prenez, par exemple, le cas traditionnel de l'inversion spectrale : quelqu'un pourrait voir du vert tout en ayant les associations et les autres connexions psychofonctionnelles de quelqu'un d'autre qui voit du rouge (→ QUALIA). L'une des réponses à ces problèmes consiste à dire que les états fonctionnels doivent être ancrés non seulement dans les phénomènes externes, mais aussi dans certaines propriétés internes, physiologiques. Ainsi, l'expérience véritable de vert, par opposition à celle de rouge, peut impliquer des propriétés physiologiques particulières qui font partie de la réalisation de l'état fonctionnel qui lui est associé. *Georges* REY.

# G

**GESTALT** → CAUSALITÉ, DIFFÉRENCIATION, LANGAGE, MORPHOLOGIE, PERCEPTION

*(angl., gestalt)*

**GRAMMAIRE**

*(angl., grammar)*

**Linguistique.** — Le terme de « grammaire » renvoie à la fois à un objet familier et à une activité très ancienne (la grammaire du sanskrit écrite par Panini date de 500 av. J.-C.). Dans son sens descriptif, le terme désigne l'ensemble des régularités, phonétiques, morphologiques, syntaxiques, observables dans telle ou telle langue, et la représentation de ces régularités (→ MORPHOLOGIE, REPRÉSENTATION, SYNTAXE). Si l'on parle de langues « sans grammaire », il ne peut s'agir que de langues dont les règles n'ont pas (encore) été mises au jour. Dans son sens normatif, généralement critiqué par les linguistes, la grammaire est l'ensemble des conventions définissant une variante dialectale socialement distinguée comme supérieure et qui doit être explicitement enseignée (dites *bien que* et non *malgré que*, dites *en revanche* et non *par contre*) (→ NORMATIVITÉ). Dans son sens linguistique, il s'agit soit de l'analyse des régularités observables dans telle ou telle langue (la grammaire des anaphores en français), soit du modèle théorique permettant ce type d'analyse (la grammaire syntagmatique, la grammaire fonctionnelle, etc., → FONCTION). La grammaire générative a encore accru la polysémie du terme : selon Noam Chomsky, il s'agit d'un modèle non des langues existantes mais de la faculté de langage, c'est-à-dire de la capacité qu'a tout enfant d'apprendre et de parler n'importe quelle langue (→ LANGAGE. Traitement du —). Bien que le terme ait été galvaudé (on a pu parler de grammaire du cinéma ou de grammaire des comportements pour désigner n'importe quel système de régularités), il devrait être réservé aux objets linguistiques.

La grammaire s'enracine dans un double système de tradition : d'une part, la tradition philosophique occidentale, qui fait de l'étude du langage une voie d'accès privilégiée à la connaissance des choses ; d'autre part, les traditions rhétorique et religieuse qui conçoivent la grammaire comme un moyen d'accès aux textes littéraires et sacrés. L'approche philosophique s'intéresse à l'origine des langues, à la motivation du sens des mots (l'étymologie), à l'adéquation entre les constructions linguistiques et les opérations logiques (→ LOGIQUE, SENS, SIGNIFICATION) : selon Aristote, qui propose une analyse binaire des phrases en Sujet-Prédicat, l'opposition Nom/Verbe reflète l'opposition Substance-Accident.

C'est au XVI^e^ siècle que naît la grammaire au sens moderne, comme moyen d'accès à des langues nouvelles, et que les catégories linguistiques s'émancipent des catégories logiques (→ CATÉGORISATION). Jusqu'au XVIII^e^ siècle, coexistent la perspective philosophique (dont le projet d'une grammaire universelle), l'approche descriptive et l'approche didactique ou normative, avec une explosion éditoriale. On assiste au XIX^e^ siècle à une spécialisation des savoirs où la linguistique est reconnue comme telle et inclut la grammaire. Il s'agit, dans le projet dominant de grammaire comparée, de classer les langues selon leur apparentement génétique et de dégager des lois historiques d'évolution. Au XX^e^ siècle, à côté de travaux de grammaire descriptive, historique ou comparée, on va privilégier, sous l'impulsion de Ferdinand de Saussure, l'étude d'un état de langue comme système « en lui-même et pour lui-même », on distinguera des niveaux d'analyse (phonétique, syntaxe, sémantique, → SÉMANTIQUE) qui font éclater la grammaire traditionnelle en composants autonomes, et, sous le coup des progrès de la logique et de l'informatique, on va aboutir à une formalisation logico-mathématique des modèles grammaticaux.

Les livres de grammaire ont toujours été présentés, avec les dictionnaires, comme le moyen naturel d'apprentissage de la lecture et de l'écriture (→ APPRENTISSAGE, ÉCRITURE, LECTURE). Les grammaires scolaires mêlent en général des considérations descriptives et normatives, en privilégiant la langue écrite et le style littéraire. L'utilité d'un enseignement explicite de la grammaire de la langue maternelle a été contestée, en particulier pour l'anglais, car ce type d'apprentissage ne semble pas améliorer les performances écrites des élèves. Pour le français, la maîtrise de l'orthographe ne peut que procéder d'un enseignement grammatical explicite. Pour les langues secondes, il n'est pas clair que l'apprentissage basé sur la grammaire fournisse de meilleurs résultats que les méthodes par immersion.

La linguistique moderne a voulu se distinguer des traditions grammaticales, philosophiques ou pédagogiques, en se définissant comme l'étude de la langue en elle-même et pour elle-même. Le but n'est ni de parvenir à une meilleure connaissance du fonctionnement de la pensée, ni d'atteindre une meilleure maîtrise d'une langue donnée. Comme le note Jean-Claude Milner, les linguistes et les grammairiens se retrouvent toutefois pour affirmer qu'on peut juger de la bonne formation des phrases (leur grammaticalité) sans tenir compte de leur contexte d'énonciation (→ CONTEXTE et SITUATION). Une grammaire traditionnelle, telle celle de Maurice Grevisse pour le français, consignée dans *Le bon usage*, décrit une langue sans relation avec les autres et énonce des règles avec exceptions. Ce type d'ouvrage comporte en général autant de morphologie que de syntaxe et est axé sur les problèmes de catégories (organisation des mots en parties du discours) et d'orthographe (accords). Une grammaire de linguiste repose sur une méthode rationnelle, hypothético-déductive, met au jour des règles implicites, inconscientes, qui gouvernent le fonctionnement d'une langue, et cherche des règles communes à toutes les langues. Elle distingue plusieurs niveaux d'analyse linguistique et se concentre en général sur les problèmes spécifiquement syntaxiques, faisant souvent usage d'exemples inventés, destinés à représenter un type de phrase grammaticale ou agrammaticale.

Charles Morris a distingué trois niveaux d'analyse linguistique : la syntaxe, la sémantique et la pragmatique (→ PRAGMATIQUE). Les travaux syntaxiques d'inspiration structuraliste ont en général ignoré les questions de sens, tandis que l'école fonctionnaliste (Talmy Givòn, André Martinet) a refusé de distinguer syntaxe et sémantique. La grammaire générative de Chomsky a particulièrement développé la thèse de l'autonomie de la syntaxe, soit une conception modulaire de la grammaire où les interactions entre modules sont limitées et à sens unique (Jerry Fodor, → MODULARITÉ). Le module syntaxique y est central et formellement différent des autres puisque c'est le seul qui soit génératif (→ CRÉATIVITÉ), les composants phonétique et sémantique ayant seulement à charge d'interpréter les phrases grammaticales (→ INTERPRÉTATION). Les travaux de Jerrold Katz et ses collaborateurs ont, alternativement, défini une sémantique générative, le composant syntaxique étant réduit à la transformation de structures sémantiques profondes en structures syntaxiques de surface. Les grammaires d'unification reprennent en général le programme générativiste mais en générant en parallèle des représentations phonétiques, syntaxiques et sémantiques, au sein d'une même structure de traits. D'autres théories, comme les lexiques-grammaires de Maurice Gross, ou certaines grammaires d'unification, conçoivent la syntaxe non comme un ensemble de règles génératives, mais comme vérifiant simplement la compatibilité des propriétés lexicales des mots lorsqu'ils sont combinés (→ LEXIQUE). La thèse de l'autonomie de la syntaxe pose également la question de son apprentissage : si le très jeune enfant ne peut se fonder sur le sens des mots pour deviner leur catégorie ou leur construction, c'est qu'il a un système formel inné capable de détecter des régularités proprement syntaxiques (Steven Pinker).

Chomsky et George Miller définissent une grammaire formelle comme un algorithme permettant de décider si une combinaison quelconque de mots appartient ou non à la langue : *un chien méchant* appartient au français, mais non *chien un méchant*. Une grammaire au sens logico-mathématique est l'ensemble fini de règles de réécriture permettant d'engendrer, à partir d'un vocabulaire lui aussi fini, un ensemble de phrases bien formées qui peut être infini. On distingue quatre types de grammaire selon leur capacité générative. Les grammaires les plus contraintes, ou de type 3, encore appelées « grammaires régulières », ne peuvent définir un langage où deux mots doivent être présents le même nombre *(n)* de fois $(a_n b_n)$. Les grammaires de type 2, algébriques ou hors contexte, peuvent caractériser ce langage mais uniquement en lui assignant une structure de dépendances emboîtées, le premier *a* étant relié au dernier *b*, le deuxième *a* à l'avant-dernier *b*, etc. Les grammaires de type 1, ou sensibles au contexte, peuvent assigner aux phrases du même langage des structures de dépendances croisées et engendrer d'autres langages (comprenant, par exemple, des phénomènes de copie). Les grammaires de type 0, non contraintes, permettent d'engendrer tous les langages récursivement énumérables. Cette hiérarchie est importante pour la linguistique mathématique, qui cherche des corrélats entre les propriétés empiriques des langues et les propriétés logico-mathématiques des systèmes formels, mais aussi en informatique pour les langages de programmation et les compilateurs associés. *Anne* ABEILLÉ.

# H

## HALLUCINATION → EXPÉRIENCE, PSYCHIATRIE COGNITIVE

*(angl., hallucination)*

## HÉRITAGE

*(angl., inheritance)*

**Intelligence Artificielle.** — La notion d'héritage en représentation des connaissances s'est initialement développée avec les réseaux sémantiques pour organiser les informations selon des hiérarchies de type *sorte-de* ou *espèce-de* (→ INFORMATION, REPRÉSENTATION, RÉSEAU SÉMANTIQUE). Elle est devenue par la suite une composante fondamentale de la représentation et de la programmation par objets (→ OBJET). Dans un système « à héritage », les concepts sont classés hiérarchiquement : les concepts plus généraux dominent les concepts plus spécialisés (→ CATÉGORISATION, CONCEPT). Par exemple, [Véhicule] sera considéré comme un concept plus général que [Voiture] et comme un concept plus spécialisé que [Objet-physique]. Ce type de classification se retrouve dans tous les systèmes de représentation de connaissances de grande taille (par exemple, les systèmes CYC de Douglas Lenat et Ramanathan Guha ou *Ontolingua* de Thomas Gruber).

L'héritage constitue une forme d'inférence que l'on peut formuler ainsi : si A est une espèce de B et que B possède la propriété P, alors A possède aussi la propriété P. Ainsi, si [Allaiter-ses-petits] est une propriété de [Mammifère], alors [Rongeur], qui est une espèce de [Mammifère], possédera aussi cette propriété (→ LOGIQUE, RAISONNEMENT et RATIONALITÉ). Le raisonnement est évidemment transitif, et cette propriété se retrouvera associée au concept [Souris] qui est une espèce de [Rongeur]. Mais l'héritage ne se borne pas à ce type de raisonnement systématique. Il permet aussi d'exprimer une forme de raisonnement par défaut, que l'on associe à la typicalité, et qui peut s'énoncer ainsi : si un concept A est une espèce de B et si B possède typiquement la propriété P, alors A possédera aussi la propriété P sauf s'il est fait mention explicitement du contraire. Par exemple, on peut dire que *typiquement les oiseaux volent.* Cela signifie que la propriété [Capacité-Voler] est une propriété associée à [Oiseau]. Si les canaris héritent normalement de cette qualité, il n'en est toutefois pas de même des autruches qui ne volent pas. Il suffit donc d'indiquer que les autruches ne sont pas capables de voler pour que l'héritage soit inhibé. Ce type de raisonnement est très courant lorsqu'il s'agit de connaissances de sens commun, où la plupart des caractéristiques sont en fait typiques et non pas vraies dans tous les cas (pour un autre exemple : une table comprend typiquement quatre pieds, sauf s'il s'agit de tables à un ou à trois pieds).

Lorsqu'un concept hérite directement d'un seul concept à la fois, on dit que l'héritage est simple. Dans ce cas, l'ensemble des concepts forme une arborescence : le concept le plus général se trouve à la racine et les concepts les plus spécialisés se situent au niveau des « feuilles de l'arbre ». C'est ainsi que sont organisés les végétaux et les animaux dans la classification de Carl von Linné. Mais l'héritage simple est souvent trop restrictif pour décrire des domaines complexes ou mal structurés (→ DOMAINE. Spécialisation quant au —). L'héritage multiple pallie cet inconvénient en donnant la possibilité à un concept d'hériter de plusieurs autres. L'ensemble des concepts est alors donné sous la forme d'un graphe sans cycle. C'est ainsi que sont organisés les concepts dans la plupart des grands systèmes de représentation des connaissances.

Des travaux ont tenté de formaliser l'idée d'héritage en définissant ce que l'on appelle une relation de « subsomption » (William Woods et James Schmolze). A partir d'un langage formel, on dit qu'un terme A de ce langage « subsume » un autre terme B si l'ensemble qu'il dénote inclut l'ensemble dénoté par B. Par exemple, le concept [SOURIS] subsume tous les concepts plus précis tels que

[SOURIS DE COULEUR = NOIR]. Dans ce cadre, l'héritage correspond au processus qui détermine l'ensemble des conditions permettant de savoir si un terme en subsume un autre.

L'héritage, malgré son intérêt pour la représentation des connaissances, ne permet pas de prendre en compte toutes les formes de raisonnement, qu'il s'agisse de décrire des relations entre propriétés autrement que par le biais d'une classification ou de décrire des inférences complexes. En outre, même si la notion de classification paraît très naturelle, elle s'avère difficile à mettre en œuvre lorsque le nombre de concepts à considérer est important, du fait des incohérences qui se présentent alors. Dans ce cas, il faut utiliser d'autres techniques de représentation (notamment la technique de point de vue) pour organiser les connaissances. *Jacques* FERBER.

## **HEURISTIQUE** → ACTION, CONNEXIONISME, CONTRÔLE, RAISONNEMENT ET RATIONALITÉ, RÉSOLUTION DE PROBLÈMES, ROBOTIQUE

*(angl., heuristic)*

## **HOLISME**

*(angl., holism)*

**Philosophie.** — Le holisme caractérise toute théorie qui soutient que les propriétés du tout ne peuvent pas être prédites ou expliquées à partir des propriétés des parties. Le holisme est ainsi souvent associé à l'émergentisme, en particulier en biologie et dans les sciences sociales : les propriétés du tout « émergent » d'une manière qui ne peut être dérivée des propriétés des constituants (→ ÉMERGENCE).

Le holisme peut également caractériser des doctrines relatives à un domaine particulier. Le holisme de la confirmation théorique est la doctrine, défendue notamment par Willard Quine, selon laquelle un énoncé est confirmé ou réfuté par les faits non pas en vertu de son seul contenu, mais en vertu de l'ensemble des hypothèses et des règles logiques admises par la théorie (→ LOGIQUE, VALIDATION). Le holisme du sens est la thèse selon laquelle le sens d'une phrase dépend de ses relations aux autres phrases du langage (→ LANGAGE. Traitement du —, SENS, SIGNIFICATION). Le holisme des croyances est la thèse selon laquelle le contenu d'une croyance donnée est déterminé par ses relations aux autres croyances du sujet (→ ATTITUDE PROPOSITIONNELLE, CROYANCE, FONCTIONNALISME). Ces divers types de holisme peuvent être soutenus indépendamment les uns des autres. *Joëlle* PROUST.

## HOMME/MACHINE → COMMUNICATION, EXPLICATION, ROBOTIQUE

*(angl., man/machine)*

# I

## IDENTITÉ

*(angl., Identity)*

**Philosophie.** — Par identité on entend généralement identité numérique : une chose *a* est numériquement identique à une chose *b* si *a* et *b* ne sont qu'une seule et même chose. Il faut distinguer l'identité numérique de l'identité qualitative, qui s'applique à deux choses distinctes partageant toutes leurs caractéristiques à l'exception de leurs propriétés spatio-temporelles. La relation d'identité satisfait le principe d'indiscernabilité des identiques selon lequel si *a* est identique à *b*, *a* et *b* ont les mêmes propriétés. Le principe d'identité des indiscernables pose réciproquement que si deux choses partagent les mêmes propriétés, elles sont identiques. La loi de (Gottfried) Leibniz énonce l'équivalence des deux principes.

On a remis en question la loi de Leibniz en avançant que deux choses identiques ne peuvent être indiscernables du point de vue de toutes leurs qualités possibles (c'est particulièrement le cas des choses qui durent et dont la matière se modifie au cours du temps : le corps humain par exemple, → TEMPS). Ainsi, Peter Geach considère que l'identité est toujours relative à une propriété déterminant la classe dont les objets identifiés font partie : *a* est le même F que *b*, mais il peut être un G différent de *b*. David Wiggins a proposé de rendre ce type d'analyse compatible avec la loi de Leibniz en restreignant aux seuls « sortals » le type de propriété susceptible de déterminer une classe d'objets comme étant identiques (thèse de la

« dépendance sortale » de l'identité) ; *être un arbre* est un sortal, *être brun* n'en est pas un.

Ruth Barcan-Marcus a démontré que le principe de l'indiscernabilité des identiques conduit à affirmer la nécessité de la relation d'identité entre *a* et *b*. En effet, l'une des propriétés de *a* est d'être nécessairement identique à *a*, ce qui doit donc aussi être une propriété de *b*. Saul Kripke a fondé sur ce résultat sa théorie des « désignateurs rigides », c'est-à-dire des noms propres qui désignent les mêmes individus dans tous les mondes possibles où ils sont présents. Kripke rejette la thèse de l'identité entre un état mental et l'état cérébral correspondant en alléguant qu'une telle identité ne peut pas être nécessaire. Toutefois, on peut répondre que l'intuition sur le caractère contingent de cette identité est aussi fallacieuse que celle qui pourrait pousser à croire que l'identité entre la chaleur et l'énergie cinétique des molécules est contingente.

Le problème de l'identité personnelle pose des questions intéressantes dans la mesure où les personnes sont des entités essentiellement en devenir, mais malaisément réductibles à des conditions strictement spatio-temporelles. Trois types de théories sont avancées. Le substantialisme considère que l'identité est fondée dans une substance qui peut être soit une âme individuelle (René Descartes) (→ DUALISME/MONISME), soit un corps individuable spatio-temporellement (Bernard Williams, David Wiggins). La théorie physicaliste se distingue de la précédente en faisant du cerveau individuel le dépositaire de l'identité personnelle (→ PHYSICALISME). Enfin, les théories fondées sur un critère de continuité psychologique, proposé initialement par John Locke, sont certainement les plus prometteuses et les mieux armées pour affronter les contre-exemples de transplantation cérébrale, transfert informationnel, fission, imaginés par les philosophes.

Dans cette dernière perspective, être telle personne, ce peut être avoir tels souvenirs relatifs à des événements observés ou à des actions effectuées antérieurement qui se recouvrent partiellement (→ ACTION, MÉMOIRE). Une autre version de la continuité peut être construite sur les intentions et les plans d'action. Afin d'éviter toute circularité dans le critère de continuité psychologique, Sydney Shoemaker et Derek Parfit ont affaibli le concept de continuité psychologique : on parle de quasi-souvenir, ou de quasi-intention quand on admet la possibilité d'un événement psychologique « vécu de l'intérieur » mais non identifiable comme « le sien ». Ce type d'analyse est compatible avec les théories de psychopathologie cognitive qui mettent en évidence la pertinence du contrôle de l'action pour la représentation de l'identité personnelle, en particulier dans l'autisme et la schizophrénie (→ AUTISME, PSYCHIATRIE COGNITIVE, SCHIZOPHRÉNIE). *Joëlle Proust.*

## IMAGERIE CÉRÉBRALE FONCTIONNELLE

*(angl., functional neuroimaging)*

**Neuroscience.** — L'imagerie cérébrale fonctionnelle désigne l'ensemble des techniques qui visent à établir des cartographies du cerveau en fonctionnement. Ces techniques sont distinctes de celles dont le but est d'apporter des informations morphologiques, c'est-à-dire relatives à l'anatomie du cerveau (IRM, scanner X). Les principales techniques d'imagerie utilisées à l'heure actuelle sont l'électroencéphalographie (EEG), la tomographie par émission de positons (TEP), l'imagerie par résonance magnétique fonctionnelle (IRMf) et la magnéto-encéphalographie (MEG).

L'EEG, technique largement utilisée en neurologie et en recherche sous la forme des potentiels évoqués, ou encore par la cartographie EEG, repose sur l'enregistrement de potentiels électriques émis par le cerveau à l'aide d'électrodes positionnées sur le scalp. Il s'agit d'une technique largement appliquée en neuroscience cognitive en raison de son excellente résolution temporelle (millisecondes) et de sa totale non-invasivité. Elle ne permet toutefois pas d'obtenir d'informations sur le métabolisme cérébral. En outre, la précision de la localisation spatiale des signaux électriques reste encore médiocre. La MEG permet d'enregistrer avec une grande précision les champs magnétiques provoqués par les courants électriques transmembranaires au niveau du cortex cérébral. Cette technique est particulièrement intéressante lorsqu'elle est utilisée conjointement aux techniques métaboliques (TEP et IRMf) afin de suivre le décours temporel des activations cérébrales.

La TEP est une technique de médecine nucléaire qui permet l'obtention d'images de la distribution de la radioactivité après injection ou inhalation d'une substance contenant des isotopes émetteurs de positons. Les isotopes les plus largement utilisés sont l'oxygène-15, le carbone-11, le fluor-18 et l'azote-13. Ces isotopes se désintègrent en produisant des rayons gamma qui sont détectables et mesurables par des capteurs positionnés à l'extérieur (la caméra à positons). Par sa nature même, la TEP est une technique biochimique et physiologique. Sa puissance dépend de l'ingéniosité des chimistes à développer de nouvelles molécules et de la capacité des physiologistes à les valider. La TEP est utilisée pour mesurer le métabolisme cérébral, le débit et le volume sanguins, la consommation d'oxygène, la synthèse de neurotransmetteurs ou encore la densité de récepteurs. Actuellement, les caméras à positons permettent d'obtenir 60 coupes simultanées avec une résolution spatiale d'environ 125 $mm^3$. Les études d'activation utilisent l'eau marquée à l'oxygène-15 pour mesurer le débit sanguin cérébral. La demi-vie très brève de cet isotope (2 mn) permet de réaliser plusieurs examens chez le même sujet et donc d'utiliser la méthode soustractive pour identifier les bases neuronales d'une fonction cognitive donnée (→ ACTIVATION/INHIBITION, FONCTION).

L'IRM conventionnelle fournit des images à haute résolution spatiale qui présentent des contrastes basés essentiellement sur des différences entre divers paramètres caractérisant les tissus, tels que la densité des molécules d'eau, les temps de relaxation transversaux (T2) et longitudinaux (T1) des protons de ces molécules, leurs propriétés de diffusion, le glissement chimique entre les protons de l'eau et ceux des petites molécules lipidiques, la susceptibilité magnétique des tissus, les propriétés des flux sanguins, etc. Depuis peu, l'IRM permet également d'établir des images du fonctionnement cérébral lors de stimulations somato-sensorielles ou cognitives. Dans ce cas, l'IRM exploite les propriétés hémodynamiques du cerveau. Ces propriétés peuvent être mises en évidence en observant le passage du bolus intraveineux d'un agent de contraste paramagnétique. Cette observation requiert des techniques IRM extrêmement rapides (le premier passage du bolus dure ~ 10 s, la résolution temporelle requise est de l'ordre de quelques centaines de ms) et sensibles aux effets liés à la présence, ou au flux, de l'agent paramagnétique dans l'espace intravasculaire. La rapidité d'acquisition est possible dans les techniques instantanées *(Echo-Planar)* ou dans les techniques d'écho de gradients modifiées (par exemple, *Echo-Shifted Flash*). La présence de l'agent paramagnétique dans l'espace intravasculaire peut être détectée par des techniques sensibles aux hétérogénéités de champs magnétiques ( « techniques T2 » ). Des gradients de champ magnétique sont, en effet, induits entre les espaces intra- et extravasculaires par la différence entre les susceptibilités magnétiques de ces deux espaces pendant le transit de l'agent paramagnétique. Le flux de cet agent modifie le temps de relaxation T1 apparent, paramètre qui peut être mesuré par des techniques sensibles aux effets de flux (*inflow* en anglais). L'intérêt de la mesure du transit du bolus d'agent paramagnétique réside dans ce qu'on peut en déduire des images représentant le volume sanguin cérébral local, suivant des techniques de calcul similaires à celles utilisées en médecine nucléaire. Les images IRM présentent l'avantage d'une résolution spatiale bien supérieure à celle obtenue en TEP. Cette technique d'IRM est maintenant appliquée dans le contexte de l'imagerie cérébrale fonctionnelle en neuroscience cognitive, permettant de mettre en évidence des variations du volume sanguin cérébral local lors de stimulations sensorielles.

Peu de centres sont équipés de techniques IRM *(Echo-Planar* ou *Echo-Shifted Flash)* satisfaisant la résolution temporelle requise pour acquérir des images représentant le volume sanguin cérébral local. Une seconde approche en imagerie cérébrale fonctionnelle a récemment été proposée, qui est applicable sur la plupart des imageurs cliniques. Dans cette approche, aucun agent de contraste n'est injecté. On observe en temps réel des modifications des signaux IRM dans les régions corticales. Ces modifications sont induites par des stimulations (activations) sensorielles et sont liées à l'augmentation locale du flux sanguin. Les techniques IRM utilisées (séquences rapides en écho de gradients, résolution temporelle de l'ordre de quelques secondes) exploitent l'augmentation locale de la concentration veineuse de déoxyhémoglobine lors d'une augmentation locale du flux sanguin. La déoxyhémoglobine étant une molécule paramagnétique, l'augmentation dans le système veineux du rapport oxy- *versus* désoxyhémoglobine diminue la différence de susceptibilité magnétique entre les espaces intra- et extravasculaires, d'où une augmentation de l'intensité du signal nucléaire dans les régions corticales impliquées. Il apparaît également que des phénomènes de flux *(inflow)* jouent un rôle dans les images fonctionnelles obtenues par ces techniques.

L'intérêt de l'étude du fonctionnement cérébral par la technique d'IRMf est évident. Cette technique présente l'avantage de fournir des images dont la résolution spatiale et temporelle est nettement supérieure à celle de la TEP. Elle présente également l'avantage d'être strictement non invasive lorsqu'elle est utilisée sans injection de produits de contraste. En outre, même avec l'utilisation d'agents paramagnétiques de contraste, elle peut à peine être considérée comme un acte invasif. La démarche actuelle en neuroscience cognitive consiste à utiliser de façon conjuguée, selon les exigences théoriques et expérimentales, les différentes techniques d'imagerie cérébrale fonctionnelle. *Jean* DECETY.

**Psychologie.** — D'ici quelques années, il ne sera plus possible à un grand laboratoire de pratiquer la psychologie cognitive ou la psychopathologie (→ PSYCHIATRIE COGNITIVE) sans avoir accès aux techniques d'imagerie cérébrale fonctionnelle. Il semble bien que l'expression « révolution technologique » n'est pas ici trop forte. Michael Posner, l'un des pionniers en la matière, écrivait dans la revue *Science* en 1993 : « Le microscope et le télescope ouvrirent, en leur temps, de vastes domaines de découvertes scientifiques insoupçonnées. Maintenant que de nouvelles méthodes d'imagerie permettent de visualiser les systèmes cérébraux de la pensée normale et pathologique, la cognition humaine pourrait être à l'aube d'une période aussi riche ».

Avant l'introduction de l'imagerie cérébrale fonctionnelle, les deux méthodes classiquement utilisées en psychologie et en neuropsychologie (→ NEUROPSYCHOLOGIE) pour étudier le fonctionnement cognitif et ses rapports avec le cerveau étaient la chronométrie mentale et le paradigme lésionnel (également, mais moins systématiquement, l'électro-encéphalographie ou EEG : étude des potentiels évoqués). La première méthode tente d'inférer les « algorithmes mentaux » des êtres humains en mesurant leurs temps de traitement et leurs erreurs. La seconde étudie les dysfonctionnements cognitifs de patients souffrant de lésions cérébrales afin d'en dégager les structures impliquées dans le fonctionnement normal (→ LOCALISATION CÉRÉBRALE). Ces méthodes ont permis des progrès considérables et sont toujours appliquées aujourd'hui. Elles présentent toutefois de sérieuses limitations, notamment des difficultés d'interprétation, liées à leur caractère indirect. Par rapport à ces méthodes classiques, l'imagerie cérébrale fonctionnelle offre la possibilité, pour la première fois dans l'histoire de la psychologie, de visualiser directement l'activité cérébrale chez l'Homme normal alors qu'il effectue une tâche cognitive. Les deux principales techniques utilisées sont l'imagerie par résonance magnétique fonctionnelle (IRMf) et la tomographie par émission de positons (TEP) (voir *neuro.* ci-dessus). Les psychologues doivent désormais maîtriser les grands principes de ces techniques – sans pour autant devenir spécialistes des questions physico-chimiques et neuro-anatomiques – afin de concevoir, dans le cadre de programmes interdisciplinaires (neuroscience cognitive et psychologie, voire philosophie de l'esprit), des protocoles expérimentaux adaptés.

Pour visualiser « le cerveau en action », c'est-à-dire les régions impliquées lorsqu'un sujet exécute une fonction (qu'il s'agisse d'actes moteurs élémentaires ou de processus cognitifs plus élaborés), les techniques d'imagerie fonctionnelle enregistrent les conséquences locales de l'activité électrique neuronale sur la circulation sanguine et la consommation énergétique du cerveau (→ ACTIVATION/INHIBITION, FONCTION). Lorsqu'une activation neuronale se produit, des signaux chimiques et électriques sont envoyés à la membrane des capillaires cérébraux qui baignent les synapses permettant une modulation du débit sanguin cérébral régional (DSCr). Le cerveau peut ainsi ajuster rapidement et localement la fourniture de glucose aux besoins exprimés par les synapses. Et c'est cette fluctuation du débit sanguin cérébral qui est « exploitée » par les techniques d'imagerie. Ainsi, lorsque le sujet exécute une tâche expérimentale (telle que préparer un geste, lire un mot, imaginer une scène ou résoudre un problème arithmétique, → ACTION, IMAGERIE MENTALE, LECTURE, RÉSOLUTION DE PROBLÈMES), des neurones au repos sont activés et le débit du sang qui les irrigue augmente. On sait toutefois que les neurones actifs ne consomment pas plus d'oxygène que les neurones au repos, de sorte que la concentration en oxygène augmente dans les vaisseaux sanguins. La technique d'imagerie par résonance magnétique (IRMf) détecte cette augmentation de l'oxygène. Par ailleurs, quand le débit sanguin augmente, l'eau qui diffuse hors des vaisseaux pour atteindre toutes les régions du cerveau augmente. Si l'on a injecté au sujet de l'eau radioactive, la technique de tomographie par émission de positons (TEP) détecte, avec une caméra à positons, l'augmentation de la perfusion de l'eau marquée.

Dans ces deux techniques, il s'agit donc d'établir quelles sont les régions du cerveau dont le débit sanguin s'est modifié de façon statistiquement significative pendant l'exécution d'une tâche. Selon la structure du protocole expérimental utilisé par le psychologue, des techniques statistiques spécifiques sont appliquées (notamment avec le logiciel SPM : *Statistical Parametric Mapping*) : des cartes de soustraction lorsque deux états sont comparés, des cartes de corrélation lorsqu'une tâche est effectuée de façon répétée avec variation d'un paramètre expérimental, ou encore des cartes d'interaction pour les protocoles où plusieurs facteurs varient systématiquement. Dans ce type d'analyse, une aire activée correspond à un groupe connexe de *voxels* dont la valeur dépasse un certain seuil, un *voxel* étant un élément d'une image tridimensionnelle.

On dispose ainsi aujourd'hui pour l'étude de la cognition, c'est-à-dire des opérations cognitives en fonctionnement, de véritables méthodes d'imagerie tridimensionnelle qui produisent des images numériques contenant la valeur d'un paramètre (ici, le débit sanguin cérébral régional) corrélé à l'activité synaptique en tous points du cerveau. Ces images ont une résolution spatiale de l'ordre de 5 mm pour la tomographie par émission de positons et, potentiellement, de moins de 1 mm pour l'imagerie par résonance magnétique fonctionnelle. Leur résolution temporelle est moins précise (au mieux de quelques secondes en imagerie par résonance magnétique), mais des techniques complémentaires d'électro- et magnéto-encéphalographie (EEG et MEG) sont actuellement introduites, qui présentent, en dépit d'une résolution spatiale moindre, une résolution temporelle à l'échelle de la milliseconde.

Autant de prouesses techniques qui procèdent des compétences conjuguées de diverses disciplines, du monde médical à celui de l'informatique, en passant notamment par la psychologie et les mathématiques. Si l'imagerie de haute technologie autorise désormais l'observation *in vivo* des structures et fonctions du cerveau humain, la production des images n'est possible que grâce à des ordinateurs puissants, capables de manipuler des fichiers de données tridimensionnelles. Il s'agit d'une entreprise scientifique collective et internationale où les progrès sont très rapides et qui fait l'objet d'une mise à jour permanente. Sans savoir si l'histoire des sciences consacrera l'imagerie cérébrale fonctionnelle comme le « microscope de la psychologie », il ne fait aucun doute qu'il s'agit déjà, pour la discipline, d'une réelle révolution, non seulement technologique mais aussi paradigmatique (→ MODÈLE). *Olivier HOUDÉ.*

## IMAGERIE MENTALE

*(angl., mental imagery)*

**Psychologie.** — L'esprit humain conserve des traces des événements sensoriels qui viennent à sa connaissance (→ ESPRIT). Il est capable de les évoquer ensuite sous forme d'expériences internes.

Ce sont ces événements cognitifs à caractère figuratif que recouvre la notion d'image mentale. L'imagerie mentale désigne l'ensemble des mécanismes par lesquels l'individu construit des représentations internes qui préservent les aspects figuraux des objets, les inscrit en mémoire, puis leur redonne une actualité cognitive dans des circonstances ultérieures (→ MÉMOIRE, REPRÉSENTATION). Tous les domaines sensoriels sont concernés par l'imagerie mentale, mais la majorité des travaux ont porté jusqu'à présent sur l'imagerie visuelle. Les enjeux majeurs pour la recherche consistent tout d'abord à attester l'existence des événements psychologiques que constituent les images, puis à rendre compte de leur organisation interne, à examiner leur rôle dans le fonctionnement cognitif et, surtout, à caractériser la spécificité de cette forme de représentation dans le système cognitif humain.

L'attestation d'événements privés est une difficulté majeure de la recherche en psychologie. Au-delà des témoignages verbaux ou graphiques, la recherche d'indicateurs a longtemps préoccupé les chercheurs. Les images visuelles sont accompagnées d'événements physiologiques dont les variations peuvent être mises en relation avec les propriétés de l'image. Ainsi, la dilatation pupillaire qui accompagne la formation d'une image visuelle est d'autant plus importante que l'image est plus difficile à évoquer. Cependant, elle accompagne également d'autres formes d'activité cognitive que l'imagerie mentale, ce qui limite beaucoup sa validité. En revanche, un intérêt croissant se manifeste à l'égard des variations régionales de l'activité cérébrale qui accompagne la construction et l'exploration des images visuelles. L'étude des potentiels évoqués révèle la forte participation des régions postérieures du cerveau dans la génération des images. Les techniques d'imagerie cérébrale indiquent également, et de manière de plus en plus fine, l'implication des régions occipitales dans les tâches d'imagerie visuelle (→ IMAGERIE CÉRÉBRALE FONCTIONNELLE, voir *neuro.* ci-dessous).

L'idée que les images mentales possèdent une structure et une organisation interne, et surtout qu'il soit possible de rendre compte de celles-ci par des opérations expérimentales, ne s'est imposée qu'assez récemment. Cette démarche va de pair avec la construction d'hypothèses sur les processus requis par l'imagerie mentale (génération, maintien, exploration, transformation). L'utilisation d'indicateurs chronométriques est un moyen privilégié d'accéder à certains aspects de la structure des images. Ainsi, comme l'a montré

Stephen Kosslyn, l'exploration mentale d'une image visuelle prend d'autant plus de temps que la distance parcourue est plus grande. De même, Roger Shepard a montré que le temps nécessaire pour effectuer la rotation mentale d'un objet est d'autant plus long que l'angle parcouru est plus important. Ces données suggèrent que l'image possède une structure qui reflète de manière analogique la structure des objets évoqués, mais aussi que les processus de transformation qui s'appliquent à l'image manifestent une analogie à l'égard des processus qui s'appliquent aux objets perçus ou manipulés (→ ESPACE, PERCEPTION). Cependant, le caractère analogique des images visuelles au moment de leur construction et de leur manipulation laisse ouverte une autre question, celle du degré d'abstraction des représentations permanentes à partir desquelles les images sont transitoirement activées (→ PROPOSITIONNEL. Format —) (voir *philo.* ci-dessous).

La survenue d'images dans le cours de la pensée se produit parfois en dehors de toute tâche tournée vers une performance cognitive. Mais des questions importantes se posent sur la contribution de l'imagerie au fonctionnement cognitif lorsqu'il s'agit pour l'individu de résoudre des problèmes ou de répondre à des questions nouvelles. Tout d'abord, la mémorisation d'informations verbales est connue pour sa sensibilité à l'utilisation d'images visuelles (→ LANGAGE. Traitement du —). Le codage d'informations verbales sous forme d'images fournit en effet à l'individu l'occasion d'une inscription supplémentaire en mémoire des aspects figuratifs des concepts à retenir (→ CONCEPT). De même, la compréhension de textes est facilitée par la construction d'images qui permettent au lecteur de visualiser des relations complexes (→ TEXTE. Traitement du —). L'image sert également d'importantes fonctions dans le raisonnement et dans les tâches qui demandent au sujet la visualisation de traits ou de relations non familières (→ RAISONNEMENT et RATIONALITÉ). L'image fournit une possibilité de simuler des événements non perçus et d'anticiper des états nouveaux de la réalité. Elle contribue ainsi à la résolution de problèmes nouveaux et joue un rôle spécifique dans les activités créatrices (→ CRÉATIVITÉ).

Enfin, un objectif important de la recherche consiste à rendre compte de la relation entre la structure des images et leur fonctionnement. L'hypothèse est ici que les images tiennent une large part de leur fonctionnalité des propriétés structurales qu'elles partagent de manière unique avec les événements perceptifs. Contrairement à d'autres formes plus abstraites de représentation, les images contiennent une information structurée de manière analogue à celle de la perception, ce qui leur confère une valeur singulière dans l'adaptation de l'individu à son environnement. L'imagerie fournit des représentations qui permettent de raisonner ou de retrouver de l'information en l'absence même des objets qu'elle évoque (→ INFORMATION), et donc de traiter cognitivement d'objets placés à distance. Le fait que les processus mis en œuvre sur l'image présentent des traits communs avec les processus perceptifs favorise évidemment les traitements. L'image, au total, n'est pas une activité déconnectée des autres fonctions cognitives. En particulier, elle est intimement liée à la perception, qui lui fournit ses contenus initiaux et sa structure, et dont elle constitue un substitut fonctionnel dans de nombreuses circonstances de la vie cognitive. *Michel DENIS.*

**Neuroscience.** — Parmi les différentes activités d'imagerie mentale (visuelle, motrice, etc.), l'imagerie visuelle est la plus étudiée en neuroscience cognitive (comme en psychologie, voir ci-dessus). Elle a connu un intérêt croissant au cours des dernières années suite à l'avènement des techniques d'imagerie cérébrale (→ IMAGERIE CÉRÉBRALE FONCTIONNELLE).

L'activité d'imagerie mentale visuelle n'est pas un processus unitaire. Elle est sous-tendue par divers sous-systèmes spécialisés dans des opérations cognitives particulières. L'identification de ces sous-systèmes a été l'un des objectifs des nombreuses études réalisées auprès de patients cérébrolésés (→ LOCALISATION CÉRÉBRALE, NEUROPSYCHOLOGIE) ainsi que d'études tomographiques. Dans leur ensemble, ces travaux renforcent la conception selon laquelle l'imagerie mentale visuelle et la perception visuelle partagent de nombreux sous-systèmes fonctionnels (→ PERCEPTION). En particulier, plusieurs études tomographiques se sont attachées à déterminer si l'aire visuelle primaire (V1) était ou non activée lors du processus d'imagerie visuelle.

Stephen Kosslyn et ses collaborateurs ont ainsi mesuré l'activité cérébrale de sujets réalisant une tâche d'imagerie mentale visuelle et une tâche perceptive. La tâche d'imagerie consistait à imaginer, à l'intérieur d'une grille, la lettre majuscule correspondant à une lettre minuscule. Le sujet devait décider si la lettre imaginée recouvrait ou non l'une des cases de la grille marquée d'un X. Dans la tâche perceptive, la lettre majuscule était effectivement présente dans la grille.

Des patterns d'activation cérébrale similaires ont été observés dans les conditions d'imagerie et de perception. Cette étude représente une intéressante démonstration du recouvrement des aires du cerveau impliquées dans l'activité d'imagerie mentale et dans celle de perception visuelle.

Une autre façon de démontrer le recouvrement des processus en imagerie et en perception est de rechercher en imagerie des principes fonctionnels connus en vision. Kosslyn a ainsi montré que le principe d'organisation topographique du cortex visuel peut également être mis en évidence dans une tâche d'imagerie. Les sujets, yeux clos, devaient écouter des noms de lettres, construire une image mentale de la lettre majuscule correspondante et dire, par exemple, si la lettre était ou non composée d'une ligne courbe. L'originalité de cette étude a consisté à demander aux sujets d'imaginer des lettres de la taille la plus petite possible ou la plus grande possible. Les clichés indiquent une activation de l'aire visuelle primaire (V1) lors de l'activité d'imagerie, avec une activation plus marquée de la partie postérieure de V1 (correspondant à la fovéa) pour les lettres de petite taille, et de la partie antérieure de V1 (correspondant aux aires parafovéales) pour les lettres de grande taille. Ces résultats, obtenus en condition d'imagerie et conformes à nos connaissances sur l'organisation topographique de V1, renforcent l'hypothèse d'une communauté des mécanismes entre la vision et l'imagerie mentale.

Cette hypothèse a été confirmée par Kosslyn dans une autre étude où les sujets devaient écouter passivement des noms d'objets (condition contrôle) ou construire, à différentes tailles, l'image mentale d'un objet décrit par son nom (condition test). Comme dans l'étude précédente, une activation résiduelle au niveau de V1 a été observée après soustraction entre les deux conditions. Cette activation était postérieure pour les images de petite taille, antérieure pour les images de grande taille et intermédiaire pour les images de taille moyenne. Soulignons toutefois que certains auteurs ne retrouvent pas l'activation de V1 lors de tâches d'imagerie visuelle. Un débat est actuellement ouvert à ce sujet. Le paradoxe devrait sans doute être levé par une comparaison précise des protocoles expérimentaux utilisés.

Les travaux récents d'imagerie cérébrale fonctionnelle ont également confirmé l'existence dans l'imagerie mentale visuelle, comme dans la perception, de deux circuits neuronaux distincts, impliqués dans les deux aspects essentiels du traitement des objets dans l'espace : leur localisation *(où ?)* et leur identification *(quoi ?)* (→ ESPACE). Il s'agit, d'une part, de la voie dite « dorsale », comprenant des régions situées sur un axe occipito-pariétal et qui s'étend jusqu'au lobule pariétal supérieur. Cette voie est impliquée dans la localisation des objets et l'analyse des attributs spatiaux des scènes imaginées (ou perçues). Il s'agit, d'autre part, de la voie dite « ventrale », qui se situe le long d'un axe occipito-temporal jusqu'au gyrus temporal inférieur. Cette voie est spécialisée dans le traitement de la forme et plus généralement des caractéristiques figurales des objets (opérations d'identification). *Olivier KOENIG.*

**Philosophie.** — Dans la philosophie ancienne, le milieu privilégié de la pensée est iconique ou pictural ; la compréhension du langage suppose ainsi que l'on juxtapose des images (→ LANGAGE. Traitement du —). Deux thèses définissent cette position : *a)* les images mentales sont de l'ordre des représentations picturales (→ REPRÉSENTATION) ; *b)* l'imagination ressemble à une perception effectuée dans des conditions plus difficiles (→ PERCEPTION). Cette tradition a été reprise par les philosophes modernes. De René Descartes à John Locke et à David Hume, la pensée est une manipulation d'idées simples, lesquelles sont des images affaiblies des impressions des sens et sont composables entre elles pour former des idées complexes.

George Berkeley est le premier à critiquer cette conception en affirmant que *c)* les images sont toujours déterminées. Il conteste par suite la possibilité de représenter des concepts généraux par des images (l'image d'un triangle le représente toujours comme ayant des angles déterminés, alors que le triangle en général ne peut avoir aucune particularité) (→ CONCEPT).

Jerry Fodor s'appuie sur une remarque de Ludwig Wittgenstein (l'image d'un homme qui arpente une colline peut aussi être l'image du même homme qui glisse en arrière) pour poursuivre la critique de Berkeley en contestant que les images puissent véhiculer le vrai et le faux, et avoir ainsi un contenu propositionnel (→ VÉRITÉ). En effet, les images (ici les idées mentales, mais aussi les photographies) paraissent trop peu abstraites pour assumer la représentation conceptuelle.

Les trois thèses *a)-c)* ont été maintes fois critiquées en philosophie et en psychologie. L'analogie avec les représentations picturales est faible, car on ne peut pas traiter les images comme des objets physiques ; le modèle perceptif de l'imagination est problématique, car on voit mal où s'effectue l'inspection des images ; enfin, les images peuvent être indéterminées, comme le suggère l'exemple de l'image d'un tigre dont on ne peut pas préciser le nombre de rayures.

Tout en ayant considérablement réduit le rôle des images dans la théorie de la pensée, ces critiques ne portent pas sur leur rôle dans l'imagination. Même en laissant de côté les données de l'introspection, dont le statut théorique est douteux (→ INTROSPECTION), plusieurs faits empiriques tendent à montrer qu'une partie de la représentation mentale est effectuée par le biais d'une structure iconique et qu'il y a des processus communs à la perception visuelle et à l'imagination (voir *psycho.* et *neuro.* ci-dessus). Les expériences classiques à cet égard, dues respectivement à Roger Shepard et à Stephen Kosslyn, concernent la rotation mentale et l'inspection mentale. 1 / Le temps nécessaire pour établir si deux images données représentent le même objet sous deux angles différents dépend de façon linéaire de la différence entre les deux angles (exprimée comme mesure de la rotation). Les sujets semblent donc pouvoir manipuler mentalement les images à une vitesse déterminée. 2 / Le temps nécessaire pour se concentrer sur l'un des objets présents sur une carte imaginée (l'image mentale d'une carte que le sujet a préalablement étudiée) dépend de façon linéaire de la distance, sur la carte réelle, entre cet objet et celui sur lequel le sujet s'était auparavant concentré. Des données expérimentales de ce genre sont normalement expliquées par l'hypothèse selon laquelle les sujets explorent mentalement des entités iconiques. Les images sont ici conçues comme existant dans un milieu qui peut fonctionner comme un espace : ce sont des représentations fonctionnelles qui associent des propriétés à des positions dans cet espace (→ ESPACE). Le modèle de Kosslyn suggère que trois processus, propres à l'imagination et distincts d'autres processus cognitifs, engendrent, inspectent et transforment les images.

Il a été objecté que la notion d'image employée ici n'est pas conceptuellement claire et pourrait n'être qu'une simple métaphore. Cela est particulièrement évident pour ceux qui proposent une théorie propositionnelle afin de rendre compte des phénomènes tels que 1) et 2) (→ PROPOSITIONNEL. Format —). Selon Zenon Pylyshyn, les images mentales ne seraient que des descriptions structurelles, c'est-à-dire des représentations complexes de type linguistique qui utilisent des termes comme *objet, partie d'objet, à la droite de* pour décrire la structure spatiale de ce qu'elles représentent. Pylyshyn observe que 3) les croyances et compétences linguistiques du sujet (→ CROYANCE) interfèrent avec la vitesse des opérations prétendument effectuées sur des images. Par exemple, la différence entre la vitesse de mémorisation d'un maître d'échecs et celle d'un novice se réduit si on présente une combinaison aléatoire de pièces et non une position effective du jeu. Dans la théorie iconique, pour laquelle l'inspection d'une configuration est une capacité primitive et indépendante, il ne devrait pas y avoir de différence remarquable déterminée par une éventuelle structuration linguistique des données.

Une variante de la théorie propositionnelle, avancée par Geoffrey Hinton, associe les objets à des descriptions structurelles qui spécifient la hiérarchie de leur articulation spatiale (par exemple, on a une représentation conceptuelle du fait que la main est attachée au bras, qui est attaché à l'épaule). L'inspection d'une image serait ici soumise aux mêmes effets de distance présents dans la théorie iconique, car l'activation de parties périphériques dans la hiérarchie est plus lente que l'activation de parties centrales. Michael Tye a proposé un compromis entre la théorie iconique et la théorie linguistique, d'après lequel un milieu iconique spatial, tel qu'une grille, serait rempli par des vecteurs symboliques propositionnels qui spécifient la propriété représentée à chaque position dans la grille. *Roberto* CASATI.

## INCONSCIENT → COMPÉTENCE/PERFORMANCE, CONSCIENCE, GRAMMAIRE, INTROSPECTION, MÉMOIRE, PSYCHIATRIE COGNITIVE, PSYCHOPHYSIQUE, SUBDOXASTIQUE

*(angl., inconscient)*

## INDIVIDUALISME

*(angl., individualism)*

**Philosophie.** — L'individualisme est la conception selon laquelle les états mentaux intentionnels d'un individu (→ INTENTIONNALITÉ) peuvent être caractérisés ou définis indépendamment de toute référence à son environnement physique ou socio-linguistique.

Deux formes d'individualisme doivent être distinguées : ontologique et méthodologique.

L'individualisme ontologique, également appelé « internalisme » est une doctrine concernant la nature des contenus mentaux, selon laquelle ceux-ci sont déterminés uniquement par des faits concernant le sujet considéré indépendamment de son environnement (→ EXTERNALISME/INTERNALISME). A cette doctrine s'opposent les thèses « externalistes » de Hilary Putnam et de Tyler Burge selon qui, alors même que les faits internes au sujet restent constants, des modifications de ses relations à son environnement physique ou social peuvent induire des modifications de ses contenus de pensée.

L'individualisme méthodologique, prôné par Jerry Fodor, accepte les arguments externalistes selon lesquels le contenu des états mentaux d'un individu dépend au moins en partie des relations de celui-ci à son environnement, mais fait intervenir l'idée que les taxinomies scientifiques doivent obéir à un principe de pertinence causale (→ CAUSALITÉ). Selon ce principe, les propriétés d'un état mental, qu'elles soient ou non relationnelles, n'ont à être prises en compte dans l'établissement d'une taxinomie psychologique que dans la mesure où elles sont causalement pertinentes. L'individualisme méthodologique soutient alors que les propriétés relationnelles (à l'environnement) des états mentaux, définissant le « contenu large », n'ont pas de pertinence causale et que seules les propriétés non relationnelles, définissant le « contenu étroit », ont à être prises en compte dans une taxinomie psychologique scientifique. Il importe de distinguer l'individualisme méthodologique, qui soutient que les états mentaux sont individués relativement à leurs pouvoirs causaux, du solipsisme méthodologique selon lequel leur individuation est indépendante de leur évaluation sémantique (→ SÉMANTIQUE).

L'une des motivations possibles de l'individualisme sous ses deux formes est de préserver l'intuition que nous avons une sorte d'autorité en première personne quant aux contenus de nos propres états mentaux : nous savons mieux que quiconque quel est le contenu de nos pensées. Une autre motivation est de garantir la possibilité d'une psychologie intentionnelle scientifique. Dans la mesure où les états mentaux exercent un pouvoir causal par l'intermédiaire des états cérébraux qui les réalisent, l'attribution d'une efficacité causale aux contenus mentaux demande que soit préservée la thèse de la « survenance » selon laquelle il ne peut y avoir de différence de contenu mental sans différence d'état cérébral (→ SURVENANCE). Or, on n'aurait pas cette survenance si les contenus mentaux étaient caractérisés relationnellement. *Élisabeth Pacherie.*

**INFÉRENCE** → BASE DE CONNAISSANCES, CONTRÔLE, DISCOURS, EXPRESSIVITÉ, HÉRITAGE, INTERPRÉTATION, LANGAGE DE LA PENSÉE, LOGIQUE, PRAGMATIQUE, RAISONNEMENT ET RATIONALITÉ, RÉSEAU SÉMANTIQUE, TEXTE, THÉORIE DE L'ESPRIT

*(angl., inference)*

## INFORMATION

*(angl., information)*

**Neuroscience et psychologie.** — En neuroscience cognitive et en psychologie, toute entrée (*input* en anglais) et toute sortie *(output)* des sous-systèmes d'une architecture fonctionnelle est une information (→ ANALYSE COMPUTATIONNELLE). Il s'agit de spécifier la nature de cette information et les mécanismes qui la transforment à l'intérieur de chaque sous-système. Sur le plan neuronal, les neurophysiologistes ont supposé pendant longtemps que le contenu de l'information d'un neurone n'était représenté que par sa fréquence de décharge, c'est-à-dire le nombre de potentiels d'action qu'il envoie à son axone au cours d'une période de temps donnée. Il existe aujourd'hui une conception alternative selon laquelle le motif temporel de décharge contient de l'information. En d'autres termes, les variations des fréquences de décharge avec le temps, présentant différents patrons ou motifs, pourraient elles-mêmes être porteuses d'information.

Les sciences cognitives sont souvent définies en termes de perspective du traitement de l'information (*information processing* en anglais). Il s'agit d'étudier comment l'information de l'environnement est encodée, sélectionnée, organisée, stockée, récupérée, par le biais des systèmes sensoriels, perceptifs, attentionnels et mnémoniques (→ ACTIVATION/INHIBITION, ATTENTION, MÉMOIRE, PERCEPTION, PSYCHOPHYSIQUE). Le sens du terme « information » est ici bien plus large (notamment sémantique, cognitif, → SÉMANTIQUE) que dans la théorie de l'information de Claude Shannon où l'acception en est strictement numérique, statistique (voir *IA* et *philo.* ci-dessous). Cette théorie a toutefois fourni des métaphores à la psychologie, notamment celles de canal de communication ou de traitement, de capacité limitée et de « bruit » qui dégrade l'information transmise.

Une distinction essentielle concernant l'étude du traitement de l'information en psychologie cognitive est celle qui oppose un traitement « ascendant » (ou *bottom-up* en anglais) et « descendant » *(top-down)*. Dans le premier type de traitement, présumé automatique (→ AUTOMATISME), les informations traitées sont directement issues de la stimulation sensorielle : il s'agit d'un « guidage par le stimulus ». Dans le second type de traitement, plus contrôlé (→ CONTRÔLE), les informations sont traitées sous le guidage des concepts, des représentations cognitives en mémoire (→ CONCEPT, REPRÉSENTATION). L'accent est actuellement mis sur les interactions complexes entre ces deux types de traitement, en relation avec les exigences de la tâche et les caractéristiques individuelles. Certains auteurs soulignent même le rôle de l'action (ou des représentations de l'action) dans le traitement de l'information (→ ACTION) : ainsi, le physiologiste Alain Berthoz avance que la perception est une action simulée, au sens où elle est un jugement, une prise de décision, une anticipation des conséquences de l'action.

La notion d'information est également liée à celle de modularité de l'esprit : selon Jerry Fodor, les modules cognitifs impliqués dans les activités de perception et de langage sont « informationnellement cloisonnés » (→ ESPRIT, LANGAGE. Traitement du —, MODULARITÉ). *Jean DECETY et Olivier HOUDÉ.*

**Intelligence Artificielle.** — La notion d'information possède dans le langage courant une valeur cognitive qui n'est pas respectée dans l'acception qu'en donne l'informatique, acception directement héritée de la théorie de l'information de Claude Shannon.

Supposons que des agents ne puissent communiquer entre eux que par des messages formés de symboles pris dans un alphabet donné, A (→ COMMUNICATION, SYMBOLE). L'arrivée d'un message M est susceptible d'informer son destinataire qu'un événement, parmi N événements possibles, est survenu. On considère que la quantité d'information I transmise par M croît avec N. L'usage est de choisir comme fonction croissante de N, son logarithme à base 2, c'est-à-dire $I = \log_2 N$. On montre facilement que si A possède $n$ symboles et si M a pour longueur $k$, N est au plus égal à $n^k$, donc $I \leqslant k \log_2 n$. Dans le cas – usuel dans la technologie actuelle des ordinateurs – où l'alphabet ne comporte que $n = 2$ signes, on a : $I \leqslant k$, c'est-à-dire que la quantité d'information contenue par M est au plus égale à sa longueur quand il est exprimé en langage binaire (→ LANGAGE. Traitement du —). L'unité d'information s'appelle alors le *bit* (abréviation de *binary unit* en anglais).

Cette définition implique que toute suite de $k$ symboles pris dans le même alphabet est porteuse de la même quantité d'information ; or ceci heurte l'intuition pour différentes raisons. 1 / Tout d'abord, un agent se jugera plus informé si l'événement annoncé par M est imprévu que s'il était prévisible. La théorie de Shannon permet de remédier à cet inconvénient en autorisant des messages de longueur variable, de manière à ce que les plus courts dénotent les événements *a priori* les plus probables. 2 / Ensuite, un message formé par un million de « a » consécutifs n'est pas aussi informatif qu'un livre ayant la même longueur. Cette difficulté peut être surmontée en considérant, comme Andreï Kolmogorov, que la quantité d'information véhiculée par M est liée, non à la probabilité de ce que M annonce, mais à la complexité du mécanisme le plus simple capable d'engendrer M. 3 / Enfin et surtout, pour qui s'intéresse aux sciences cognitives, l'information définie par Shannon ou par Kolmogorov ne tient aucun compte de l'effet produit sur le destinataire. Or, si M est rédigé en chinois, il sera jugé moins informatif par un agent ne comprenant pas cette langue que par un agent qui la comprend.

Définir la quantité d'information I par l'accroissement de connaissances provoqué par l'interprétation de M serait plus conforme à l'intuition (→ INTERPRÉTATION). Mais cette idée est impraticable en informatique car elle présuppose de quantifier la connaissance (et I dépendrait à la fois du message et de son destinataire). La quantité présentée ici est au contraire facile à mesurer, fort utile pour les dispositifs de stockage et de transmission ; tout au plus peut-on regretter qu'elle porte le nom d'information ! *Daniel KAYSER.*

**Philosophie.** — L'une des façons d'aborder le concept d'intentionnalité en philosophie de l'esprit consiste à définir le contenu des états mentaux (les attitudes propositionnelles) à l'aide du concept d'information (→ ATTITUDE PROPOSITIONNELLE, INTEN-

TIONNALITÉ). Initialement, ce concept a été abordé de manière probabiliste et quantitative dans le cadre de la recherche sur les systèmes de télécommunication (la théorie de l'information, voir *IA* ci-dessus). Il a ensuite été adapté à un traitement du message individuel.

Du point de vue de la théorie de l'information, toute information est une réduction d'incertitude. Lorsqu'on veut mesurer la quantité d'information contenue dans un événement, on procède en trois étapes. Combien vaut, par exemple, l'information qu'une pièce de monnaie lancée en l'air retombe sur le côté « pile » (P) ? On détermine d'abord par rapport à quel ensemble d'événements possibles on veut considérer P. Cet ensemble peut être l'ensemble de tous les lancements de pièces de monnaie (non biaisées). Ensuite, on détermine l'ensemble des types d'événements alternatifs possibles qui auraient pu se produire au lieu d'un événement de type P, ainsi que la probabilité *a priori* de survenue de chacun de ces types. Dans notre exemple, le seul événement alternatif possible est « face » (F), et sa probabilité *a priori* est la même que celle de P, à savoir 0,5. Le calcul des probabilités constitue l'arrière-plan de la théorie de l'information.

Cette théorie considère tout événement réducteur d'incertitude comme un signal ou message. Un tel concept d'information a les propriétés remarquables suivantes. 1 / Il est insensible au contenu de l'information dont il permet de mesurer la quantité. Pour un récepteur donné, la différence entre des messages distincts peut être cruciale, mais la théorie de l'information ne s'intéresse qu'à la probabilité de production de séquences de signaux. Des séquences équiprobables en provenance d'une même source portent la même quantité d'information. 2 / On ne peut pas l'appliquer à une occurrence d'événement indépendamment d'une série d'événements de même type (→ TYPE/OCCURRENCE). 3 / Le support physique des événements auxquels on attribue de l'information (qu'on considère comme les symboles d'un message), ne joue aucun rôle, tout comme le contexte réel dans lequel ils se produisent et leurs causes et effets (→ CAUSALITÉ, CONTEXTE et SITUATION, SYMBOLE). 4 / L'informativité, c'est-à-dire la quantité d'information, de l'événement E n'est bien déterminée que dans la mesure où la classe de référence, l'ensemble des types d'événements dont il était *a priori* possible qu'ils se produisent, et l'ensemble des événements qui comptent comme équivalents à E, sont bien déterminés.

L'information peut être transmise. Pour que cela soit possible, il faut que la source, ou l'émetteur, soit reliée au récepteur (autrement dit : l'entrée à la sortie) par une voie d'information. La voie d'information est un concept purement statistique : pour qu'il existe une telle voie entre deux séries d'événements (dans le sens de la théorie mathématique des probabilités) A et B, il suffit que la probabilité d'un événement A*i* de se produire *p*(A*i*) soit différente de la probabilité conditionnelle *p*(A*i* | B*j*) qu'a A*i* de se produire étant donné que B*j* s'est réalisé. Il n'est pas nécessaire que la voie d'information soit physiquement réalisée, par exemple par un lien causal. Ainsi, deux séries d'événements causalement isolées l'une de l'autre, mais provoquées par une (série de) cause(s) commune(s), peuvent être statistiquement corrélées. Il y a alors flux d'information entre elles.

La quantité d'information T(*x*, *y*) transmise de *x* à *y* est égale à l'information contenue dans le message d'entrée moins l'ambiguïté engendrée par la voie de transmission, ou, de manière équivalente, à l'information contenue dans le message de sortie moins l'équivocation engendrée par la voie de transmission. L'équivocation et l'ambiguïté sont des propriétés de la voie d'information. Ensemble, elles constituent le bruit. L'équivocation mesure l'incertitude qui persiste sur le message d'entrée étant donné un certain message arrivé à la sortie. L'ambiguïté mesure l'incertitude qui persiste à la sortie, une fois que l'entrée est déterminée.

Le concept d'information a été aménagé par Fred Dretske pour définir le contenu des états mentaux, en s'appliquant désormais à une relation entre deux événements individuels. Dretske la définit ainsi : le fait que *r* est G (G est, par exemple, l'état d'un indicateur interne) véhicule l'information que *s* est F (F est, par exemple, une propriété de l'environnement) si et seulement si P(F(*s*) | G(*r*)) = 1. L'exigence que la valeur de la probabilité conditionnelle soit égale à 1 équivaut à l'exigence que la voie de transmission ne soit pas bruitée. Cette théorie oppose le caractère factif de la relation d'information (qui ne peut s'appliquer que si elle est réalisée : de ce point de vue, il n'y a pas d'information fausse) au caractère normatif de la relation de représentation (qui peut être vraie ou fausse) (→ NORMATIVITÉ, REPRÉSENTATION, VÉRITÉ). Si G*(r)* est un état interne d'un système cognitif qui porte une information sur le fait F(*s*), on dira qu'il l'indique. Pour que l'indicateur G(*r*) soit une représentation de F(*s*), il faut en outre qu'il ait pour fonction d'indiquer un certain type d'événement ou de propriété (→ FONCTION). *Max* KISTLER.

**INNÉ/ACQUIS** → COGNITION DU BÉBÉ, COMPÉTENCE/PERFORMANCE, CONSTRUCTIVISME, DÉVELOPPEMENT COGNITIF, DOMAINE (SPÉCIALISATION QUANT AU —), GRAMMAIRE
*(angl., innateness/acquisition)*

**INTENTIONNALITÉ**
*(angl., intentionality)*

**Philosophie.** — Ce terme d'origine médiévale a été réintroduit dans la philosophie contemporaine par Franz Brentano pour désigner la propriété des états mentaux d'être au sujet de, ou de porter sur des objets et états de choses du monde. L'intentionnalité peut ainsi être identifiée à la propriété qu'ont les états mentaux de représenter des états de choses du monde, soit réalisés (c'est le cas des croyances, dont le contenu est fixé par l'état du monde représenté) soit à réaliser (comme les désirs, dont le contenu fixe l'état que le monde devrait atteindre) (→ CROYANCE, DÉSIR, REPRÉSENTATION). Toutefois, les états représentés ne sont pas nécessairement des états existants ni même des états possibles du monde. On peut désirer rencontrer le Père Noël, et même croire que 4 + 3 = 9 ; de manière générale, on peut former une représentation incorrecte d'un état de chose (« mereprésenter » ; *misreprent* en anglais). Les cas paradigmatiques d'états intentionnels sont les attitudes propositionnelles (→ ATTITUDE PROPOSITIONNELLE). On peut cependant considérer que les formes d'intentionnalité les plus répandues dans le monde animal sont celles qui sont liées à la perception et à l'action (→ ACTION, COGNITION ANIMALE, PERCEPTION), dont le contenu intentionnel peut être non propositionnel, mais imagistique ou préconceptuel (→ IMAGERIE MENTALE, PROPOSITIONNEL. Format —). Contrairement aux conceptions classiques qui, comme celle d'Edmund Husserl, identifient l'intentionnalité à la propriété d'un acte de représentation consciente, le concept d'intentionnalité est aujourd'hui généralement tenu pour indépendant de toute prise de conscience d'un contenu de pensée (→ CONSCIENCE).

Tandis que Brentano voyait dans la propriété d'intentionnalité une marque de l'opposition entre le monde physique et le monde mental (et entre sciences de la nature et sciences de l'esprit), un certain nombre de philosophes contemporains ont entrepris de la

« naturaliser », c'est-à-dire d'en donner une explication causale acceptable dans les sciences de la nature (→ NATURALISATION). Les tentatives de naturalisation des contenus mentaux les plus radicales sont celles de téléosémanticiens comme Fred Dretske et Ruth Millikan, qui identifient la capacité représentationnelle de certains états du cerveau à une fonction particulière que ceux-ci ont acquise sur la base des relations qu'ils permettent d'établir avec des états de choses extérieurs (→ FONCTION).

Selon Dretske, un état cérébral a une certaine fonction représentationnelle (il représente, par exemple, la présence de nourriture), en vertu du fait qu'il a été sélectionné (entre autres, par conditionnement opérant, → APPRENTISSAGE) dans une tâche de contrôle du comportement sur la base de l'information dont il est naturellement le porteur (→ CONTRÔLE, INFORMATION). L'information est une relation naturelle omniprésente, qui ne nécessite pas la présence d'un interprète : chaque fois qu'existe une corrélation nomologique entre deux états de choses, l'état de chose postérieur indique, ou porte une information, sur l'état de chose antérieur. Cette théorie comporte plusieurs difficultés dont nous n'évoquerons que les plus saillantes. D'une part, la distinction qu'elle opère entre le rôle causal qu'est censé jouer le contenu représentationnel historiquement acquis des états mentaux et le rôle causal des états neurophysiologiques qui contrôlent en dernier lieu le comportement est problématique (→ CAUSALITÉ). D'autre part, le recours au conditionnement opérant risque d'être circulaire si celui-ci exige l'utilisation d'une capacité représentationnelle.

Millikan propose d'analyser la capacité représentationnelle à partir du concept de fonction propre, dont elle offre une analyse étiologique ; ce qu'elle appelle « icône intentionnel » est un dispositif dont la fonction propre est la mise en correspondance avec le monde. Ce dispositif articule un producteur, qui effectue la mise en correspondance, et un interprète-consommateur, qui utilise l'icône pour satisfaire les besoins de l'organisme (→ INTERPRÉTATION). Son analyse a le mérite d'expliquer la « mereprésentation » comme un cas de dysfonctionnement ; le caractère normatif des représentations est dérivé du caractère étiologique de l'acquisition des fonctions (→ NORMATIVITÉ). La difficulté principale de cette position est qu'elle n'explique pas en quoi consiste la capacité représentationnelle, faute de disposer d'une analyse causale des dispositions sur lesquelles s'appuie une fonction.

Il ne faut pas confondre le terme d'intentionnalité dans son sens technique de capacité représentationnelle avec les termes d'intention, d'intension et d'intensionnalité. Avoir l'intention de travailler, par exemple, forme une catégorie particulière d'état représentationnel destinée à guider l'action (→ VOLONTÉ). L'intension désigne le contenu conceptuel d'un terme, par opposition à son extension, c'est-à-dire aux individus qu'il subsume (→ CATÉGORISATION, CONCEPT). Le terme d'intensionnalité désigne la propriété d'un langage (dit aussi « intensionnel » ), en vertu de laquelle les termes coréférentiels ne peuvent pas être substitués les uns aux autres sans modifier la valeur de vérité de la phrase où ils figurent – par opposition à la propriété des langages extensionnels, où cette substitution *salva veritate* est toujours possible (→ LANGAGE. Traitement du —, LOGIQUE). *Joëlle* PROUST.

## INTERACTION

*(angl., interaction)*

**Linguistique.** — L'interaction verbale ou non verbale entre individus (telle que la conversation, le dialogue, la discussion, la controverse, mais aussi l'échange de regards ou de gestes) peut être considérée soit comme un lieu d'actualisation et de manifestation de principes d'organisation humaine constitués par ailleurs, soit comme un lieu privilégié où se construisent, où émergent, les formes sociales, cognitives et linguistiques (→ COGNITION SOCIALE, COMMUNICATION, CONSTRUCTIVISME, ÉMERGENCE, LANGAGE. Traitement du —). Cette seconde perspective, interactionnelle ou interactionniste, a intéressé des philosophes aussi différents que Francis Jacques ou Jürgen Habermas et a été développée empiriquement dans plusieurs disciplines des sciences humaines. Elle conduit à des conceptions du langage et de la cognition qui ne sont pas focalisées sur la représentation de la référence (et donc sur le rapport entre les mots et les choses) (→ SENS/RÉFÉRENCE), mais sur l'établissement de la relation intersubjective et, partant, sur la construction de versions publiques du monde liées à l'action en contexte (→ ACTION, CONTEXTE et SITUATION). Cette approche permet de reformuler un certain nombre de questions relatives au lien social et à l'ordre social, à la socialisation de l'enfant et à l'apprentissage, ainsi qu'à l'émergence de la grammaire (→ APPRENTISSAGE, GRAMMAIRE).

L'interaction, notamment l'interaction en face à face, peut être conçue comme le lieu primordial où se forme, se ratifie, se transforme le lien social. L'ordre social n'est pas assuré à travers le partage non problématique de valeurs, normes, savoirs ou croyances, mais est construit à travers sa constante renégociation (→ CROYANCE, NORMATIVITÉ). L'interaction est une forme élémentaire de sociabilité, mais ses processus interviennent dans la structuration des formes plus complexes d'organisation sociale. Ainsi, pour George Herbert Mead et l'interactionnisme symbolique (→ SYMBOLE), le monde social n'est pas un donné factuel mais se constitue, dans l'interaction, par la production locale d'actions sensées. Pour l'ethnométhodologie, l'ordre social dépend de la façon dont l'intelligibilité mutuelle des actions et l'objectivation du monde social sont accomplies interactivement *in situ*.

Dans l'interaction avec sa mère et (ou) son père, puis avec d'autres enfants ou adultes, l'enfant inscrit et poursuit sa socialisation et son apprentissage, notamment du langage. De façon plus générale, l'interaction constitue un lieu et un moyen d'acquisition (→ DÉVELOPPEMENT COGNITIF) : dans la coordination et l'échange avec des individus plus compétents, au cours d'activités sociales situées, l'enfant, l'apprenant ou le novice sont en mesure de déployer des capacités et des connaissances allant au-delà de leurs possibilités individuelles. C'est ce que Lev Vygotski appelle « la zone proximale de développement » (voir aussi les travaux de Jerome Bruner). De ce point de vue, l'apprentissage n'est pas réduit à un processus d'intériorisation de connaissances préexistantes, mais se réalise à travers des processus de production participative d'objets de savoir flexibles, contingents, nouveaux parce que liés au contexte singulier de la pratique. Ces processus se rapprochent donc davantage de l'improvisation collective que de l'enregistrement passif de connaissances de la part d'un sujet isolé (→ DISTRIBUÉE. Intelligence —).

L'interaction est le lieu prototypique d'usage du langage : la langue n'y est pas simplement actualisée comme un système de potentialités préexistant mais est configurée, retravaillée, transformée par les élaborations des locuteurs s'ajustant les uns aux autres et adaptant leur activité au contexte (→ PRAGMATIQUE). Autrement dit, les ressources de la grammaire ne sont pas simplement exploitées différentiellement selon les finalités et les contextes : la grammaire prend forme dans les activités interactionnelles, et est donc socialement organisée, car accomplie dans et par les contributions des participants des échanges linguistiques.

Ainsi, qu'il s'agisse de cognition, de socialisation ou de langage, l'approche interactionniste ne se limite pas à reconnaître l'interaction comme un lieu d'observation de certains phénomènes, mais avance aussi que leur dimension interactionnelle est constitutive de la façon dont ils sont organisés. Il importe dès lors de décrire les principes régissant l'interaction comme une activité collective et ordonnée, reposant sur l'alternance des tours de parole, sur une gestion locale de la séquentialité, sur une production/interprétation coordonnée des participants, dont les ressources sont élaborées et exploitées de façon indexicale (→ INTERPRÉTATION, ORAL).

La base de l'organisation de l'interaction est l'alternance des tours (qui se retrouve aussi dans des interactions non centrées sur la parole, comme les queues devant les guichets, les jeux à plusieurs participants, le passage des voitures à un carrefour sans feux, etc.) : le caractère ordonné de la conversation repose sur le fait que les locuteurs parlent un à la fois et l'un après l'autre, c'est-à-dire selon un système de synchronisation et de coordination. Le fonctionnement des tours, comme le décrivent Harvey Sacks, Emmanuel Schegloff et Gail Jefferson, est défini par deux aspects : d'une part, la structuration des tours de parole, qui comportent des points potentiels de complétude où le tour suivant peut s'enchaîner ; d'autre part, les techniques de transfert de la parole. Les procédures pour localiser le moment où une transition vers le prochain tour est possible, ainsi que pour organiser la sélection du prochain locuteur, sont accomplies par les participants au moyen de ressources verbales (par exemple, une forme syntaxique permettant l'ajout de syntagmes à droite peut être exploitée pour prolonger le tour de parole, → SYNTAXE) aussi bien que non verbales (regards, gestes).

La trajectoire de l'interaction est organisée *in situ*, tour après tour, par les participants dont les tours de parole respectifs exercent à la fois une action prospective et rétrospective sur le développement en cours, en projetant des contraintes sur les enchaînements qui vont suivre et en manifestant l'interprétation des tours qui ont précédé. Ce déroulement est ultérieurement géré par les participants en intervenant sur son déploiement séquentiel, ou en remontant son cours pour pointer vers ce qu'ils considèrent être une mécompréhension, une difficulté, une erreur, grâce à des procédures de

« réparation » qui permettent d'identifier le problème et de lui apporter une solution.

La coordination et la collaboration dans l'action sont manifestées de la façon la plus spectaculaire dans les phénomènes de réponses à l'unisson, de planification orientée vers l'interlocuteur et comportant des projections et des anticipations, ou de co-énonciation d'un seul énoncé en deux parties successivement proposées par deux locuteurs différents. Les acteurs opèrent un travail constant de production et d'interprétation de formes observables vers lesquelles ils s'orientent mutuellement et qu'ils analysent comme des déploiements de réciprocités. Ce travail est contextuel : les orientations ne sont ni entièrement définies *a priori* par des règles ou conventions, ni entièrement partagées par les participants. Au contraire, elles sont élaborées de façon flexible, locale, rendues constamment adéquates au contexte, ajustables aux perspectives des participants et réparables dans le cours de l'action. De cette façon, on peut dire que l'interaction co-construit à la fois son déploiement, ses objets et ses ressources, qui ne sont pas préalables à son accomplissement et n'appartiennent pas en propre à l'intentionnalité d'un seul locuteur. Ainsi, l'apport de chaque participant définit la trajectoire interactionnelle globale : dans la reprise et la transformation par enchaînement ou contestation, par contraste se dessinent les thèmes dont il est question, et dans la négociation de la forme d'une expression, du mot adéquat, du sens d'une expression, la langue elle-même est réélaborée.

L'approche interactionnelle permet donc de montrer que les formes, les objets, les relations, les catégories (→ CATÉGORISATION), sont constamment sujets à un travail d'élaboration, de reformulation, de répétition ou de subversion. Leur sédimentation en entités appréhendées comme autonomes est le fruit des itérations et des changements qui ratifient, renforcent, mais aussi déplacent les structures sociales, les schémas cognitifs et le système de la langue. *Lorenza* MONDADA.

## INTERPRÉTATION

*(angl., interpretation)*

**Linguistique.** — Dans les recherches cognitives, la notion d'interprétation renvoie à des concepts fort différents selon les disciplines et les paradigmes. En Intelligence Artificielle (IA) et en philosophie, l'acception dominante vient de la sémantique logique (→ SÉMANTIQUE). Dans ce cadre, il convient de distinguer l'interprétation sémantique et l'interprétation syntaxique (→ SYNTAXE).

L'interprétation sémantique est une correspondance qui associe à toute proposition d'un système formel une valeur de vérité (→ LOGIQUE). Dans un système formel, on dira qu'une proposition est valide si elle reçoit la valeur *vraie* dans toute interprétation. La conception syntaxique fait du sens le résultat d'une interprétation en termes de transcodage. Cela suppose évidemment une séparation entre le syntaxique et le sémantique, mais aussi une compatibilité entre le langage interprété et le langage qui le transcode (→ LANGAGE. Traitement du —). En linguistique, cette conception conduit à définir l'interprétation comme un transcodage de la langue « naturelle » dans un langage artificiel, ce qui soulève des difficultés de principe non résolues. On ne peut s'étonner alors que chez un auteur tel Richard Montague la sémantique (intensionnelle) soit un décalque de la syntaxe.

Bien souvent, en représentation des connaissances par exemple, le concept d'interprétation est étendu dans un sens plus lâche : les formules d'un langage de représentation trouvent leur sens dans leur mise en relation avec un domaine d'objectivité ou ontologie (→ DOMAINE. Spécialisation quant au —, REPRÉSENTATION). L'interprétation est alors l'assignation globale d'une référence (→ SENS/RÉFÉRENCE).

En pragmatique, et notamment en pragmatique cognitive, l'interprétation est le passage du sens littéral d'un énoncé à son sens dérivé (→ PRAGMATIQUE, SENS). Ce passage s'effectue par toute une gamme d'inférences. Elles sont guidées, selon Dan Sperber et Deirdre Wilson, par un principe de pertinence qui veut que tout acte de communication ostensive transmette la présomption de sa propre pertinence optimale (→ COMMUNICATION, PERTINENCE). Comme tous les principes iréniques, le principe de pertinence établit un régime de la clarté. Plus un énoncé exige d'efforts de traitement, moins il est jugé pertinent. Au niveau du mot, la pragmatique affirme l'univocité lexicale (→ LEXIQUE). Le principe du rasoir d'Occam modifié, dû à Paul Grice, stipule qu'il faut éviter de multiplier les significations qu'on attache à une expression (→ SIGNIFICATION). Aussi, les mots n'ont-ils qu'une signification, mais plusieurs sens qu'on dérive, selon les usages, par des principes pragmatiques, et la sélection du contexte ne dépend pas de la situation, mais de sa cohérence avec le principe de pertinence posé *a priori* (→ CONTEXTE et SITUATION).

En sémantique cognitive, l'interprétation, entendue comme compréhension, consiste notamment à préciser les rapports entre type et occurrence (→ TYPE/OCCURRENCE). Le problème de l'interprétation se pose principalement de deux façons. Au niveau du mot, il s'agit de rapporter le sens lexical à un prototype : le prototype ne le subsume pas nécessairement, car l'occurrence peut être « déviante » (→ CATÉGORISATION). Au niveau de la phrase ou du texte, il s'agit de rapporter l'élément à interpréter à un schéma ou cadre conceptuel pertinent : c'est ce que l'on appelle, en sémantique cognitive, le « problème du cadre » (→ CADRE. Problème du —, TEXTE. Traitement du —). Dans les deux cas, la compréhension et la description qui en rend compte peuvent être définies comme des appariements (*pattern-matching* en anglais), de manière plus ou moins comparable à l'usage de l'IA. Mais, une difficulté apparaît ici : si toute interprétation est une reconnaissance, comment expliquer que l'on puisse interpréter des mots et des énoncés pour lesquels on ne connaît pas de prototype ou de cadre conceptuel ?

Le problème de l'interprétation se pose de façon très différente selon que l'on définit la compréhension comme une reconnaissance ou comme une élaboration de connaissances nouvelles (→ CRÉATIVITÉ). Dans le second cas, elle pourrait être redéfinie en termes de mesure et de caractérisation de l'originalité des occurrences par rapport aux types, voire comme constitution ou reconfiguration des types par les occurrences.

A la conception logique de l'interprétation, on peut opposer une conception rhétorico-herméneutique qui s'appuie non sur la logique, mais sur les sciences humaines et sociales : psychologie, sociologie, anthropologie. Fondamentalement, l'interprétation est conçue comme un parcours dans un texte ou une performance sémiotique (→ SÉMIOTIQUE). Cela suppose quatre facteurs absents des conceptions syntaxique et logico-sémantique de l'interprétation : un sujet interprète situé, une pratique sociale, et donc une action et une temporalité (→ ACTION, TEMPS).

Depuis une quinzaine d'années, à la suite notamment des travaux de Hubert Dreyfus, puis de Terry Winograd et Fernando Flores, le thème de l'interprétation a été repris et développé d'une tout autre manière par une problématique issue de l'herméneutique philosophique contemporaine (Edmund Husserl, Martin Heidegger). Ce courant ne s'est pas imposé en tant que tel, mais des idées générales de la phénoménologie ont été reprises par divers auteurs se réclamant du constructivisme ou de la cognition située (→ CONSTRUCTIVISME). A la définition de l'interprétation comme appariement entre des concepts et des objets (→ CONCEPT), ils substituent la thèse selon laquelle le sens émerge du flux de conscience et de l'expérience corporelle du sujet (à ce propos, les références à la phénoménologie existentielle de Maurice Merleau-Ponty se sont multipliées) (→ CONSCIENCE, ÉMERGENCE). En sémantique linguistique, on peut lier ce courant à l'apparition de thèmes phénoménologiques chez des auteurs aussi différents que Ray Jackendoff ou Mark Johnson. Beaucoup reste à faire cependant pour constituer une phénoménologie du langage qui satisfasse les besoins de la description linguistique. *François RASTIER.*

**Philosophie.** — En philosophie de l'esprit, le problème de l'interprétation est celui de savoir comment identifier le contenu des états mentaux d'autrui : selon quels critères les états mentaux sont-ils attribués (→ COGNITION SOCIALE, RAISONNEMENT et RATIONALITÉ, THÉORIE DE L'ESPRIT) ? La théorie de l'interprétation doit ainsi à la fois indiquer les critères d'attribution et juger si une telle attribution est théoriquement justifiée, c'est-à-dire si elle identifie correctement les contenus de pensée d'autrui. Un certain nombre de philosophes, parmi lesquels Donald Davidson et Dan Dennett, estiment que l'idée même de parvenir à une interprétation correcte unique est incohérente, du fait qu'un état mental n'est rien d'autre qu'un produit de l'interprétation (théorie interprétativiste). D'autres, comme David Lewis et Jerry Fodor, soutiennent que les sujets possèdent de manière au moins partiellement innée une théorie psychologique de sens commun, permettant d'interpréter les croyances et les désirs d'autrui (« théorie de la théorie ») (→ CROYANCE, DÉSIR). D'autres enfin, comme Alvin Goldman et Stephen Stich, défendent l'idée que les sujets ne possèdent pas de théorie psychologique ordinaire qui serait représentée de manière interne, mais qu'ils prédisent le comportement d'autrui en utilisant leur propre psychologie à la manière d'un ordinateur analogique. Ils peuvent ainsi simuler la décision que prend autrui (théorie projectiviste).

L'interprétativisme procède de l'adhésion à la conception quinienne de la traduction radicale, étendue en l'occurrence à l'interprétation radicale, c'est-à-dire à l'attribution d'états mentaux à un sujet par un observateur (la situation de traduction radicale est celle où se trouve un linguiste-anthropologue qui doit établir le manuel de traduction d'une langue inconnue maîtrisée par une communauté linguistiquement isolée). Comme Willard Quine l'a montré, la totalité des observations possibles du comportement verbal et non verbal est compatible avec des systèmes d'hypothèses analytiques (des propositions de traduction donnant le contenu intentionnel de ces comportements) qui sont incompatibles entre eux. Il en résulte, comme l'ont souligné Davidson et Dennett, qu'il n'y a pas de fait objectif concernant ce que quelqu'un veut dire en réalité indépendamment de l'existence d'un interprète. Davidson a soutenu en outre que l'indétermination de l'interprétation était limitée par la mise en œuvre d'un principe normatif, dit « principe de charité », en vertu duquel on doit admettre, pour que l'interprétation soit possible, que la plupart des croyances du sujet à interpréter sont vraies et cohérentes (→ NORMATIVITÉ, VÉRITÉ). *Joëlle* PROUST.

## INTROSPECTION

*(angl., introspection)*

**Philosophie.** — Chacun paraît savoir immédiatement l'essentiel de ce qu'il pense ou ressent à tout moment : on paraît capable de « voir à l'intérieur » de son esprit ou de « s'introspecter » (→ ESPRIT). Cependant la nature et l'étendue de cette capacité sont loin d'être bien comprises. Beaucoup de philosophes, par exemple René Descartes, soutiennent qu'il y a une forme de relation logique entre un état mental et la capacité de l'introspecter. Mais d'autres, tels que Gottfried Leibniz, pensent qu'il y a de nombreuses raisons de considérer qu'il existe des processus mentaux inconscients, non accessibles à l'introspection (→ CONSCIENCE). L'œuvre de Sigmund Freud a rendu cette hypothèse scientifiquement plausible ; elle est aujourd'hui un lieu commun en linguistique et en psychologie cognitive, cette dernière discipline supposant que la plupart des processus cognitifs responsables du comportement intelligent ne peuvent pas être l'objet d'introspection.

Richard Nisbett et Timothy Wilson ont rassemblé des données expérimentales tendant à prouver l'existence de divergences entre l'introspection et les processus mentaux censés être « introspectés ». Les sujets semblent être sensibles à un grand nombre de facteurs cognitifs qu'ils sont non seulement incapables « d'introspecter », mais dont ils vont souvent jusqu'à dénier la présence sur la base de l'introspection. Par exemple, si on leur demande de choisir entre diverses paires de bas, les sujets choisissent la paire de droite, même si toutes les paires sont en fait identiques. Quand on leur demande d'expliquer leur choix, ils font valoir un ensemble varié de considérations, dont on peut démontrer qu'elles sont sans pertinence ; en revanche si on demande aux sujets l'effet de la position, ils nient énergiquement qu'elle puisse jouer un rôle. Nisbett et Wilson estiment que ce que l'on prend pour un processus particulier d'introspection n'est rien d'autre que l'effort de se comprendre, de la même manière qu'on tente de comprendre autrui (voir aussi Wilfrid Sellars pour une hypothèse semblable).

L'analyse de Nisbett et Wilson a suscité de nombreuses réactions, les plus systématiques étant celles de Lars Ericsson et Herbert Simon, qui ont tenté de mettre au point une théorie computationnelle détaillée des mécanismes d'introspection (→ ANALYSE COMPUTATIONNELLE). Cette théorie distingue les matériaux qui sont immédiatement disponibles dans la mémoire à court terme et qui peuvent être rapportés (→ MÉMOIRE), de ceux qui doivent être récupérés en mémoire à long terme, et des hypothèses spéculatives sur les fonctions mentales (→ FONCTION).

Ces travaux ont tendance à sous-estimer un point logique : même si certaines choses peuvent être connues par introspection, il ne s'ensuit pas que l'on puisse connaître introspectivement lesquelles elles sont. Il est possible qu'on ne puisse savoir ce que l'on peut connaître introspectivement qu'en construisant par des méthodes non introspectives une théorie de la structure de l'esprit. *Georges* REY.

# L

## LANGAGE (Traitement du —)

*(angl., language processing)*

**Psychologie.** — L'étude expérimentale du traitement du langage (voir aussi → ÉCRITURE, LECTURE, ORAL, TEXTE. Traitement du —) est relativement récente en psychologie et elle a été largement inspirée à son stade initial par le développement des théories linguistiques formelles et tout particulièrement par celle de la grammaire générative et transformationnelle de Noam Chomsky (→ GRAMMAIRE). Malgré l'impact immédiat de cette théorie sur les premiers travaux de psycholinguistique, il est devenu très rapidement clair que la description formelle proposée par les linguistiques ne pouvait pas être envisagée comme une caractérisation pertinente des représentations et des opérations mentales mises en jeu lors du traitement du langage (→ REPRÉSENTATION).

Il importe de noter cependant que la remise en cause de la perspective visant à intégrer un modèle linguistique particulier dans les modèles psycholinguistiques de traitement ne signifie pas que la recherche en psycholinguistique puisse être conduite en ignorant les descriptions linguistiques (voir *ling.* ci-dessous). En fait, la prise en considération de celles-ci constitue un préalable nécessaire à toute tentative sérieuse de modélisation. Il suffit de noter sur ce point qu'un nombre très important de travaux, portant aussi bien sur la perception que sur la production du langage, ont montré que les procédures de traitement utilisées par les sujets sont fortement contraintes par les propriétés structurelles des langues considérées.

Pour aborder la problématique du traitement du langage, il est utile de dégager en premier lieu les propriétés essentielles de ce type de traitement. Deux propriétés fonctionnelles de base, apparemment contradictoires, ont été mises en évidence : l'automaticité et la flexibilité (→ AUTOMATISME). La nature automatique des processus de traitement du langage se traduit principalement par le fait que leur déroulement est généralement rapide, irrépressible et non accessible à l'inspection consciente (→ CONSCIENCE, INTROSPECTION). Ainsi, par exemple, la présentation visuelle d'une séquence de lettres correspondant à un mot donne accès de manière presque immédiate et irrépressible à sa signification (→ PERCEPTION, SIGNIFICATION). Il en est de même quand une séquence de mots constitue une phrase. Dans ce cas, c'est bien la signification de cette phrase qui s'impose à nous. En ce qui concerne la flexibilité des traitements, celle-ci se traduit principalement par le fait que l'interprétation d'un mot ou d'un énoncé est étroitement liée à son contexte de réalisation (→ CONTEXTE et SITUATION).

L'existence de ces propriétés d'automaticité et de flexibilité a donné lieu à deux approches en psycholinguistique : une approche autonome ou modulaire a été proposée, en particulier par Kenneth Forster et Merrill Garrett, afin de rendre compte essentiellement de l'automaticité des traitements (→ MODULARITÉ), tandis qu'une approche interactionniste, défendue en premier par William Marslen-Wilson, a visé davantage à rendre compte de leur flexibilité. 1 / Selon la version modulaire du traitement du langage, des composantes distinctes de traitement sont associées aux différents niveaux structurels de description proposés par les linguistes (niveaux phonologique, lexical, syntaxique, sémantique et pragmatique, → LEXIQUE, PRAGMATIQUE, SÉMANTIQUE, SYNTAXE). Cette approche postule la pertinence psychologique de la notion de niveau sur le plan de la représentation et sur celui du traitement. Cependant, contrairement à une idée largement répandue, elle ne présuppose pas une organisation sérielle des traitements correspondant aux différents niveaux. 2 / L'approche interactionniste assume, pour sa part, que les informations correspondant aux différents niveaux interagissent plus ou moins librement au cours du traitement. Ceci signifie que les décisions prises sur un niveau donné peuvent être affectées par les informations provenant de n'importe quel autre niveau (→ INFORMATION). Une version extrême de cette position conduit à nier toute pertinence à la notion de niveau de traitement.

Des variantes de ces deux positions coexistent à l'heure actuelle dans différents domaines. Toutefois, c'est sans doute dans celui du traitement des phrases que ces deux orientations de recherche ont donné lieu aux travaux les plus nombreux. Dans ce domaine, l'hypothèse de la modularité a conduit à postuler que le calcul de l'organisation syntaxique de la phrase repose exclusivement sur la prise en considération de ses propriétés structurelles, tandis que l'hypothèse interactionniste propose que des informations de nature lexicale, sémantique, et (ou) pragmatique, participent également à la détermination de ce calcul. Cette opposition très tranchée a, sans aucun doute, joué un rôle moteur dans le développement de la recherche mais elle n'est plus pertinente aujourd'hui. En effet, il semble maintenant bien établi que lors du traitement d'un énoncé, des informations de nature différente sont susceptibles d'intervenir. Cela ne signifie pas, cependant, qu'elles interviennent librement et sans aucune contrainte.

La question empirique qui se pose actuellement est d'établir avec précision quand et comment les informations phonologiques, lexicales, syntaxiques, sémantiques et pragmatiques participent à la perception, à la compréhension et à la production du langage. C'est pour répondre à cette question que les psycholinguistes ont élaboré des procédures expérimentales assez indirectes de mesure en temps réel capables de nous informer sur la nature des traitements réalisés lors de leur déroulement effectif. Il est clair que l'appel à l'introspection n'est d'aucune aide dans ce domaine car la plupart des opérations et des représentations mentales mises en jeu ne sont pas accessibles à l'inspection consciente. Seul le « résultat » terminal de ces opérations peut l'être.

L'évolution de la problématique du traitement du langage a donné naissance à des modèles théoriques hybrides plus ou moins fortement modulaires ou interactifs. Ainsi, par exemple, certains d'entre eux proposent que lors d'une première étape de traitement d'un énoncé toutes les configurations structurelles potentielles sont générées en parallèle. Par la suite, l'une d'entre elles sera sélectionnée sur la base des informations lexicales, sémantiques et pragmatiques (→ ACTIVATION/INHIBITION). Dans ce cas de figure, le modèle est autonome uniquement pour la phase d'engendrement des structures. D'une manière générale, plus une procédure de traitement est « précoce » et proche du signal, plus elle a de chances d'être automatique, irrépressible, etc. On exprime fréquemment cette idée en affirmant que les procédures linguistiques d'identification sont modulaires tandis que celles d'interprétation sont ouvertes (→ INTERPRÉTATION).

En ce qui concerne l'interprétation sémantique des phrases, diverses propositions ont été avancées, inspirées par les théories des prototypes, des réseaux sémantiques, ou encore des postulats de sens (→ CATÉGORISATION, RÉSEAU SÉMANTIQUE, SENS). Toutefois, seule l'approche componentielle, qui envisage la signification des mots sous la forme d'un faisceau de traits sémantiques, a donné lieu à un nombre relativement important de travaux. C'est en particulier dans le domaine de la vérification des phrases que ces différentes théories de la signification ont été utilisées.

L'étude du traitement du langage ne peut cependant se réduire aux seules phrases. Le traitement des textes constitue à l'heure actuelle un domaine important en psycholinguistique. Cette problématique a été abordée principalement dans le cadre de la théorie des modèles mentaux de Philip Johnson-Laird (→ RAISONNEMENT et RATIONALITÉ). Selon cette théorie, l'interprétation d'une phrase dépend en premier lieu de la construction d'une représentation propositionnelle qui est calculée automatiquement (→ PROPOSITIONNEL. Format —). Par la suite, une sémantique procédurale dérive, de cette représentation, un modèle mental de la situation.

La compréhension d'un texte est considérée comme un processus double d'intégration des informations issues des différentes parties qui le composent et de construction d'un modèle prenant appui sur les connaissances générales du sujet. La compréhension dépendra donc principalement de la cohérence du texte, c'est-à-dire de la nature des liens qui unissent ses différentes parties, et de sa plausibilité par rapport aux connaissances préalables du sujet. Cette notion de plausibilité renvoie au fait que la représentation du contenu d'un texte n'est pas conçue comme une représentation sémantique linguistique mais comme une représentation ou substitut d'un état du monde.

Soulignons enfin, que le traitement du langage dans les conditions « ordinaires » de communication exige de la part du sujet une utilisation cohérente et efficace d'une multiplicité de connaissances (linguistiques, encyclopédiques, pragmatiques, situationnelles, etc.) (→ COMMUNICATION). Son étude ne peut être conduite qu'à partir d'une démarche fondamentalement pluridisciplinaire et, de ce point de vue, ce domaine de recherche représente sans aucun doute un défi majeur pour les sciences cognitives. Malgré quelques tentatives intéressantes de modélisation, la question du traitement du discours (→ DISCOURS) et des conditions d'usage du langage reste encore, au niveau expérimental, largement inexplorée. *Juan SEGUI.*

**Neuroscience.** — Cette faculté, propre à notre espèce, de maîtriser le langage est extrêmement complexe et nécessite la participation d'un grand nombre de sous-systèmes fonctionnels (→ ANALYSE COMPUTATIONNELLE). On traitera ici conjointement des apports de la neuroscience cognitive à l'étude de la production du langage et à celle de sa compréhension (voir aussi → ÉCRITURE, LECTURE, ORAL). Ces deux aspects sont de plus en plus étroitement imbriqués dans l'étude des rapports cerveau/langage.

La variété des troubles du langage observée après une lésion cérébrale acquise – les aphasies – révèle la complexité de cette faculté, ainsi que la pluralité des zones cérébrales impliquées (→ LOCALISATION CÉRÉBRALE, NEUROPSYCHOLOGIE). Les deux grandes formes canoniques d'aphasie classiquement distinguées en neuropsychologie sont 1 / l'aphasie de (Paul) Broca qui correspond à un trouble articulatoire du langage, avec un discours « non fluent » (→ DISCOURS) sans trouble de la compréhension (lésion affectant la partie postéro-inférieure de la troisième circonvolution frontale de l'hémisphère gauche : l'aire de Broca) et 2 / l'aphasie de (Carl) Wernicke qui correspond, inversement, à un trouble de la compréhension sans trouble articulatoire, avec un discours « fluent », parfois logorrhéique, et la production de nombreuses paraphasies, voire une « jargonaphasie » (lésion affectant la partie postérieure de la première circonvolution temporale gauche : l'aire de Wernicke). Les aires de Broca et de Wernicke sont respectivement considérées comme le siège des images motrices et auditives des mots, l'aire de Wernicke étant connectée à l'aire de Broca qu'elle contrôle (→ CONTRÔLE). Une lésion affectant les deux aires est à l'origine d'une aphasie globale. On distingue aussi l'aphasie de conduction (affectant la connexion entre les deux aires : discours « fluent », paraphasies phonémiques, trouble de répétition sans trouble articulatoire ni de compréhension) et des formes d'aphasie liées à la lésion des connexions avec d'autres parties du cerveau, notamment avec un hypothétique « centre des idées ou concepts » (aphasie transcorticale motrice, aphasie transcorticale sonsorielle, aphasie transcorticale mixte) et avec le système moteur effecteur (anarthrie pure) ou le système auditif récepteur (surdité verbale). Enfin, il est aussi question d'aphasies sous-corticales (lésions de l'hémisphère gauche affectant le thalamus, les noyaux gris centraux, certaines régions de la substance blanche) et de l'aphasie amnésique (difficulté à dénommer, manque du mot ou anomie, → MÉMOIRE). Autant de dysfonctionnements qui attestent de la complexité de la faculté de langage. En outre, certains travaux suggèrent – contre le dogme classique d'une dominance exclusive de l'hémisphère cérébral gauche pour le langage – l'implication de l'hémisphère droit dans des domaines tels que la compréhension et la production prosodiques, les aspects lexico-sémantiques, la pragmatique de la communication (→ COMMUNICATION, LEXIQUE, PRAGMATIQUE, SÉMANTIQUE), voire le traitement de l'humour.

On considère aujourd'hui qu'il faut opérer avec prudence lorsqu'il s'agit de classer des patients à l'intérieur des grandes catégories d'aphasie. Il apparaît clairement que l'extrême complexité des troubles du langage pouvant apparaître consécutivement à une lésion cérébrale ne peut pas être captée parfaitement par les caractéristiques d'un syndrome donné. L'une des conséquences de cette complexité est qu'il devient hasardeux, sur le plan de la recherche en neuropsychologie cognitive, de regrouper les patients sur la base de ces grandes catégories d'aphasie et de moyenner leurs performances. La méthode la plus adaptée paraît être ici l'étude de cas.

Depuis une quinzaine d'années, les travaux d'imagerie cérébrale ont beaucoup contribué à l'identification des sous-systèmes de production du langage et à leur localisation (→ IMAGERIE CÉRÉBRALE FONCTIONNELLE). Au cours de premières études, vers la fin des années 1980, dans lesquelles il était demandé à des sujets d'observer simplement des mots sur un écran d'ordinateur ou de lire des mots à haute voix, la soustraction de l'activité cérébrale observée dans la condition de lecture silencieuse à celle observée dans la condition de lecture à haute voix a permis la mise en évidence de plusieurs régions spécifiques à la production du langage (dont l'aire de Broca), telles que le cortex moteur primaire (MI) de l'hémisphère gauche (au niveau d'une région correspondant à la bouche), le cortex sylvien et le cortex prémoteur gauches, le cortex moteur primaire et le cortex sylvien latéral de l'hémisphère droit, ainsi que l'aire motrice supplémentaire. Les mêmes observations ont pu être effectuées lorsque les stimuli étaient présentés en modalité auditive. Des études complémentaires ont permis de montrer que certaines régions, dont le cortex sylvien, sont également activées lorsque les sujets doivent simplement bouger la langue et la bouche sans parler, ce qui indique qu'elles sont impliquées dans la programmation motrice ou le contrôle moteur des organes phonatoires et non dans la production de langage *per se.* Il ressort donc de ces études que certaines régions sont impliquées dans la planification de la production langagière, alors que d'autres servent à la réalisation des mouvements nécessaires à l'émission des sons.

Mais la production du langage ne se limite pas à la contribution de régions situées dans la partie antérieure du cerveau. En effet, il a été montré, dans des tâches de génération silencieuse de verbes (comparées à des mesures d'activation au repos), que plusieurs régions postérieures interviennent en plus des régions frontales inférieures gauches (telles que l'aire de Broca) et de l'aire motrice supplémentaire : il s'agit des régions temporales moyennes et pariétales inférieures, dont l'activation est plus marquée dans l'hémisphère gauche. L'activation de ces aires temporales et pariétales témoigne probablement de l'implication d'un vaste réseau sous-tendant des processus lexico-sémantiques.

Si des aires temporales et pariétales sont impliquées dans la production du langage, il apparaît aujourd'hui que, réciproquement, des aires supposées spécifiques à l'aspect de production, comme l'aire de Broca, sont également impliquées dans des traitements linguistiques ne concernant pas explicitement la production. En effet, une activation de l'aire de Broca a été observée, par exemple, dans des tâches de décision lexicale, de détection de phonèmes dans des non-mots, ou encore de détection de rimes de lettres (décider si des lettres telles que B, T, R ou H se terminent par le son /é/). Il est probable que cette activation frontale provienne d'un processus de transcodage phonologico-articulatoire impliqué dans ces diverses tâches.

La production du langage doit donc être considérée comme une activité cognitive extrêmement complexe impliquant un grand nombre de sous-systèmes fonctionnels qui prennent en compte chacun l'un des aspects spécifiques de la tâche. Un modèle dans lequel seules des aires frontales seraient impliquées paraît définitivement dépassé.

Concernant la compréhension du langage, il s'agit aussi d'une faculté complexe qui offre des possibilités d'analyse très variées. Il nous est possible non seulement de comprendre des mots isolés, et ceci indépendamment du locuteur et malgré des variations de prononciation ou d'accent considérables, mais aussi de comprendre des combinaisons de mots en phrases, ou de dépasser le sens littéral de la phrase pour accéder à la métaphore. De plus, l'onde sonore véhiculant ces informations est très riche, puisqu'elle contient également des indices nous permettant de déterminer l'état émotionnel du locuteur, voire son âge ou son sexe (→ ÉMOTION). Ces comportements sont rendus possibles par le jeu d'un ensemble de sous-systèmes prenant en charge des aspects particuliers du mécanisme de compréhension.

Dans le cas le plus simple consistant à comprendre un mot isolé prononcé correctement, on admet que des formes auditives associées à tous les mots qu'un auditeur connaît sont stockées en mémoire et que la forme (stockée) correspondant le mieux à celle engendrée par le stimulus perceptif est activée (→ ACTIVATION/INHIBITION, PERCEPTION). Certains auteurs qualifient ce stock d'informations de « lexique auditif d'entrée ». Toutefois, avant qu'un élément de ce lexique ne soit activé, il est probable que l'auditeur identifie des éléments langagiers plus élémentaires, les phonèmes ; ainsi, la représentation lexicale (→ REPRÉSENTATION) ne serait activée que suite à l'activation préalable d'un certain nombre de phonèmes. La première étape de traitement, consistant à identifier des phonèmes isolés, serait effectuée par un sous-système d'analyse auditive réalisant un prétraitement indispensable de l'onde sonore complexe. Étant donné les nombreuses sources de variations possibles du signal, un tel prétraitement s'avère nécessaire afin d'extraire du signal des formes sonores stables, insensibles aux variations de prononciation, susceptibles d'activer les unités lexicales stockées en mémoire. Il est bien connu que les consonnes telles que *b* et *p* dans les sons *ba* et *pa* sont perçues en termes de catégories discrètes (→ CATÉGORISATION). Selon le délai temporel entre les deux paramètres critiques que sont le début des vibrations des cordes vocales et le relâchement de l'air (le temps d'attaque vocal), la perception de *ba* ou de *pa* sera possible. La frontière entre ces deux perceptions est très étroite : si le délai est inférieur à 25 ms, le son *ba* est perçu ; s'il est supérieur, le son *pa* est perçu. En revanche, des variations de délai à l'intérieur de chaque catégorie *ba* ou *pa* n'entraînent pas de perception différente. C'est la raison pour laquelle ce phénomène, au cœur des processus de prétraitement, est appelé « perception catégorielle ».

Les études de tomographie par émission de positons apportent aujourd'hui des données intéressantes concernant les mécanismes de compréhension du langage. Ces études ont montré qu'au moins six régions cérébrales (dont l'aire de Wernicke) sont activées lorsque des sujets écoutent simplement des mots. Quatre régions sont activées dans l'hémisphère gauche : le cortex temporal postérieur supérieur, le cortex temporal antérieur supérieur, le cortex temporo-pariétal et le cortex cingulaire inférieur antérieur. Deux régions du cortex temporal de l'hémisphère droit sont également activées. Il faut noter qu'aucune de ces régions n'est activée lorsque les mots sont présentés en modalité visuelle, ce qui signifie que ces régions sont bien spécifiques du traitement auditif des stimuli. Il faut aussi noter que lorsque des stimuli non langagiers sont perçus, les mêmes régions sont activées, à l'exception des régions temporo-pariétale et temporale antérieure supérieure. Il semble donc que les processus de prétraitement sont effectués à l'intérieur d'un ensemble de régions cérébrales spécialisées (probablement) dans différents traitements élémentaires effectués sur l'onde sonore complexe. L'un de ces traitements pourrait notamment consister en l'extraction de l'information concernant la prosodie.

Lorsqu'une représentation lexicale est activée dans le lexique auditif d'entrée, elle activerait à son tour une représentation stockée dans un système sémantique, ou dans une mémoire dite « associative », permettant l'accès au sens du mot entendu. Il ressort des études d'imagerie cérébrale que le traitement sémantique d'un mot nécessite la participation de diverses régions localisées dans les cortex préfrontal et temporal. *Olivier* Koenig.

**Linguistique.** — L'anglais ne distingue pas entre langue et langage. On oppose donc les langages formels *(formal languages)* aux « langues naturelles » (*natural languages :* cette expression a été traduite en français par l'anglicisme langage naturel, doublement malheureux car il désigne des langues – comme dans TALN ou traitement automatique du langage naturel –, et parce que les langues sont des formations culturelles, d'où leur multiplicité et leurs variations historiques). Il convient quoi qu'il en soit de distinguer : 1 / les langues (il en existe encore 3 000 au bas mot) ; 2 / la langue comme système, selon la définition de Ferdinand de Saussure qui oppose la langue à la parole comme le système à l'usage ; 3 / le langage, dans deux acceptions de ce mot : comme faculté générale de l'espèce, au sens où certains parlent d'un « organe du langage », et comme abstraction que les linguistes ont construite à partir des langues pour désigner leurs caractères généraux, voire universels ; enfin, 4 / les langages, ou systèmes symboliques artificiels, dont les langages de programmation sont un exemple bien connu (voir *IA* ci-dessous et → LOGIQUE).

La distinction fondamentale est celle qui oppose les langues et les langages. Elle est cependant controversée car certains auteurs influents, comme Richard Montague, ont affirmé qu'il n'y avait pas de différence essentielle entre les unes et les autres. Dan Sperber et Deirdre Wilson soulignent qu'un langage est un ensemble de formules bien formées ayant une interprétation sémantique (→ INTERPRÉTATION, SÉMANTIQUE). Les formules d'un langage ont une interprétation sémantique si elles sont associées systématiquement une à une avec d'autres objets : par exemple avec les formules d'un autre langage, ou avec les états internes de l'utilisateur du langage, ou encore avec des états de choses réels ou possibles. Un langage est un système de représentations régi par une grammaire (→ GRAMMAIRE, REPRÉSENTATION). La différence entre langues et langages n'apparaît pas ici ; les signes linguistiques ne sont pas distingués des symboles des langages formels (→ SIGNE, SYMBOLE) et tirent donc leur sens de leur interprétation, c'est-à-dire de leur mise en relation terme à terme avec des réalités d'un ordre non linguistique : états mentaux ou états de choses.

L'analogie entre langues et langages repose essentiellement sur un cadre théorique commun : la sémiotique du positivisme logique et la tripartition qu'elle instaure entre syntaxe, sémantique et pragmatique (→ PRAGMATIQUE, SÉMIOTIQUE, SYNTAXE).

Selon Ronald Langacker (en 1986), les points d'accord général de la théorie linguistique contemporaine comprennent ceux-ci : *a)* le langage est un système fermé sur lui-même (*self-contained* en anglais) susceptible d'une caractérisation algorithmique, et dont l'autonomie est suffisante pour qu'il puisse être étudié isolément, indépendamment de préoccupations cognitives plus larges ; *b)* la grammaire (la syntaxe en particulier) est un aspect indépendant de la structure linguistique, distinct à la fois du lexique et de la *sémantique (→ LEXIQUE) ; enfin, *c)* son sens est justiciable de l'analyse linguistique et il est correctement décrit par une sorte de logique formelle fondée sur des conditions de vérité. Langacker oppose à cela que les structures grammaticales ne constituent pas un système formel autonome ou un niveau de représentation : elles sont bien au contraire symboliques par nature, et permettent la structuration et la symbolisation conventionnelle du contenu conceptuel (→ CONCEPT). Le lexique, la morphologie (→ MORPHOLOGIE) et la syntaxe forment un continuum d'unités symboliques qu'on ne peut diviser qu'arbitrairement en composants séparés. Ainsi, contester la tripartition de Charles Morris et Rudolf Carnap permet de redéfinir l'économie de la linguistique, et notamment la place de la sémantique en son sein.

Si les constats de Langacker sont globalement admis par les chercheurs qui se réclament de la linguistique cognitive (sauf ceux qui sont les plus proches du cognitivisme orthodoxe de Noam Chomsky et de Jerry Fodor, → COGNITIVISME), ces chercheurs ne sont, cependant, aucunement unifiés et il faut distinguer ceux qui ont entrepris de « psychologiser » une sémantique issue de la sémantique formelle (Ray Jackendoff, par exemple) de ceux qui, comme Langacker, approfondissent une rupture avec la conception logique.

Alors que de multiples disciplines traitent du langage, la linguistique est la seule à traiter des langues dans leur diversité. Encore faut-il préciser ce qu'elle étudie dans les langues. Bien des linguistes aujourd'hui estiment que le système linguistique constitue leur unique objet et que les diversités observées dans l'usage des langues ne sont pas de leur ressort. En fait, cela entraîne deux simplifications importantes. 1 / La notion de langue est déjà une abstraction des linguistes : elle résume à bon droit toutes sortes de diversités régionales, sociales, etc. Quand on étudie, comme on le fait ordinairement, la langue écrite standardisée, on prend une décision normative lourde de conséquences : la linguistique descriptive ainsi conçue est alors fondée sur une norme implicite qui se reflète dans le choix du corpus ou du niveau de langue retenu comme objet d'étude (→ NORMATIVITÉ). Même alors, l'unité obtenue cache une grande diversité. La langue écrite reste en effet très hétérogène, car les écrits relèvent de genres fort différents. Ces différences de genre affectent non seulement le lexique, mais aussi la syntaxe et les structures sémantiques des textes (→ TEXTE. Traitement du —). Elles constituent un facteur de diversité irréductible, même dans les langues les plus standardisées. 2 / Une langue n'est pas composée d'un et un seul système, mais de plusieurs instances régulatrices en interaction constante, et qui évoluent selon des temporalités différenciées. Entre les règles de la langue et les régularités prescrites par les autres normes, dont les genres, il n'y a qu'une différence de degré et non de nature.

Pour la linguistique cognitive, le langage est une partie intégrante de la cognition humaine (Langacker) ou est considéré comme un « produit de processus cognitifs » (Catherine Harris). Cette valeur étiologique des processus mentaux suppose deux thèses : le langage est un produit de la pensée, le langage est un instrument de la pensée. Une approche fonctionnelle s'impose alors : si le langage est un des outils conceptuels de l'Homme, il ne doit pas être étudié de façon autonome, mais considéré par rapport à sa fonction cognitive (→ FONCTION) : interpréter, ordonner, fixer et exprimer l'expérience humaine (Dirk Geeraerts) (→ EXPÉRIENCE).

La problématique cognitive concernant les langues est commandée par le postulat selon lequel le langage est « une fenêtre ouverte sur la cognition » (Jackendoff). Plusieurs hypothèses sont explorées : soit les langues représentent un langage formel qui serait le langage de la pensée (Fodor, → LANGAGE DE LA PENSÉE), soit elles représentent un espace abstrait dans lequel se déroulent des opérations cognitives qui définissent une sorte de grammaire des représentations (Langacker), soit, encore, leurs invariants donnent accès aux catégories de l'esprit humain (→ ESPRIT). Ces invariants sont décrits comme des structures universelles (telles celle de la prédication) ou comme des catégories (ainsi, certains estiment que les catégories grammaticales témoignent d'une sorte « d'alphabet de la pensée », → CATÉGORISATION). Dans tous les cas, la préoccupation universaliste reste constante. *François RASTIER.*

**Intelligence Artificielle.** — En Intelligence Artificielle, depuis les années 1960, on peut interroger en langage naturel des bases de faits et certains systèmes résolvent des problèmes tels qu'ils figurent dans les manuels scolaires (→ RÉSOLUTION DE PROBLÈMES). En 1970, Terry Winograd a écrit un programme capable d'exécuter des ordres complexes exprimés en anglais sur un univers simple, le « monde des blocs ». Plus récemment, se sont développés des systèmes de dialogue, oral ou écrit, mettant en jeu des connaissances diverses sur le langage et sur le monde (→ COMMUNICATION). Si l'on est loin d'avoir une machine capable de réellement comprendre, certaines réalisations peuvent néanmoins être créditées d'un niveau élémentaire de compréhension.

La plupart de ces systèmes décomposent l'activité de compréhension en modules, ce choix se justifiant par la volonté de modéliser la cognition humaine (voir *psycho.* ci-dessus) ou par les seules contraintes informatiques (→ MODULARITÉ). Lorsque l'entrée est vocale, les premiers modules traitent le signal de parole, le segmentent et proposent pour chaque segment une liste ordonnée de phonèmes possibles. On établit alors un fil conducteur entre ces segments, afin d'y voir apparaître des mots d'un lexique (→ LEXIQUE). Certains systèmes, notamment ceux qui s'inspirent des théories psychologiques de la Forme et (ou) du connexionnisme (→ CONNEXIONNISME, PERCEPTION), effectuent une reconnaissance globale. Dans le cas d'une entrée textuelle, un module morpho-lexical identifie les mots en appliquant notamment les règles de flexion et de conjugaison de la langue utilisée.

Comme les données sont « bruitées » (reconnaissance imparfaite des phonèmes, fautes d'orthographe ou de frappe, etc.), que plusieurs mots de la langue sont homophones ou homographes, ces analyses laissent généralement subsister plusieurs hypothèses. Un modèle syntaxique de la langue est ensuite nécessaire (→ SYNTAXE), à la fois pour choisir parmi les hypothèses conservées et pour associer une structure à l'énoncé à comprendre. Les modèles proposés ont évolué, notamment sous l'influence de l'informatique : des grammaires en chaînes de Zellig Harris et des grammaires transformationnelles de Noam Chomsky, en vogue dans les années 1960, on est passé, dans la décennie suivante, aux automates augmentés de William Woods ou aux grammaires de métamorphose d'Alain Colmerauer, puis, au début des années 1980, aux grammaires d'unification, les plus utilisées actuellement (→ GRAMMAIRE). Quant au traitement du contenu, il est souvent divisé en modules sémantique et pragmatique (→ PRAGMATIQUE, SÉMANTIQUE), le premier construisant une forme logique censée exprimer les conditions de vérité de l'énoncé – c'est-à-dire ce qui doit être réalisé dans l'univers pour qu'il soit véridique (→ INTERPRÉTATION, LOGIQUE), le second modifiant le résultat obtenu pour prendre en compte la situation d'énonciation (→ CONTEXTE et SITUATION).

La notion de condition de vérité soulève de nombreux problèmes : elle s'applique difficilement aux questions ; de plus, alors qu'affirmer *p* ne rend pas *p* vrai, les performatifs comme *je promets / j'ordonne que p* deviennent vrais par le fait même qu'ils sont énoncés. Ces conditions dépendent de la situation d'énonciation, par exemple lorsque l'énoncé contient des déictiques (*ici*, *je*, etc.). Le résultat de l'étape sémantique est une forme logique ; or il existe diverses formes de logique : l'aptitude du langage naturel à « réifier » sans limitation des propositions (par exemple, si *p* est une proposition, *le fait que p* est un terme) rend souhaitable l'adoption de logiques d'ordre supérieur ; le futur et le passé grammaticaux orientent vers des logiques temporelles (→ TEMPS) ; le conditionnel impose la référence à des univers non réalisés, ce que permet la logique modale (mondes possibles, → MODALITÉ) ; les intensifs (*très*, *peu*, etc.) se représentent plus aisément dans des logiques multivaluées, etc.

Gottlob Frege avait remarqué que la confusion du sens avec la référence mène à des erreurs : *Jean pense que la capitale de la Suède est Oslo* n'est pas perçu comme ayant la même signification que *Jean pense que Stockholm est Oslo* (→ SENS/RÉFÉRENCE, SIGNIFICATION). Richard Montague a proposé une logique intensionnelle pour résoudre cette difficulté et a conçu un système, très partiel, produisant une forme logique intensionnelle à partir d'un énoncé. Son œuvre a été complétée depuis, notamment par David Dowty, Barbara Partee, etc., dont les travaux se caractérisent par une hypothèse de compositionnalité selon laquelle la forme logique correspondant à une structure se construit systématiquement à partir des formes logiques associées aux composants de cette structure. Cette hypothèse très forte est apparemment mise en défaut lorsque la structure sémantique de la phrase ne correspond pas exactement à sa structure syntaxique. Par exemple, une phrase commençant par *tout homme qui possède un âne...* s'analyse facilement si les points de suspension traduisent une propriété unaire $\mathrm{P}(x)$ (par exemple, *habite une ferme*) ; sa forme logique s'exprime alors au premier ordre par : $(\forall x)((\mathrm{HOMME}(x) \wedge (\exists y)(\hat{\mathrm{A}}\mathrm{NE}(y) \wedge \mathrm{POSS\grave{E}DE}(x, y))) \supset \mathrm{P}(x))$. Mais si les points de suspension sont remplacés par *le bat*, la traduction est fort différente : $(\forall x, y)((\mathrm{HOMME}(x) \wedge \hat{\mathrm{A}}\mathrm{NE}(y) \wedge \mathrm{POSS\grave{E}DE}(x, y)) \supset \mathrm{BAT}(x, y))$, ce qui met à mal le principe de compositionnalité. Les structures de représentation du discours proposées par Hans Kamp rétablissent ce principe en postulant un niveau intermédiaire entre la structure syntaxique et la forme logique (→ DISCOURS, REPRÉSENTATION) ; elles résolvent également certaines coréférences, c'est-à-dire qu'elles identifient un même objet sous différentes désignations, notamment s'il y a des pronoms.

La sémantique aborde d'autres questions telles que la gestion des priorités entre quantificateurs (*beaucoup de livres ont peu de lecteurs* n'a pas les mêmes conditions de vérité que *peu de lecteurs lisent beaucoup de livres*), la négation qui, dans la langue, n'a ni la même valeur ni la même portée qu'en logique, le traitement des expressions temporelles et spatiales (→ ESPACE), les pluriels, etc. A supposer ces questions résolues, on sait construire une forme logique à partir de prédicats censés exprimer la signification des mots (→ SIGNIFICATION), mais on n'analyse pas le lien entre le mot et sa représentation prédicative : c'est la tâche de la sémantique lexicale. Roger Schank (pour les verbes) et Yorick Wilks ont tenté vers 1970 de décomposer la signification de tous les mots en primitives sémantiques ; ce projet a été repris sous d'autres formes, notamment en France par Jean-Pierre Desclés. Il faut également déterminer si un mot est ou non polysémique, c'est-à-dire s'il lui correspond une (ou plusieurs) représentation(s) ; cette décision étant très délicate, on est amené, comme Alan Cruse, à parler d'acceptions « semi-distinctes » ou, comme Robert Martin, à différencier la polysémie de sens et la polysémie d'acception.

Il est difficile de déterminer l'influence sur la variété des interprétations d'un mot, de ce qui vient du mot lui-même et de son contexte, et la frontière entre sémantique et pragmatique est peu marquée, au moins à cet endroit. Plusieurs travaux, de James Pustejovsky, Geoffrey Nunberg, etc., étudient les variations systématiques de signification d'un mot selon la construction dans laquelle il est employé. Recourir aux connaissances dites « encyclopédiques » pour résoudre ce problème, et beaucoup d'autres, est considéré comme relevant de la pragmatique, et, malgré les travaux de Schank et de son équipe sur les notions de script et de MOP (*Memory Organization Packet* en anglais), l'importance de ces connaissances reste généralement sous-estimée.

La pragmatique s'intéresse surtout aux conventions régissant les échanges langagiers. Par exemple, les maximes de Paul Grice permettent de faire apparaître des contenus communiqués indirectement ou implicatures. Dan Sperber et Deirdre Wilson ont tenté de ramener ces maximes à un principe unique : celui de pertinence (→ PERTINENCE). Enfin, la pragmatique tient compte des intentions des interlocuteurs (→ THÉORIE DE L'ESPRIT) et étudie les effets argumentatifs de certains choix lexicaux et stylistiques.

Ce survol peut laisser penser que la compréhension du langage se laisse morceler en une multitude de traitements spécifiques à chaque difficulté. En réalité, l'apport essentiel de l'informaticien consiste à intégrer ces traitements. A cette occasion, il s'interroge sur le bien-fondé des frontières et des objectifs partiels qu'ils établissent. Nous avons observé la perméabilité entre sémantique et pragmatique ; des constatations analogues pourraient être faites à tous les niveaux, notamment entre syntaxe et sémantique.

Outre la problématique spécifique de la compréhension du langage naturel, la notion de langage est introduite à un autre niveau en informatique : celui des langages de programmation.

Soit V un vocabulaire, c'est-à-dire un ensemble de mots. On note généralement par V* l'ensemble (infini) de toutes les séquences que l'on peut construire au moyen d'éléments de V. Un langage sur V est un sous-ensemble de V*. Considérons par exemple V = { *enfant*, *et*, *pleure*, *rit*, *un* } : V lui-même est un langage sur V, comme le sont également l'ensemble vide, V*, ou encore l'ensemble formé des deux séquences { *un et enfant*, *rit et et* }.

Comme le montre l'exemple ci-dessus, une telle définition fournit une notion de langage trop pauvre pour être utilisable. C'est pourquoi on ajoute un ensemble auxiliaire, vocabulaire « non terminal » pour Chomsky, ensemble des types dans d'autres théories, grâce auquel on exprime des contraintes sur les séquences appartenant à un langage. Ainsi, on peut doter les éléments de V des types respectifs *nom*, *conjonction*, *verbe*, *déterminant*, puis introduire le type *phrase élémentaire* en spécifiant qu'un élément de ce type est une séquence formée d'un *déterminant*, d'un *nom* et d'un *verbe*. Enfin, un type *phrase* peut être (récursivement) défini comme comportant les séquences appartenant au type *phrase élémentaire* ainsi que les séquences formées de deux éléments du type *phrase* séparés par une *conjonction*. Le type *phrase* comporte donc une infinité d'éléments, (notamment *un enfant rit*, *un enfant pleure et un enfant pleure et un enfant rit*, etc.). Un langage est défini comme l'ensemble des séquences appartenant à un type particulier, appelé par analogie avec les systèmes déductifs « axiome » ; ici, l'axiome serait le type *phrase*.

De nombreux formalismes informatico-linguistiques permettent de raffiner les contraintes qu'une séquence doit respecter pour appartenir à un langage et d'associer une structure aux séquences acceptées. Suivant le type de contraintes, les problèmes de l'appartenance (une séquence donnée obéit-elle aux contraintes ?), de la vacuité (existence d'au moins une séquence qui satisfait les contraintes), de l'équivalence (deux ensembles de contraintes déterminent-ils le même langage ?), de l'ambiguïté (existe-t-il des séquences associées à deux structures distinctes ?) sont ou non décidables.

Cette définition formelle convient aux langages artificiels, comme les notations mathématiques ou logiques. Elle est indispensable pour les langages de programmation. En effet, les ordinateurs exécutent des instructions exprimées comme des séquences sur l'alphabet {0, 1} ; la programmation directe de ces instructions est fastidieuse et elle entraîne inévitablement des erreurs. C'est pourquoi, depuis les débuts de l'informatique ont été développés des langages que des logiciels spécialisés (les interprètes et les compilateurs) traduisent en instructions. La conception de ces langages tient compte du mode de pensée humain (l'ergonomie de la programmation et de son environnement a beaucoup amélioré la productivité des programmeurs), du type d'application visé (on ne s'exprime pas de la même façon pour interroger une base de données, contrôler la production d'une entreprise, calculer l'évolution météorologique, même si toutes ces expressions se traduisent en définitive dans les mêmes instructions) et du type de matériel informatique (par exemple, certains langages contiennent des directives applicables seulement sur des machines parallèles). Dans tous les cas, la syntaxe de ces langages (quelles séquences de caractères en font partie) et leur sémantique (ce que doit exécuter l'ordinateur) doivent être définies rigoureusement.

En revanche, l'adéquation de ce genre de définition à la description d'une langue naturelle est beaucoup moins claire. En effet, la notion de vocabulaire V y est plus difficile à délimiter et, surtout, il est loin d'être évident qu'une langue détermine une partition sur l'ensemble V*, c'est-à-dire qu'un « informant » idéal puisse toujours décider si une séquence d'éléments de V appartient ou non à sa langue. On atténue parfois cette exigence en parlant de degré d'acceptabilité, mais il est rare que l'on explicite le procédé de mesure d'un tel degré. Quoi qu'il en soit, à l'heure actuelle, aucun formalisme ne prétend fournir une description correcte et complète d'une langue. *Daniel KAYSER.*

## LANGAGE DE LA PENSÉE

*(angl., language of thought)*

**Philosophie.** — Le Langage de la pensée (LDP) est un langage (→ LANGAGE. Traitement du —) postulé par de nombreux auteurs, tels Wilfrid Sellars, Gilbert Harman et Jerry Fodor, pour expliquer comment les humains et beaucoup d'animaux représentent le monde et pensent à son sujet (→ COGNITION ANIMALE, COGNI-

TIVISME, INTENTIONNALITÉ, REPRÉSENTATION). Il est considéré comme codé dans le cerveau un peu à la façon dont certains langages formels sont codés dans les circuits d'un ordinateur. Il existe plusieurs théories de la manière dont ces symboles possèdent un sens, mais la plupart font appel aux relations causales entre les symboles (qui peuvent refléter un processus d'inférence) et (ou) aux relations causales que les symboles individuels entretiennent avec les phénomènes du monde (→ CAUSALITÉ, SYMBOLE). Le LDP n'est pas nécessairement une langue naturelle ; bien au contraire, étant donné que les types pertinents de comportement intelligent sont présents chez de nombreuses créatures (bébés humains, chimpanzés) dépourvues (ou non encore pourvues) de langue naturelle (→ COGNITION DU BÉBÉ), le postulat de l'existence de LDP n'est pas confiné aux utilisateurs d'une langue naturelle.

Ce qui en fait un langage est qu'il possède une structure logico-syntaxique sémantiquement évaluable et causalement efficace : il contient des noms, prédicats, variables, quantificateurs *(tous, quelques)* et des connecteurs logiques *(non, et, si seulement si)* qui sont combinables pour former des complexes (phrases), ces derniers pouvant être vrais ou faux (→ LOGIQUE, PROPOSITIONNEL. Format —, SÉMANTIQUE, SYNTAXE). De cette manière, le LDP est par exemple supérieur en pouvoir expressif à des systèmes d'images pures (→ IMAGERIE MENTALE), qui semblent incapables d'exprimer des pensées logiquement complexes.

Fodor a indiqué que les raisons principales de croire en l'existence de LDP est qu'il permet d'expliquer trois phénomènes intéressants associés à l'esprit (→ ESPRIT) : 1 / la productivité de la pensée : on peut en principe comprendre une infinité potentielle de pensées différentes qui peuvent être obtenues par combinaison logique de pensées plus simples ; 2 / la systématicité de la pensée : si quelqu'un peut former une certaine pensée, *p*, il peut penser toutes les phrases de même structure logique obtenues en permutant les constituants de *p* ; 3 / l'intensionalité de la pensée : on peut penser à quelque chose d'une certaine manière sans y penser d'une autre manière, et on peut même penser à des choses non existantes. Selon l'hypothèse de LDP, ces phénomènes sont possibles parce que penser consiste à avoir certaines relations avec des symboles linguistiques qui peuvent être causalement déterminés à se combiner et à se recombiner dans le cerveau de toutes les manières logiquement acceptables. *Georges REY.*

## LECTURE

*(angl., reading)*

**Psychologie.** — La recherche en psychologie cognitive de la lecture a principalement été consacrée à l'élaboration de modèles du fonctionnement cognitif du lecteur habile. Ces modèles décrivent les diverses étapes de traitement reliant la perception de la trace écrite à la reconnaissance des mots (→ LANGAGE. Traitement du —, PERCEPTION).

Dans les années 1970, un vif débat a opposé les conceptions strictement ascendantes (*bottom-up* en anglais) de la lecture et les conceptions essentiellement descendantes *(top-down)* (→ INFORMATION). Pour les premières, défendues notamment par Kenneth Forster, il y aurait une séquentialité des traitements, de la perception des traces écrites vers l'identification des mots en mémoire (→ MÉMOIRE). Pour les secondes, dont les représentants les plus connus sont Kenneth Goodman et Frank Smith, même la toute première étape de constitution d'une image perceptive serait sous la dépendance des connaissances possédées par le lecteur : toutes les étapes seraient ainsi marquées par les stratégies de recherche du sens de ce qui est lu (→ SÉMANTIQUE). Ce débat est aujourd'hui dépassé, la plupart des auteurs s'accordant désormais sur des conceptions interactives où des traitements ascendants, nécessaires au moins à l'amorce de l'activité, subissent l'influence des connaissances préalables du sujet.

Conformément au modèle de Max Coltheart, l'architecture d'ensemble du système cognitif traitant les mots écrits est le plus souvent décrite comme la coexistence de deux voies qui permettent d'accéder au lexique mental, c'est-à-dire à l'ensemble des mots connus par le lecteur (→ LEXIQUE). La voie dite « indirecte » utilise la médiation phonologique, alors que la voie « directe » permet une reconnaissance sans conversion du mot écrit en mot oral (→ ORAL). Dans une perspective très différente, se développent actuellement des modèles connexionnistes (→ CONNEXIONNISME) qui décrivent des fonctionnements en parallèle de réseaux au sein desquels des systèmes de propagation conduisent à l'activation de certaines configurations et à l'inhibition d'autres (→ ACTIVATION/INHIBITION). Dans le modèle de Mark Seidenberg et James McClelland, ces réseaux impliquent des connaissances orthographiques, phonologiques et sémantiques qui interagissent, ainsi que des processus de transformation permettant la transmission d'excitation et d'inhibition entre les unités de connaissances. Le système est activé quand le lecteur lit, mais également quand il entend ou pense à un mot. Dans cette perspective reconnaître un mot, ce n'est pas avoir retrouvé un élément d'un dictionnaire mental, mais c'est avoir activé une certaine configuration de connaissances (orthographiques, phonologiques et sémantiques) qui correspond à un mot particulier.

Ces processus à l'œuvre dans l'identification des mots écrits peuvent être perturbés gravement à la suite de lésions cérébrales (voir *neuro.* ci-dessous). Dans ces cas, dits « de dyslexies acquises », le déficit peut concerner soit les toutes premières étapes de traitement du percept visuel (dyslexies périphériques), soit la formation de la représentation (dyslexies centrales) dans ses aspects orthographiques, phonologiques et (ou) sémantiques.

Les recherches en psychologie cognitive concernent également l'étude de l'accès à la signification en lecture (→ SIGNIFICATION). Dans ce domaine il existe deux axes de recherche complémentaires : le premier, qui s'intéresse au calcul syntaxique de la signification de la phrase (→ SYNTAXE), conçoit l'accès à la signification comme une étape supplémentaire de traitement en lecture, au-delà des traitements lexicaux ; pour le second, il s'agit d'expliquer comment, à partir du texte et des connaissances possédées préalablement à sa lecture, le lecteur élabore un ensemble structuré d'informations correspondant à ce qu'il a compris (→ TEXTE. Traitement du —).

L'étude de l'apprentissage de la lecture a connu un essor important dans les années 1980 (→ APPRENTISSAGE). Uta Frith a identifié trois grandes étapes dans la mise en place des capacités des lecteurs. Dans une étape initiale, la phase logographique, les enfants utilisent des indices pour « deviner » les mots : des indices présents dans l'environnement, par exemple un logo publicitaire, mais également des indices pris dans le mot lui-même, notamment certaines lettres. Dans cette lecture-devinette, l'information linguistique est traitée comme une image. Lors de la deuxième étape, la phase alphabétique, l'effort de l'apprenti lecteur est principalement consacré à l'application des règles de conversion des graphèmes en phonèmes. Enfin, dans la troisième et dernière étape, la phase orthographique, les mots sont analysés en unités orthographiques sans recours systématique à la conversion phonologique. La morphologie jouerait un rôle important dans cette étape finale (→ MORPHOLOGIE). En outre, comme l'a montré Usha Goswami, il semble qu'avant même la phase alphabétique apparaisse une lecture par analogie dans laquelle l'enfant utilise, pour lire des mots qu'il n'a encore jamais vus, les connaissances qu'il possède sur la façon dont se prononcent d'autres mots. Ainsi, l'enfant qui sait lire les mots *bien* et *chien* utiliserait cette connaissance pour lire le mot *rien*.

Un aspect important de l'apprentissage est l'automatisation (→ AUTOMATISME) : automatisation des processus à l'œuvre dans la reconnaissance des mots, qui libère des ressources cognitives pour la compréhension ; automatisation de certains processus à l'œuvre dans le calcul et l'élaboration des significations, qui augmente l'habileté du lecteur dans sa manipulation du texte.

En ce qui concerne les dysfonctionnements de l'apprentissage, des progrès notables ont été faits quant à la connaissance des dyslexies développementales : ces troubles strictement limités à la lecture (et à l'orthographe), indépendants de l'intelligence et des conditions sociales et (ou) affectives. Pour ces cas, depuis l'ouvrage publié par Frank Vellutino en 1979, l'hypothèse d'un dysfonctionnement de certains mécanismes du traitement de l'information (notamment phonologique), dysfonctionnement d'origine organique, semble de plus en plus étayée. Ces cas représentent environ un quart des mauvais lecteurs. Pour les autres (que Jean-Émile Gombert appelle « les dissynopsiques »), ce sont vraisemblablement des facteurs environnementaux qui sont à l'origine de l'échec. *Jean-Émile* GOMBERT.

**Neuroscience.** — L'étude des troubles de la lecture par lésion cérébrale acquise chez l'adulte a toujours été un domaine de prédilection de la neuropsychologie (→ NEUROPSYCHOLOGIE). Cet intérêt vient d'abord du fait qu'il est très instructif, sur le plan des lois biologiques de l'évolution, de découvrir des régions cérébrales dont le rôle unique ou presque est de mener à bien certaines opérations fondamentales de la lecture, alors même que le langage écrit est très récent dans l'histoire de l'Homme (→ LANGAGE. Traitement du —, LOCALISATION CÉRÉBRALE). L'hypothèse de l'existence de telles régions semble étayée par le fait que certaines lésions provoquent un trouble quasiment isolé de la lecture. En outre, les troubles de la lecture par lésion cérébrale acquise sont très fréquents et se subdivisent en formes variées. Les études des performances de lecture chez des patients cérébro-lésés ont eu une importance primordiale dans l'élaboration de certains modèles de la lecture chez le sujet normal et sont à l'origine de l'approche cognitive de la neuropsychologie.

La description de différents troubles acquis de la lecture remonte au XIXe siècle et doit beaucoup à des auteurs tels Jean-Martin Charcot ou Jules Dejerine. Les deux principaux syndromes étaient l'alexie sans agraphie et l'alexie avec agraphie (→ ÉCRITURE). Certains patients ne peuvent plus lire mais peuvent encore écrire, d'autres ont perdu toute utilisation du langage écrit. Il existe aussi des troubles de la lecture survenant dans un contexte déficitaire plus important, que ce soit sur le plan langagier ou sur le plan du traitement de l'information spatiale (→ ESPACE). Pour ce qui est de l'alexie sans agraphie, syndrome le plus pur, les lésions responsables sont toujours situées au niveau temporo-occipital gauche. Or, des études d'enregistrement du métabolisme cérébral montrent des activations de cette région lors d'une activité de lecture chez le sujet normal (→ IMAGERIE CÉRÉBRALE FONCTIONNELLE). On aurait donc là une région fondamentale pour le décodage des lettres ou pour l'assemblage des lettres afin d'identifier un mot entier.

Vers 1970, John Marshall et Freda Newcombe ont inauguré ce qui peut être appelé aujourd'hui « la révolution cognitive de la neuropsychologie ». Ils se sont attachés à décrire avec précision le type de déficit de certains patients cérébro-lésés souffrant de troubles de la lecture et à analyser et différencier les catégories d'erreurs observées. Ces patients sont bien différents des patients alexiques classiques dans la mesure où leur langage oral est souvent troublé (→ ORAL) et, surtout, la lecture ne leur est pas impossible. En effet, ils peuvent lire mais font des erreurs. Les auteurs ont observé au moins deux types de patients : ceux qui font des erreurs sur les mots dont la prononciation est proche (par exemple, en anglais, un patient lisant *insist* quand lui était présenté le mot *insect*) et ceux qui font des erreurs impliquant des mots appartenant à la même catégorie sémantique (lisant à haute voix « tortue » si on leur présente le mot « crocodile » ). Cette double observation a conduit à considérer deux voies parallèles de lecture : une voie allant directement du code orthographique au code sémantique (lésée dans le premier cas) (→ SÉMANTIQUE) et une voie transformant le code orthographique en un code phonologique (lésée dans le second cas). Depuis, les choses se sont complexifiées mais gardent le même esprit dans l'approche qui est faite des troubles.

A l'heure actuelle, on distingue lors d'une lésion cérébrale acquise chez l'adulte deux grands types de syndromes alexiques ou dyslexiques (les deux termes sont utilisés plus ou moins indifféremment). 1 / Les dyslexies périphériques sont des troubles de lecture dont le déficit survient lors des premières étapes du traitement de l'information visuelle verbale (→ INFORMATION). Deux grands syndromes sont décrits ici. L'alexie lettre par lettre ressemble, en moins sévère, à l'alexie sans agraphie (plus rare) et est provoquée par une lésion temporo-occipitale gauche. Dans ce cas, les patients lisent laborieusement lettre après lettre. La dyslexie de l'héminégligence correspond à un déficit de lecture survenant dans un cadre plus général de trouble spatial. Les lésions sont pariétales, droites plus souvent que gauches. 2 / Les dyslexies centrales sont des troubles de lecture dont le déficit est plus « tardif » dans le processus de lecture. Les dyslexiques dits « profonds » lisent les mots avec des erreurs sémantiques, alors que les dyslexiques dits « de surface » lisent mal les mots irréguliers. Les lésions sont hémisphériques gauches. On peut ajouter la dyslexie sémantique dans laquelle les patients (ayant souvent des lésions dégénératives) peuvent lire à haute voix des mots, même irréguliers, alors qu'ils ne peuvent pas les comprendre.

Une dernière notion neuroscientifique importante concerne les dyslexies développementales. Dans les années 1980, Norman Geschwind et Albert Galaburda ont montré que, bien souvent, le syndrome de dyslexie du développement est relié à un dysfonctionnement neuronal. En effet, plusieurs cas de patients ayant souffert de difficultés d'apprentissage de la lecture présentaient des anomalies de migration des neurones (cette migration ayant lieu avant la naissance) dans des régions précises du lobe temporal gauche, notamment le planum temporale, intervenant dans le codage phonologique.

L'ensemble de ces données, et d'autres encore (études de potentiels évoqués, par exemple), permet d'entrevoir unc organisation cérébrale assez complexe, mais différenciée, des processus intervenant dans la compréhension des mots écrits. *Éric* SIÉROFF.

## LEXIQUE

*(angl., lexicon)*

**Linguistique.** — Le lexique est considéré comme un objet important en linguistique, mais aussi en philosophie du langage, en psychologie cognitive (→ LANGAGE. Traitement du —), en anthropologie et dans les sciences de la communication (→ COMMUNICATION). Le point commun de ces approches est de considérer le mot en tant que signe et d'étudier les relations entre les mots (→ SIGNE). Le concept de lexique, malgré son importance reconnue, reste toutefois assez imprécis, même chez les linguistes. Il va d'une forme partiellement régulière à une représentation de contenus structurés selon des lois mal connues et différentes suivant les auteurs (→ REPRÉSENTATION).

Étymologiquement, lexique signifie « liste de mots », c'est-à-dire glossaire ou vocabulaire. La plus ancienne conception du lexique en fait une nomenclature, soit une liste de mots, généralement des noms. La caractéristique des nomenclatures est leur bi-univocité : chaque chose désignée possède un nom et un seul, chaque nom ne correspond qu'à une seule chose. La pratique « dictionnairique » actuelle est encore fortement empreinte de cette tradition. Une deuxième conception du lexique, plus récente, consiste à considérer qu'il s'agit d'un ensemble organisé en système. Ce postulat se trouve chez Ferdinand de Saussure mais remonte à la tradition aristotélicienne d'une vision taxinomique du lexique (→ CATÉGORISATION). Elle a été reprise en particulier par Carl von Linné dans sa célèbre taxinomie zoologique. Les débats autour de cette conception portent sur l'organisation du lexique. Les mots sont-ils organisés en hiérarchies strictes (du type de l'arbre de Porphyre) ou en treillis ? Si l'on admet que le lexique est un système, arborescent ou circulaire, il en découle qu'il est structuré et réductible à un ensemble réduit de traits distinctifs et de relations entre éléments du système. Cette approche pose en outre la question des degrés d'appartenance (→ HÉRITAGE). La terminologie, par exemple, choisit de préférence le modèle taxinomique et l'appartenance absolue exclusive.

Une troisième conception du lexique estime que tout lexique est une reconstruction qui fait abstraction à la fois des notions de texte et de contexte (→ CONTEXTE et SITUATION, TEXTE. Traitement du —). Elle s'inspire des modèles fonctionnels en phonologie et en grammaire (→ FONCTION, GRAMMAIRE). La difficulté de l'entreprise est évidente : les systèmes phonologique et grammatical du français comptent respectivement une quarantaine de phonèmes et une centaine de catégories grammaticales qu'il faut placer en face d'un ensemble de mots (lexies simples et complexes) dépassant aisément un demi-million d'unités si l'on y inclut les terminologies techniques les plus courantes. En revanche, si l'on renonce à l'idée que le lexique est un grand système unitaire et que l'on cherche à localiser des petits systèmes locaux, on peut reconnaître à ceux-ci des principes structuraux et déclarer qu'au sein de tels micro-systèmes tous les mots sont en relation réciproque, le sens de chacun d'eux dépendant de celui des autres et la modification de l'état de l'un d'eux entraînant une modification de chacun des éléments de l'ensemble (→ DOMAINE. Spécialisation quant au —, SÉMANTIQUE, SIGNIFICATION). Ces micro-systèmes sont des champs lexicaux ou champs sémantiques. L'exemple du champ lexical de la parenté est souvent retenu. A partir des formants linguistiques *grand, petit, arrière* et *beau, belle*, ainsi que des termes de base *père, mère, fils, fille*, on peut établir un champ lexical de la parenté sur la base des critères de génération, de non-consanguinité et de sexe. On peut ensuite, sociolinguistiquement, comparer les champs lexicaux de la parenté dans différentes langues.

Un champ lexical peut être organisé en fonction de critères morphologiques (→ MORPHOLOGIE), sémantiques, sociaux, etc. (les champs lexicaux des noms de couleur, des grades militaires, des moyens de transport, des sièges, etc.). Cette démarche implique la décomposition du sens lexical d'un mot en éléments primitifs, ou sèmes, chaque élément d'un champ lexical donné étant défini par rapport à ces sèmes en termes de présence ou d'absence. C'est ainsi que Bernard Pottier a défini le champ lexical des sièges en fonction des sèmes /dossier/, /bras/, /pied/, /destiné à une (ou plusieurs) personne(s)/, etc. Ainsi, *tabouret* est défini comme étant un siège sans dossier ni bras, à pieds et pour une personne. Cette analyse différentielle ne doit pas être confondue avec des modèles componentiels qui définissent les signifiés indépendamment les uns des autres, et par des traits référentiels (Jerrold Katz et Jerry Fodor).

Si l'on s'accorde à dire que la lexicologie est la « science du lexique », c'est-à-dire l'étude scientifique des structures du lexique et la lexicographie la technique de confection des dictionnaires, les débats sur le « mot », ou unité linguistique de base à prendre en considération par le lexicographe, ne sont pas clairement tranchés. Le mot est défini comme une unité de signification toujours identifiable comme telle et pouvant se prêter à des opérations de commutation. On parle alors volontiers de *lexie*. Cette définition va à l'encontre de celle plus courante d'unité graphiquement codée par la présence d'un espace à droite et à gauche. Certains auteurs distinguent les mots pleins (substantifs, verbes, adjectifs, adverbes, etc.) des mots vides (prépositions, articles, etc.). Les premiers relèveraient de la sémantique lexicale, les seconds de la sémantique grammaticale. Seuls les mots pleins sont représentés dans les réseaux sémantiques par exemple (→ RÉSEAU SÉMANTIQUE). Il reste toutefois à résoudre la question de la frontière entre l'unité lexicale codée graphiquement et l'unité lexicale définie sémantiquement : unité lexicale supérieure au mot (par exemple, *arithmétique en virgule flottante*) ou inférieure au mot *(proto-* dans *protoplasma*, *-tique* dans *monétique)*. On utilise les appellations de lexie simple (par exemple, *logiciel*), de lexie composée *(logiciel de reconnaissance de caractères)* et de lexie complexe *(exécuter un logiciel)*. Le morphème désigne dans ce contexte le plus petit élément significatif d'un énoncé, c'est-à-dire le constituant immédiat du mot (*écoutez* est composé des deux morphèmes *écout-* et *-ez*, le premier étant un morphème lexical, le second un morphème grammatical).

Toute unité lexicale peut être décrite par au moins trois ensembles de caractéristiques : phonologiques, syntaxiques (→ SYNTAXE) et sémantiques. Le dernier ensemble se présente classiquement sous la forme d'une définition de dictionnaire. Georges Mounin soutenait même qu'il constituait la seule forme complète d'analyse sémantique. C'est en tout cas la plus ordinaire.

La lexicologie explore actuellement de nouvelles voies, concernant, d'une part, la notion de lexique-grammaire et, d'autre part, le recours à des outils informatiques de traitement et à des lexiques électroniques. La notion de lexique-grammaire se fonde sur l'hypothèse selon laquelle l'unité minimale de sens n'est pas le mot mais la phrase élémentaire (sujet-verbe-compléments essentiels). Les données des lexiques-grammaires sont principalement destinées à l'analyse automatique des textes. Quant à l'informatique, si son rôle positif est incontestable dans la phase de réalisation des dictionnaires traditionnels (recherche automatique, classement, représentation, etc.) et des outils de consultation de ces dictionnaires (*CD-Rom*, *Internet*, interrogation à distance, télédictionnaire), il est toutefois plus ambigu sur le plan des outils de traitement électronique du lexique et de génération, les difficultés de la traduction automatique en étant un exemple. *Gabriel* OTMAN.

## LOCALISATION CÉRÉBRALE

*(angl., localization of function)*

**Neuroscience.** — La localisation cérébrale est l'attribution d'une fonction à une région particulière du cerveau (→ FONCTION). La question des localisations cérébrales se confond partiellement avec le problème plus fondamental de la relation corps/esprit (→ DUALISME/MONISME, ESPRIT).

Historiquement, le premier pas fut de découvrir le rôle du cerveau dans le contrôle de l'organisme (évoqué dans l'Égypte ancienne) (→ CONTRÔLE) et dans l'intelligence (Grèce antique). Dès l'époque de Galien, les auteurs ont essayé de répartir les différents aspects du mental dans les diverses régions du cerveau, mais la méthode manquait. Il a fallu attendre la Renaissance avec les études anatomiques et l'Age classique avec les corrélations anatomo-cliniques (observations de patients cérébro-lésés) pour commencer à obtenir des indications sérieuses.

Au XVII^e siècle, Thomas Willis est le premier à relier l'intelligence au cortex cérébral et à son plissement. C'est au XIX^e siècle que la notion d'aire cérébrale se développe. Après les tentatives malheureuses de Franz Gall (et de sa phrénologie ou analyse des « bosses du crâne »), les études expérimentales chez l'Animal aussi bien que les études cliniques chez l'Homme ont permis de jeter les grandes bases de la localisation cérébrale. Paul Broca, en reliant un trouble du langage à une région particulière de l'hémisphère gauche (→ LANGAGE. Traitement du —), a révolutionné la question des localisations en l'appliquant, avec précision, à une fonction spécifiquement humaine (→ NEUROPSYCHOLOGIE). Dès la fin du XIX^e siècle, s'opposent alors deux approches : la première, localisationniste, tente de définir le lien entre une unité élémentaire de l'anatomie (aire ou structure cérébrale) et un « élément » du mental (fonction) ; la seconde, antilocalisationniste, cherche à regrouper ces éléments pour cerner l'unité (perdue) du cerveau et du comportement.

Aujourd'hui, l'application des méthodes d'imagerie cérébrale fonctionnelle (notamment la tomographie par émission de positons, TEP, et l'imagerie par résonance magnétique fonctionnelle, IRMf) renouvelle, avec une technicité et une précision sans précédent, la question des localisations cérébrales (→ IMAGERIE CÉRÉBRALE FONCTIONNELLE). Il en ressort, le plus souvent, une confirmation chez le sujet normal des données de localisation antérieurement établies en neuropsychologie clinique auprès de patients cérébro-lésés (c'est le cas, par exemple, de « l'aire de Broca » pour la production des mots), avec toutefois des observations qui conduisent davantage à l'idée, pour chaque fonction étudiée, de réseaux ou de circuits neuronaux impliquant plusieurs aires du cerveau. *Éric* SIÉROFF.

## LOGICISME/PSYCHOLOGISME

*(angl., logicism/psychologism)*

**Psychologie.** — La formalisation logico-mathématique est un outil dont les psychologues usent à la façon de bons bricoleurs, parce qu'il les aide à « mettre de l'ordre dans leurs affaires » (selon l'expression de Marc Richelle). Cette adéquation pragmatique expose le logicien à la tentation du psychologisme, position selon laquelle la logique a pour tâche de décrire les phénomènes de pensée (→ LOGIQUE) ; le psychologue à celle du logicisme : ce qui est « bon » dans un système formel l'est aussi en psychologie. Elle pose en outre la question du réalisme et du constructivisme (→ CONSTRUCTIVISME, RÉALISME) : les objets logico-mathématiques existent-ils en dehors du cerveau humain comme représentation idéale de l'univers, d'où leur pertinence en psychologie (ainsi qu'en physique, en biologie, en économie, etc.), ou sont-ils précisément le produit d'une construction neuronale et symbolique du cerveau et de l'esprit de l'Homme (→ ESPRIT, NOMBRE) ?

Les dictionnaires définissent la logique mathématique comme « une théorie scientifique des raisonnements, excluant les processus psychologiques mis en œuvre et qui se divise en calcul des propositions et calcul des prédicats » *(Petit Larousse)*. La démarcation entre logique et psychologie est ici sans équivoque : l'antipsychologisme est de rigueur. On sait cependant qu'il n'en fut pas toujours ainsi et notamment au XIXe siècle, époque des « premiers pas » de la logique mathématique. L'un des deux ouvrages fondamentaux de George Boole n'a-t-il pas pour titre *L'étude des lois de la pensée* (*An Investigation of the Laws of Thought* en anglais) ? Plus radicalement, la thèse de John Stuart Mill soutient que les lois logiques dérivent intégralement d'actes déterminés par la constitution mentale humaine : la loi de non-contradiction, par exemple, procéderait de l'expérience subjective selon laquelle une croyance et la croyance contraire s'excluent (→ CROYANCE, EXPÉRIENCE). A cette thèse s'oppose un antipsychologisme non moins radical, celui de Gottlob Frege et d'Edmund Husserl. L'argumentation de Frege est double. En raison de leur objectivité et de leur caractère public, les lois logiques ne peuvent dériver de représentations subjectives et privées (→ REPRÉSENTATION). En raison de leur nécessité, elles ne peuvent dériver de représentations variables d'un individu à l'autre (→ DIFFÉRENCIATION). Cette analyse repose sur une conception des objets logico-mathématiques comme un monde indépendant de l'esprit, celui des « lois de l'être-vrai » (→ VÉRITÉ). L'antipsychologisme jouxte ici le réalisme. Husserl rejette, comme Frege, le psychologisme – naturalisme réduisant la logique à des généralités approximatives (→ NATURALISATION) – pour affirmer que les lois logiques ont une teneur objective idéale excluant toute relativité anthropologique et qu'elles sont données, comme telles, à la conscience (→ CONSCIENCE).

Si la logique mathématique actuelle fait, par définition, abstraction de la matière à laquelle elle s'applique et de tout processus psychologique, l'antipsychologisme de Frege et de Husserl n'est néanmoins plus de mise aujourd'hui car l'évolution de la psychologie au XXe siècle a changé les données du problème. Ainsi que l'a montré le philosophe Pascal Engel, de nouvelles formes de relativité anthropologique se sont affirmées, qui définissent de nouveaux rapports entre logique et psychologie (plus largement, entre logique et sciences cognitives). Qu'il s'agisse de la théorie de Jean Piaget ou du cognitivisme anglo-saxon (→ COGNITIVISME, DÉVELOPPEMENT COGNITIF), l'introspection est révolue (→ INTROSPECTION) et, sans pour autant capituler devant l'inobservable (ce que fit par rigueur le béhaviorisme), l'objet d'étude n'est plus confiné aux représentations subjectives dénoncées par l'antipsychologisme. C'est ainsi que Piaget postule l'existence d'une activité endogène, commune à tous les sujets, qui atteint au cours de l'ontogenèse des états de construction logico-mathématique (la « logique opératoire » : groupements d'opérations, combinatoire et groupe d'opérations formelles) correspondant à des structurations optimales, majorantes, des propriétés prédéfinies du monde. Suivant la même évolution, le schéma cognitiviste classique présuppose des représentations objectives (symboles) d'un monde extérieur prédéterminé et un système d'inférence (calculs) assurant leur transformation (→ SYMBOLE). La question est de savoir dans quelle mesure les règles de ce système se rapprochent de celles de la logique (et de quelle logique ?), tout comme, chez Piaget, le problème est d'évaluer la pertinence de l'isomorphisme établi entre les états de construction abstraite de l'enfant ou de l'adolescent et les structures logico-mathématiques postulées. Ces interrogations, suscitées par le spectre du logicisme, occupent actuellement le devant de la scène en philosophie de l'esprit, en psychologie cognitive et en neuroscience cognitive, où elles sont soumises, autant que faire se peut, à la juridiction de la méthode expérimentale (→ RAISONNEMENT et RATIONALITÉ).

L'acception la plus courante du terme « logicisme » renvoie au projet d'une réduction des mathématiques à la logique – projet soutenu par Frege et Bertrand Russell, décrié par Henri Poincaré, Léon Brunschvicg et d'autres – dont l'utopisme s'est révélé au regard des travaux de Kurt Gödel sur les limites internes de la formalisation. Le logicisme qui reste d'actualité est autre. C'est celui d'une réduction des sciences de l'esprit à la logique ou, plus précisément, d'une interprétation des données psychologiques en référence à un fragment de la logique identifié comme « La logique », oubliant, qu'il n'est pas possible de répondre de façon univoque à la question : « Qu'est-ce que la logique ? ». Ainsi que le souligne le philosophe et logicien Gilbert Hottois, tout dépend de l'époque et souvent, dans l'époque, du logicien considéré.

On entend souvent dire que la psychologie génétique piagétienne est l'étude de la logique de l'enfant et de l'adolescent. Elle est en fait l'étude de l'acquisition d'un certain nombre de concepts scientifiques et de celle de l'algèbre de Boole, système formel dont *une* interprétation est retenue par Piaget : la logique des classes (associée à une interprétation de la logique propositionnelle fondée sur la relation d'inclusion entre classes) (→ CATÉGORISATION). C'est ici que l'œuvre et les découpages qu'elle opère renvoient aux contingences de l'histoire. Le logicisme ne tient pas tant, dans ce cas, à une réduction de la psychologie à la logique – ce qui n'a jamais été l'objectif de Piaget – qu'au choix exclusif d'un cadre normatif qui ne représente qu'une certaine façon de penser la logique et, partant, la psychologie (→ NORMATIVITÉ). Piaget a toutefois entrepris de « nettoyer sa logique opératoire » (selon sa propre expression), en particulier par l'évolution d'une logique extensionnelle vers une logique intensionnelle ou « logique des significations » (→ PERTINENCE).

Concernant le cognitivisme, un logicisme radical s'est affirmé dès les premières années (celles de la cybernétique : Alan Turing, Warren McCulloch et Walter Pitts, John von Neumann, etc.), logicisme clairement résumé par le titre de l'article princeps de McCulloch et Pitts (en 1943) : « Un calcul logique des idées immanentes dans l'activité nerveuse » (« A Logical Calculus of the Ideas Immanent in Nervous Activity » en anglais). Cet article suggère que la logique est la discipline adéquate pour analyser le fonctionnement du cerveau, celui-ci étant conçu comme une machine déductive dont les constituants, les neurones, incarnent des principes logiques. Par exemple, trois neurones (automates à seuil dont l'état, actif ou non, désigne une valeur logique : vrai ou faux) peuvent être interconnectés pour effectuer l'opération logique OU. De ces analyses théoriques à l'invention de l'ordinateur, il n'y avait « qu'un pas », franchi par von Neumann : substituer aux neurones des tubes à vide, aujourd'hui les puces de silicium. La logique mathématique s'est alors affirmée comme le formalisme clé du cognitivisme et ses réalisations instrumentales en Intelligence Artificielle (IA) ont conduit, au cours des dernières décennies, à des langages de programmation de haut niveau – tels PROLOG (PROgrammation en LOGique) – basés sur la logique des prédicats du premier ordre. En psychologie, l'ancrage logico-mathématique du cognitivisme a conduit, sous l'impulsion de la métaphore informatique, à postuler l'existence d'une logique mentale dont les règles formelles sous-tendent les processus de raisonnement. Poser la question du logicisme est ici de savoir si tout raisonnement valide requiert la logique mentale postulée. Elle est en IA de savoir si des programmes qui relèvent de la logique classique des prédicats suffisent à « capturer » les opérations de l'intelligence. *Olivier HOUDÉ.*

## LOGIQUE

*(angl., logic)*

**Intelligence Artificielle.** — L'adjectif logique s'applique intuitivement à des raisonnements conformes à un certain « bon sens » (→ RAISONNEMENT et RATIONALITÉ), alors que le substantif, examiné ici, désigne une science qui n'entretient avec cette intuition que des rapports ténus. Techniquement, une logique se définit par un langage (artificiel) (→ LANGAGE. Traitement du —), un système déductif et un calcul de la valeur de vérité (→ VÉRITÉ). La logique est un outil essentiel de l'Intelligence Artificielle (IA), mais aussi des autres sciences cognitives (notamment la psychologie, la linguistique et la philosophie) (→ LOGICISME/PSYCHOLOGISME).

Le langage logique le plus élémentaire, celui des propositions, est basé sur un alphabet formé de lettres propositionnelles (notées *p*, *q*, *r*, etc.), de symboles, $\neg$ (négation) et $\wedge$ (conjonction), ainsi que de parenthèses. Une formule du langage est une lettre, la négation d'une formule, ou encore la conjonction de deux formules, les parenthèses permettant de délimiter les formules en question ; par exemple, $p, q \wedge \neg r, \neg (p \wedge \neg r) \wedge q$ sont trois formules du langage. Ce langage est étendu par des conventions d'abréviation : par exemple, si $f$ et $g$ sont des formules, on abrégera en $f \supset g$ (lire « $f$ implique $g$ ») la formule $\neg (f \wedge \neg g)$.

Un système déductif S se définit par des formules du langage, les axiomes, et des procédés qui à partir de formules en produisent d'autres, les règles d'inférence: par exemple, le procédé, appelé « substitution », consistant à remplacer toutes les occurrences d'une même lettre par une même formule, est une règle d'inférence présente dans de nombreux systèmes déductifs. Une autre règle d'inférence classique est le *modus ponens* : à partir de deux formules, l'une ayant la forme $f \supset g$ et l'autre étant $f$ elle-même, ce procédé produit la formule $g$.

La preuve d'une formule $f$, dans un système déductif S, est une séquence de formules dont la dernière est $f$. Chaque formule de cette séquence est soit un axiome de S, soit le résultat d'une règle d'inférence de S appliquée à des formules la précédant dans la séquence. Ainsi, dans tout système déductif S ayant parmi ses axiomes la formule $p \supset (q \supset p)$ et parmi ses règles d'inférence les procédés décrits ci-dessus (substitution et *modus ponens*), la séquence : (1) $p \supset (q \supset p)$, (2) $(q \supset (p \supset q)) \supset (p \supset (q \supset (p \supset q)))$, (3) $q \supset (p \supset q)$, (4) $p \supset (q \supset (p \supset q))$ est une preuve de $p \supset (q \supset (p \supset q))$.

En effet, (1) est un axiome de S, (2) est obtenue à partir de (1) par substitution [$p$ en $q \supset (p \supset q)$, et $q$ en $p$], (3) à partir de (1) par substitution [$p$ en $q$, $q$ en $p$] et (4), qui est la formule à prouver, par *modus ponens* à partir de (2) [qui a la forme $f \supset g$ si on considère que $f$ est $q \supset (p \supset q)$ et $g$ la formule à prouver] et de (3) [qui est bien $f$]. Une formule dont il existe une preuve dans S s'appelle un théorème de S.

De même que les abréviations simplifient la lecture des formules du langage, on simplifie les preuves en employant des règles d'inférence dérivées, appelées aussi « métathéorèmes » : par exemple, dans de nombreux systèmes déductifs, on est capable de démontrer que pour tout couple de formules $f$ et $g$, si $f$ et $g$ sont des théorèmes, alors $(f \wedge g)$ est également un théorème.

Un système déductif S est « cohérent » (*consistent* en anglais) si aucune formule $f$ n'est telle qu'à la fois $f$ et $\neg f$ soient des théorèmes de S. Il est « décidable » s'il existe un algorithme qui, pour toute formule $f$, détermine en un temps fini si $f$ est ou non un théorème de S (→ COMPLEXITÉ).

Le calcul de la valeur de vérité d'une formule $f$ nécessite de se placer dans une interprétation (→ INTERPRÉTATION). Dans le cas de la logique propositionnelle, il s'agit simplement d'une application I qui à chaque lettre fait correspondre un élément de l'ensemble {*vrai*, *faux*}. D'après la définition du langage, il y a trois cas à considérer : *a)* $f$ est une lettre propositionnelle ; dans ce cas, la valeur de vérité de $f$ est $I(f)$ ; *b)* $f$ est la négation d'une formule $g$ ; la valeur de $f$ est alors *vrai* si et seulement si celle de $g$ est *faux* ; *c)* $f$ est la conjonction de deux formules $g$ et $h$ ; $f$ a la valeur *vrai* si et seulement si celles de $g$ et de $h$ sont *vrai*.

Une formule $f$ est dite « valide », ce que l'on note $\models f$, si et seulement si elle prend la valeur *vrai* dans toute interprétation. C'est le cas de $\neg(p \wedge \neg p)$ (en effet, si $I(p)$ = *vrai*, d'après *a)*, la formule $p$ aura la valeur *vrai*, d'après *b)*, $\neg p$ aura la valeur *faux*, d'après *c)* $p \wedge \neg p$ aura la valeur *faux*, donc, en appliquant de nouveau *b)*, $f$ aura la valeur *vrai* ; mais si $I(p)$ = *faux*, un raisonnement semblable montre que $f$ a aussi la valeur *vrai*).

Une formule $f$ est une conséquence d'un ensemble de formules E, ce que l'on note $E \models f$, si toute interprétation rendant toutes les formules de E vraies rend aussi $f$ vraie. En particulier, si E contient deux formules opposées $g$ et $\neg g$, toute formule $f$ est une conséquence de E.

Un système déductif S est dit « correct » si tout théorème de S est une formule valide. On peut aisément vérifier que c'est le cas du système pris en exemple plus haut. Il est dit « complet » si la réciproque de cette propriété est vérifiée, c'est-à-dire si toute formule valide est un théorème de S (à noter que le mot complet possède en logique un sens totalement distinct, que nous n'utiliserons pas ici : est appelé complet un ensemble de formules E tel que pour toute formule $f$ du langage, ou bien $f$ est dans E, ou bien $\neg f$ est dans E). Le système ci-dessus n'est pas complet, mais, depuis les *Principia Mathematica* de Bertrand Russell et Alfred Whitehead (en 1910), de nombreux systèmes déductifs corrects et complets pour le calcul propositionnel ont été développés. Ces systèmes sont donc décidables, car une formule est un théorème de ces systèmes si et seulement si elle est valide, et la validité d'une formule se teste en un temps fini. Des systèmes de preuve plus contraints ont été mis au point (preuves intuitionnistes de Luitzen Brouwer où l'on s'interdit de conclure $f$ si on ne peut montrer que la fausseté de $\neg f$, preuves pertinentes d'Alan Anderson et Nuel Belnap dans lesquelles toutes les prémisses doivent être effectivement « utilisées », etc., → PERTINENCE).

La logique des propositions est loin de pouvoir exprimer tous les raisonnements de sens commun, car elle ne peut pas examiner le contenu des propositions qu'elle manipule. Par exemple, *Paul est un homme*, *Pierre est un homme* et *Pâques tombe un dimanche* sont trois propositions différentes, et rien ne permet, dans cette logique, de considérer les deux premières comme plus proches l'une de l'autre que de la dernière. Une façon « d'entrer » dans la composition des propositions consiste à changer de logique.

Le langage de la logique du premier ordre est plus riche : son alphabet comporte des symboles de fonction, de prédicat (également appelés « symboles de relation »), de variable et un quantificateur $\forall$ (→ FONCTION). A chaque symbole de fonction et de relation correspond un entier positif ou nul, appelé « arité », qui indique le nombre de ses arguments (par exemple, l'égalité, relation binaire, est d'arité 2). Une fonction d'arité 0 est une constante. Un terme est soit un symbole de variable, soit un symbole de fonction d'arité $n$ accompagné de $n$ termes. Une formule est un symbole de relation d'arité $n$ accompagné de $n$ termes, la négation d'une formule, la conjonction de deux formules, ou encore une expression de la forme $(\forall x) f$ où $x$ est un symbole de variable et $f$ une formule.

L'interprétation de ce langage passe par la donnée d'un univers d'objets U. Elle associe à chaque symbole de fonction $\phi$ d'arité $n$ une application $I_\phi$ de $U^n$ dans U, et à chaque symbole de relation R d'arité $n$ un sous-ensemble $I_R$ de $U^n$. Enfin, à chaque variable est assigné un élément de U. On interprète un terme $t$ par l'élément $I(t)$ de U calculé de la manière suivante : si $t$ est une variable, $I(t)$ est donné par l'assignation ; si $t$ est une fonction $\phi$ accompagnée des termes $t_1, \ldots, t_n$, $I(t)$ est le résultat de l'application $I\phi$ lorsqu'on lui donne pour arguments $I(t_1), \ldots, I(t_n)$.

La valeur de vérité $v(f)$ d'une formule $f$ s'obtient de la façon suivante : si $f$ est une relation R accompagnée de $t_1, \ldots, t_n$, $v(f)$ est *vrai* si et seulement si l'élément $I(t_1), \ldots, I(t_n)$ de $U^n$ appartient au sous-ensemble $I_R$. La négation et la conjonction se traitent comme en logique propositionnelle. Enfin, $v((\forall x) f)$ est *vrai* si et seulement si quel que soit l'élément de U assigné à $x$, $v(f)$ est *vrai*.

Comme la logique des propositions, la logique du premier ordre possède des systèmes déductifs corrects et complets (Kurt Gödel, en 1930). Cependant ces systèmes ne sont que semi-décidables, c'est-à-dire qu'il existe des algorithmes qui, prenant comme donnée une formule *f*, concluent en un temps fini que *f* est un théorème du système si tel est bien le cas ; mais pour certaines formules *f* qui ne sont pas des théorèmes, l'exécution de ces algorithmes ne finit jamais.

Si l'on veut non seulement exprimer des propriétés sur des objets, mais aussi des propriétés sur les relations entre objets, on définit des logiques d'ordre supérieur. Gödel a montré qu'il ne pouvait exister de systèmes déductifs à la fois corrects et complets vis-à-vis de ces logiques.

D'autres extensions intéressantes ont été introduites à différentes époques. La « logique classique » ne reconnaît comme modalités que celles du vrai et du faux, alors que les raisonnements à effectuer nécessitent de qualifier les propositions par un éventail beaucoup plus large (→ MODALITÉ) : les distinctions les plus utiles correspondent aux modalités aléthiques *(nécessaire, possible)*, déontiques *(obligatoire, permis)*, temporelles (*passé, futur* unique ou multiple, → TEMPS), épistémiques (*connu pour,* ou *supposé*, vrai, par un ou plusieurs agents, → ÉPISTÉMIQUE), avec éventuellement des degrés (logique floue, → FLOU). Au départ (avec Clarence Lewis, en 1918-1932), les logiques modales étaient de simples langages munis de systèmes déductifs, mais dépourvus de calcul de vérité. Il a fallu attendre 1960 pour que Jaako Hintikka et Saul Kripke apportent un calcul adéquat, basé sur la notion de « monde possible ». Cette notion, couplée à celle de λ-calcul, a été exploitée par Richard Montague pour fonder une logique intensionnelle très utilisée dans les études de sémantique des langues naturelles.

En 1987, les travaux de Jean-Yves Girard ont permis de définir une logique, dite « linéaire », dans laquelle les propositions jouent le rôle de ressources « consommables », ce qui a ouvert de nouvelles perspectives de modélisation des activités cognitives (planification, analyse syntaxique, etc.) (→ MODÈLE, SYNTAXE).

Cependant, la notion de preuve peut être considérée comme un obstacle à l'utilisation de la logique en sciences cognitives. En effet, toute preuve de *f* dans un système déductif S utilisant pour axiomes les formules A est, *ipso facto*, une preuve de *f* dans tout système déductif S′ ayant pour axiomes un ensemble incluant A. C'est la propriété de monotonie. Or, il arrive souvent qu'une formule *f* soit considérée comme conséquence d'un ensemble E, mais ne soit plus considérée comme telle pour un ensemble E′ incluant E. Par exemple, de E = {Jean a pris le train à 9 h 47 à la gare du Nord pour se rendre à Villetaneuse, Pierre a pris le train à 9 h 47 à la gare du Nord pour se rendre à Villetaneuse}, on conclura $f$ = Jean et Pierre ont voyagé dans le même train, mais de E′ = E ∪ {il y a deux trains qui quittent la gare du Nord à 9 h 47 en direction de Villetaneuse} on refusera de tirer la même conclusion. On peut dénier à cette notion de conséquence l'appellation de logique, mais la nécessité n'en demeure pas moins de modéliser la forme très répandue de raisonnement qui lui correspond.

C'est à cette tâche que se sont attaqués depuis la fin des années 1970 les concepteurs des logiques non monotones. Raymond Reiter a proposé en 1980 une logique du raisonnement par défaut, dans laquelle les conséquences sont calculées par une équation de point fixe ; simultanément, John McCarthy, grâce à la notion de « modèle préféré », parvenait à un calcul, assez différent, de la circonscription d'une théorie. De nombreux autres systèmes ont été développés durant les années 1980. En 1990, Sarit Kraus, Daniel Lehmann et Menachem Magidor ont proposé d'étudier la déductibilité non monotone pour elle-même, indépendamment du système de calcul des conséquences.

La logique était initialement conçue pour n'exprimer que des vérités intemporelles. Plusieurs idées permettent cependant de surmonter cette limitation. Ainsi, au premier ordre, rien n'empêche d'introduire une variable temporelle $t$. Si une relation entre $a$ et $b$ peut évoluer dans le temps, on choisira de la représenter par un symbole de relation ternaire R, et la formule $(\forall t)\ (t_1 \leq t \leq t_2 \supset \mathrm{R}(a, b, t))$ signifiera que $a$ et $b$ sont reliés durant l'intervalle de temps $[t_1, t_2]$. La logique modale permet, on l'a vu, d'exprimer des notions plus « qualitatives » et souvent plus faciles à manier, comme le futur et le passé. Des logiques plus spécifiques se sont penchées sur la notion d'action, vue comme un processus (instantané ou duratif) qui modifie la valeur de vérité de certaines propositions (→ ACTION). La détermination de ces changements est toutefois délicate (→ CADRE. Problème du —) et a récemment donné lieu à de nombreux travaux théoriques sur la révision. Par ailleurs, en généralisant les techniques introduites pour la gestion de la temporalité, certains auteurs ont proposé une logique du raisonnement spatial (→ ESPACE).

Enfin, la donnée d'une formule $f$ dans un système déductif S peut lancer un processus cherchant si $f$ est ou non un théorème de S. Il y a donc une analogie entre les expressions d'un langage logique et celles d'un langage de programmation, les unes et les autres ayant vocation à déclencher des algorithmes. C'est de cette idée qu'est née la programmation logique, dont PROLOG (PROgrammation en LOGique), créé en 1972 par Alain Colmerauer, est l'exemple le plus connu. La logique utilisée est un sous-ensemble de celle du premier ordre, certaines dispositions s'écartant de la logique classique (NOT *f* est vérifié non si *f* est faux, mais si les tentatives pour prouver *f* ont échoué). Ce type de langage, très utilisé en sciences cognitives, permet de concilier l'expression déclarative des principes inférentiels et l'efficacité algorithmique. *Daniel KAYSER.*

# M

## MACHINE DE TURING

*(angl., Turing machine)*

**Intelligence Artificielle.** — La « Machine de Turing » est un modèle (→ MODÈLE) de la notion de calcul imaginé par le mathématicien Alan Turing. Il s'agit d'une extension de la notion d'automate (voir ci-dessous) : les symboles d'entrée ont été inscrits sur un ruban et les transitions ont pour effet de déplacer une « tête de lecture » sur ce ruban, et éventuellement de modifier les symboles qui s'y trouvent (→ SYMBOLE). La construction effective d'une telle machine serait futile, car ce modèle se révèle inutilisable pour des calculs pratiques, mais la possibilité théorique de la construire joue un rôle important dans la démonstration de la calculabilité de nombreuses classes de problèmes.

Précisons que la théorie des automates étudie un objet mathématique qui se veut une abstraction de l'idée physique d'automate. Il se caractérise par un ensemble d'états discrets, parmi lesquels on distingue un état initial et un ensemble d'états finals, et par une loi d'évolution lorsque l'automate est soumis à un flux de symboles discrets ; cette loi est représentée par une table de transition indiquant, pour chaque état et pour chaque symbole, l'unique état successeur (cas déterministe) ou l'ensemble des successeurs possibles (cas non déterministe), ensemble éventuellement probabilisé (automate stochastique). *Daniel KAYSER.*

## MÉMOIRE

*(angl., memory)*

**Psychologie.** — En psychologie cognitive, la notion de mémoire désigne les états mentaux qui portent de l'information, celle d'apprentissage désignant la transition d'un état mental à un autre (→ APPRENTISSAGE, INFORMATION). Dans le langage quotidien, le terme de mémoire laisse penser à une fonction unique de stockage d'informations, alors que la recherche en psychologie a mis en évidence une grande variété de représentations mentales et de processus (→ REPRÉSENTATION). Plusieurs distinctions caractérisent ainsi les travaux sur la mémoire, même si les évolutions théoriques récentes, liées à la notion d'activation, avancent des arguments en faveur d'une unité structurale recouvrant cette variété fonctionnelle.

Une première distinction est relative au caractère transitoire (mémoire à court terme) ou stable (mémoire à long terme) des états mentaux. La mémoire à court terme porte sur un nombre limité d'informations (l'empan), particulièrement sensibles à toute activité interférente. On a ensuite introduit le concept de « mémoire de travail » : mémoire transitoire intervenant dans la réalisation des activités cognitives, dont le rôle est lié à la dimension temporelle de ces activités et à la nécessaire mise en relation d'informations dispersées. La conception la plus courante, développée par Alan Baddeley, postule l'existence de modules autonomes, qui correspondent à différentes modalités de représentation de l'information (phonologique-articulatoire, visuo-spatiale) et qui sont contrôlés par un « administrateur central », dont la fonction est surtout attentionnelle (→ ATTENTION, CONTRÔLE, MODULARITÉ). La capacité limitée de la mémoire de travail peut tenir à la fois au nombre d'informations mises en mémoire et au coût cognitif des processus impliqués dans son fonctionnement. Les théories néo-structuralistes du développement cognitif font l'hypothèse d'un développement des capacités fonctionnelles de la mémoire de travail (→ DÉVELOPPEMENT COGNITIF).

Les conceptions de la mémoire à long terme introduisent plusieurs distinctions. Une distinction classique, proposée par Endel Tulving, oppose la mémoire épisodique (informations qui peuvent être situées dans le temps et dans l'espace, et dont la récupération est fortement liée à des effets de contexte, → CONTEXTE et SITUATION, ESPACE, TEMPS) et la mémoire sémantique (connaissances générales du monde, indépendamment du moment et du lieu de leur constitution, et dont la récupération est fortement liée à leur organisation, → RÉSEAU SÉMANTIQUE, SÉMANTIQUE). Ces deux formes mnémoniques peuvent être rassemblées sous la notion de mémoire déclarative : connaissances qui peuvent être représentées à l'aide du langage naturel ou sous la forme d'images mentales ; elles sont donc en principe accessibles à la conscience (→ CONSCIENCE, IMAGERIE MENTALE, LANGAGE. Traitement du —). On oppose alors, comme le fait John Anderson, la mémoire déclarative à la mémoire procédurale, impliquée dans la réalisation des activités perceptivo-motrices ou cognitives, et dont le contenu est difficilement accessible à la conscience (→ ACTION, PERCEPTION). Une autre opposition encore a été développée plus récemment, entre mémoire explicite, qui implique des stratégies intentionnelles de recherche d'informations, et mémoire implicite, qui n'implique pas l'accès conscient à des informations, mais qui transparaît dans la mise en œuvre des activités mentales lorsqu'elles comportent de manière incidente des informations rencontrées antérieurement. On étudie sous cet angle, par exemple, les activités perceptives, conceptuelles, ou encore l'accès lexical (→ CATÉGORISATION, CONCEPT, LEXIQUE).

La mémoire à long terme a fait l'objet de nombreuses recherches visant à en démontrer le caractère organisé (supposé nécessaire en raison de la grande quantité d'informations mémorisées) et à analyser la nature des organisations les plus pertinentes. Pour rendre compte de ces organisations, de nombreuses notions ont été développées, telles celles de réseaux conceptuels ou propositionnels (→ PROPOSITIONNEL. Format —), de typicalité, de cadres, schèmes et scripts. La construction et l'évolution de ces organisations est un objet majeur de l'étude développementale de la mémoire.

L'émergence des théories d'activation a conduit à des conceptions qui se démarquent fortement de la référence à une architecture structurale (→ ACTIVATION/INHIBITION). L'impact de propriétés permanentes des informations mémorisées sur le fonctionnement de la mémoire de travail (la fréquence lexicale par exemple) peut être pris en compte pour concevoir celle-ci comme la partie activée de la mémoire à long terme. La capacité limitée de la mémoire de travail correspondrait alors à une limite fonctionnelle : le nombre d'éléments activables simultanément, éventuellement le degré ou la durée d'activation de chacun de ces éléments. Ces conceptions conduisent à des modèles qui, comme celui de Nelson

Cowan, tentent d'articuler la théorie de la mémoire et celle de l'attention. *Daniel* GAONAC'H.

**Neuroscience.** — En neuroscience cognitive, il est quasiment impossible d'aborder la question de la mémoire indépendamment de celle des mécanismes perceptifs (→ PERCEPTION). Tout sentiment de familiarité, toute activité de reconnaissance et d'identification relativement à un objet perçu nécessite forcément l'activation de représentations en mémoire (→ ACTIVATION/INHIBITION, REPRÉSENTATION). La nature de ces représentations et les mécanismes par lesquels elles se construisent et se modifient sont aujourd'hui des objets d'étude privilégiés.

A l'instar des autres systèmes cognitifs, la mémoire peut également être divisée en de nombreux sous-systèmes fonctionnels (→ ANALYSE COMPUTATIONNELLE, FONCTION). Étant donné toutefois le caractère omniprésent de la mémoire et ses rapports étroits avec la perception, il ne paraît pas surprenant qu'elle partage de nombreux sous-systèmes neuronaux et cognitifs avec les architectures fonctionnelles perceptives. Ainsi, les sous-systèmes de stockage de représentations perceptives ou de représentations sémantiques (→ SÉMANTIQUE) font également partie des sous-systèmes fonctionnels mnésiques et s'ajoutent à des sous-systèmes plus spécifiques. Il est aujourd'hui largement admis que la mémoire humaine peut être dissociée en différents composants susceptibles d'être sélectivement détériorés par des lésions cérébrales (→ LOCALISATION CÉRÉBRALE, NEUROPSYCHOLOGIE). Toutefois, ces composants, souvent qualifiés de « sous-systèmes de mémoire », sont à considérer comme étant d'un autre type que les sous-systèmes d'une architecture fonctionnelle. En effet, la notion de sous-systèmes de mémoire renvoie à une étude de la mémoire humaine effectuée par différents auteurs, à différentes époques, selon différents niveaux d'analyse (voir *psycho.* ci-dessus). L'un de ces niveaux est d'ordre temporel (persistance de la trace mnésique) : mémoire sensorielle (quelques centaines de millisecondes), mémoire à court terme (quelques dizaines de secondes) et mémoire à long terme (au-delà de quelques dizaines de secondes). Un deuxième niveau temporel rend compte de la transformation d'une information de nature épisodique en une information de nature sémantique (→ INFORMATION). Enfin, c'est un troisième niveau temporel qui oppose, sur le plan clinique, la mémoire rétrograde à la mémoire antérograde. La première correspond à une perte d'informations acquises avant l'apparition d'une lésion cérébrale, la seconde se définit comme une perte des capacités à stocker de nouvelles informations en mémoire à long terme consécutivement à une lésion.

Un autre niveau d'analyse encore concerne le mode d'évaluation des connaissances en mémoire à long terme et permet de distinguer la mémoire explicite de la mémoire implicite. On distingue aussi, à l'intérieur de la mémoire implicite, deux processus distincts : l'amorçage (influence non consciente de la présentation antérieure d'un stimulus sur le traitement actuel de ce stimulus ou d'un stimulus associé, → CONSCIENCE) et l'apprentissage de procédures (→ APPRENTISSAGE).

Ces différentes facettes de la mémoire humaine, étudiées par les psychologues, sont importantes car elles correspondent chacune à une réalité anatomique, ou anatomo-fonctionnelle. En effet, la distinction entre mémoire à court terme et mémoire à long terme est corroborée par des observations neuropsychologiques portant sur des patients qualifiés « d'amnésiques », qui ont des capacités intactes de mémoire à court terme, mais déficitaires de mémoire à long terme. Le même type de patient présente un déficit sélectif des capacités de mémoire explicite, alors que la mémoire implicite est intacte. Ainsi qu'on l'a souligné plus haut, ces différents « sous-systèmes de mémoire » sont toutefois le produit de découpages différents des activités mentales que ceux caractérisant les sous-systèmes fonctionnels définis par l'analyse computationnelle. Cette analyse se situe en effet à un niveau de détail plus fin et porte précisément sur l'identification et l'étude des sous-systèmes de traitement permettant l'actualisation des différentes facettes de la mémoire évoquées ici. La neuroscience cognitive tentera d'identifier, par exemple, les sous-systèmes par lesquels une nouvelle procédure ou habileté s'acquiert en dehors de toute prise de conscience.

Les dissociations neuropsychologiques observées dans la pathologie de la mémoire humaine, associées aux résultats d'études sur l'Animal expérimentalement lésé, se révèlent donc d'un grand intérêt théorique pour la compréhension des mécanismes mnésiques normaux. Il apparaît clairement que des régions de la partie médiotemporale du cerveau (telles que l'hippocampe) ainsi que du diencéphale (telles que le thalamus) sont impliquées de façon critique dans le mécanisme de stockage de l'information de nature explicite en mémoire à long terme. En revanche, ces régions ne paraissent pas être le lieu du stockage de l'information, puisque des souvenirs intacts peuvent être récupérés malgré une lésion les affectant. On s'accorde aujourd'hui à penser que le stockage de l'information s'établit au niveau des zones impliquées dans l'encodage ou l'analyse perceptive des stimuli. L'acquisition de nouvelles habiletés, de même qu'un effet d'amorçage, ne dépendrait pas des structures médio-temporales et diencéphaliques. Il apparaît que la seule condition nécessaire à l'apparition d'un effet d'amorçage est l'intégrité des zones corticales responsables du traitement perceptif de l'information.

Par ailleurs, les études neurophysiologiques portant sur des organismes extrêmement simples, tels que l'aplysie, dont le système nerveux ne présente pratiquement plus de secrets pour les neurobiologistes de la mémoire, ont permis la mise en évidence de mécanismes d'apprentissage, certes élémentaires, mais qui pourraient être à la base d'apprentissages plus évolués (→ COGNITION ANIMALE). Enfin, les travaux de simulation sont particulièrement utiles pour analyser et tester les mécanismes de formation des traces mnésiques (→ CONNEXIONNISME, RÉSEAU NEURONAL) et pour comprendre la nature et l'évolution des représentations dans un réseau de neurones au fur et à mesure de l'apparition de nouvelles informations ou de la réactivation d'anciennes informations dans des contextes nouveaux. *Olivier Koenig.*

**Intelligence Artificielle.** — En informatique, la mémoire est un dispositif physique faisant partie de tout ordinateur, capable d'enregistrer à des adresses spécifiées une quantité fixe d'informations et de les restituer après un temps indéterminé (→ INFORMATION). Les pionniers de l'informatique ont dû réaliser des prouesses pour parvenir, au prix de l'intelligibilité des programmes, à obtenir des comportements élaborés malgré la faiblesse des mémoires de l'époque. Les progrès considérables réalisés en ce qui concerne la capacité, la fiabilité, la vitesse d'accès et le coût de ces dispositifs ont complètement éliminé cette nécessité. Les limites de ce qui est effectivement calculable restent évidemment déterminées par la « complexité spatiale » des algorithmes (→ COMPLEXITÉ). *Daniel Kayser.*

## MÉTACOGNITION

*(angl., metacognition)*

**Psychologie.** — La métacognition (ou cognition de la cognition) regroupe les savoirs et les activités cognitives qui prennent pour objet la cognition et contribuent à la régulation et au contrôle de son fonctionnement (→ CONTRÔLE). D'après le psychologue John Flavell qui, dans les années 1970, a puissamment contribué à développer ce domaine de recherche à partir de ses travaux sur la mémorisation intentionnelle chez l'enfant (→ MÉMOIRE), deux aspects interdépendants entrent en jeu : le savoir métacognitif et les expériences métacognitives.

On entend par savoir métacognitif, ou métaconnaissances, l'ensemble des connaissances et des croyances stockées en mémoire à long terme concernant les variables susceptibles d'affecter le déroulement et l'issue des activités cognitives (→ CROYANCE). Ces métaconnaissances concernent les personnes, les tâches et les stratégies. La catégorie « personnes » comprend les connaissances et les croyances acquises à propos des êtres humains en tant que systèmes de traitement de l'information. Ces connaissances portent sur les différences inter- et intra-individuelles (→ DIFFÉRENCIATION), mais aussi et peut-être surtout sur les propriétés universelles de la cognition humaine. Relèvent de la catégorie « tâches » les métaconnaissances relatives à la nature des objectifs poursuivis et des informations à traiter. Enfin, se trouvent dans la catégorie « stratégies » les connaissances et les croyances dont disposent les individus relativement aux stratégies cognitives, qui permettent de progresser vers l'objectif, et aux stratégies métacognitives dont la fonction est de gérer et de contrôler ces progrès. Mis à part le fait qu'il s'agit de connaissances de second ordre (des connaissances qui concernent la connaissance), les métaconnaissances ne diffèrent pas qualitativement des autres types de connaissance : elles sont acquises graduellement, elles peuvent être activées de façon automatique (grâce aux indices prégnants de la situation, → AUTOMATISME) ou délibérée (lors de la recherche consciente d'une stratégie de résolution, → CONSCIENCE), elles peuvent être insuffisantes, inexactes, incorrectement rappelées ou encore mal utilisées.

On entend par expériences métacognitives les expériences cognitives et affectives conscientes (→ ÉMOTION) liées à la résolution d'un problème particulier. Ces expériences transitoires se produisent plus particulièrement dans le cadre de tâches cognitives relativement complexes (eu égard au niveau de développement ou d'expertise du sujet, → DÉVELOPPEMENT COGNITIF) dont la résolution nécessite la mise en œuvre de processus de contrôle tels que la planification, l'anticipation, l'évaluation des stratégies et (ou) des résultats. Les expériences métacognitives remplissent diverses fonctions utiles à la régulation des activités cognitives. Par exemple, le sentiment d'incompréhension qu'éprouve soudain un lecteur peut le conduire à modifier sa stratégie d'étude, à chercher ailleurs des informations complémentaires, à fractionner son objectif, etc. (→ LECTURE).

Le savoir métacognitif permanent et les expériences métacognitives transitoires entretiennent des relations réciproques. Ainsi, les métaconnaissances permettent d'interpréter les expériences métacognitives et d'y répondre de façon plus ou moins adéquate (→ INTERPRÉTATION). En retour, les informations sur les personnes, les tâches et les stratégies qu'apportent les expériences métacognitives contribuent au développement du savoir métacognitif : adjonction de nouvelles métaconnaissances, élimination des métaconnaissances erronées, généralisation, etc.

La métacognition et les concepts apparentés sont aussi étudiés dans des disciplines autres que la psychologie, comme l'Intelligence Artificielle (voir *IA* ci-dessous) et les sciences de l'éducation. A cet égard, des chercheurs comme Ann Brown, Michaël Pressley, Wolfgang Schneider, ont montré qu'il était possible d'entraîner les sujets à utiliser de façon efficace certaines habiletés métacognitives et en particulier la capacité à réfléchir sur son propre fonctionnement, qui constitue un aspect fondamental de la cognition humaine (→ APPRENTISSAGE).

En psychologie, l'étude des processus métacognitifs, qui s'est tout d'abord développée à propos des activités mnémoniques, concerne bien d'autres activités cognitives telles que la communication, la compréhension de textes, la persuasion, la résolution de problèmes, la cognition sociale, etc. (→ COGNITION SOCIALE, COMMUNICATION, TEXTE. Traitement du —). A cet égard, un courant important de recherche relatif à la psychologie naïve, ou « théories de l'esprit », renvoie directement à l'étude de la métacognition (→ THÉORIE DE L'ESPRIT). Il y est en effet question d'étudier le développement chez l'enfant des représentations relatives aux entités et aux phénomènes mentaux (→ REPRÉSENTATION), ainsi que sa capacité à décrire, prédire et interpréter les conduites et les émotions humaines en référence à des entités mentales comme l'intention, le désir (→ DÉSIR), la croyance, l'ignorance, le savoir, etc. *Anne-Marie* MELOT.

**Intelligence Artificielle.** — Le préfixe « méta » a plusieurs valeurs. Dans les néologismes scientifiques, il indique souvent qu'un objet s'applique à un objet de même nature ; le nom suivant ce préfixe donne une idée du type de l'objet et de l'application en question. Cela est souvent insuffisant pour les définir tous les deux et il vaut mieux préciser le sens d'un mot préfixé par méta.

Nous allons commencer par deux exemples. En linguistique, on s'intéresse au métadiscours, ou discours sur le discours (→ DISCOURS). Il sert à structurer le texte (→ TEXTE. Traitement du —), à préciser le sens de certains mots, à corriger ce qui a été dit, etc. La première phrase de ce paragraphe appartient au métadiscours, elle n'apporte aucune information sur le sujet. Remarquons sa généralité : nous pourrions la trouver telle quelle dans un traité de chimie. Des systèmes très performants de génération de textes devront être capables d'engendrer aussi du métadiscours, en particulier pour faciliter la tâche du lecteur (→ LECTURE).

Les psychologues étudient la métacognition qui traite des activités cognitives sur notre propre cognition (voir *psycho*. ci-dessus). Il serait aussi utile pour les systèmes d'Intelligence Artificielle (IA) d'avoir des capacités métacognitives, par exemple de savoir ce qu'ils savent et ce qu'ils peuvent faire, de connaître les propriétés des méthodes de résolution de problèmes qu'ils utilisent (→ RÉSOLUTION DE PROBLÈMES). Dans un système où plusieurs robots doivent coopérer, chacun doit avoir une idée de ses aptitudes pour ne pas prendre en charge une tâche qu'il serait incapable d'exécuter (→ DISTRIBUÉE. Intelligence —, ROBOTIQUE).

La majeure partie des travaux d'IA faisant intervenir une activité « méta » porte sur des systèmes travaillant sur deux niveaux. Au niveau de base, le système résout un problème, tandis qu'au niveau méta il observe l'énoncé de ce problème ou ce qu'il a fait au niveau de base pendant qu'il résolvait le problème. Il change son comportement en fonction de ce qu'il observe. La plupart des programmes d'échecs se contentent de développer systématiquement tous les coups possibles aussi longtemps qu'ils le peuvent ; ils travaillent alors uniquement au niveau de base. Mais un système peut aussi examiner les règles du jeu d'échecs et découvrir des propriétés qui lui permettront par la suite de ne pas considérer tous les coups légaux. Il peut voir ainsi qu'en cas d'échec double, il doit obligatoirement jouer son Roi. Cette remarque rend inutile de considérer tout autre coup et accélère donc la recherche. Actuellement, c'est le programmeur qui examine les règles du jeu et trouve de telles propriétés ; mais c'est aussi lui qui fait preuve d'intelligence. Cette démarche est satisfaisante si le programme ne joue qu'à un seul jeu. Si nous voulons un système jouant à n'importe quel jeu, le programmeur ne peut évidemment pas examiner les règles de jeux encore inconnus. Sans la possibilité d'examiner l'énoncé de chaque jeu pour en découvrir des propriétés utiles, le système aura de mauvaises performances pour ces nouveaux jeux. Par contre, un système pourra être à la fois général et performant s'il peut raisonner sur les règles de chaque jeu (→ RAISONNEMENT et RATIONALITÉ).

Pour travailler à un niveau méta, on a besoin de connaissances qui manipulent les connaissances du niveau de base ; ce sont donc des « métaconnaissances ». Un exemple de métaconnaissance est : *si l'utilisation d'une connaissance donne souvent lieu à un mauvais résultat, alors l'éliminer*. Une telle métaconnaissance est utile dans un système qui apprend de nouvelles connaissances : il doit pouvoir supprimer celles qui se sont révélées moins utiles qu'on ne l'espérait à leur création (→ ACTIVATION/INHIBITION, APPRENTISSAGE). Quand nous nous exprimons, nous utilisons des métaconnaissances car elles aident à faire comprendre les connaissances que nous voulons transmettre (→ COMMUNICATION) ; nous pouvons par exemple expliquer qu'il est bon de donner des exemples des connaissances que l'on expose.

Les métaconnaissances s'appliquent à elles-mêmes. En effet, elles ne sont qu'un type particulier de connaissances. Leur seule particularité est leur domaine : la connaissance, au lieu des mathématiques ou de la médecine (→ DOMAINE. Spécialisation quant au —). La métaconnaissance suggérant d'éliminer des connaissances peut très bien s'appliquer à elle-même : si son utilisation conduit souvent à éliminer des connaissances qui seraient quand même parfois très utiles, elle va satisfaire ses propres conditions et elle aura raison de « se suicider ». On vient aussi d'appliquer la métaconnaissance disant de donner des exemples en la prenant comme exemple.

Cette remarque sur la réflexivité de la métaconnaissance a plusieurs effets bénéfiques. D'abord, il n'est pas nécessaire de créer des « métamétaconnaissances » pour traiter les métaconnaissances ; elles peuvent parfaitement se traiter elles-mêmes. Une autre conséquence heureuse est la possibilité d'un amorçage, où un système se met en place à l'aide de lui-même. Les métaconnaissances pour trouver de nouvelles connaissances peuvent en particulier trouver de nouvelles métaconnaissances pour trouver des connaissances, donc s'améliorer elles-mêmes. L'histoire des techniques montre que ce phénomène d'amorçage a été souvent utilisé : par exemple, les ordinateurs actuels sont conçus à l'aide d'ordinateurs. Cette possibilité d'amorçage ouvre une voie de recherche où l'IA pourra participer aux développements futurs de l'IA. Les systèmes utilisant des métaconnaissances sont difficiles à concevoir et à expérimenter, aussi y en a-t-il encore très peu. Mais ils mettent en œuvre une caractéristique essentielle de l'intelligence : la possibilité de réfléchir à ce que l'on fait. Aussi est-il difficile de concevoir que l'on puisse réaliser des systèmes intelligents qui ne puissent fonctionner à un niveau méta. *Jacques PITRAT.*

## MODALITÉ

*(angl., modality)*

**Philosophie.** — On peut évaluer une proposition comme étant non seulement vraie ou fausse, mais comme l'étant de manière contingente ou nécessaire (→ LOGIQUE, VÉRITÉ). Une proposition peut être définie comme un ensemble de « mondes possibles », ou encore comme une fonction associant à chaque monde une valeur de vérité (→ FONCTION). La modalité d'une proposition est le statut de sa vérité relativement à l'ensemble des mondes possibles. Si elle est vraie (ou fausse) dans tous les mondes possibles, elle est nécessairement vraie (ou fausse) ; si elle est vraie dans quelques mondes, elle est seulement possible. Si elle est vraie dans ce monde, elle est non seulement possible, mais réelle. Quand un terme modal est appliqué à un énoncé qui en contient déjà un, comme dans *Il est possible qu'il soit nécessaire que* P, les modalités sont dites « enchâssées ».

Les difficultés classiques liées à l'interprétation des modalités se retrouvent dans l'interprétation de ce qu'est un monde possible. Les « possibilistes », comme David Lewis, soutiennent qu'il est légitime d'affirmer l'existence de mondes seulement possibles, tandis que les « actualistes », comme Robert Stalnaker, limitent l'existence au monde réel, ce qui les conduit à décrire les individus seulement possibles comme un type particulier de propriétés non instanciées (→ CONTREFACTUEL). *Joëlle PROUST.*

**Linguistique.** — La modalité est la relation qui unit une proposition à une instance qui lui confère sa validité (→ VALIDATION). Selon cette définition générale, toute proposition assertée se trouve donc énoncée sous une modalité déterminée (bien qu'une conception réductrice des relations entre morphologie et sémantique conduise nombre d'auteurs à ne considérer comme modalisées que les propositions comportant un marqueur spécifiquement et exclusivement destiné à exprimer la modalité, → MORPHOLOGIE, SÉMANTIQUE). Dans le champ linguistique, la modalité à prendre en compte est celle qui est affichée par l'énoncé. Ainsi, dire *Il pleut*, c'est présenter une proposition comme objectivement vraie au moment où elle est énoncée – même si l'on sait par ailleurs, en fonction de considérations non linguistiques, que ce jugement est fondé sur une croyance ou sur une perception du sujet qui l'énonce (→ CROYANCE, PERCEPTION).

Deux critères s'offrent alors pour classer les différentes modalités linguistiques : le statut de l'instance de validation et la force de la relation. On peut distinguer trois types d'instances de validation : 1 / le réel lui-même, lorsque le locuteur fait abstraction de son propre point de vue : modalités aléthiques ou ontiques de la vérité objective (→ VÉRITÉ) ; 2 / le sujet qui exprime une opinion, une croyance : modalités épistémiques ou doxastiques de la vérité subjective (→ ÉPISTÉMIQUE) ; Alain Berrendonner a montré qu'il pouvait s'agir de tel sujet particulier, participant ou non de la conversation (JE-Vrai, TU-Vrai, IL-Vrai) ou de l'opinion commune (ON-Vrai) ; 3 / une instance institutionnelle (la justice, la morale, etc.) : modalités déontiques de l'obligation et de la permission.

Avec les modalités aléthiques et épistémiques, la « direction d'ajustement » (au sens de John Searle) va de l'énoncé au monde (l'énoncé est censé se conformer au monde objectif ou au monde tel qu'il est perçu ou pensé par le sujet), alors qu'elle s'inverse avec les modalités déontiques (où le monde doit se conformer à l'énoncé). C'est pourquoi les modalités déontiques concernent l'obligation et non pas la vérité. En croisant cette inversion de la direction d'ajustement avec le choix du sujet comme instance de validation, on obtient les modalités de la volition (bouliques), jusqu'à présent assez peu étudiées.

Il ne faut pas confondre l'instance de validation, qui fonde la modalité, avec la source de l'information (→ INFORMATION), qui relève de la problématique de « l'évidentialité » (du terme anglo-américain *evidentiality*), quoique ces deux phénomènes entretiennent des liens étroits et qu'il soit parfois difficile de les distinguer (voir des énoncés comme *D'après Paul, Marie est la plus belle*).

La force de la relation va de la validation maximale (soit, respectivement pour les trois systèmes aléthique, épistémique et déontique : le nécessaire, le certain et l'obligatoire) à l'invalidation totale (l'impossible, l'exclu et l'interdit). Entre ces deux pôles, on trouve, avec bien évidemment des variations dues au type de modèle adopté, des valeurs modales intermédiaires : respectivement, le possible et le contingent, le probable et le contestable, le permis et le facultatif. Du point de vue des actes de langage (→ PRAGMATIQUE), on peut dire que l'emploi des différentes valeurs modales détermine la force des obligations qui pèsent sur le locuteur dans le cas des assertions et des promesses (comparer : *Je viendrai / Je viendrai sûrement / Je crois que je viendrai / Je viendrai peut-être*) ou sur l'allocutaire avec les actes directifs *(Vous pouvez sortir / Vous devez sortir / Il faut que vous sortiez)*.

Si certains linguistes ont emprunté à la logique formelle (→ LOGIQUE) tel système particulier (voir l'utilisation de la logique des mondes possibles par Robert Martin) pour décrire la valeur des marqueurs linguistiques (verbes modaux, verbes d'attitude propositionnelle, adverbes modaux, modes, etc., → ATTITUDE PROPOSITIONNELLE) en termes d'opérateurs formels, cette démarche rencontre cependant des limites, dues aux objectifs différents des deux disciplines associées. Alors que les logiques modales contemporaines sont essentiellement soucieuses de calculer des relations d'implication entre produits de modalités, la linguistique, qui a rarement affaire à ce type de situation, doit essayer de concilier la rigueur du formalisme avec la description de phénomènes empiriques souvent déroutants. Ainsi, par exemple, les logiciens ont proposé d'organiser et de définir les valeurs modales à l'intérieur des systèmes aléthique, épistémique et déontique au moyen de relations d'opposition (sous forme de triangle, de carré ou d'hexagone). Le carré (inspiré de celui d'Apulée) paraît utilisable pour rendre compte du fonctionnement linguistique des verbes modaux du français, *pouvoir* et *devoir,* lorsqu'ils expriment des modalités déontiques, respectivement le permis et l'obligatoire (ces marqueurs notoirement polysémiques peuvent aussi indiquer des modalités aléthiques ou épistémiques) : 1 / *pouvoir* marque le permis, *pouvoir ne pas* marque le facultatif, c'est-à-dire le [permis que non *p*], *ne pas pouvoir* marque l'interdit, c'est-à-dire le [non permis que *p*] et *ne pas pouvoir ne pas* marque l'obligatoire, c'est-à-dire le [non permis que non *p*] ; 2 / *devoir* marque l'obligatoire, *devoir ne pas* marque l'interdit, c'est-à-dire l'[obligatoire que non *p*], mais il apparaît, contre ce qui était logiquement prévisible, que *ne pas devoir* dans un exemple comme *Vous ne devez pas fumer* marque l'interdit et non le facultatif (et ce phénomène est loin d'être isolé).

Par ailleurs, une différence de comportement fondamentale et proprement linguistique oppose les marqueurs de modalités aléthiques et déontiques (que les auteurs anglo-saxons regroupent généralement sous l'expression de « modalités radicales ») à la plupart (mais non la totalité) des marqueurs épistémiques. Selon l'analyse de Hans Kronning, alors que les premiers expriment un acte de « véridiction » (la modalité elle-même étant présentée comme vraie), les seconds se contentent de « montrer » la modalité. Seuls les premiers peuvent donc faire l'objet d'une question ou d'une réfutation : *Est-il nécessairement trop tard ? Il n'est pas nécessairement trop tard* ; **Est-il probablement trop tard ? *Il n'est pas probablement trop tard* (l'astérisque indique l'agrammaticalité de la séquence).

Il est remarquable qu'un même marqueur polysémique comme *devoir* puisse être interrogé, nié ou focalisé seulement lorsqu'il prend une valeur aléthique ou déontique. Ainsi, l'interprétation épistémique (de forte probabilité) se trouve exclue au profit de l'interprétation déontique (d'obligation) dans les exemples comme *Doit-il être absent ? Il le doit.*

Enfin, à propos des modalités temporelles (les modalités aléthiques définies par rapport au temps, → TEMPS), il convient d'indiquer que ce n'est plus, dans la langue, le moment présent qui institue la coupure entre la nécessité du passé (son irréversibilité) et la possibilité du futur (son indétermination), mais le moment de référence. C'est pourquoi dans la phrase *A ce moment-là, Luc traversait la route*, la fin du procès, qui est postérieure au moment de référence, reste simplement possible (on ne peut conclure que Luc a traversé la route, un empêchement a pu survenir). C'est ce principe qui fonde la conception inférentielle de la lecture des textes narratifs (→ TEXTE. Traitement du —) : des événements passés sont envisagés comme possibles parce qu'ils sont postérieurs au moment de référence, et font donc l'objet, de la part du lecteur, de prévisions que la suite du texte viendra confirmer ou infirmer – selon l'analyse développée dans le cadre de la sémantique des mondes possibles par Umberto Eco. *Laurent GOSSELIN.*

## MODÈLE

*(angl., model)*

**Neuroscience.** — La construction d'un modèle du système cognitif normal est l'objectif principal que poursuit la neuroscience cognitive. Il est aujourd'hui bien admis que les activités cognitives telles que le langage ou la perception (→ LANGAGE. Traitement du —, PERCEPTION) ne correspondent pas à des activités globales et indifférenciées, mais qu'elles sont au contraire rendues possibles grâce au fonctionnement de multiples sous-systèmes réalisant chacun un processus de traitement élémentaire. L'élaboration d'un modèle du fonctionnement cognitif consiste à identifier ces processus et à définir la façon dont les sous-systèmes correspondants sont organisés entre eux afin d'accomplir l'activité cognitive concernée. Le modèle de fonctionnement devient alors une description de sous-systèmes organisés en architecture fonctionnelle (→ ANALYSE COMPUTATIONNELLE, FONCTION).

Un tel modèle, toutefois, doit respecter deux principes fondamentaux : la plausibilité biologique et l'adéquation computationnelle. Le modèle doit en effet être compatible avec nos connaissances sur le fonctionnement du cerveau. De plus, les étapes élémentaires de traitement effectuées par les différents sous-systèmes doivent être compatibles avec les résultats d'une analyse computationnelle qui est une analyse logique définissant les étapes de traitement que tout système, biologique ou artificiel, doit nécessairement effectuer afin de réaliser une activité cognitive donnée (→ LOGIQUE). Seul le respect de ce dernier principe offre une description du modèle suffisamment claire pour que celui-ci puisse éventuellement être testé dans une expérience de simulation informatisée. *Olivier KOENIG.*

**Psychologie.** — En psychologie cognitive, la modélisation est devenue étroitement articulée à la démarche de la neuroscience, notamment dans le cadre de l'analyse computationnelle (voir *neuro.* ci-dessus et → ANALYSE COMPUTATIONNELLE, FONCTION). Outre les modèles développés dans la perspective connexionniste et dans celle des systèmes dynamiques (→ CONNEXIONNISME, SYSTÈME DYNAMIQUE), le renouveau est essentiellement venu, au cours de la décennie 90, des techniques d'imagerie cérébrale fonctionnelle : la tomographie par émission de positons (TEP), l'imagerie par résonance magnétique fonctionnelle (IRMf) et l'électro- et magnéto-encéphalographie (MEG) (→ IMAGERIE CÉRÉBRALE FONCTIONNELLE).

Les années 1970 et 1980 ont été fortement marquées par les idées et les réalisations technologiques de l'Intelligence Artificielle. De nouveaux modes de validation des modèles cognitifs sont alors apparus (→ VALIDATION), fondés sur une articulation étroite entre la méthodologie expérimentale et la simulation informatique, laissant un peu de côté la référence aux modèles physicalistes ou biologiques (→ PHYSICALISME). Avec les années 1990, la référence au cerveau s'est à nouveau imposée au premier plan. C'est sans doute cet aspect paradigmatique qui contraste le plus la psychologie cognitive actuelle de celle des décennies 70 et 80, alors que, du point de vue des interrogations théoriques, une certaine continuité se dégage.

Sans savoir si l'histoire des sciences consacrera l'imagerie cérébrale fonctionnelle comme le « microscope de la psychologie », il est raisonnable de penser que d'ici quelques années il ne sera plus possible à un grand laboratoire de pratiquer la psychologie expérimentale sans avoir accès à ces méthodes. La question qui se pose dès lors est celle du test des modèles cognitifs, c'est-à-dire des nouveaux modes de validation introduits par l'imagerie neurofonctionnelle. Pour les neuroscientifiques, les psychologues et les philosophes, cette question est historiquement liée à celle du dualisme établi par René Descartes entre le monde mental (les fonctions cognitives) et le monde physique (le cerveau et le corps) (→ DUALISME/MONISME). En effet, que reste-t-il (ou restera-t-il) du dualisme cartésien ? Les chercheurs matérialistes les plus radicaux répondraient : « rien ! ». Mais comme le dénonce très justement le philosophe John Searle, les « nouveaux matérialistes » acceptent sans s'en apercevoir les catégories et le vocabulaire du dualisme. Ils sont en quelque sorte condamnés à reconnaître la dichotomie du physique et du mental dans la mesure même où ils soutiennent qu'un des termes de la dichotomie contient tout et que l'autre est vide. Paradoxalement, le cadre dans lequel Descartes a formulé le débat n'est, dans ce cas, pas contesté.

En fait, le point de vue qui ébranle réellement le cadre cartésien, et le découpage disciplinaire qui y correspond (neuroscience/psychologie), est celui qui consiste à penser que les méthodes d'imagerie neurofonctionnelle conduisent à cerner un objet scientifique radicalement nouveau qui échappe aux catégories du dualisme. Tout porte à croire, en effet, que les images du cerveau en fonctionnement, alors que le sujet exécute une tâche expérimentale qui implique une fonction cognitive spécifique, sont celles d'un objet qui n'est ni la matière « à part », ni l'esprit « à part », ni leur union au sens cartésien d'une interaction mystérieuse entre deux composantes dont l'une peut se soumettre à la pensée mécaniste et l'autre non (→ NATURALISATION). Mais de quel objet scientifique s'agit-il exactement ? Même si l'on en pressent aujourd'hui la réalité, sa définition précise reste le défi des années à venir : un défi ambitieux et passionnant. L'exemple des clichés de Stephen Kosslyn montrant les interrelations entre la production d'images mentales (l'esprit) et des représentations topographiques impliquant le cortex visuel primaire (la matière) est à cet égard convaincant. Il a même été montré que cette région du cerveau varie de façon topographique selon que les images mentales générées par le sujet correspondent à des objets petits, moyens ou grands (→ IMAGERIE MENTALE).

L'entreprise n'en est toutefois qu'à ses débuts et de nombreux points sont encore obscurs. Ainsi que le soulignent les philosophes de l'esprit contemporains, tel Daniel Pinkas, l'unanimité antidualiste qui règne en sciences cognitives reflète davantage un accord sur le caractère épistémologiquement désespéré du dualisme cartésien qu'une conception partagée des voies qu'il conviendrait d'emprunter en vue de relier de manière intelligible et précise les fonctions psychologiques aux mécanismes physiques. En psychologie cognitive, comme ailleurs, un modèle se définit par une syntaxe et une sémantique. La syntaxe, inspirée des systèmes informatiques dans les années 1970 et 1980, devient, avec l'imagerie neurofonctionnelle, de nature cérébrale : physico-chimique et neuro-anatomique. Quant à la sémantique, elle correspond à la projection spatiale et temporelle de cette syntaxe dans une réalité psychologique « cognitivement signifiante » (avec les contraintes de résolution spécifiques aux techniques d'imagerie utilisées). Les nouveaux débats théoriques et méthodologiques portent (et porteront) sur les modalités de cette projection et sur leur pertinence. *Olivier HOUDÉ.*

**Intelligence Artificielle.** — Le sens logique du terme modèle s'écarte notablement du sens ordinaire. On considère généralement que le modèle d'un phénomène A est une fonction mathématique (→ FONCTION), un algorithme, voire un autre phénomène B plus accessible. Or, en logique, un modèle M possède trois constituants : 1 / un univers (ensemble d'objets quelconques), 2 / une interprétation, sur cet univers, des symboles de prédicat et de fonction (→ INTERPRÉTATION, LOGIQUE) et 3 / une assignation des variables libres sur les éléments de l'univers. Ces constituants permettent de calculer la valeur de vérité de toute formule. On dit que M est un modèle d'une théorie T si ce calcul confère à toute formule de T la valeur *vraie*.

On parle également en Intelligence Artificielle (IA) de modélisation cognitive. Il s'agit d'une branche (assez peu développée) de la discipline qui vise non seulement à obtenir des résultats présentant une analogie avec ceux produits par l'intelligence humaine, mais à les obtenir au moyen de méthodes qui présentent elles-mêmes une analogie avec les mécanismes postulés en psychologie du raisonnement (→ RAISONNEMENT et RATIONALITÉ). Il est également question en IA de modèles de données, c'est-à-dire d'une spécification du type des attributs des objets représentés dans une base de données et des relations de dépendance existant entre ces attributs (→ BASE DE CONNAISSANCES). Tout état de la base de données doit respecter les contraintes procédant du modèle des données (→ CONTRAINTE. Satisfaction de —), ce qui fournit un moyen de détecter automatiquement des erreurs dans la saisie et la mise à jour de grandes quantités de données informatiques. *Daniel KAYSER.*

**Linguistique.** — Bien qu'elle provienne de la théorie mathématique des modèles (Alfred Tarski), la notion de modèle n'est pas véritablement utilisée en linguistique de manière technique : la linguistique formelle n'a pas, en effet, produit de calculs formels au sens technique du terme. Le terme de modèle est alors employé au sens général de théorie, dépouillée de ses attendus épistémologiques.

D'ordinaire, la modélisation consiste en un transcodage de la langue naturelle dans un langage de représentation (→ LANGAGE. Traitement du —, REPRÉSENTATION). Les langages utilisés par le paradigme symbolique des recherches cognitives sont des langages logiques, en général assez simples, comme le calcul des prédicats du premier ordre (→ COGNITIVISME, LOGIQUE, SYMBOLE). La Forme Logique qui dans les états récents de la théorie de Noam Chomsky représente le niveau sémantique des phrases en est un bon exemple (→ SÉMANTIQUE). Les modélisations cognitives ne se distinguent alors des modélisations logiques de la linguistique formelle que par l'hypothèse forte qu'elles correspondent effectivement à des représentations mentales : le langage de la pensée selon Jerry Fodor, par exemple, est une transposition psychologique d'une telle modélisation logique (→ LANGAGE DE LA PENSÉE). Cette hypothèse procède de postulats rationalistes et d'une conception formaliste de la rationalité (→ RAISONNEMENT et RATIONALITÉ). Sans rompre avec ce dispositif général, les grammaires cognitives (notamment celle de Ronald Langacker) ont substitué aux langages logiques de modélisation des représentations iconiques diverses, sans substrat topologique précis. Il s'agit de sémiotiques qui s'accordent avec le principe de la prééminence de la perception (notamment visuelle) (→ PERCEPTION, SÉMIOTIQUE), avec les hypothèses localistes qui lui sont associées, et plus généralement avec un iconisme dont les vertus pédagogiques l'emportent sur les justifications théoriques. *François* RASTIER.

## MODULARITÉ

*(angl., modularity)*

**Psychologie.** — Le terme de « modularité » renvoie en psychologie à une conception du système cognitif qui envisage celui-ci comme étant décomposable en sous-systèmes fonctionnellement distincts (→ ANALYSE COMPUTATIONNELLE, FONCTION). Cette approche analytique s'impose dès que le psychologue cherche à rendre compte d'une capacité cognitive complexe telle que la lecture, par exemple (→ LECTURE). La tâche de lire peut être mieux comprise si elle est décomposée en parties distinctes assurées par des composantes spécifiques ou « modules » du système de lecture.

Les schémas classiques constitués par des « boîtes » et des flèches indiquent comment les différentes composantes sont reliées entre elles pour constituer un système. Ils expriment ainsi l'architecture fonctionnelle du système étudié. Dans ce type de modélisation, chaque composante est caractérisée par la nature des représentations et des procédures qui lui sont associées (→ MODÈLE, REPRÉSENTATION).

Cette conception standard de la modularité a été profondément renouvelée par les propositions de Jerry Fodor. Cet auteur a explicité un ensemble de critères susceptibles de permettre de distinguer entre des systèmes plus ou moins modulaires. Parmi les critères retenus, celui du cloisonnement informationnel constitue le noyau dur de la conception de Fodor (→ INFORMATION). Un module est dit « informationnellement cloisonné » quand les informations qu'il utilise pour effectuer ses calculs de l'entrée sont fortement contraintes et spécifiques. Cela signifie, en particulier, que le fonctionnement du module est « aveugle » aux informations provenant des autres sources de connaissances exogènes au module lui-même. Plusieurs autres propriétés fonctionnelles des modules sont étroitement liées à celle du cloisonnement informationnel. En effet, plus un système est cloisonné, plus ses calculs risquent d'être automatiques, c'est-à-dire rapides, irrépressibles, non accessibles à l'inspection consciente, etc. (→ AUTOMATISME, CONSCIENCE, INTROSPECTION).

L'application des critères de modularité conduisent Fodor à envisager comme modules les systèmes d'entrée qui servent d'interface entre les représentations sensorielles de « bas niveau » et les processus centraux de fixation de croyances (→ CROYANCE). Selon Fodor, ces derniers ne peuvent pas être envisagés comme modulaires. Parmi les systèmes d'entrée, il inclut non seulement les mécanismes perceptifs mais aussi le langage (→ LANGAGE. Traitement du —, PERCEPTION). Cette proposition est surprenante si l'on envisage le langage comme un système unique, mais intéressante si l'on accepte que le système de traitement du langage est analysable en composantes plus élémentaires. En effet, les mécanismes du langage auxquels Fodor fait référence (ceux impliqués dans la perception de la parole, dans le calcul syntaxique et dans l'accès au lexique) semblent répondre aux critères de modularité (→ LEXIQUE, SYNTAXE).

Il faut rappeler sur ce point que Fodor dédie son ouvrage *The Modularity of Mind* à Merrill Garrett en soulignant que c'est une réflexion de ce dernier à propos du caractère « quasi réflexe » de l'analyse syntaxique des phrases qui est à la source de ses propres idées sur la modularité. *Juan* SEGUI.

**Neuroscience** — La conception modulaire des activités cognitives est centrale en neuroscience. Les activités mentales peuvent, en effet, être décrites comme un ensemble de sous-systèmes ou modules effectuant chacun une étape particulière du traitement de l'information (→ ANALYSE COMPUTATIONNELLE, INFORMATION, MODÈLE). L'un des objectifs de la neuroscience cognitive consiste précisément à identifier ces modules, à spécifier leur activité et à comprendre leur organisation au sein d'une architecture fonctionnelle (ensemble de modules de traitement nécessaires à l'accomplissement d'une activité cognitive donnée).

Les modules décrits en neuroscience cognitive ne correspondent toutefois pas exactement à ceux décrits par Jerry Fodor (voir *psycho.* ci-dessus) car ils ne sont pas censés fonctionner totalement indépendamment les uns des autres (comme le feraient des modules dits « encapsulés »). C'est la raison pour laquelle Stephen Kosslyn et Olivier Koenig qualifient la modularité en neuroscience cognitive de « faible ». Cette notion de faible modularité implique qu'un module peut faire partie de plusieurs systèmes de traitements. Cet argument se fonde sur le fait qu'un même ensemble de neurones peut très bien jouer un rôle critique dans deux activités cognitives différentes. Considérons, par exemple, les neurones de l'aire visuelle MT qui sont activés en réponse à la perception d'un mouvement (→ PERCEPTION). Or, comme la perception du mouvement permet à la fois d'extraire un objet du fond sur lequel il apparaît (séparation figure-fond) et de suivre du regard un objet en déplacement, il peut être inféré que le module constitué des neurones de l'aire MT est impliqué à la fois dans une architecture responsable de la reconnaissance visuelle des objets et dans une architecture impliquée dans la poursuite d'objets en déplacement. Il apparaît donc clairement que ce module, loin d'être indépendant, ne peut être défini que par rapport aux autres modules avec lesquels il interagit.

La notion de faible modularité n'est toutefois pas incompatible avec le fait qu'une lésion cérébrale puisse endommager sélectivement un (ou plusieurs) module(s) (→ LOCALISATION CÉRÉBRALE, NEUROPSYCHOLOGIE). La double dissociation, méthode extrêmement puissante en neuropsychologie et qui permet de conclure au fait que deux activités cognitives ne sollicitent pas exactement les mêmes modules de traitement, repose, en effet, sur le principe que les modules peuvent être sélectivement lésés. Il n'y a cependant pas de raison *a priori* pour qu'une lésion cérébrale respecte les frontières des modules définis par l'analyse computationnelle. Une lésion peut être diffuse et sa taille suffisamment étendue pour affecter plusieurs modules. Cette restriction ne paraît néanmoins pas suffisante pour remettre en cause la méthode de double dissociation et ses conclusions. *Olivier KOENIG.*

**Philosophie.** — La philosophie de l'esprit s'intéresse de près à cette propriété du système cognitif affirmée par Jerry Fodor, la modularité de l'esprit (→ ESPRIT), et considérée comme établie par de nombreux chercheurs en sciences cognitives. L'Intelligence Artificielle, la linguistique, la neuroscience et la psychologie ont fourni ces trente dernières années de nombreux arguments en faveur d'une organisation modulaire. Toutefois, les données empiriques disponibles n'étayent pas la dichotomie tranchée opérée par Fodor entre systèmes périphériques, modulaires, et systèmes centraux, non modulaires, mais suggèrent l'existence de formes graduées de modularité s'étendant à certains processus centraux.

D'une part, les systèmes périphériques ne manifestent pas nécessairement toutes les caractéristiques associées par Fodor à la modularité (voir *psycho.* ci-dessus). Il semble en particulier qu'ils ne soient pas informationnellement cloisonnés au sens strict, mais qu'ils aient plutôt un accès limité aux informations provenant d'autres parties du système cognitif (→ INFORMATION). En outre, les données de la neuroscience cognitive ne tranchent pas pleinement en faveur de la modularité, car si elles suggèrent que les systèmes de traitement de l'information sensorielle sont largement localisés dans des zones cérébrales spécialisées (→ LOCALISATION CÉRÉBRALE), elles indiquent aussi que de multiples zones cérébrales sont simultanément activées lors d'un processus cognitif, de perception visuelle par exemple (→ PERCEPTION), et qu'il existe de nombreuses interconnexions entre différentes régions cérébrales permettant l'échange d'informations (voir *neuro.* ci-dessus). D'autre part, certains processus de pensée centraux semblent manifester une forme de modularité. Des travaux récents suggèrent, par exemple, que beaucoup de processus de pensée conceptuels sont gouvernés par des principes spécifiques à un domaine (→ DOMAINE. Spécialisation quant au —). Autant d'éléments empiriques qui alimentent actuellement les débats des philosophes, et des (neuro)psychologues, sur la modularité de l'esprit. *Élisabeth* PACHERIE.

## MORPHOLOGIE

*(angl., morphology)*

**Philosophie.** On appelle « niveau morphologique » le niveau de structuration qualitative des substrats matériels en formes sensibles. Selon l'approche morphodynamique de la cognition, cette structuration est objective, quoique qualitative, et résulte de processus dynamiques d'auto-organisation des substrats physiques. La morphodynamique, en tant qu'elle rend compte de la genèse des formes par l'auto-organisation des substrats matériels, physiques ou neuronaux, institue le morphologique comme tiers terme entre le niveau physique et celui des structures symboliques (→ ÉMERGENCE, PHYSICALISME, SYMBOLE, SYSTÈME DYNAMIQUE). Elle vise donc à la constitution à la fois d'une théorie physique du phénoménologique et d'une ontologie des structures, rendant possible une conception unitaire de la réalité. Par l'importance qu'elle accorde au niveau morphologique, cette approche fait écho à la Gestalt-théorie et à la phénoménologie. Son originalité consiste à se placer dans un cadre moniste naturaliste et à affirmer le caractère objectif du niveau morphologique (→ DUALISME/MONISME, NATURALISATION). Elle présente également de fortes affinités avec les modèles connexionnistes du paradigme sub-symbolique (→ CONNEXIONNISME) dont elle partage la thèse selon laquelle le symbolique constitue un niveau formel de surface par rapport aux infrastructures morphologiques. *Élisabeth PACHERIE.*

**Linguistique.** — La morphologie est la partie de la grammaire relative à la constitution des unités lexicales complexes (morphologie dérivationnelle ou lexicale) et aux variations de forme des unités lexicales (morphologie flexionnelle) (→ GRAMMAIRE, LEXIQUE).

Du point de vue syntagmatique, une unité lexicale se définit comme le plus petit segment d'un énoncé dont la contribution sémantique reste identique dans des contextes phrastiques différents et qui constitue un atome syntaxique, c'est-à-dire qui manifeste à la fois une indépendance distributionnelle et ne tolère pas l'insertion de matériel linguistique (Alan Cruse, Igor Mel'čhuk) (→ CONTEXTE et SITUATION, SÉMANTIQUE, SYNTAXE).

Du point de vue paradigmatique, une unité lexicale débarrassée de ses variations de forme, prosodiquement autonome et appartenant à une liste ouverte, est un lexème. Dans la phrase *L'ami de sa mère a vu les amies de sa grand-mère* on compte deux occurrences de *mère*, mais seule la première relève du lexème MÈRE. Inversement, *ami* et *amies* appartiennent au même lexème AMI. L'article LE se manifeste aussi par deux occurrences, *l'* et *les*, mais il n'est pas un lexème (c'est un mot grammatical, « grammème » chez Bernard Pottier). Selon une tradition renforcée par le structuralisme, les plus petites unités constitutives des unités lexicales sont les morphèmes (« monème » chez André Martinet). Le morphème est généralement défini comme la plus petite unité associant biunivoquement un segment phonique et un élément de sens ; ainsi, *brossage* s'analyse en BROSSER + AGE. Les éléments phonétiques par quoi se réalisent les morphèmes sont les morphes (par exemple, /brOs + aJ/). Quand un morphe présente plusieurs variantes, celles-ci sont des allomorphes : en anglais {Iz, s, z} sont des allomorphes du morphe /Z/ réalisant le morphème PLU (pluriel : par exemple, *boxes*, *cats*, *flowers* analysés en BOX + PLU, CAT + PLU, etc.). Il n'y a pas d'accord sur la dénomination des unités minimales de sens mises en jeu par les morphèmes, comme par exemple « brosser + action-de » (Pottier les appelle « sémèmes »). L'approche morphologique classique, selon laquelle les unités lexicales complexes sont une combinaison de morphèmes, est prise en défaut toutes les fois où il n'y a pas de correspondance biunivoque entre les plans phonique et sémantique : un élément phonique peut correspondre à plusieurs éléments de sens (par exemple, *parla* /parl + a/ et « parler-prétérit 3e pers. sg »), plusieurs éléments phoniques peuvent correspondre à un seul élément de sens (comme on le voit dans le marquage du nombre aux temps du passé en finnois : *e*-mme *puhu-nee*-t NEG-1PLU PARLER-PPERF-PLU « nous n'avons pas parlé » ) et la correspondance peut même être tout à fait multivoque (Stephen Anderson). Ce type de faits ajoutés à la nécessité d'intervenir à l'intérieur de l'unité lexicale pour rendre compte de phénomènes dépendant de la prosodie (soustraction, réduplication, infixation, par exemple : ulwa *suulu*, « chien », *suu*ka*lu*, « son chien ») a conduit à envisager les unités complexes comme le résultat de l'application d'opérations à une unité de base, le lexème, les morphes n'étant que la trace phonique de ces opérations (Anderson, Robert Beard). En conservant l'idée que le lexème constitue le domaine privilégié des mécanismes morphologiques, de nouvelles approches formulent ceux-ci sans recourir à des règles s'appliquant séquentiellement, mais de manière déclarative (Robert Bird), notamment par le jeu de contraintes hiérarchisées et pondérées (théorie de l'optimalité : voir John McCarthy et Alan Prince).

La morphologie, comme la syntaxe, met en relation le plan phonique et le plan sémantique. Mais à la différence de la syntaxe, elle est liée de près à la phonologie, puisque les réalisations phonétiques qui dépendent de paramètres non strictement phonologiques (par exemple, la prononciation d'*asymétrie* [asimetri] *versus* [azimetri]) sont prises en charge par la morphophonologie. Les liens de la morphologie au lexique doivent être envisagés sous l'angle de la construction des unités et sous celui de leur lexicalisation. La morphologie lexicale construit des unités lexicales complexes par des mécanismes propres (différents de la syntaxe), comme la dérivation (par affixation : *lissage*, *prévoir*, apophonie : en anglais *sing*, « chanter », *song*, « chant », réduplication, etc.), la composition (par exemple, *chasse-mouche*, *jupe-culotte*, *avant-veille*) et la conversion (*déroute*, *marron)*. De toutes les unités possibles, voire attestées, ainsi construites, seules certaines accéderont au statut d'entité codée, présentant une association réglée du rapport son/sens socialement reconnue et employée comme telle. Cependant, des syntagmes (par exemple, *Moyen Age*, *chambre froide*, *avion à réaction*, *ligne de mire*, *plus grand commun diviseur*) ou des expressions (comme *sot l'y laisse*, *m'as-tu vu*) construits par la syntaxe ou même formés de façon non régulière (mots-valises : *foultitude*, *rurbain* ; argot : *ripou*, *rital*, *zyeuter*) peuvent aussi devenir des unités lexicalisées.

Les phénomènes flexionnels peuvent être inexistants dans certaines langues (le vietnamien). Mais lorsqu'ils existent, ils mettent en jeu des mécanismes qui ne peuvent être traités qu'en morphologie (par exemple, le rôle des thèmes du parfait et du présent dans la formation des paradigmes latins : voir Mark Aronoff). Les phénomènes d'allomorphie (/flœr/*fleur* ~ /flor/*floral*) ou de supplétion (*jeu* ~ lud*ique*), très fréquents en morphologie, n'ont pas d'équivalents syntaxiques clairs. Alors que les notions de fréquence et de variation de forme ont un sens pour les unités lexicales, il n'en va pas de même pour les phrases. Ces caractères, et de nombreux autres, indiquent l'irréductibilité de la morphologie à la syntaxe.

Parmi les questions morphologiques qui ont un rapport avec la cognition figurent notamment celles du marquage et de la régularité. Il s'agit de savoir, par exemple, quelles catégories conceptuelles sont le plus souvent exprimées flexionnellement (→ CATÉGORISATION, CONCEPT). Joan Bybee défend l'idée (critiquée) que ce sont celles qui sont à la fois les plus générales et les plus pertinentes. On a aussi soutenu que les significations qu'exprime la dérivation morphologique reflètent les catégories cognitives du type AGENT, etc. (voir Jerzy Szymanek, Beard) (→ SIGNIFICATION). La prise en compte de l'iconicité du marquage est à la base de la théorie de la morphologie naturelle (Wolfgang Dressler et coll.). Dans un état de langue donné, l'encodage morphologique sera d'autant plus transparent (diagrammatique) que la relation entre un contenu *(signatum)* et son expression phonique *(signans)* sera biunivoque (par exemple, l'affixation est plus diagrammatique que l'apophonie). Des études tendent à montrer que des modèles irréguliers (verbes irréguliers espagnols) peuvent être productifs, car des facteurs relatifs à la fréquence, à l'autonomie et à la centralité (d'une forme ou d'un type de forme) entrent en ligne de compte (Bybee). Il est aussi établi que l'analogie et la régularisation paradigmatique interviennent dans la création lexicale et flexionnelle (par exemple, *-iamo* dans le présent italien et l'extension de l'umlaut ; Nigel Vincent, Carol Chapman,

Jaap Van Marle). David Rumelhart et James McClelland ont proposé un modèle connexionniste de l'acquisition de la flexion verbale. Des modèles de ce type sont développés pour rendre compte de l'émergence de nouvelles unités lexicales dans les textes (→ TEXTE. Traitement du —). *Bernard FRADIN.*

# N

## NATURALISATION

*(angl., naturalization)*

**Philosophie.** — Une théorie philosophique est naturaliste quand elle se fixe l'objectif de n'utiliser dans ses analyses que des concepts et des principes compatibles avec ceux des sciences de la nature. Le projet de naturalisation de l'épistémologie (→ ÉPISTÉMOLOGIE), proposé par le philosophe et logicien Willard Quine, consiste à étudier scientifiquement la perception, l'apprentissage, la pensée, l'acquisition du langage et la transmission de la culture afin de dégager les conditions générales de la justification des croyances (→ APPRENTISSAGE, CROYANCE, LANGAGE. Traitement du —, PERCEPTION). Ce projet modifie ainsi l'ambition de l'épistémologie : non pas fonder la connaissance, mais présenter l'ensemble des facteurs (psychologiques, langagiers, etc.) qui déterminent la connaissance humaine à la lumière de ce que les sciences elles-mêmes nous permettent d'en comprendre (c'est également la démarche de l'épistémologie génétique de Jean Piaget, → CONSTRUCTIVISME, DÉVELOPPEMENT COGNITIF). Le projet de naturalisation est un thème d'actualité en philosophie de l'esprit, où des concepts classiquement considérés comme étrangers à l'approche scientifique, tels ceux d'intentionnalité et de conscience (→ CONSCIENCE, INTENTIONNALITÉ), sont soumis à une enquête naturaliste. *Joëlle Proust.*

**NEURONE** → COMMUNICATION, CONNEXIONISME, RÉSEAU NEURONAL

*(angl., neuron)*

## NEUROPSYCHOLOGIE

*(angl., neuropsychology)*

**Neuroscience.** — La neuropsychologie est l'étude des fonctions mentales supérieures et de leurs relations avec le cerveau (→ FONCTION, LOCALISATION CÉRÉBRALE). Historiquement, il s'agit d'une discipline à la fois clinique et expérimentale. Elle a pris tout son essor dans la deuxième moitié du XIXe siècle avec des chercheurs comme Paul Broca, Hughlings Jackson, Jean-Martin Charcot et bien d'autres.

La neuropsychologie est avant tout une discipline clinique. Elle a alors un premier but, celui de comprendre le déficit d'un patient dans sa globalité. Les patients concernés sont ceux ayant subi des lésions focales du cerveau par accident vasculaire, traumatisme, tumeur, etc. Ce sont aussi les patients ayant des lésions plus diffuses comme les troubles dégénératifs (par exemple, la maladie d'Alzheimer, → VIEILLISSEMENT). Le diagnostic du trouble est très long à établir. Chaque fonction mentale peut être perturbée : le langage dans l'aphasie (→ LANGAGE. Traitement du —), les processus de reconnaissance dans les diverses agnosies (selon la modalité : agnosie auditive, agnosie visuelle ; selon le type d'information : agnosie des objets, des visages ou spatiale, → ESPACE, PERCEPTION), la mémoire dans l'amnésie (→ MÉMOIRE), les gestes élaborés dans l'apraxie (→ ACTION), les troubles du raisonnement et des fonctions exécutives dans le syndrome frontal, etc. (→ CONTRÔLE, RAISONNEMENT et RATIONALITÉ). Ce diagnostic est fondamental pour la prise en charge des patients, qui ne se réduit pas à la simple réhabilitation fonctionnelle spécifique. Il s'agit aussi de comprendre le patient dans sa vie de tous les jours, d'évaluer ses fonctions indemnes pour une éventuelle réinsertion dans le monde du travail. D'où l'importance du corps des cliniciens neuropsychologues et de leur formation spécifique.

La neuropsychologie est également une discipline expérimentale. Traditionnellement, l'étude des patients cérébro-lésés a toujours été privilégiée dans l'approche expérimentale. Ce type d'étude est renforcé par les rapports avec les cliniciens. Les expérimentalistes ont besoin des compétences des cliniciens s'ils ne le sont pas eux-mêmes, et la clinique a de toute évidence besoin des découvertes expérimentales. Ainsi, l'essentiel de nos connaissances sur le lien entre les fonctions mentales supérieures et le cerveau vient de l'étude des performances des patients cérébro-lésés, au moins pour la partie humaine de la neuropsychologie.

Il faut donc une théorie des déficits eux-mêmes. Le plus souvent, on considère que les fonctions mentales d'un patient cérébro-lésé correspondent à celles d'un sujet normal avec un paramètre annulé, correspondant à l'opération mentale sous-tendue par la zone lésée. Mais les choses ne sont sans doute pas aussi simples car des stratégies compensatoires peuvent survenir pour réorganiser l'ensemble des fonctions mentales. La neuropsychologie expérimentale bénéficie actuellement de questionnements méthodologiques très poussés. La description des déficits des patients utilise les outils de la psychologie cognitive pour choisir les tâches les plus appropriées. Quant au lien avec le cerveau, il repose sur la caractérisation anatomique précise de la lésion (scanner et diverses techniques d'imagerie morphologique).

La méthode neuropsychologique la plus répandue est celle des doubles dissociations, dont le principe est le suivant : le fait de découvrir un patient qui réussit parfaitement une tâche A et échoue à une tâche B, alors qu'un autre patient a les performances inverses, permet d'affirmer que les tâches A et B nécessitent l'intervention de modules fonctionnels indépendants (→ ANALYSE COMPUTATIONNELLE, MODULARITÉ). Si les lésions se situent en des régions différentes, cela permet de dessiner l'organisation cérébrale de ces modules. La méthode des doubles dissociations ne doit pas faire oublier une autre méthode : l'association de symptômes. Le fait de trouver qu'un certain symptôme est souvent associé à un autre symptôme fonctionnellement différent a avant tout un intérêt nosologique et donc didactique. Mais il a théoriquement un autre intérêt, celui d'orienter d'éventuelles recherches pour comprendre pourquoi deux fonctions apparemment différentes sont si proches sur le plan anatomique. Cela peut être une pure coïncidence, mais cela peut aussi être fondamental quant au déterminisme biologique des fonctions mentales.

La neuropsychologie expérimentale humaine ne repose pas seulement sur les études lésionnelles. Il existe des études sur la différenciation hémisphérique utilisant la présentation d'informations limitée à un hémisphère (écoute dichotique, présentation tachistoscopique par hémichamp) chez les sujets normaux. Les études de potentiels évoqués rassemblent un champ entier de la recherche neuroscientifique. Elles permettent surtout la visualisation des différences chronométriques entre deux tâches cognitives. Des ondes spécifiques surviennent après présentation d'une information et indiquent l'implication de processus cérébraux à des moments différents, par exemple de 100 ms à plus d'une seconde. Enfin, les études plus récentes d'imagerie cérébrale fonctionnelle, notamment avec la tomographie par émission de positons (TEP) et l'imagerie par résonance magnétique fonctionnelle (IRMf), commencent à donner des indications très intéressantes sur le fonctionnement cérébral dans la cognition (→ IMAGERIE CÉRÉBRALE FONCTIONNELLE).

Outre cette diversité d'approches, il ne faut pas oublier les études chez l'Animal (→ COGNITION ANIMALE). Elles permettent de mieux comprendre certains aspects de la neuropsychologie humaine, que ce soit dans les domaines de la perception, de l'attention (→ ATTENTION) ou de la mémoire. Les méthodes sont nombreuses et ont des incidences différentes. Parmi les plus informatives, on peut citer les études lésionnelles et les études d'enregistrement monocellulaire.

La neuropsychologie est donc une discipline multiforme qui a un fort ancrage clinique, ainsi que la lourde charge d'être au cœur de l'interface entre les neurosciences et les sciences cognitives. Cette position lui procure des avantages certains, mais aussi des inconvénients, notamment pour se définir et trouver sa place dans les institutions. De l'avis des neuropsychologues pourtant, l'intérêt fondamental de la discipline tient à son double aspect, clinique et expérimental. *Éric* SIÉROFF.

## NOMBRE

*(angl., number)*

**Psychologie.** — Parmi les questions débattues en psychologie, il en est une particulièrement vive : comment les nombres viennent aux humains ? La réponse apportée par Jean Piaget est que le nombre se construit chez l'enfant par une synthèse logico-mathématique entre les opérations de classification et de sériation

(→ CONSTRUCTIVISME, DÉVELOPPEMENT COGNITIF, LOGIQUE). Ainsi, le nombre retient des classes leur structure d'inclusion (1 inclus dans 2, 2 dans 3, etc.) (→ CATÉGORISATION), mais, comme il fait abstraction des qualités, pour transformer les objets en unités, il fait aussi intervenir un ordre sérial, seul moyen pour distinguer une unité de la suivante : 1 puis 1, puis 1, etc. C'est alors la synthèse de cet ordre sérial des unités avec l'inclusion des ensembles résultant de leur union (1 inclus dans 1 + 1, 1 + 1 inclus dans 1 + 1 + 1, etc.) qui constitue le nombre. L'épreuve appliquée par Piaget auprès des enfants pour évaluer l'atteinte de ce « nombre opératoire » est la conservation numérique. 6 à 8 jetons sont alignés devant l'enfant à qui l'on demande de placer sur la table autant de jetons pris dans un tas d'une autre couleur. Vers 4 ans, l'enfant construit généralement, en serrant plus ou moins les jetons, une rangée de même longueur que celle de la rangée modèle. Plus tard, il met en correspondance terme à terme les jetons des deux rangées. Mais si l'adulte éloigne le dernier jeton de la rangée initiale, l'enfant dénie l'équivalence et rajoute un ou plusieurs jetons à la sienne. Vers 6-7 ans, il convient de l'équivalence des quantités quelles que soient les transformations apparentes opérées. Il est alors dit « conservant », critère opératoire de l'atteinte du nombre. Piaget s'est en outre attaché à dégager le synchronisme entre ce développement de la conservation numérique et celui de l'inclusion (classifications) et de la relation d'ordre (sériations). S'agissant de conduites observées dans des situations variées (autres matériels, autres questions, autres notions évaluées), l'approche est ici résolument structuraliste.

A l'issue de ces travaux fondateurs sur la genèse du nombre, les recherches dans ce domaine n'ont cessé de se multiplier et les critiques à l'égard de la théorie piagétienne n'ont pas manqué. Tout d'abord le synchronisme des opérations de classification, de sériation et de conservation n'a pas été confirmé lors des vérifications expérimentales. Ensuite, il est apparu de plus en plus nettement que la polarisation de Piaget sur l'aspect logico-structural du nombre a été excessive, laissant dans l'ombre d'autres aspects, plus fonctionnels, du développement numérique tel le comptage. Un auteur piagétien, Pierre Gréco, avait toutefois montré que la quantité comptée est conservée avant la quantité non comptée, ce qu'il a appelé la conservation de la « quotité ».

Le changement radical de perspective est en fait venu de Rochel Gelman qui non seulement a mis l'accent sur le comptage, mais a postulé l'existence précoce de cinq principes fondamentaux du comptage : le principe d'ordre stable (ordre des mots-nombre), le principe de stricte correspondance terme à terme (entre les mots-nombre et les éléments), le principe cardinal (le mot-nombre du dernier élément désigné égale le nombre total d'éléments), le principe d'abstraction (les éléments ne sont *que* des entités distinctes) et le principe de non-pertinence de l'ordre (relatif à l'ordre d'énumération des éléments). Ces principes ont été mis en évidence par Gelman chez le jeune enfant à partir d'une situation où il s'agit d'évaluer le caractère correct ou incorrect de procédures de comptage effectuées par une poupée. Suivant les erreurs de comptage de la poupée (ordre non stable, violation de la correspondance terme à terme, cardinal désigné par un mot-nombre quelconque, etc.), on détermine si l'enfant connaît ou non chacun des principes. Les données indiquent qu'à trois ans l'enfant possède déjà les principes fondamentaux du comptage. Ceci conduit Gelman à distinguer trois composantes dans la compétence à compter : la composante conceptuelle (le « savoir pourquoi » : les cinq principes), la composante procédurale (le « savoir comment » relatif à la structure et à la séquence des actions de comptage, → ACTION) et la composante d'utilisation (le « savoir quand » relatif à la pertinence d'utilisation des deux premières composantes selon les contextes, → CONTEXTE et SITUATION). Défendant l'idée que les principes précèdent les habiletés (*the principles-before-skills hypothesis* en anglais), Gelman suggère que les difficultés numériques des enfants d'âge préscolaire relèvent essentiellement des composantes procédurale et d'utilisation. Un autre apport original de Gelman est d'avoir montré, à partir d'une situation appelée « la tâche magique », que chez l'enfant de trois-quatre ans seules les transformations qui affectent le cardinal d'un ensemble (addition et soustraction) suscitent une surprise (et non celles qui ne l'affectent pas : écartement et regroupement). Elle en conclut que l'enfant de cet âge est déjà capable de traiter le nombre comme invariant sous des transformations non pertinentes, en dépit de son échec dans l'épreuve piagétienne de conservation.

Les positions de Gelman sont fortes et ont de ce fait suscité de vives controverses. De nombreuses données expérimentales mettent en doute l'existence chez le jeune enfant de principes définis aussi précisément que ceux de Gelman. La question est de savoir si les auteurs qui réfutent l'existence de ces principes (et donc de la composante conceptuelle) distinguent bien, dans l'analyse des échecs des enfants, les trois composantes de la compétence à compter : conceptuelle, procédurale et d'utilisation. Quoi qu'il en soit, l'apport de Gelman réside dans l'essor donné à l'étude des activités numériques précoces et particulièrement à celle du comptage.

D'autres approches fonctionnelles ont mis l'accent sur l'élaboration de la chaîne numérique verbale. C'est ainsi que Karen Fuson distingue quatre étapes de développement entre 2 et 6 ans (qui correspondent aux étapes de Leslie Steffe indiquées entre parenthèses) : le « chapelet » (le schème de comptage perceptif, → PERCEPTION), la chaîne insécable (le schème de comptage figuratif), la chaîne sécable (la suite initiale des nombres) et la chaîne terminale qui est la suite numérique emboîtée, sériée, cardinalisée et « unitisée » (la suite tacitement puis explicitement emboîtée). Cette approche, tout en mettant l'accent sur les modalités fonctionnelles d'appropriation de la chaîne numérique verbale, est beaucoup plus proche de celle de Piaget que ne l'est l'approche de Gelman. On rejoint d'ailleurs à la dernière étape décrite (la chaîne terminale) la conception piagétienne du nombre, synthèse des classifications et des sériations.

Mais que se passe-t-il avant toute possibilité de comptage verbal, avant même les premières étapes d'élaboration de la chaîne numérique décrites par Fuson et Steffe, c'est-à-dire chez le bébé (→ COGNITION DU BÉBÉ) ? L'exemple le plus marquant, et qui suscite les plus vifs débats, est celui des recherches de Karen Wynn. En utilisant la méthode d'enregistrement des temps de fixation visuelle associée à une procédure de « réaction à l'événement impossible », Wynn a montré que les bébés de 4-5 mois sont surpris (temps de fixation plus long) par des événements numériques impossibles (tels $1 + 1 = 1$ ou $1 + 1 = 3$ et $2 - 1 = 2$), alors qu'ils ne le sont pas pour les événements possibles correspondants ($1 + 1 = 2$ et $2 - 1 = 1$) (avec un matériel où les unités sont des figurines de Mickey). Elle en conclut que dès cet âge le bébé est doté d'un mécanisme lui permettant de calculer le résultat précis d'opérations arithmétiques simples. Wynn avance même que le bébé possède déjà de véritables concepts numériques (avec encodage de l'information ordinale) (→ CONCEPT) non réductibles à des percepts holistiques dérivant d'un processus de reconnaissance de patterns. Comme dans le cas de Gelman, la position de Wynn est forte, paraît contradictoire avec ce que l'on sait des difficultés numériques des enfants d'âge préscolaire et ne manque donc pas de susciter des controverses. Celles-ci portent sur le statut cognitif des compétences numériques postulées : s'agit-il de

« proto-opérations » (voire de « protoconcepts ») ou d'une simple « capture » perceptive et attentionnelle des informations (→ ATTENTION, INFORMATION, PERCEPTION) ?

L'enjeu des recherches à venir est de dégager un modèle du développement et du fonctionnement numériques (conservation, comptage, arithmétique élémentaire) qui rende compte à la fois des compétences précoces (Gelman, Wynn, etc.) et des incompétences tardives (Piaget, Fuson, Steffe, etc.), sans nier la réalité des premières et en s'interrogeant, de ce fait, sur les divers facteurs explicatifs des secondes. *Olivier HOUDÉ.*

**Neuroscience.** — En neuroscience cognitive, la question des nombres est abordée dans les recherches qui visent à dégager les bases cérébrales des mathématiques élémentaires. Avec des méthodes issues de la psychologie cognitive, de la neuropsychologie et de l'imagerie cérébrale fonctionnelle, il est aujourd'hui possible de spécifier les zones cérébrales actives lors des opérations arithmétiques (→ IMAGERIE CÉRÉBRALE FONCTIONNELLE, NEUROPSYCHOLOGIE). Les recherches portent notamment sur les plus simples, mais aussi les plus fondamentaux des objets mathématiques : les nombres entiers (par exemple, les recherches de Michael McCloskey et Jordan Grafman aux États-Unis ou celles de Stanislas Dehaene et Laurent Cohen, de Xavier Seron, etc., en Europe).

Pour l'essentiel, il apparaît, à partir de l'analyse du temps que nous mettons à comparer deux nombres, que le cerveau examine les mots ou les chiffres arabes, expressions symboliques, selon une représentation interne des quantités numériques analogue à une ligne le long de laquelle les nombres se succéderaient dans l'ordre croissant (→ REPRÉSENTATION, SYMBOLE). Cette représentation et la manipulation des nombres utilisent de façon prépondérante la région pariétale inférieure du cortex. Une lésion sélective de cette région entraîne une acalculie primaire : le patient ne sait plus calculer, alors qu'il peut fréquemment nommer et écrire les nombres. Selon l'opération arithmétique effectuée, comparaison, soustraction ou multiplication, la région pariétale inférieure s'active dans l'un ou l'autre hémisphère et coordonne son activité avec plusieurs autres aires spécialisées et réparties dans le cerveau, notamment celles qui contrôlent la production du langage (→ LANGAGE. Traitement du —).

En référence au modèle du triple code de Dehaene et Cohen, les régions impliquées dans le traitement des nombres sont les suivantes. La reconnaissance visuelle active la région occipito-temporale ventrale, dans l'hémisphère gauche pour les mots écrits et des deux côtés pour les chiffres arabes (→ PERCEPTION). La reconnaissance et la production des mots parlés activent la région périsylvienne de l'hémisphère gauche. Les quantités numériques sont représentées dans la région pariétale inférieure des deux hémisphères, notamment dans la profondeur du sillon intrapariétal. Enfin, le cortex préfrontal intervient pour mémoriser les résultats intermédiaires et contrôler les stratégies mises en jeu dans les régions postérieures (→ CONTRÔLE, MÉMOIRE). Au cours d'un calcul, toutes ces régions échangent des informations (→ INFORMATION).

Les données récentes de l'imagerie cérébrale révèlent la complexité du traitement des nombres par le cerveau. En voici quelques illustrations. Si l'on mesure l'activité cérébrale au cours de diverses tâches arithmétiques (lecture, comparaison, addition, soustraction, multiplication, etc.), il apparaît que le cortex pariétal droit s'active durant la comparaison de nombres, alors que la multiplication donne lieu à une activité quasi exclusivement localisée dans l'hémisphère gauche, et la soustraction à des activations bilatérales. On sait également qu'une autre région, le noyau lenticulaire gauche, s'active plus lors de multiplications que lors de comparaisons des mêmes nombres. Or des données neuropsychologiques indiquent qu'une lésion de cette région peut entraîner une perte de la mémoire des multiplications. Ainsi, la convergence des résultats obtenus avec des patients et des sujets normaux précise les circuits neuronaux associés à chaque opération.

D'autres données intéressantes sont relatives aux étapes du calcul, notamment la séquence temporelle des activations cérébrales lorsque nous comparons deux nombres. Si l'on mesure l'activité électrique du cerveau, à l'aide d'électrodes réparties à la surface du scalp d'une personne, tandis qu'elle compare avec 5, par exemple, des chiffres arabes (1, 4, 6 ou 9) et des noms de nombres (UN, QUATRE, SIX ou NEUF), on relève les résultats suivants. Vers cent millisecondes après l'apparition du nombre sur l'écran de l'ordinateur, un potentiel électrique positif sur les électrodes postérieures indique l'entrée en activité de l'aire visuelle primaire. Puis, vers cent cinquante millisecondes une différence de topographie apparaît selon qu'un chiffre arabe ou un nom de nombre est présenté : ils sont identifiés par des réseaux anatomiquement différents. Comme indiqué plus haut, les chiffres sont reconnus par les régions occipitotemporales ventrales des deux hémisphères, alors que seule la région gauche intervient pour les mots. A ce stade, cependant, aucun effet de distance n'est notable (effet selon lequel nous comparons deux nombres plus vite quant leur différence est plus grande) : seule l'identité des symboles a été reconnue, mais pas leur sens. Vers cent quatre-vingt-dix millisecondes, l'effet de distance apparaît. Les sujets sont systématiquement plus lents pour les chiffres 4 et 6 que pour les chiffres 1 et 9. En outre, le potentiel mesuré sur les électrodes situées en regard du cortex pariétal inférieur varie en fonction de la différence du chiffre avec 5. Enfin, la topographie de cet effet est similaire pour les nombres présentés en chiffres arabes et en toutes lettres, ce qui confirme que la région pariétale inférieure ne code pas les nombres sous forme de symboles dans une numération particulière, mais dans un code quantitatif abstrait et indépendant de la notation d'entrée.

Un autre résultat des recherches est à mentionner. Il s'agit du fait que lorsque nous multiplions deux chiffres, si la multiplication est simple, telle $2 \times 3$, l'activation pariétale est fortement latéralisée à gauche et de courte durée. Si, au contraire, la multiplication est moins familière, telle $8 \times 7$, alors elle semble démarrer dans l'hémisphère gauche avant de s'étendre à la région pariétale droite pendant plusieurs centaines de millisecondes. La taille des nombres manipulés et la nature des opérations effectuées conditionneraient donc les chemins du calcul dans le cerveau.

L'existence de régions cérébrales spécialisées dans le traitement des nombres pose la question de leur origine. La région pariétale inférieure est-elle déjà en partie opérationnelle chez le très jeune enfant et lui confère-t-elle déjà un sens approximatif des quantités (→ DÉVELOPPEMENT COGNITIF) ? Des organismes aussi divers que le rat, le pigeon, le dauphin, le chimpanzé et le bébé humain, bien que dépourvus de langage, se représentent mentalement le cardinal d'un ensemble d'objets visuels ou sonores, et même effectuent certaines déductions arithmétiques élémentaires (→ COGNITION ANIMALE, COGNITION DU BÉBÉ). Un bébé de 4-5 mois s'attend à ce qu'un ensemble de deux objets auquel on en retranche un n'en contienne plus qu'un seul : il effectue mentalement un analogue, avec des objets concrets, de l'opération arithmétique abstraite $2 - 1 = 1$ (voir *psycho.* ci-dessus). Des circuits cérébraux pré-spécifiés pour la représentation des nombres existeraient donc dès la naissance, indépendamment de toute éducation mathématique. L'apprentissage de la récitation des noms de nombres (« un, deux, trois, etc. ») et de la forme visuelle des chiffres arabes (1, 2, 3, etc.) permettrait alors ultérieurement d'associer des systèmes de numération symbolique à ce « sens des quantités » (→ APPRENTISSAGE), l'enfant apprenant à mettre en rapport le mot « quatre », le chiffre 4 et la quantité correspondante.

Quelle que soit la validité de ce schéma, un principe général d'organisation cérébrale émerge : la modularité des réseaux (→ MODULARITÉ). Sans que nous en soyons conscients, des dizaines d'aires cérébrales spécialisées, réparties dans les deux hémisphères, s'activent lorsque nous pratiquons le calcul mental (→ CONSCIENCE). L'information passe sans effort des représentations visuelles, spécialisées dans l'identité des chiffres, aux aires du langage, où les nombres sont codés sous forme de chaînes de mots, et aux aires du « sens quantitatif » où leurs quantités et leurs relations de proximité sont retrouvées. On commence à saisir les principaux nœuds de ce réseau, mais deux questions demeurent en suspens. Quels mécanismes assurent la cohérence des informations numériques réparties et nous donnent l'impression subjective d'effectuer un calcul unique ? Comment ces mécanismes de calcul élémentaires cèdent-ils la place, au fil de l'éducation mathématique, à des représentations cérébrales d'objets mathématiques beaucoup plus élaborées, jusqu'à l'extraordinaire fluidité calculatoire et à la créativité mathématique d'un Albert Einstein, d'un Henri Poincaré ou d'un Srinavasa Ramanujan Iyengar (→ CONSTRUCTIVISME, RÉALISME) ? *Stanislas DEHAENE.*

## NORMATIVITÉ

*(angl., normativity)*

**Philosophie.** — La normativité est la propriété qu'ont certaines activités ou états de choses d'être soumis à des règles ou d'être évaluables. On peut distinguer les prescriptions et évaluations concernant ce qu'il convient de faire (les normes morales), ce qu'il convient de penser (les normes épistémiques, → ÉPISTÉMIQUE), ou concernant le fonctionnement attendu d'une structure biologique ou sociale (les normes fonctionnelles).

Dans le contexte de l'attribution des contenus d'attitudes propositionnelles (quand il s'agit d'établir, par exemple, à quoi pense Jean ou ce que désire Pierre) (→ ATTITUDE PROPOSITIONNELLE,

THÉORIE DE L'ESPRIT), la normativité intervient par le biais du recours à un principe de « charité » ou à un principe de rationalité (→ RAISONNEMENT et RATIONALITÉ). En vertu du premier principe, l'interprète doit considérer que la plupart des croyances de l'interprété sont vraies (→ CROYANCE, INTERPRÉTATION, VÉRITÉ). En vertu du second, l'interprète doit considérer que l'interprété est rationnel. Donald Davidson considère que ces deux principes sont des éléments constitutifs de la capacité d'interpréter les croyances d'autrui. *Joëlle* PROUST.

# O

## OBJET

*(angl., object)*

**Psychologie.** — La question de l'objet est notamment abordée en psychologie cognitive dans les travaux sur l'espace et la perception (→ ESPACE, PERCEPTION). On se limitera ici au problème de la permanence de l'objet tel qu'il est étudié en psychologie du développement (→ DÉVELOPPEMENT COGNITIF).

C'est à Jean Piaget que l'on doit d'avoir posé clairement la question de l'objet comme unité de base de la construction du réel (→ CONSTRUCTIVISME) : l'objet continue-t-il à exister pour le bébé lorsqu'il disparaît de sa vue, a-t-il une permanence en dehors de l'expérience immédiate (→ EXPÉRIENCE) ? Six étapes ressortent des observations piagétiennes, étapes qui marquent, essentiellement au cours de la première année de la vie, le cheminement laborieux du bébé vers l'objet permanent.

La recherche systématique de l'objet disparu n'apparaît qu'au sous-stade IV du développement sensori-moteur selon Piaget, vers 8-9 mois, et cette étape est encore marquée par une erreur de localisation. Cette erreur est mise en évidence à partir du dispositif suivant : l'expérimentateur place le bébé devant deux caches A et B aussi facilement accessibles l'un que l'autre, et introduit d'abord l'objet sous le cache A. Le bébé de 8-9 mois retrouve l'objet sans peine. Après quelques répétitions de cette situation, on transporte très visiblement l'objet sous B (A → B) et le bébé continue, si un délai diffère sa réponse, à rechercher l'objet sous A : c'est l'erreur dite

« A.non-B ». L'interprétation piagétienne est que le bébé n'a pas encore élaboré une véritable permanence de l'objet. Ce n'est qu'à la fin de la première année que celle-ci est acquise, d'où la disparition de l'erreur A-non-B vers 12 mois (avec encore des affinements au cours de la deuxième année). Cette interprétation est aujourd'hui contestée au regard des données nouvelles sur l'existence précoce de la permanence de l'objet dès 4-5 mois, données associées à un changement de méthodologie, passant de l'étude piagétienne des actions du bébé (les schèmes moteurs de recherche d'objets disparus, → ACTION) à l'étude cognitiviste de son regard, c'est-à-dire à l'analyse des activités perceptives mesurées par les temps de fixation visuelle (→ COGNITION DU BÉBÉ).

Renée Baillargeon a ainsi mis en évidence l'existence précoce de la permanence de l'objet en appliquant le paradigme dit « de l'événement impossible ». La procédure expérimentale se déroule en deux phases. 1 / Le bébé est placé face à un écran relié par une charnière au plancher du dispositif de présentation, dans le plan fronto-parallèle (par rapport au bébé), de sorte que cet écran puisse effectuer une rotation de 180°. Cette situation fait l'objet d'une habituation au mouvement alternatif de rotation selon un axe horizontal. 2 / On place ensuite une boîte derrière l'axe de rotation de l'écran, de telle manière que l'écran cache la boîte à un moment donné (c'est l'objet disparu) et que la rotation possible soit limitée à 112°. Le bébé est alors mis en présence d'un événement possible, la rotation de l'écran sur 112°, et d'un événement impossible : la rotation sur 180°. L'application de cette procédure auprès de bébés de 4-5 mois indique que, lors de la phase 2, ils regardent plus longtemps l'événement impossible que l'événement possible, alors que le premier est identique à la situation d'habituation (rotation de 180°) et que le second est nouveau (des résultats identiques ont été retrouvés chez des bébés de 3 mois et demi, mais pas chez tous). Baillargeon en conclut que l'événement impossible est identifié comme tel par le bébé de 4-5 mois, ce qui conduit à penser qu'il conçoit la propriété transgressée, en l'occurrence la permanence de la boîte lorsqu'elle est cachée par l'écran. Dès cet âge (début du sous-stade III de Piaget), la permanence de l'objet serait donc acquise, ainsi que le principe de solidité (d'autres expériences ont été menées sur la même problématique par Baillargeon et d'autres chercheurs). Il a en outre été montré par Karen Wynn que l'objet permanent, au sens de l'objet totalement disparu, peut être intégré dès 4-5 mois, en tant qu'unité physique connectée à d'autres unités discrètes et quantifiables, dans des activités protonumériques (→ NOMBRE).

La divergence entre les données expérimentales qui viennent d'être présentées et la théorie piagétienne, étroitement liée aux paradigmes utilisés, n'est pas sans poser problème aux psychologues du bébé. Si dès 4-5 mois il y a permanence de l'objet, comment expliquer alors l'erreur A-non-B, classique du bébé de 8-12 mois ? Pour certains auteurs la question n'est pas capitale. Pour d'autres, au contraire, elle constitue l'une des énigmes fascinantes de la psychologie du développement cognitif. Diverses interprétations ont été proposées, associées à des situations expérimentales ingénieuses : notamment, le rôle de la capacité mnémonique (→ MÉMOIRE), de l'organisation spatiale, des contraintes de la programmation motrice (persévération motrice et rôle de l'inhibition, → ACTIVATION/INHIBITION, CONTRÔLE), etc. L'une des interprétations les plus marquantes est celle d'Adele Diamond, avancée à l'issue d'une étude comparative de neuropsychologie cognitive animale (auprès de singes ayant subi une ablation du cortex préfrontal, → COGNITION ANIMALE, NEUROPSYCHOLOGIE), selon laquelle l'erreur de localisation faite par le bébé de 8-12 mois tiendrait au défaut d'inhibition d'un geste programmé (le geste dirigé vers A) en raison du développement insuffisant du cortex préfrontal. Des enregistrements cellulaires chez le singe, ainsi que des modélisations neuronales réalisées par Jean-Pierre Changeux et Stanislas Dehaene, corroborent l'hypothèse, avancée par Diamond, d'un rôle décisif du système frontal. Ces recherches ont été complétées par celles de Marta Bell et Nathan Fox qui ont mis en relation l'enregistrement électroencéphalographique (EEG) du système frontal et le développement cognitif du bébé, notamment ses performances dans la situation A → B. Les enregistrements réalisés confirment l'existence, chez le bébé, du lien établi par Diamond, chez le primate non humain, entre l'erreur A-non-B et le système frontal. Les auteurs considèrent que la réussite de la situation A → B nécessite l'inhibition du premier geste programmé, coordonnée avec une capacité de mémorisation et de résistance à la distraction durant le délai.

Certaines données expérimentales semblent toutefois aller contre l'hypothèse du rôle de la fonction frontale d'inhibition (et donc de la persévération du geste à inhiber) comme facteur explicatif exclusif. Il en est ainsi de chaque facteur explicatif avancé concernant l'erreur A-non-B, par exemple le rôle de la capacité mnémonique qui est étayé par certaines données et semble en contradiction avec d'autres. L'objectif des recherches à venir est de cerner, théoriquement et expérimentalement, l'action simultanée de plusieurs facteurs : la mémoire, l'organisation spatiale, la fonction frontale d'inhibition, etc., du point de vue de leurs liens avec la programmation motrice. Une tentative récente a été réalisée en ce sens par James Russell et son concept d'« agentivité » (*agency* en anglais), concept plus large que l'action piagétienne, incluant également les mécanismes d'attention sélective (→ ATTENTION). *Olivier HOUDÉ.*

**Intelligence Artificielle.** — La notion d'objet, aujourd'hui omniprésente en informatique, a été développée dans les années 1970 sous la pression de deux courants de recherche : 1 / un nouveau paradigme, issu de la programmation et du génie logiciel, considérant les programmes non plus comme des suites d'instructions, mais comme des entités en interaction ; 2 / la notion de réseau sémantique, alors développée en Intelligence Artificielle (IA) (→ RÉSEAU SÉMANTIQUE). Ensuite, les bases de données se sont jointes à ces deux premiers courants.

Un objet informatique est individualisé, dans le sens où deux objets créés indépendamment demeurent distincts pendant toute leur durée de vie. Il est dit « complet », car il comprend une partie statique – qui représente son état et les liens qui l'unissent aux autres objets – et une partie dynamique qui décrit son comportement, c'est-à-dire l'ensemble des opérations qui lui sont applicables. Malgré de nombreuses variantes, la notion d'objet peut se définir par trois concepts principaux : la structuration classe/instance, l'activation par envoi de messages et la classification hiérarchique par héritage.

1 / La structuration classe/instance regroupe des objets ayant une structure et un comportement communs sous la forme d'un modèle général appelé « classe », qui est une sorte de moule à partir duquel sont générés les objets ou instances de la classe (→ CATÉGORISATION). Ce modèle comprend la liste des attributs que possèdent ces instances ainsi que l'ensemble des opérations, appelées « méthodes », caractérisant leur comportement. 2 / L'activation par envoi de messages correspond à l'aspect dynamique des objets. Lorsqu'un objet reçoit un message, il applique la méthode correspondante définie dans sa classe. L'intérêt de cette technique réside

dans son polymorphisme : un même message envoyé à deux objets appartenant à des classes distinctes pourra déclencher deux méthodes différentes et donc conduire à l'exécution de deux comportements. Enfin, 3 / la classification hiérarchique par héritage permet d'obtenir une hiérarchie de type généralisation/spécialisation (→ HÉRITAGE). Les classes les plus abstraites se trouvent au sommet de la hiérarchie, alors que les classes les plus concrètes, les plus pratiques, se situent au niveau des feuilles de cette arborescence.

La notion d'objet ne se résume pas à une simple technique informatique. Elle trouve, en effet, ses racines dans une conception générale de la connaissance qui lui est bien antérieure et qui se traduit par l'idée que la connaissance dont un être humain dispose – et dont tout artefact cognitif doit disposer – est effectivement représentable par des entités possédant les trois caractéristiques ci-dessus.

C'est en utilisant des techniques de représentation apparentées aux objets qu'un projet a tenté, aux États-Unis, de constituer l'ensemble des connaissances de base dont dispose un enfant de 6 ans (→ REPRÉSENTATION). Malgré le relatif échec de ce projet, l'édification de grandes bases de connaissances recouvrant un domaine plus limité, ce que l'on appelle maintenant abusivement des « ontologies », connaît un essor important (→ BASE DE CONNAISSANCES, DOMAINE. Spécialisation quant au —).

Alors que la notion d'objet triomphe aujourd'hui dans tous les secteurs de l'informatique, l'IA ne prétend plus qu'elle ouvre l'accès à la représentation idéale des connaissances. Plusieurs critiques peuvent en effet être formulées à son encontre. Les objets sont fondés sur une représentation cognitivo-symbolique des connaissances (→ COGNITIVISME, SYMBOLE) et on peut, à ce titre, leur objecter que les connaissances, quoique structurées, résultent d'une définition extérieure et non d'une expérience acquise (→ EXPÉRIENCE). Par ailleurs, la définition de l'héritage dans les langages à objets est trop élémentaire pour être utilisée afin de classer des concepts un tant soit peu complexes (→ CONCEPT, LANGAGE. Traitement du —). Enfin, le compromis obtenu dans les langages à objets entre la description par attributs et l'activation par méthodes tend à éclater en deux modèles : l'aspect de représentation pure est plutôt mieux décrit par des techniques telles que les réseaux sémantiques, alors que l'aspect d'activation a donné naissance à une autre gamme de logiciels : les systèmes multi-agents (→ DISTRIBUÉE. Intelligence —).

Néanmoins, en raison des facilités qu'ils offrent, tant pour programmer que pour décrire des ensembles de connaissances bien structurés et pas trop complexes, les objets sont devenus une technique essentielle de la programmation et de la représentation des connaissances. *Jacques* FERBER.

## ORAL

*(angl., oral)*

**Psychologie.** — L'oral correspond à l'une des modalités d'utilisation du langage, l'autre étant la modalité écrite (→ ÉCRITURE, LANGAGE. Traitement du —, LECTURE). Au sens strict, la modalité orale implique la production de la parole au moyen du système articulatoire et sa réception au moyen du système auditif (→ PERCEPTION), alors que l'écrit nécessite le passage par un système de représentation graphémique (→ REPRÉSENTATION). L'oral est souvent associé à un mode de communication informel, l'écrit à un mode formel (→ COMMUNICATION). Néanmoins, bien que l'opposition entre modalités orale et écrite soit corrélée avec différents registres ou types de discours (→ DISCOURS), cette corrélation n'est pas absolue (par exemple, la communication orale d'un discours formel écrit).

Selon l'approche théorique adoptée, on peut envisager le langage sous deux angles, en distinguant, avec Ferdinand de Saussure, la langue, qui correspond à sa structure abstraite, de la parole, correspondant à son utilisation effective dans une situation donnée (→ CONTEXTE et SITUATION). Parallèlement, on a opposé différents types de capacités cognitives pouvant caractériser les connaissances qu'a le locuteur de sa langue maternelle. En particulier, selon Noam Chomsky, la compétence du sujet correspond à l'ensemble de ses connaissances virtuelles concernant la structure grammaticale de la langue, alors que la performance renvoie à l'actualisation effective de cette compétence au niveau comportemental (→ COMPÉTENCE/PERFORMANCE, GRAMMAIRE). Ainsi, la parole implique une organisation linéaire du flot de l'information dans le temps (→ INFORMATION, TEMPS), soumettant le système cognitif à des contraintes de traitement, dont certaines sont spécifiques à la modalité orale, et mettant en jeu différentes composantes de la cognition (mémoire de travail, mémoire à long terme, traitement des indices sémantiques et pragmatiques en temps réel, → MÉMOIRE, PRAGMATIQUE, SÉMANTIQUE) dont la relation aux connaissances grammaticales est sujet à controverse (Brian MacWhinney et Elisabeth Bates, William Marslen-Wilson et Lorraine Tyler). Le déroulement linéaire de la parole caractérise non seulement l'organisation phrastique, mais aussi la gestion des énoncés successifs dans des unités de discours plus larges (récit, conversation, etc.).

La parole implique également une relation étroite au contexte d'énonciation (Émile Benveniste, Roman Jakobson). Elle est accompagnée d'un certain nombre d'informations provenant de ce contexte, toutes fondamentales pour la communication orale, puisqu'elles contribuent à la transmission du contenu propositionnel des énoncés, permettent l'assignation de leurs fonctions interpersonnelles, indiquent les intentions des locuteurs et comportent certaines caractéristiques d'ordre sociolinguistique (par exemple, l'appartenance à différents groupes) (→ COGNITION SOCIALE, COMMUNICATION, PROPOSITIONNEL. Format —, THÉORIE DE L'ESPRIT) : 1 / les informations extralinguistiques, ayant trait aux paramètres qui définissent la situation (identité des interlocuteurs et des autres entités référées, moment et lieu de l'énonciation, → ESPACE), ainsi qu'à la communication non verbale (gestes, direction du regard, expressions du visage, → ÉMOTION) ; 2 / les informations discursives (type et topique du discours, relations aux énoncés précédents et ultérieurs produits par le locuteur et ses interlocuteurs) ; enfin, 3 / les informations suprasegmentales (prononciation, traits prosodiques, tels l'emphase ou l'intonation). Dans toutes les langues, la production et la compréhension de certaines procédures, notamment des procédures dites « déictiques » (pronoms, marques spatio-temporelles), dépendent intrinsèquement d'une connaissance mutuelle de la situation, supposée ou construite par les interlocuteurs. *Maya Hickmann.*

# P

## PERCEPTION

*(angl., perception)*

**Psychologie.** — La perception est l'activité au moyen de laquelle l'organisme prend connaissance de son environnement sur la base des informations prélevées par ses sens (→ COGNITIVISME, CONNEXIONNISME, EXPÉRIENCE, INFORMATION, PSYCHOPHYSIQUE). Dans une perspective cognitive, la perception a une fonction d'interprétation des données sensorielles et suppose une activité de traitement de l'information (→ FONCTION, INTERPRÉTATION). Cette fonction est conçue comme mobilisant deux formes de traitement : ascendant ou « dirigé par les données » (*bottom-up* en anglais) et descendant, dirigé par les concepts ou représentations *(top-down)* (→ CONCEPT, REPRÉSENTATION). L'impact de chaque traitement varie selon que prédominent les informations sensorielles directement issues de la stimulation ou bien les savoirs, les attentes, les motivations du sujet, etc. Cette perspective suppose l'identification de différents niveaux de traitement dont le point de départ est l'analyse sensorielle de la stimulation et le point d'arrivée son identification (la sémantique perceptive, → SÉMANTIQUE).

Les informations extraites par les systèmes sensoriels donnent lieu à une sensation. Elles sont spécifiques du système qui les détecte et demeurent pour cette raison incomplètes, fractionnées. A ce niveau, le traitement est automatique, précâblé, peu accessible à la conscience et, ainsi, modulaire (→ AUTOMATISME, CONSCIENCE, MODULARITÉ). Avant l'identification de la stimulation, des groupements et des ségrégations opèrent sur le flux sensoriel en fonction des connaissances du sujet percevant. Ces savoirs dirigent les structurations perceptives et permettent l'identification de l'objet (→ OBJET, RECONNAISSANCE DE FORMES). Des processus attentionnels vont également jouer un rôle majeur pour conduire la sélection des informations (→ ACTIVATION/INHIBITION, ATTENTION). L'identification de l'objet donne naissance à un ensemble de représentations multimodales (modalités visuelle, auditive, somesthésique, et éventuellement gustative et olfactive), mais également motrices, lexicales et sémantiques (→ ACTION, LEXIQUE). Les relations entre les niveaux de traitement et leur influence lors de l'identification d'un objet ne sont pas toujours évidentes à analyser. De même, si la modularité est une caractéristique incontestable du traitement sensoriel, elle n'est cependant pas exclue des traitements perceptifs supérieurs et donne lieu à certaines discussions théoriques passionnées. D'une manière générale, les processus perceptifs mis en jeu lors de l'identification d'objets ou de scènes (→ ESPACE) se modifient avec le degré de familiarité et les circonstances dans lesquelles ils apparaissent. Lors de situations familières, la plupart des processus perceptifs demandent peu d'efforts attentionnels. Dès que des incongruités, des difficultés ou des nouveautés apparaissent, des processus attentionnels et de raisonnement sont déclenchés (→ CONTRÔLE, RAISONNEMENT et RATIONALITÉ).

Du point de vue des théories de la perception, les gestaltistes (Max Wertheimer, Kurt Koffka et Wolfgang Köhler) ont constitué une opposition radicale aux positions élémentaristes des associationnistes (John Locke, William James, George Berkeley, David Hume, Donald Hebb) pour qui les perceptions sont apprises et résultent (comme sommes et associations de sensations élémentaires) des multiples rencontres de l'organisme avec son environnement. Privilégiant l'aspect géométrique et structural de la stimulation (→ MORPHOLOGIE), les gestaltistes refusent la distinction sensation/perception stipulée par les associationnistes. Ils constatent un isomorphisme entre la structure de la stimulation et le percept, et en déduisent un isomorphisme avec les mécanismes physiologiques. Leur position est nécessairement globaliste et met l'accent sur le sujet qui organise, structure (donne forme à) l'environnement (contrairement à l'idée associationniste d'un environnement qui agit sur le sujet). L'observation selon laquelle des éléments séparés paraissent d'emblée appartenir à un même ensemble et constituer un tout structuré, une « Gestalt » ou configuration, les conduit à décrire une série de principes, véritables générateurs de structures, dont les lois de proximité, de similarité, de continuité, de clôture, de bonne forme (ou de prégnance) sont les plus importantes. Ces lois déterminent comment interagissent des forces à l'intérieur d'un champ et elles opèrent, selon le postulat d'isomorphisme, aux trois niveaux physique, cérébral et perceptif.

James Gibson, dans la lignée des gestaltistes, rejette également la distinction sensation/perception, ainsi que toute approche jugeant indispensable une contribution du sujet sous forme d'activités associationnistes, médiationnelles ou de traitement : c'est la thèse de la « perception directe ». Il souligne que l'environnement physique, composé de surfaces et de textures, est riche en informations organisées et que le flux provenant de la stimulation est structuré de manière corrélative à l'environnement. Ainsi, l'observateur, même très jeune, a les capacités de détecter la structure de l'information dans le flux qui lui parvient de l'environnement et peut donc d'emblée percevoir les objets (→ COGNITION DU BÉBÉ). Et si la perception est isomorphe à la réalité, ce n'est pas en raison d'une hypothétique harmonie entre les structures du sujet et celles du réel comme le suggèrent les gestaltistes, mais parce que le réel détermine le percept par une relation causale de spécification. Le développement perceptif décrit par Eleanor Gibson consiste, pour le jeune enfant, à découvrir de plus en plus d'informations et à sélectionner celles qui sont le mieux adaptées à ses actions, à ses cadres de vie (→ DÉVELOPPEMENT COGNITIF). Cette évolution conduit à une différenciation perceptive de plus en plus grande grâce aux rencontres avec l'environnement. L'organisme répond alors de manière différenciée à des ensembles de stimulations auxquelles il donnait au début une réponse globale. James Gibson a apporté une dimension écologique à sa théorie, qui dépasse le seul problème de la perception, par l'introduction du concept d' « affordance ». Une affordance est une propriété objective du stimulus, mais qui n'a de signification que pour un organisme donné en fonction de ses besoins et de ses capacités à la détecter (→ SIGNIFICATION). Ainsi, l'action du sujet est contrainte par sa niche écologique et les affordances présentes pour lui dans son environnement.

La théorie cognitive de la perception est clairement illustrée par l'approche computationnelle de David Marr (→ ANALYSE COMPUTATIONNELLE). Inspirée de l'Intelligence Artificielle, cette approche a pour objectif de parvenir à une modélisation des processus de perception visuelle, permettant une implémentation, c'est-à-dire une simulation. Elle est sans doute celle qui a le plus explicitement étudié le problème de la reconnaissance des objets tridimensionnels et qui distingue le plus précisément la vision précoce de la reconnaissance visuelle. Marr distingue trois niveaux de représentation ou esquisses. 1 / L'esquisse primitive analyse les propriétés des surfaces et contient des symboles qui indiquent la présence des frontières, des angles, des segments de droites, des points de différentes tailles, etc. (→ SYMBOLE). Beaucoup de ces éléments restent invariants en dépit du changement de luminosité ou de contraste. 2 / L'esquisse dite « 2 1/2 dimensions » est le noyau de la théorie puisque ce niveau constitue l'interface entre perception et cognition. C'est une représentation des surfaces visibles d'un objet quand l'observateur regarde dans une direction particulière à partir d'un point stratégique. Aucun processus descendant *(top-down)* ne pénètre ou n'entre dans la construction de cette esquisse. Il s'agit du niveau le plus élaboré perceptivement, qui détermine, à partir des informations fournies par le niveau précédent, le contour, la distance et l'orientation des surfaces par rapport à l'observateur ainsi que des indices de profondeur. Enfin, 3 / l'esquisse 3D exige un système de coordonnées centré sur l'objet et non sur l'observateur afin d'avoir une vue stable de l'objet. Ce niveau est une description structurale de la forme d'un objet et de l'arrangement de ses parties. Il inclut des caractéristiques volumétriques et permet l'accès à la signification de l'objet. *Arlette STRERI.*

**Neuroscience.** — Parmi toutes les activités cognitives, les activités perceptives sont sans doute celles qui ont été les plus étudiées en neuroscience cognitive. Ceci s'explique bien sûr par l'importance que revêt la perception, notamment visuelle ou auditive, dans notre vie quotidienne et par le drame engendré par son dysfonctionnement. Mais cela s'explique aussi par le fait que la perception est « la porte d'entrée de la cognition ».

Des progrès remarquables ont été réalisés dans la compréhension des mécanismes perceptifs en neuroscience cognitive grâce aux études sur l'Animal (→ COGNITION ANIMALE), aux études de neuropsychologie humaine (→ NEUROPSYCHOLOGIE) et aux études d'imagerie cérébrale auxquelles une place privilégiée sera accordée ici (→ IMAGERIE CÉRÉBRALE FONCTIONNELLE). C'est peut-être dans le domaine de la perception visuelle que notre connaissance est la plus approfondie. Ce domaine a, en effet, largement bénéficié des études sur le singe dont le système visuel est très proche du nôtre, et les études d'imagerie cérébrale y sont florissantes. L'accent sera donc mis, pour illustrer l'analyse des activités perceptives en neuroscience cognitive, sur la modalité visuelle de prise d'information.

Les études effectuées en neuroscience ont révélé que la perception visuelle, à l'instar d'autres systèmes cognitifs, n'est pas un système unitaire et indifférencié. Au contraire, elle est composée de nombreux sous-systèmes spécialisés dans la prise en charge d'étapes spécifiques du traitement de l'information (→ INFORMATION). C'est précisément dans le domaine de la perception visuelle que David Marr a montré l'importance de la démarche computationnelle (→ ANALYSE COMPUTATIONNELLE), démarche qui a pour objectif de spécifier les étapes de traitement nécessaires à tout système dans l'accomplissement d'une tâche donnée (voir *psycho.* ci-dessus).

Les études d'imagerie cérébrale ont notamment permis de confirmer la structure rétinotopique du cortex visuel primaire et la spécialisation fonctionnelle du cortex extrastrié pour l'analyse du mouvement et de la couleur. La rétinotopie qualifie la relation topographique précise entre une cellule de la rétine et une cellule correspondante du cortex visuel primaire. Elle a comme conséquence que la structure de l'image perçue est maintenue au niveau de l'aire visuelle primaire. Ce principe a pu être démontré au moyen d'expériences de tomographie par émission de positons. Au cours d'une étude, des sujets devaient fixer du regard le centre d'anneaux de différentes tailles sur un écran d'ordinateur. Il est apparu que plus les anneaux activent des zones rétiniennes périphériques, plus l'activité cérébrale s'éloigne de l'extrémité postérieure du cortex strié. En outre, lorsque seuls les quadrants supérieurs du champ visuel sont stimulés, une activation apparaît au-dessous de la scissure calcarine, alors que lorsque les quadrants inférieurs sont stimulés, l'activation apparaît au-dessus. De la même façon, une stimulation des quadrants du champ visuel gauche entraîne une activation de l'hémisphère droit, alors qu'une stimulation des quadrants du champ visuel droit entraîne une activation de l'hémisphère gauche. D'autres chercheurs ont étudié, au moyen de la même technique, la localisation cérébrale du traitement de la couleur (→ LOCALISATION CÉRÉBRALE). Lorsque les sujets fixent une figure composée d'un mélange de différents rectangles colorés ou son équivalent en niveaux de gris, des activations spécifiques au traitement de la couleur sont mises en évidence dans le cortex occipital inférieur. Cette zone correspondrait à l'aire V4, dont les cellules, chez le singe, répondent à la couleur. D'autres études encore (toujours de tomographie par émission de positons) ont permis de mettre en évidence les zones cérébrales impliquées dans la perception du mouvement. Une étude a consisté, par exemple, à comparer l'activité cérébrale relevée lorsque les sujets doivent observer un ensemble de points se déplaçant sur un écran ou observer les mêmes points demeurant immobiles. Une activation spécifique au mouvement apparaît dans le lobe pariétal postérieur, au niveau de sa jonction avec le lobe occipital.

Ces quelques résultats d'imagerie montrent bien que différentes parties du cerveau sont impliquées dans différents aspects de la perception visuelle. Mais cette spécialisation fonctionnelle dépasse de loin les éléments présentés ici. Par exemple, Mortimer Mishkin et ses collaborateurs ont montré, chez le singe, que la forme des objets (le *quoi ?*) est traitée séparément de leur localisation dans l'espace (le *où ?*) (→ ESPACE). Le traitement de la forme s'effectue au niveau du cortex temporal (dans un système qualifié de « ventral »), alors que celui de la localisation s'effectue au niveau du cortex pariétal (dans un système qualifié de « dorsal »). De nombreuses études neurophysiologiques ont confirmé ces résultats en montrant que les neurones de ces deux systèmes répondent sélectivement aux informations de forme ou de localisation.

Des spécialisations fonctionnelles spécifiques aux types de stimuli perçus – ou aux traitements qu'ils engagent – ont également pu être mises en évidence. A nouveau, les études d'imagerie cérébrale se révèlent ici fort utiles dans l'identification des opérations cognitives impliquées. Les études utilisant des mots comme stimuli semblent montrer que notre système visuel effectue deux ensembles d'opérations distincts lorsqu'on perçoit des mots (→ LANGAGE. Traitement du —, LECTURE). Un premier ensemble consiste à analyser les caractéristiques visuelles des stimuli, sans tenir compte du fait qu'ils représentent des mots constitués de véritables lettres (des résultats semblables sont observés pour des mots et pour des stimuli comparables composés de pseudo-lettres). Ces traitements semblent s'effectuer dans de nombreuses aires extra-striées des deux hémisphères. Un second ensemble d'opérations consiste à analyser la forme visuelle des mots uniquement. Ici, ces opérations ne sont engendrées que par les stimuli conformes aux règles orthographiques et phonologiques de la langue et entraînent une activation spécifique au niveau de la surface interne de l'hémisphère gauche.

Des observations similaires ont été effectuées pour le traitement des visages : des régions cérébrales situées dans la partie ventro-médiane de l'hémisphère droit (gyrus lingual et partie postérieure du gyrus fusiforme) semblent spécialisées dans le traitement de la configuration d'un visage et des traits invariants spécifiant la physionomie. Par contre, d'autres régions, telles que le gyrus parahippocampique de l'hémisphère droit et la partie antérieure des lobes temporaux de chaque hémisphère, seraient impliquées dans le traitement de l'identité des visages. Ces données, combinées à celles portant sur des patients cérébro-lésés, suggèrent que le gyrus parahippocampique est impliqué dans la réactivation de souvenirs associés à une représentation de visage, alors que la région temporale antérieure contiendrait des informations biographiques nécessaires à l'identification du visage.

Ces observations conduisent à rappeler que toute activité perceptive menant à la reconnaissance, à l'identification et à la dénomination nécessite forcément l'activation de représentations stockées en mémoire (→ MÉMOIRE, REPRÉSENTATION). Les résultats des études d'imagerie cérébrale semblent aujourd'hui confirmer l'existence de réseaux séparés stockant des représentations perceptives et des représentations sémantiques (→ SÉMANTIQUE). S'agissant de la perception visuelle, les représentations perceptives des objets seraient stockées précisément dans le système ventral (temporal inférieur), alors que les représentations sémantiques connaîtraient plusieurs lieux de stockage, tels que le gyrus angulaire et le cortex temporal inférieur de l'hémisphère gauche, le cortex temporal moyen et le cortex préfrontal inférieur. Contrairement aux représentations perceptives, impliquées dans la perception visuelle uniquement, les représentations sémantiques pourraient être activées quelle que soit la modalité de prise d'information et indépendamment du support perceptif utilisé, mot ou image. Ainsi, bien que la perception visuelle ait été l'exemple retenu ici, il faut remarquer que certains mécanismes perceptifs dits de « haut niveau » ne sont pas spécifiques à cette seule modalité.

Il est postulé que l'activation des représentations se fait sur la base d'une proximité des patrons d'activités engendrés par le stimulus perceptif et des formes sous lesquelles les représentations sont stockées (→ ACTIVATION/INHIBITION). Ce processus est rendu possible par un mécanisme dit « de satisfaction de contraintes »

(→ CONTRAINTE. Satisfaction de —) conduisant à l'activation de la représentation qui satisfait au mieux les spécificités de l'entrée perceptive. *Olivier KOENIG.*

**Philosophie.** — Au sens ordinaire, la perception est une expérience par laquelle le sujet prend conscience, voire connaissance, d'objets et de propriétés qui existent au même moment dans son environnement (→ CONSCIENCE, EXPÉRIENCE, OBJET). On considère souvent que l'expérience perceptive a deux facettes. D'une part, elle a des propriétés phénoménales ou *qualia*, immédiatement accessibles au sujet conscient et qui définissent, selon l'expression de Thomas Nagel, « l'effet que cela fait » d'avoir cette expérience (→ QUALIA). D'autre part, elle a un contenu intentionnel : elle présente au sujet des entités localisées dans l'espace et (souvent) distinctes de lui-même (→ ESPACE, INTENTIONNALITÉ). L'analyse philosophique de la perception se doit de décrire ces deux facettes et d'expliquer leur relation.

On peut considérer que la perception n'a pas réellement de propriétés phénoménales. Elle serait alors transparente au sens où tout ce qu'elle rend accessible au sujet relève de la scène perçue. Ses propriétés phénoménales seraient en réalité des propriétés (apparemment) présentées dans l'expérience, entièrement déterminées par le contenu intentionnel. Le réalisme direct, le phénoménisme et le réalisme indirect sont trois théories qui admettent la transparence de la perception (→ PHÉNOMÉNISME, RÉALISME). Elles diffèrent seulement sur la nature ontologique de ce qui est perçu. Pour le réaliste direct, nous percevons des entités réelles qui ne dépendent pas de notre expérience (des tables colorées, des personnes, etc.). Pour le phénoméniste, nous percevons un ensemble de données sensorielles phénoménales, qui n'existent que par l'expérience que nous en avons. Le réaliste indirect introduit quant à lui une distinction entre les objets immédiats de la perception et les autres. Dans la version classique de cette théorie, les objets immédiats sont des données sensorielles phénoménales. Les autres objets sont perçus de manière indirecte, par l'entremise de notre perception des objets immédiats : nous percevons indirectement notre environnement derrière le voile des apparences, c'est-à-dire en percevant directement des entités phénoménales.

L'adverbialisme véhicule une autre conception de la relation entre les deux facettes de la perception. Selon cette théorie, les propriétés phénoménales de l'expérience déterminent au moins en partie son contenu intentionnel apparent. Voir une sphère rouge, par exemple, c'est d'abord voir d'une certaine façon, c'est-à-dire « sphériquement et rougement ». Ces adverbes sont censés caractériser les propriétés phénoménales de l'expérience. La référence apparente à des objets intentionnels disparaît au profit d'une caractérisation directe de l'effet que cela fait d'avoir cette expérience.

Un autre débat concerne la nature du contenu intentionnel. Selon un premier point de vue, la perception a un contenu conceptuel (→ CONCEPT). On ne peut pas percevoir un objet sans posséder, voire utiliser, quelque concept de cet objet. Cette théorie rencontre plusieurs difficultés. Elle doit faire une place aux capacités perceptives des animaux et des jeunes enfants prélinguistiques (→ COGNITION ANIMALE, COGNITION DU BÉBÉ). En outre, il semble que même l'adulte humain soit capable de percevoir une scène complexe sans faire intervenir un ensemble articulé de concepts qui correspondent à tous les aspects perçus. Enfin, il n'est pas évident qu'il y ait un « effet que cela fait » de saisir un contenu conceptuel (ou alors l'effet est le même pour tous les contenus de ce genre).

Si le contenu intentionnel de la perception était entièrement conceptuel, les propriétés phénoménales joueraient au mieux un rôle mineur dans la relation perceptive entre le sujet et son environnement. Selon une théorie opposée, le contenu intentionnel de la perception est non conceptuel : il est possible de percevoir une scène complexe sans posséder (*a fortiori* sans utiliser) de concept pour chaque aspect perçu. La notion de contenu non conceptuel permettrait de rendre compte, en termes intentionnels, de la « densité phénoménale » de la scène. Une application possible de cette notion concerne la psychologie du développement (→ DÉVELOPPEMENT COGNITIF) où certains auteurs expliquent comment un système de concepts peut « émerger » de contenus intentionnels non strictement conceptuels (→ ÉMERGENCE). Une telle explication n'est possible que si le contenu non conceptuel jouit d'une certaine autonomie par rapport au contenu conceptuel d'autres états intentionnels. *Jérôme Dokic.*

## PERTINENCE

*(angl., relevance)*

**Linguistique.** — Le terme de « pertinence » est utilisé dans un sens technique en logique (→ LOGIQUE) et se trouve également au centre de conceptions pragmatiques du langage et de la communication (→ COMMUNICATION, LANGAGE. Traitement du —, PRAGMATIQUE).

La logique de la pertinence apparaît dans les années 1950 et est directement liée au souci de proposer une nouvelle définition, plus forte, de la relation d'implication matérielle. Cette relation indique, en effet, qu'une proposition *si p, alors q* est vraie dans tous les cas où *p* est faux, et dans le cas où *p* est vrai et *q* aussi ; dans le cas où *p* est vrai et *q* faux, la proposition est fausse. L'une des critiques que l'on peut faire à cette définition classique de l'implication est qu'elle n'impose aucune relation sémantique ou autre entre *p* et *q*, se basant sur le seul fait contingent de la vérité ou de la fausseté de ces deux propositions (→ SÉMANTIQUE). Afin de remédier à cette difficulté (extrêmement gênante dès lors que la logique est utilisée pour rendre compte des comportements langagiers et notamment des conditionnelles dans les langues naturelles), des logiciens, tels Alan Anderson et Nuel Belnap, ont développé ce que l'on appelle « la logique de la pertinence ». Pour l'essentiel, les fondements de cette logique vont dans deux directions : d'une part, *p* et *q* doivent partager des variables, c'est-à-dire qu'il y a un lien sémantique entre leurs contenus propositionnels ; d'autre part, il doit y avoir une dépendance entre *p* et *q*, au sens où *p* doit être effectivement utilisé pour obtenir *q* dans une relation d'entraînement (en anglais, *entailment*). Il faut noter que si la logique de la pertinence a pris place au rang des nouvelles logiques généralement acceptées, elle n'a pas pour autant rempli son ambition de se substituer à la logique classique dans la formalisation du langage naturel.

Un autre sens du terme pertinence en sciences cognitives revient au philosophe Paul Grice. D'une certaine façon, on peut penser que les préoccupations de Grice rejoignent celles des logiciens de la pertinence dans la mesure où elles consistent à aller au-delà de la logique traditionnelle pour rendre compte du langage. Cependant, plutôt que de substituer une nouvelle logique à la logique classique, Grice préfère considérer que les locuteurs se plient à un principe général, le principe de coopération, selon lequel tout locuteur doit permettre à son interlocuteur de disposer des éléments nécessaires pour comprendre les énoncés produits. Ce principe se décline en plusieurs maximes : les maximes de quantité (donnez autant d'information qu'il est nécessaire, mais pas plus, → INFORMATION), de qualité (n'affirmez pas ce que vous croyez être faux et ce pour quoi vous manquez de preuves), de relation (soyez pertinent) et de manière (soyez clair, c'est-à-dire évitez les obscurités, les ambiguïtés, soyez bref et ordonné). Si la notion de pertinence occupe une place centrale dans la logique de la pertinence, elle n'intervient ici qu'au niveau d'une maxime parmi d'autres (la maxime de relation) et ne fait pas l'objet d'une définition technique particulière (Grice se contentant de l'employer dans son sens usuel). En outre, il est difficile de discriminer la maxime de pertinence de celle de quantité, un énoncé pertinent pouvant être celui qui apporte la bonne quantité d'information.

Dans une perspective post-gricéenne et cognitiviste, Dan Sperber et Deirdre Wilson ont développé une théorie pragmatique, dite « théorie de la pertinence ». A la suite de Jerry Fodor, Sperber et Wilson considèrent la pragmatique comme un processus centralisé et non spécialisé qui intervient après l'analyse strictement linguistique (syntaxe et sémantique) de l'énoncé (→ MODULARITÉ, SYNTAXE). Ce processus a pour moteur principal un principe de pertinence selon lequel chaque énoncé comporte la présomption de sa pertinence optimale. Celle-ci est fonction de l'effort accompli pour interpréter l'énoncé et des effets produits par l'énoncé dans le contexte par rapport auquel il est interprété (→ CONTEXTE et SITUATION, INTERPRÉTATION) : les implications contextuelles produites conjointement par l'énoncé et par le contexte ; le changement dans le degré de confiance avec lequel une proposition du contexte est entretenue ; l'éradication d'une proposition contradictoire avec une proposition impliquée par l'énoncé. Chaque énoncé est donc interprété relativement à un contexte qui n'est pas donné, mais construit énoncé après énoncé. Ce contexte est sélectionné via le principe de pertinence : il est celui qui est le plus consistant avec ce principe. Le contexte est constitué de propositions qui sont issues de l'interprétation des énoncés immédiatement précédents, des connaissances encyclopédiques dont l'individu dispose sur le monde et des connaissances immédiatement disponibles via la perception de l'environnement dans lequel se déroule la communication (→ PERCEPTION). Enfin, l'interprétation de l'énoncé ne se réduit pas à une paraphrase de celui-ci, mais inclut les propositions (implications contextuelles) que l'on peut en tirer. Le principe de pertinence gouverne donc tout à la fois le choix des propositions qui entrent dans le contexte et la décision de l'arrêt du processus interprétatif : celui-ci s'arrête lorsqu'une interprétation consistante avec le principe de pertinence a été obtenue.

La théorie de la pertinence de Sperber et Wilson présente plusieurs originalités par rapport à la logique de la pertinence et à la théorie gricéenne. Par rapport à la première, sa particularité est de ne pas proposer de logique alternative, mais de conserver la logique classique (à l'exclusion des règles d'introduction) et l'analyse chomskyenne, en y ajoutant une analyse inférentielle dirigée par le principe de pertinence. Par rapport à la seconde, elle remplace les différentes maximes et le principe de coopération par un principe unique, celui de pertinence, principe auquel les interlocuteurs n'ont pas le choix d'obéir ou de désobéir mais qui s'applique nécessairement. Ainsi, Sperber et Wilson donnent une définition originale de la notion de pertinence, qui correspond aux deux directions de la logique de la pertinence (communauté de contenus et dépendance) et répond au problème de l'arrêt du processus d'interprétation. *Jacques* MOESCHLER *et Anne* REBOUL.

**Psychologie.** — Outre son usage en psychologie du langage et de la communication (→ COMMUNICATION, LANGAGE. Traitement du —, PRAGMATIQUE), la notion de pertinence, au sens de la logique de la pertinence (voir *ling.* ci-dessus), est également introduite dans l'étude du développement cognitif (→ DÉVELOPPEMENT COGNITIF).

C'est ainsi qu'en se référant aux travaux d'Alan Anderson et Nuel Belnap, Jean Piaget et Rolando Garcia ont défini une logique des significations, présentée comme un ajustement intensionnel de la logique opératoire classique (de Piaget et Jean-Blaise Grize), trop proche des modèles traditionnels d'une logique extensionnelle des valeurs de vérité (→ LOGIQUE, SIGNIFICATION). L'opération centrale de cette logique, destinée à formaliser les activités cognitives de l'enfant, est l'implication signifiante qui est une forme de relation de pertinence : $p$ implique $q$ (notation $p \rightarrow q$) si une signification $s$ de $q$ est englobée dans celles de $p$ et si cette signification commune $s$ est transitive. En ce cas, les englobements de significations en intension, que Piaget et Garcia appellent « inhérences » (inhérent = lié de façon intime et nécessaire), correspondent à des emboîtements en extension (→ CATÉGORISATION). La logique des significations s'applique aux propositions ou énoncés (générés par la fonction sémiotique), mais elle existe déjà, selon les auteurs, dès le niveau sensori-moteur où s'établissent des implications entre significations des actions (→ ACTION) : dès le schème le plus élémentaire, encore préprogrammé, qui est celui de la tétée, il y aurait des implications (entre déplacements et réussites ou échecs) lorsque le bébé, ayant mal placé sa bouche, doit modifier sa position pour l'ajuster au mamelon (→ COGNITION DU BÉBÉ). Il s'agit donc non seulement d'une révision intensionnelle de la logique opératoire (implications signifiantes), mais aussi de l'affirmation de l'existence d'une protologique dès le début de la vie (en accord avec les observations de Jonas Langer sur la logique pragmatique du bébé).

La logique de la pertinence d'Anderson et Belnap, « traduite » ici en termes de logique des significations, serait ainsi, du point de vue psychologique, le substrat de la logique opératoire classique de Piaget, d'où la fécondité d'une étude conjointe de ces deux logiques. *Olivier HOUDÉ.*

## PHÉNOMÉNISME

*(angl., phenomenalism)*

**Philosophie.** — Le phénoménisme est une forme d'antiréalisme (→ RÉALISME). Il soutient que les seuls objets connaissables sont des expériences et des constructions logiques sur la base de ces expériences (→ EXPÉRIENCE, LOGIQUE, OBJET). Le phénoménisme considère ainsi qu'il n'y a rien à percevoir au-delà des expériences (→ PERCEPTION). Estimant que les choses réelles sont, selon les termes de John Locke, « de l'autre côté du voile de la perception », le phénoméniste estime que rien ne peut nous donner accès à ce qu'il y a de l'autre côté de ce voile. Comme les partisans de la théorie de la perception directe, le phénoméniste considère que les objets d'expérience sont perçus directement, mais il nie que les objets perçus soient des objets physiques.

Le phénoménisme ne conclut pas nécessairement, comme l'idéalisme, que la réalité se réduit à ce qui en est perçu par l'esprit (→ ESPRIT). À la différence de l'idéalisme, il lui incombe de produire une définition du monde physique en termes phénoménaux. Au XXe siècle, le phénoménisme, qui a largement inspiré les travaux du Cercle de Vienne, a été rejeté car le projet de ramener toutes les connaissances à une construction logique d'expériences élémentaires impose aux sciences des limitations inadmissibles. Les philosophes empiristes, tels que Willard Quine, ont abandonné l'idée que les sensations forment les matériaux primitifs de l'élaboration conceptuelle (→ CONCEPT). Roderick Chisholm a montré que les prétendues « réductions » phénoménistes dépendent des circonstances physiques dans lesquelles s'effectue la perception, circonstances qui échappent à ces réductions. *Joëlle* P*ROUST*.

## PHRÉNOLOGIE → FONCTION, LOCALISATION CÉRÉBRALE

*(angl., phrenology)*

## PHYSICALISME

*(angl., physicalism)*

**Philosophie.** — Le physicalisme est une thèse ontologique selon laquelle les constituants de la réalité sont des entités physiques ou sont déterminés exclusivement par des entités physiques. On peut interpréter le physicalisme comme une réponse au défi représenté par le fait que des entités mentales semblent exister et interagir causalement avec le monde physique : l'esprit est causalement affecté par les sensations, et il est efficace à travers l'action (→ ACTION, CAUSALITÉ, ESPRIT).

Défendant une thèse ontologique, le physicaliste ne soutient pas nécessairement que l'explication scientifique peut ou pourra un jour se contenter de la description des phénomènes dans un vocabulaire physique complété par les lois de la physique. La physique, supposée idéalement achevée, joue néanmoins un rôle central en tant qu'arbitre tranchant les questions de l'existence d'entités d'un type donné. Le physicalisme n'implique pas le réductionnisme qui est une thèse plus forte (→ RÉDUCTIONNISME) : ce dernier exige non seulement que tous les éléments du réel relèvent du domaine des entités physiques, mais qu'il puisse exister une théorie englobant à la fois la physique et toutes les autres sciences ; toute réduction est essentiellement liée à la théorie qui l'accomplit.

L'éliminativisme, forme radicale du physicalisme, soutient que l'existence du mental se révélera illusoire et que les prétendues explications en termes mentaux seront remplacées par des explications en termes physiques (→ DUALISME/MONISME). La thèse de l'identité psycho-physique soutient que toute propriété mentale est identique à une propriété cérébrale (physicalisme du type, → TYPE/OCCURRENCE). Les versions plus faibles du physicalisme n'affirment que l'identité d'une propriété mentale et d'un événement cérébral particulier (physicalisme occasionnel). Elles partagent l'idée que les propriétés mentales « surviennent » sur les propriétés physiques : il ne peut y avoir de différence mentale sans une différence physique (→ SURVENANCE).

Le fonctionnalisme, le monisme anomal et l'épiphénoménisme sont des formes de physicalisme : elles rapportent toute causalité au niveau physique (→ ÉPIPHÉNOMÉNISME, FONCTIONNALISME). Le premier identifie les événements mentaux sur la base de leurs interactions, ainsi que de leurs relations avec les entrées perceptives et les sorties comportementales (→ PERCEPTION) ; leur identité n'est pas déterminée par leur réalisation physique, mais celle-ci détermine leurs interactions causales. Le deuxième insiste sur l'identité de tout événement mental (particulier) avec un événement physique et soutient qu'il n'y a de lois causales qu'au niveau physique. Enfin, le troisième refuse toute efficacité causale au mental qui n'est qu'un effet en lui-même inerte du physique. *Max KISTLER.*

## PHYSIQUE QUALITATIVE

*(angl., qualitative physics)*

**Intelligence Artificielle.** — L'idée d'une représentation qualitative du monde et la tentative de raisonner qualitativement sur le monde ne sont pas nouvelles (→ RAISONNEMENT et RATIONALITÉ, REPRÉSENTATION). Bien avant son apparition en Intelligence Artificiclle (IA), le mot « qualitatif » avait été utilisé dans diverses communautés scientifiques (en économie dès les années 1960 avec l'analyse qualitative à base de signes, en écologie dans les années 1970 avec l'utilisation des signes des influences entre variables, en théorie des systèmes dynamiques et en contrôle automatique, → SYSTÈME DYNAMIQUE). Ces travaux étaient motivés par le manque de données quantitatives qui auraient permis l'utilisation de modèles numériques conventionnels, et par la volonté de distinguer ce qui dépend des configurations numériques particulières d'un modèle de ce qui relève des traits structurels généraux du système, voire parfois de fournir des explications compréhensibles par un être humain (→ EXPLICATION).

Un changement radical est survenu lorsque la communauté américaine d'IA commença ses travaux en « physique qualitative » dans les années 1970, en vue de construire des systèmes informatiques capables de mener des raisonnements sur des systèmes physiques plus ou moins inspirés de ceux des humains. Les études de Patrick Hayes sur la physique naïve ont marqué le point de départ de la discipline. Hayes se pose le problème de l'axiomatisation de nos connaissances de sens commun sur le monde physique. Dans son fameux *Naive Physics Manifesto* de 1979, révisé en 1983, il pose la problématique de la machine intelligente, possédant un modèle du monde qui l'entoure et capable d'anticiper sur ce qui peut ou non se produire. Son axiomatisation de la physique naïve se fonde sur la logique du premier ordre (→ LOGIQUE). Hayes introduit le concept clé d'un espace de quantités qualitatif, c'est-à-dire discrétisé par quelques symboles ordonnés et possédant une signification physique (→ SYMBOLE). Dans *Ontology for Liquids* de 1985 (distribué dès 1978), il illustre ses idées d'une axiomatisation logique du comportement intuitif des liquides. Le projet annoncé est ambitieux, surtout par l'ampleur des connaissances à appréhender. Le défi est de réaliser un système qui sache se prononcer sur le fait qu'une situation est « raisonnable » ou pas et qui puisse prédire les caractéristiques qualitatives des évolutions possibles du monde. Malgré l'attrait d'un tel projet et l'impact marquant des études princeps de Hayes, la physique naïve et le raisonnement de sens commun sont restés peu explorés, notamment en France, puis pratiquement abandonnés après 1985.

La communauté d'IA a en fait pris une orientation différente, s'intéressant plutôt à l'utilisation par les ingénieurs de techniques qualitatives pour résoudre leurs problèmes (→ RÉSOLUTION DE PROBLÈMES) et suivant ainsi davantage les objectifs du projet d'« ingénieur artificiel » lancé en 1977 au *Massachusetts Institute of Technology* (MIT) que l'appel programmatique de Hayes. Dès la fin des années 1970, Johan de Kleer a développé un système pour résoudre qualitativement des problèmes simples de mécanique et a introduit le concept d' « envisionnement » (prédiction du comportement au cours du temps, → TEMPS) représenté par un graphe de transition d'états qui capte toutes les séquences physiquement possibles de comportements qualitatifs. Il a aussi mis au point des programmes utilisant des connaissances qualitatives pour raisonner sur des circuits électriques, par exemple localiser des défauts (diagnostic à base de modèles) ou expliquer comment un circuit réalise sa fonction par formulation d'une hypothèse causale (→ CAUSALITÉ, FONCTION, MODÈLE).

Sous le nom de « physique qualitative », puis de « raisonnement qualitatif », la discipline s'est alors surtout focalisée sur la résolution de problèmes d'ingénierie pour assister l'ingénieur dans ses tâches quotidiennes. De ce point de vue, l'année 1984 marque la naissance de la communauté du raisonnement qualitatif, avec la publication de trois des plus importantes contributions posant les concepts de base encore valables aujourd'hui : les systèmes ENVISION (de Kleer et John Brown) qui n'utilisent que le signe des variations, QSIM de Benjamin Kuipers et QPT de Kenneth Forbus qui se servent d'espaces de quantités plus raffinés offrant un pouvoir expressif et prédictif accru (→ EXPRESSIVITÉ), ainsi qu'un premier numéro spécial dans la revue *Artificial Intelligence* (il sera suivi d'un second en 1991, l'un et l'autre également publiés sous forme de livre).

Du point de vue de la modélisation, ENVISION est centré sur les composants : le système physique est décrit par des composants, instances de modèles génériques, et leurs connexions spécifiques, en respectant le principe « pas de fonction dans la structure » (les lois décrivant le comportement d'une partie ne doivent pas présumer du fonctionnement du tout). QPT est centré sur les processus et est donc plus général au sens où les processus agissant sur les composants sont explicitement modélisés. Quant à QSIM, avec son formalisme à base de contraintes, il est relativement indépendant du choix de modélisation (→ CONTRAINTE. Satisfaction de —). La notion d'envisionnement est centrale dans toutes ces approches : l'évolution temporelle du système est fournie par l'ordonnancement des solutions qualitatives constituant chacune un état possible (le temps n'est donc qu'implicitement représenté). Mais l'une des principales difficultés est l'existence de solutions qui ne correspondent à aucun comportement réel : la simulation qualitative est complète mais non correcte. L'élimination partielle de ces solutions incorrectes a suscité de nombreux travaux.

A ces approches dans lesquelles la causalité n'est pas explicite (mais des recherches tentent de dériver automatiquement des influences causales à partir de modèles équationnels non causaux), s'opposent (ou se mêlent parfois) les approches causales où le modèle est un graphe orienté d'influences, dont les arcs peuvent porter divers qualifieurs de la causalité. Un tel modèle est plus approprié à l'explication, à la recherche abductive des causes premières d'anomalies (→ ABDUCTION) et fournit un cadre naturel pour exprimer un savoir empirique sur les systèmes physiques mal formalisés (par exemple, un système écologique).

Le raisonnement qualitatif au service des sciences de l'ingénieur s'est renforcé depuis, avec des applications en diagnostic, supervision et conception, d'où un rapprochement du raisonnement quantitatif (utilisation d'intervalles numériques), l'éloignant encore plus de la physique naïve des origines, mais ouvrant des perspectives à d'autres communautés qui n'avaient pas envisagé l'utilisation de modèles à un niveau d'abstraction plus élevé que le numérique. Cette façon de concevoir et d'utiliser des modèles se justifie pour des tâches de haut niveau, requérant une proximité avec les schémas conceptuels des opérateurs humains (→ CONCEPT). Une telle interface avec l'être humain laisse augurer qu'un certain retour aux sources sera nécessaire, notamment par la prise en compte des aspects cognitifs. Les recherches en modélisation fonctionnelle et téléologique, en causalité et en explication en sont un signe. L'aide automatique à l'acquisition de modèles, qui est le besoin actuel primordial, devra sûrement y avoir recours. *Philippe DAGUE.*

## **PLANIFICATION** → ABDUCTION, ACTION, APPRENTISSAGE, ATTENTION, COMMUNICATION, CONTRÔLE, MÉTACOGNITION, RAISONNEMENT ET RATIONALITÉ, ROBOTIQUE

*(angl., planning)*

## **PRAGMATIQUE**

*(angl., pragmatics)*

**Psychologie.** — La pragmatique est l'étude cognitive, sociale et culturelle du langage et de la communication, dont l'objectif est de répondre à la question : comment définir et étudier l'utilisation du langage (→ COMMUNICATION, LANGAGE. Traitement du —) ?

Charles Morris a formulé la définition fondatrice de la pragmatique : l'étude de la relation entre les signes et les interprètes (→ INTERPRÉTATION, SIGNE). L'interprète est un utilisateur de la langue qui détermine dans un contexte particulier le lien existant entre un signe linguistique et un objet (→ CONTEXTE et SITUATION). La définition de Morris permet de situer la pragmatique par rapport à la syntaxe (étude de la relation formelle des signes entre eux) et à la sémantique (étude de la relation des signes avec les objets) (→ SÉMANTIQUE, SYNTAXE). Cette conception est directement inspirée de la théorie sémiotique de Charles Peirce et en particulier de la définition triadique du signe : signe-symbole, signe-icône et signe-index (→ SÉMIOTIQUE).

En psychologie, les recherches se sont appuyées sur des propositions théoriques permettant d'avancer des hypothèses sur les processus mentaux sous-jacents et de réaliser des vérifications expérimentales : par exemple, le principe de coopération de Paul Grice ou les actes de langage, définis comme des actes sociaux, proposés par John Austin, puis par John Searle. D'une façon générale, le langage non littéral constitue un champ d'étude privilégié (les actes de langage indirects, les métaphores, les formes idiomatiques, l'ironie, etc.). La psychologie cognitive et la psychologie du développement sont deux exemples de sous-disciplines ayant intégré les propositions de la pragmatique.

En psychologie cognitive, la pragmatique a tout d'abord permis de traiter une question importante : comment un être humain construit le sens d'un énoncé dans un contexte particulier ? En effet, la signification attribuée par un sujet à un énoncé (par exemple, *Cet homme est un lion* ou *Pouvez-vous me passer le sel ?*) dépasse souvent sa signification purement linguistique (→ SIGNIFICATION). La solution de ce problème passe par l'étude des inférences que doit faire le sujet sur la base des éléments contextuels et de ses connaissances générales (→ RAISONNEMENT et RATIONALITÉ). Les travaux de Andrew Ortony sur la compréhension des métaphores constituent une illustration de ce type d'étude. Par la suite, une problématique relevant plus du processus de communication lui-même a été abordée : quels sont les représentations et les processus impliqués lors de l'utilisation du langage (→ REPRÉSENTATION) ? Pour Herbert Clark, le prérequis essentiel de ce processus de communication est une représentation des connaissances et des croyances partagées par le locuteur et son auditeur, et connues par eux comme telles (→ CROYANCE). Ainsi, la signification d'un énoncé est le résultat d'un processus de collaboration qui relève plus de la création du sens que de la sélection du sens. Actuellement, en psychologie cognitive, trois directions de recherche sont essentielles. 1 / La première concerne le moment d'intervention des facteurs contextuels : après une phase purement linguistique ou à l'origine même du processus d'interprétation des énoncés ? Une approche modulariste va dans le sens de la première proposition (→ MODULARITÉ), alors que des résultats récents de la psychologie du développement vont dans le sens de la seconde (voir ci-dessous). 2 / La deuxième direction est liée à la conception de modèles des représentations cognitives qui non seulement prennent en compte des individus isolés mais aussi les représentations individuelles des représentations d'autrui (comme par exemple, les modèles de « théories de l'esprit ») (→ COGNITION SOCIALE, THÉORIE DE L'ESPRIT). 3 / Enfin, la dernière direction de recherche est celle de la nature de la représentation de la signification : si la signification est très flexible et dépendante du contexte, on peut se demander s'il existe encore un noyau de signification linguistiquement défini.

La psychologie développementale pragmatique a été fondée par Susan Ervin-Tripp et Claudia Mitchell-Kernan. La question principale est ici de savoir comment l'enfant devient sensible aux correspondances existant entre la forme des énoncés et les contextes de communication. Pour y répondre, les recherches prennent en compte l'étude des conversations naturelles, l'étude d'unités d'analyse plus larges que le mot ou la phrase (comme le tour de parole ou l'acte de langage), le contexte extralinguistique, les variabilités interindividuelles ou intergroupes sociaux (→ DIFFÉRENCIATION) et, enfin, les diverses fonctions du langage, domaine où les travaux de Michael Halliday ont été pionniers (→ FONCTION). Dans cette perspective, le langage n'est pas simplement une grammaire (→ GRAMMAIRE), mais aussi un ensemble de stratégies utilisées par l'enfant pour structurer son action sociale, pour contrôler et réaliser son activité communicative. La psychologie pragmatique développementale, ainsi définie et issue de la philosophie du langage, présente de fortes convergences avec la théorie de Lev Vygotsky (dont de nombreux éléments ont été repris par Jerome Bruner), en particulier au niveau de la nature sociale du signe linguistique. Chronologiquement, en production comme en compréhension du langage, les recherches ont mis en évidence le rôle déterminant du contexte de communication au moins jusqu'à l'âge de six-sept ans, puis à partir de cet âge, en cas de nécessité, la prise en compte progressive des marques linguistiques. Les recherches les plus récentes ont aussi montré qu'avant l'âge de deux ans les enfants produisent des messages non verbaux dont la forme varie en fonction du contexte de communication de façon analogue aux messages verbaux produits ultérieurement. Actuellement, de nouvelles directions de recherche émergent : l'étude des sources du développement structural ou pragmatique, l'étude de certaines pathologies cérébrales ou non (→ NEUROPSYCHOLOGIE), l'étude d'enfants en situation de bilinguisme et (ou) en situation biculturelle, et la comparaison entre enfants et primates (→ COGNITION ANIMALE).

La pragmatique est un domaine où l'inderdisciplinarité est la règle (psychologie, linguistique, philosophie, Intelligence Artificielle, anthropologie, neuroscience cognitive, etc.) et où le rôle des psychologues est de mettre en évidence les processus mentaux sous-jacents à l'utilisation du langage chez l'adulte comme chez l'enfant. *Josie Bernicot.*

**Linguistique.** — Bien que le terme « pragmatique » soit d'usage ancien et courant (notamment dans les expressions *homme pragmatique, attitude pragmatique,* etc.), la pragmatique est une discipline récente. Développée d'abord en philosophie du langage, dans le cadre de la théorie des actes de langage, puis dans la théorie des implicatures, elle est devenue un centre d'intérêt des linguistes, à la suite de l'hypothèse performative des sémanticiens générativistes, pour enfin intéresser les sciences cognitives, notamment grâce à la théorie de la pertinence (→ PERTINENCE, SÉMANTIQUE).

La première définition du terme est celle de Charles Morris, qui date de 1938. Elle décrit la pragmatique comme l'une des trois dimensions de la sémiotique (→ SÉMIOTIQUE). La dimension pragmatique est la relation des signes aux interprètes, et l'étude de cette dimension est la pragmatique (voir *psycho.* ci-dessus).

En linguistique, cette définition n'a pas provoqué de développements significatifs. Les raisons principales sont au nombre de trois. Tout d'abord, on a observé que les informations pragmatiques ne pouvaient pas intervenir en dernière étape (après la syntaxe et la sémantique), mais devaient interagir avec les informations syntaxiques (→ INFORMATION, LANGAGE. Traitement du —, SYNTAXE). Parmi les faits linguistiques allant dans ce sens, on peut mentionner les enchaînements à l'aide de connecteurs pragmatiques comme *parce que* et *puisque (Que fais-tu ce soir ? Parce que j'ai un beau poulet dans le réfrigérateur ; Je pars, puisque nous nous sommes promis de tout nous dire)* et les emplois dits « performatifs » de *si (Si tu as soif, il y a de la bière dans le réfrigérateur),* dans lesquels les enchaînements se font sur l'acte de langage et non sur la proposition exprimée par la phrase. On appelle « pragmatique intégrée » cette conception de la pragmatique qui associe à la description linguistique les caractéristiques pragmatiques de l'énonciation, théorie linguistique développée par Oswald Ducrot.

En deuxième lieu, la définition de Morris suppose que les conditions de vérité des phrases déterminent le sens pragmatique de l'énoncé. Or la tradition oxonienne, représentée par John Austin et poursuivie par John Searle, fait l'hypothèse que les énoncés ne représentent pas des états de choses, mais que toute énonciation d'une phrase donne lieu à la réalisation d'un acte illocutionnaire, formé à partir d'un marqueur de force illocutionnaire (la préface performative) et d'un contenu propositionnel. On dira ainsi qu'un énoncé comme *Je te promets de rentrer tôt* est un performatif explicite, en ce que son sens (une promesse) est explicité et auto-référentiel. En revanche, un énoncé comme *Je rentrerai tôt*, entendu comme une promesse, est un performatif implicite (ou acte de langage indirect), puisque son sens (une promesse) n'est pas signalé linguistiquement, mais communiqué indirectement ou non littéralement. Dans la sémantique générative, l'hypothèse est que les structures profondes des phrases contiennent une préface performative. La théorie des actes de langage contrevient ainsi la thèse selon laquelle la pragmatique serait la dernière étape du traitement des énoncés : les indications sur la force illocutionnaire sont au contraire des indications conventionnelles, à l'origine des règles sémantiques des actes de langage (règles préliminaires, règle de contenu propositionnel, règle de sincérité, règle essentielle) et de la structure syntaxique des phrases.

La troisième raison de refuser la définition de Morris réside dans les travaux du philosophe Paul Grice. La thèse de Grice est que, pour comprendre les mécanismes par lesquels les locuteurs communiquent et comprennent leurs intentions communicatives, il est faux de supposer que la communication est basée sur l'application de principes logiques (les règles déductives du calcul des propositions, → LOGIQUE) ou sur le modèle des ingénieurs de la communication (modèle du code, → COMMUNICATION) ; au contraire, la communication s'explique si l'on adopte l'hypothèse que les locuteurs respectent un principe de coopération, selon lequel ils doivent produire des contributions coopératives relativement au déroulement, au but et à la direction de l'échange. Une contribution est coopérative si elle respecte ou viole ostensiblement les maximes de conversation : les deux sous-maximes de quantité (donnez autant d'information qu'il est requis et ne donnez pas plus d'information qu'il n'est requis), la maxime de qualité (que votre contribution soit vérifique), qui se décline en deux sous-maximes (n'affirmez pas ce que vous croyez être faux et n'affirmez pas ce pour quoi vous manquez de preuve), la maxime de relation (soyez pertinent) et la maxime de manière (soyez clair), déclinée en quatre sous-maximes (évitez les obscurités, évitez d'être ambigu, soyez bref et soyez ordonné).

Une information qui n'est pas communiquée littéralement, mais recouvrée via une maxime de conversation est appelée une « implicature conversationnelle ». Selon que l'implicature est déclenchée par le seul sens des mots ou par leur sens et leur forme, elle sera dite « particulière » ou « généralisée ». Enfin, une implicature qui est attachée à un mot particulier et qui n'est déclenchée par aucune maxime est dite « conventionnelle ». Les implicatures conventionnelles ne sont ni calculées, ni annulables, alors que les implicatures conversationnelles sont calculées et annulables. Ainsi, les implicatures déclenchées par *même* dans *Même Paul est venu* sont conventionnelles *(d'autres personnes sont venues* et *Paul était la personne la moins susceptible de venir)*, l'implicature déclenchée par *et* est conversationnelle et généralisée (dans *Lucky Luke enfourcha sa monture et disparut dans le couchant*, *et* signifie *et ensuite*), et enfin la demande de passer le sel à l'aide de *La soupe manque de sel* est une implicature conversationnelle particulière.

Il est d'usage de qualifier le courant gricéen de « pragmatique radicale » : les faits de sens sont expliqués préférentiellement au niveau pragmatique et la sémantique est réduite aux conditions de vérité. En outre, l'approche gricéenne est monoguiste (elle ne cherche pas à multiplier le sens des expressions, en respect du « principe du rasoir d'Occam modifié » formulé par Grice) et s'oppose aux théories sémantiques ambiguistes.

La théorie des implicatures de Grice a donné lieu, depuis une quinzaine d'années, à une théorie pragmatique nouvelle, fondée sur un seul principe : le principe de pertinence (Dan Sperber et Deirdre Wilson). Ce principe stipule que le locuteur a produit l'énoncé le plus pertinent et que l'auditeur est en droit de présumer la pertinence optimale de son énoncé. La pertinence d'un énoncé est une notion comparative, qui se mesure par son rendement : plus l'énoncé produit d'effets contextuels (ajout d'une proposition par implication contextuelle, modification de la force de croyance d'une proposition, éradication d'une proposition, → CONTEXTE et SITUATION, CROYANCE), plus l'énoncé est pertinent ; plus l'énoncé mobilise d'efforts de traitement (longueur de l'énoncé à traiter, accès en mémoire à long terme, nombre de règles inférentielles mobilisées, → MÉMOIRE), moins l'énoncé est pertinent. La prédiction de la théorie de la pertinence est que la première interprétation survenant à l'esprit de l'auditeur qui compense l'effort de traitement est l'interprétation consistante avec le principe de pertinence, et qui correspond à l'intention communicative du locuteur, si la communication a réussi (→ INTERPRÉTATION).

On voit donc que tant dans la tradition de la théorie des actes de langage que dans celle de la théorie des implicatures ou de la pertinence, la pragmatique a reçu un statut très différent de celui accordé par la théorie sémiotique de Morris. Dans tous les cas de figure, l'accent est mis sur la communication non littérale et sur les principes inférentiels permettant d'accéder à l'intention communicative du locuteur (→ RAISONNEMENT et RATIONALITÉ). Seuls les principes explicatifs changent : généralisations sur les règles sémantiques pour les actes de langage indirects, maximes de conversation pour les implicatures conversationnelles et principe de pertinence pour la détermination de l'interprétation complète de l'énoncé. Outre l'importance qu'elle accorde à la communication non littérale, la pragmatique s'est attribué, tout au moins dans la théorie de la pertinence, une tâche explicite : rendre compte des processus de désambiguïsation, de l'attribution des référents, de la détermination des implicatures et de la force illocutionnaire de l'énoncé. *Jacques MOESCHLER.*

## PROPOSITIONNEL (Format —)

*(angl., propositional format)*

**Psychologie.** — Le format propositionnel de représentation des connaissances (→ REPRÉSENTATION) correspond, en psychologie cognitive, à une symbolisation abstraite de l'information, formalisable selon la logique des prédicats (→ INFORMATION, LOGIQUE, SYMBOLE). Ce format est qualifié d'abstrait pour deux raisons. 1 / La représentation mentale d'une fonction propositionnelle, c'est-à-dire un prédicat psychologique doté d'un (ou de *n*) argument(s) (par exemple, SUR (*x*, *y*)), permet une conceptualisation des objets et de leurs relations en termes de classes (dans l'exemple donné, l'ensemble des couples *x*, *y* qui vérifient la fonction SUR (*x*, *y*)) et donc indépendamment de toute référence à des instances particulières (→ CATÉGORISATION, CONCEPT, FONCTION). 2 / Même lorsque la fonction prédicative est instanciée dans un contexte précis, la proposition ainsi constituée (telle que SUR (vase, table)) ne relève ni d'un format imagé, ni d'un format verbal (→ IMAGERIE MENTALE,

LANGAGE. Traitement du —). Dans notre exemple, il ne s'agit pas de l'image d'un vase sur une table, ni de l'image de la proposition décrivant un vase sur une table. Par ailleurs, même si les propositions sont des suites linéaires de symboles issues d'un langage mental dont le lexique correspond étroitement, mais pas totalement, à celui du langage naturel, il ne s'agit cependant pas de phrases ; la syntaxe impliquée diffère (→ LANGAGE DE LA PENSÉE, LEXIQUE, SYNTAXE).

Ni imagé, ni verbal, le format propositionnel apparaît en fait, au niveau de la mémoire permanente (→ MÉMOIRE), comme l'infrastructure (ou une partie de l'infrastructure) des symbolisations imagées et verbales. Ainsi, la génération de l'image mentale d'un objet absent nécessite, selon le modèle princeps de Stephen Kosslyn, la représentation d'une ébauche globale de l'image de l'objet (*skeletal image* en anglais), mais aussi des représentations propositionnelles relatives aux parties de l'objet, à leur localisation et aux relations que l'objet entretient avec des catégories d'objets surordonnées. De même dans l'étude du traitement du texte (voir *ling.* ci-dessous), il est avancé par certains auteurs que les dimensions sémantique et pragmatique des représentations linguistiques relèvent d'une structuration propositionnelle prétextuelle ou préverbale (→ PRAGMATIQUE, SÉMANTIQUE, TEXTE. Traitement du —). La thèse propositionnaliste radicale, défendue notamment par Zenon Pylyshyn, avance que la reconnaissance du substrat abstrait d'un format de représentation (par exemple, le format analogique de l'imagerie mentale) réduit celui-ci à un épiphénomène. *Olivier* HOUDÉ.

**Linguistique.** — En linguistique cognitive comme en psychologie, certains modèles recourent à des expressions symboliques propositionnelles pour décrire la structure des états mentaux corrélés à la compréhension ou à la production d'énoncés linguistiques (→ LANGAGE. Traitement du —, LANGAGE DE LA PENSÉE, LOGIQUE, SYMBOLE). Ces modèles adoptent tout ou partie des thèses suivantes.

1 / Les propositions font partie d'un système pourvu de règles de formation et de dérivation d'autres propositions, et ce système est distinct du système linguistique. Cette thèse est implicitement acceptée par Ray Jackendoff, Walter Kintsch et Steven Pinker. Pour les deux premiers, les propositions visent en particulier à désambiguïser et à interpréter les énoncés de la langue en leur associant une structure propositionnelle (→ INTERPRÉTATION). Celle-ci peut être porteuse de l'information contextuelle non ver-

bale (→ CONTEXTE et SITUATION, INFORMATION). Pour Pinker, les représentations symboliques servent à expliciter les contraintes sémantiques déterminant l'apprentissage de classes de verbes définies par certaines alternances syntaxiques (→ APPRENTISSAGE, SÉMANTIQUE, SYNTAXE). 2 / Le sens des expressions propositionnelles est identique à la représentation mentale corrélée. Pour Jackendoff, ce sont les états cérébraux, homologues par leur organisation à la structure des symboles descriptifs utilisés, qui sont signifiants. Kintsch observe pour sa part que les liens des symboles mentaux à la perception forment la base de leur signification (→ PERCEPTION, SIGNIFICATION). 3 / Dans le cas des expressions portant sur le monde, le sens contient les conditions suivant lesquelles il est *vrai* de dire que cette expression s'applique au monde (→ SENS, VÉRITÉ). Cette inspiration véricondititonnelle est manifeste chez George Miller et Philip Johnson-Laird. Elle a pour conséquence, par exemple, que catégoriser un objet revient à lui appliquer correctement les critères « objectifs » (par rapport à un discours de référence non précisé) permettant de décider qu'il appartient bien à une catégorie donnée (→ CATÉGORISATION). 4 / Les variations sémantiques des lexèmes font partie de la représentation propositionnelle-conceptuelle de ces expressions (→ CONCEPT). Ce principe semble accepté par les tenants principaux de la linguistique cognitive (Jackendoff, George Lakoff, Ronald Langacker) et s'oppose à une conception de la signification qui ferait place aux effets assimilateurs et dissimilateurs du contexte. *Jean-Michel* FORTIS.

## PSYCHANALYSE → AUTISME, CONSCIENCE, PSYCHIATRIE COGNITIVE

*(angl., psychoanalysis)*

## PSYCHIATRIE COGNITIVE

*(angl., cognitive psychiatry)*

**Psychologie.** — Bien qu'il se réfère à des cadres théoriques et à des méthodes qui se sont largement développés depuis les années 1970, le terme est encore rarement utilisé. Il sert à définir l'application aux troubles mentaux, observables en clinique psychiatrique, de l'étude des opérations qui assurent le traitement de l'information (*information processing* en anglais) et les processus de prise de décision (→ ANALYSE COMPUTATIONNELLE, INFORMATION). Il repose sur le principe que les troubles psychiatriques pourraient être en partie expliqués par des altérations de ces opérations.

On doit préciser ses rapports avec le concept de thérapie cognitive. Cette dernière est issue des thérapies comportementales dont elle partage les principes : action délibérément axée sur les symptômes, utilisation de méthodes prescriptives, référence aux conditionnements et aux apprentissages sociaux (→ APPRENTISSAGE). Elle s'en distingue par la distance prise vis-à-vis du postulat béhavioriste et un intérêt porté aux croyances et, accessoirement, aux désirs véhiculés par les cognitions (→ CROYANCE, DÉSIR). On peut, certes, inclure ce type de thérapie dans le cadre d'une psychiatrie cognitive à la condition d'en distinguer clairement les présupposés théoriques et les méthodes de l'étude des mécanismes cognitifs élémentaires susceptibles d'être altérés en pathologie mentale.

On doit de même préciser l'emploi du terme (souvent tenu pour synonyme) de « neuropsychiatrie cognitive ». Ce dernier, qui fait écho à celui de neuropsychologie, se réfère aux méthodes de cette dernière et s'applique, comme elle, à localiser les mécanismes cérébraux responsables des altérations (→ IMAGERIE CÉRÉBRALE FONCTIONNELLE, LOCALISATION CÉRÉBRALE, NEUROPSYCHOLOGIE). On emploiera plutôt le terme de « neuropsychiatrie cognitive » lorsqu'on cherche à localiser les voies et les centres neuronaux responsables des altérations, et celui de « psychiatrie (ou psychopathologie) cognitive » lorsqu'on cherche exclusivement à décrire ces altérations et à les comparer aux mécanismes cognitifs normaux.

Il y a deux façons de définir ce que le terme « cognitif » ajoute ici à ceux de psychiatrie ou de psychopathologie. La première, s'inspirant d'un préjugé intellectualiste, oppose l'approche cognitive des phénomènes aux approches conatives et affectives. La seconde, méthodologique, marque surtout la rupture avec l'étude des symptômes et les perspectives syndromiques et nosologiques.

Le courant intellectualiste a toujours été présent dans l'étude de la folie. On en trouve un exemple dans l'œuvre d'Emmanuel Kant dont un courant très actif au XIX^e^ siècle a retenu la notion de « proton pseudos » (première erreur) qui expliquerait l'enchaînement ultérieur des désordres de la raison (→ RAISONNEMENT et RATIONALITÉ). L'œuvre de Philippe Pinel en France, celle de Johann

Herbart en Allemagne ont bien illustré une définition de la folie (ou aliénation mentale) comme maladie de l'entendement. Les résistances actuelles à l'approche cognitive visent souvent un préjugé intellectualiste.

En fait, la psychiatrie cognitive, dans l'acception moderne du terme, vise surtout à définir un niveau élémentaire d'étude des opérations cognitives qui expliquerait mieux la nature des troubles que l'étude des conduites et du jugement définis comme symptômes. Il a fallu pour cela que la psychopathologie se dégage du présupposé béhavioriste, et aussi d'une perspective quelque peu naïve de la psychiatrie biologique qui, à partir de la découverte des médicaments « psychotropes », a cru pouvoir expliquer directement les symptômes par l'altération de mécanismes neuronaux. Mais surtout le développement de l'approche cognitive en psychiatrie est dû à l'application des méthodes des sciences cognitives, et en particulier de la psychologie cognitive, au domaine de la pathologie mentale, la psychiatrie (ou psychopathologie) suivant ainsi l'exemple de la neuropsychologie.

Les principes sont communs : réduction du niveau d'observation (de l'étude « molaire » des symptômes à l'étude « moléculaire » d'opérations élémentaires, non directement observables), recours aux méthodes indirectes d'observation (méthode expérimentale, recherche de variables intermédiaires), distinction entre explication des mécanismes et recherche des causes antécédentes, priorité donnée aux modèles psychologiques sur les données physiologiques.

Les méthodes sont diverses : 1 / les spéculations théoriques inspirées de la philosophie de l'esprit conduisant à une révision critique de la phénoménologie traditionnelle (révision de la notion de croyance délirante, par exemple) ; 2 / la construction de simulations de troubles mentaux par l'application des méthodes de l'Intelligence Artificielle (modèle paradigmatique du programme « Parry » de délire persécutif par Kenneth Colby) ; 3 / l'observation de cas privilégiés (en particulier selon la méthode du cas unique) mettant en évidence des dissociations et parfois même des doubles dissociations fonctionnelles à l'instar des recherches neuropsychologiques contemporaines (discordances observées chez des jumeaux uni-vitellins ou étude de troubles de la « théorie de l'esprit » chez des enfants autistes, par exemple, → AUTISME, THÉORIE DE L'ESPRIT) ; 4 / l'utilisation de tests standards destinés à mesurer certaines compétences cognitives (par exemple, l'analyse de l'altération des performances dites « frontales » chez les sujets schizophrènes à l'aide de batteries de tests établies en neuropsychologie, → CONTRÔLE, SCHIZOPHRÉNIE) ; mais surtout 5 / l'utilisation de méthodes expérimentales empruntant la plupart des paradigmes à ceux de la psychologie cognitive (intérêt de la méthode additive, mesure de la charge de traitement en termes de temps de réponse, etc.). Ces méthodes requièrent un certain nombre de précautions supplémentaires : comparaison avec des populations témoins, prise en compte de l'action des médicaments, neutralisation des facteurs motivationnels, en particulier par des dispositifs permettant d'observer une performance supérieure pour la population étudiée (neutralisation d'interférences contextuelles, par exemple) et aussi précautions particulières de nature éthique (consentement éclairé). Ces recherches portent en particulier sur les processus attentionnels, mnésiques et langagiers (→ ATTENTION, LANGAGE. Traitement du —, MÉMOIRE). Elles se déroulent généralement de manière individuelle. Enfin, 6 / il reste à mentionner l'observation de situations naturelles privilégiées (processus communicationnels, corpus textuels, etc., → COMMUNICATION, TEXTE. Traitement du —).

L'ensemble de ces approches a été appliqué à des domaines très divers de la pathologie. Si celui des états psychotiques, et particulièrement des états schizophréniques, reste un champ privilégié, il faut citer celui des états dépressifs (permettant des comparaisons intra-sujets intéressantes en raison de l'efficacité et du délai d'action des médicaments) mais aussi celui des troubles névrotiques (anxiété, amnésie psychogène, etc.). Chez l'enfant, les troubles autistiques et l'hyperactivité ont largement tiré profit de ces travaux.

Les recherches cognitives ne sauraient être menées en séparation des recherches biologiques. Elles sont au contraire une aide précieuse à l'étude du mode d'action des médicaments, à l'imagerie cérébrale et aux recherches génétiques. L'électro-encéphalographie (potentiels évoqués tardifs) permet d'approfondir l'enchaînement des étapes de traitement.

Les réserves qu'inspirent ces recherches tiennent principalement à des arguments venus de la clinique traditionnelle, de la neurobiologie et de la psychanalyse. Le caractère réductionniste de la démarche qui vise à expliquer le symptôme par un ensemble d'opérations élémentaires ne risque-t-il pas de faire oublier la spécificité du trouble mental et la perspective étiologique (→ RÉDUCTIONNISME) ? Le fait que certaines altérations cognitives se retrouvent dans des pathologies variées (certains troubles mnésiques ou un dysfonctionnement des processus décisionnels) ou portent sur des symptômes particuliers (hallucinations, troubles du langage) risque de nous faire oublier le mécanisme qui explique le syndrome, voire l'ensemble de la maladie. Le fait que beaucoup d'anomalies cognitives observées ne se retrouvent pas chez tous les sujets présentant une symptomatologie semblable peut plaider en ce sens.

Le présupposé fonctionnaliste est considéré parfois comme un refus de la nature biologique des troubles observés (→ FONCTIONNALISME). On ironise alors sur le recours excessif à des modèles cognitifs, coupés de toute référence anatomo-physiologique et qui reproduirait l'erreur commise jadis dans l'étude des aphasies.

Enfin, la psychiatrie cognitive apparaît trop souvent comme le retour d'une perspective qui minimiserait le rôle de la vie émotionnelle et des motivations (→ ÉMOTION), et tout particulièrement en réaction contre la psychanalyse. Pour se dégager d'une polémique entretenue aussi bien par les adversaires que par les partisans de la psychanalyse, il conviendra de développer la réflexion et les travaux empiriques portant sur une démarche intégrative (rôle de la mémoire procédurale et motivationnelle, cognition et affect, description cognitive des processus inconscients, etc., → AUTOMATISME, CONSCIENCE) en se rappelant que les premières recherches psychanalytiques de Sigmund Freud sont considérées par beaucoup comme un modèle de psychopathologie cognitive. *Daniel WIDLÖCHER.*

## PSYCHOMÉTRIE COGNITIVE → DIFFÉRENCIATION

*(angl., cognitive psychometrics)*

## PSYCHOPHYSIQUE

*(angl., psychophysics)*

**Psychologie.** — La psychophysique est la discipline qui étudie les relations quantitatives entre des stimulations physiques et les sensations qu'elles engendrent, et plus généralement entre les stimulations physiques et les performances observables et mesurables des sujets.

Les succès de la physique ont, dès le XVIIIe siècle, suggéré à des chercheurs qu'il était possible de comprendre le fonctionnement humain, et particulièrement la perception, en développant des méthodes directement inspirées de cette discipline (→ PERCEPTION). Comme son nom le suggère, la psychophysique, ainsi baptisée par Gustav Fechner en 1860 *(Elemente der Psychophysik)*, est une discipline qui a tenté de développer des méthodes de mesure en psychologie en prenant comme modèle la physique. La mesure est ici définie statistiquement à partir des distributions de réponse des sujets.

Depuis Fechner, trois types de mesures de performance ont été utilisés en psychophysique, et plus généralement en psychologie expérimentale, méthodes principalement distinguées sur la base des tâches requises : la détection, l'échelonnage et les mesures de temps de réaction. 1 / La détection porte sur l'intensité du stimulus permettant de déceler avec une certaine probabilité sa présence ou son absence. La discrimination porte sur la différence entre deux intensités du stimulus décelable avec une certaine probabilité. Détection et discrimination reposent sur des méthodes de choix. 2 / Dans l'échelonnage, on construit sur la base de la cumulation d'échelons différentiels (échelles de Fechner), de cotations (échelles de (Lionel) Thurstone) ou de jugements de rapports (échelles de (Stanley) Stevens) des échelles mettant en rapport l'intensité des stimuli et une opérationalisation des sensations correspondantes. La loi de Fechner décrit une relation logarithmique entre l'intensité du stimulus et la sensation, tandis que la loi de Stevens en fait une loi de puissance. Ces méthodes sont aussi utilisables dans le cas où l'échelle « physique » des stimuli n'est pas connue (par exemple, l'échelle de gravité des crimes ou les échelles d'attitudes ou de préférences). 3 / Les temps de réaction correspondent à la mesure de la durée s'écoulant entre le début de la stimulation et le moment de la réponse du sujet. La loi de (Henri) Piéron décrit la relation de type hyperbolique entre l'intensité de la stimulation et le temps de réaction.

Il existe différentes conceptions sur la question de savoir ce que reflètent les mesures psychophysiques observées (la performance).

Dans une perspective béhavioriste, seule compte la performance. Aucune inférence n'est faite sur les processus de traitement. La psychophysique sert alors à décrire des relations stimulus-réponse et à étudier leur stabilité. Cette conception se fonde essentiellement sur l'opérationnisme.

Pour d'autres auteurs (Stevens, par exemple), dans une perspective introspectionniste ou subjectiviste (→ INTROSPECTION), les réponses observées sont le reflet des sensations. L'expérimentateur mesure des stimuli, mais le sujet mesure des sensations. Autrement dit, le sujet se comporte bien comme un instrument d'une mesure médiatisée par ses sensations qui forment une échelle de mesure. Si tel est le cas, il doit exister une loi psychophysique unique décrivant la variation des sensations en fonction des accroissements de l'intensité stimulatrice. Pour Fechner, cette loi est logarithmique, tandis que pour Stevens, c'est une loi de puissance.

La psychophysique est née d'un projet physicaliste de mesurage des activités mentales (Fechner). Ce projet s'est poursuivi avec des auteurs comme Thurstone et Stevens. L'objectif était, et reste encore très largement dans la pratique, d'obtenir des échelles perceptives (ou subjectives) dotées de propriétés formelles connues. Ce point de vue sous-tend pratiquement toutes les études appliquées faisant appel aux méthodes de la psychophysique, particulièrement en analyse sensorielle des produits (arômes et saveurs). On conçoit que, dans cette perspective, la variabilité des résultats obtenus soit un « bruit » indésirable qu'il importe de réduire par des méthodes appropriées. D'un point de vue fondamental, plusieurs auteurs tentent de montrer qu'il n'existerait qu'une seule loi psychophysique. Kenneth Norwich, par exemple, démontre que toutes les lois psychophysiques sont formellement unifiables sous une même loi de conservation qui est une loi d'entropie informationnelle. Stephen Link, pour sa part, propose que toutes ces lois estiment la même capacité sensorielle, la discrimination.

Une approche cognitive du comportement du sujet impliqué dans une tâche psychophysique conduit au contraire à considérer que sa performance peut potentiellement être décomposée (→ ANALYSE COMPUTATIONNELLE). Elle est déterminée, d'une part, par le jeu des mécanismes spécifiques de traitement sensoriel des informations (→ INFORMATION) et, d'autre part, par l'effet des processus de décision qui interviennent dans l'élaboration des réponses. Les facteurs influençant les uns et les autres sont différents. Dans une telle approche, la forme de la loi psychophysique (logarithmique ou puissance) peut être influencée par les opérations mises en jeu entre stimuli et réponses. Cette approche permet de dépasser la simple description de l'approche béhavioriste et elle évite l'erreur qui fait considérer les réponses comme le reflet direct des sensations qu'elle se propose de mesurer. La notion de traitement de l'information et la centration sur la mise en évidence des processus sollicités par la tâche n'ont eu que peu (ou pas) de place en psychophysique jusqu'à une date récente, malgré les conceptions pionnières d'auteurs comme Frans Donders. La conception de la perception comme système de traitement de l'information a suscité une véritable révolution paradigmatique de la démarche psychophysique en la faisant passer de la recherche de lois descriptives à la recherche de processus.

La Théorie de la Détection du Signal (TDS, David Green et John Swets) a ouvert la voie en confortant l'idée selon laquelle toute performance obtenue dans une tâche psychophysique devait être analysée dans les deux composantes fonctionnelles principales mentionnées ci-dessus. Des modélisations sont nécessaires pour estimer à partir des performances observées les paramètres de la composante sensorielle dépendante des caractéristiques de la stimulation et, bien entendu, des caractéristiques du système de traitement que l'on cherche à élucider. L'autre composante de la réponse est sous la dépendance du sujet lui-même puisqu'elle est d'ordre décisionnel et plus généralement cognitive (→ CONTRÔLE). Il ne s'agit pas nécessairement de stratégies intentionnelles, mais de tout ce que recouvre la notion d'effets de contexte (→ CONTEXTE et SITUATION). Dire que cette composante est sous le contrôle du sujet lui-même n'est pas dire que ce dernier peut, à volonté, en changer, ni surtout qu'il est capable d'en éviter les effets. La distinction opérationnelle de ces deux composantes n'est pas toujours simple à réaliser malgré l'existence de modèles qui permettent d'en fonder la rationalité.

L'enjeu de la démarche est alors de départager dans les réponses observées et dans leurs variations ce qui résulte des effets des systèmes de traitement « purement » sensoriels et ce qui résulte de l'effet de facteurs modifiant le système de réponse du sujet (effets de la fréquence des stimuli, effets séquentiels, etc.). Toute approche expérimentale de la perception qui ne prendrait pas en compte cette distinction serait potentiellement fallacieuse. En bref, il est posé en principe qu'en aucun cas la réponse d'un sujet ne peut être prise comme le reflet direct des processus ou des mécanismes que l'on prétend étudier. Les jugements phénoménaux ne peuvent refléter, au mieux, que nos représentations les plus élaborées et n'ont guère de chance de permettre l'accès aux niveaux pré-attentifs de traitement, par définition non conscients (→ ATTENTION, AUTOMATISME, CONSCIENCE, REPRÉSENTATION). Le fait que ces jugements soient éventuellement quantitatifs (jugements de grandeurs, par exemple) ne modifie en rien leur statut.

La psychophysique ainsi conçue est partie intégrante de la psychologie cognitive puisqu'elle a l'ambition de développer des modèles et des méthodes permettant d'accéder aux différents niveaux des traitements que l'on souhaite étudier. *Claude* BONNET.

# Q

## QUALIA

*(angl., qualia)*

**Philosophie.** — Le terme technique *quale* (pluriel, *qualia*) est conventionnellement utilisé pour désigner les (ou certaines des) caractéristiques qualitatives de l'expérience consciente (→ CONSCIENCE, EXPÉRIENCE). Cette caractérisation est vague et les définitions proposées dans la littérature ne font pas l'unanimité. On parle de *qualia* tantôt dans le cas d'événements, tels que la manifestation d'une douleur particulière, tantôt dans le cas de propriétés de ces événements, telles que l'intensité ou le type de la douleur. La difficulté de traiter les *qualia* à l'intérieur d'une théorie mécaniste de la nature est à l'origine de la distinction galiléenne entre les qualités objectives ou primaires (formes, dimensions) et les qualités subjectives ou secondes (couleurs, sons). Mais la distinction peut être généralisée car on peut déceler un aspect qualitatif même dans les impressions de forme et de dimension. Une autre généralisation étend le concept de *qualia* à la totalité des phénomènes conscients.

Il revient à la psychologie d'expliquer la nature des *qualia*. Mais les difficultés explicatives rencontrées ont fait des *qualia* un banc d'essai critique pour différentes conceptions philosophiques de la nature des propriétés et des événements mentaux.

1 / Les *qualia* les plus simples sont classés dans des espaces de similarité (*qualia* chromatiques, *qualia* sonores, etc.) possédant une topologie et une métrique propres (par exemple, le *quale* orange se situe entre ceux du jaune et du rouge, et il est plus proche de celui du

vert que de celui du bleu). Sur la base de cette classification, on essaie de repérer les structures physiologiques qui expliquent les propriétés de ces espaces (par exemple, les processus antagonistes dans la perception chromatique, → PERCEPTION). Cette réduction théorique ne porte que sur les propriétés structurelles des *qualia* (elle explique, par exemple, pourquoi le *quale* d'orange se situe entre ceux du jaune et du rouge), mais elle n'est une explication complète des *qualia* que si l'on accepte que leurs propriétés structurelles définissent complètement les *qualia* eux-mêmes. Ainsi, la réduction théorique en question ne semble pas pouvoir expliquer, dans notre exemple, pourquoi *a)* il y a des *qualia* tout court, ni pourquoi *b)* ce sont bien les *qualia* de rouge, jaune et orange qui se trouvent dans cette structure, au lieu de *qualia* chromatiques différents ayant les mêmes relations entre eux que rouge, jaune et orange, ou au lieu *c)* de *qualia* non chromatiques ayant lesdites relations entre eux. On peut naturellement rejeter la légitimité de ces trois questions en disant qu'elles imposent une norme trop exigeante à l'explication psychologique, tout comme cela serait trop demander à la physique que de vouloir expliquer les propriétés fondamentales des composantes ultimes de la matière. Néanmoins cela revient à attribuer aux *qualia* le rôle de primitives dans l'explication psychologique, c'est-à-dire à accepter une forme de dualisme (→ DUALISME/MONISME).

2 / Une position extrême, motivée par ces difficultés, consiste à nier en bloc l'existence des *qualia*. Elle semble toutefois imposer une révision trop radicale du rôle de la phénoménologie élémentaire.

3 / La possibilité d'un espace des couleurs inversé (où toute couleur serait remplacée par sa complémentaire, tout en préservant les caractéristiques topologiques et métriques de l'espace), qui conduit à soustraire les *qualia* à une définition fonctionnelle, constitue un contre-exemple au fonctionnalisme (→ FONCTIONNALISME). On a examiné le cas extrême d'un sujet imaginaire A complètement dépourvu de *qualia* et néanmoins capable des mêmes réponses comportementales que celles d'un sujet B pourvu de *qualia* dans les mêmes conditions de stimulation. Si nous ne pouvons pas remarquer entre A et B d'autre différence que le fait que A possède des *qualia*, non seulement le rôle de ces derniers dans l'explication psychologique s'efface, mais les *qualia* cessent d'être fonctionnellement définissables.

4 / On s'est aussi intéressé au cas imaginaire complémentaire, celui d'un sujet C qui possède toute l'information physique et psy-

chophysique pertinente sur la perception chromatique (→ INFORMATION, PSYCHOPHYSIQUE), mais qui, ayant grandi dans une chambre achromatique, est confronté à un objet rouge seulement à l'âge adulte. Si l'on admet que C ne possède le *quale* du rouge qu'après avoir regardé l'objet, on doit aussi admettre que la description psychophysique ne peut pas caractériser complètement les *qualia*, qui sont donc épiphénoménaux (→ ÉPIPHÉNOMÉNISME).

5 / D'après la théorie représentationnelle des phénomènes mentaux conscients, les *qualia* seraient des représentations de propriétés tantôt externes au corps (comme dans le cas des couleurs), tantôt internes (comme dans le cas de la douleur) (→ REPRÉSENTATION). La nature et l'identité des *qualia* seraient ainsi complètement déterminées par le fait qu'ils sont des représentations et par le type d'objet représenté. Toutefois, l'existence de « sensibles communs », c'est-à-dire de propriétés physiques représentées par des *qualia* différents (tels que la forme géométrique, qui peut être vue et touchée), exclut qu'il y ait une correspondance entre représentations et propriétés représentées, ce qui constitue une objection pour la position représentationnelle. *Robert* CASATI.

## QUOTIENT INTELLECTUEL (Test de —) → DIFFÉRENCIATION

*(angl., intelligence quotient)*

# R

## RAISONNEMENT ET RATIONALITÉ

*(angl., reasoning and rationality)*

**Psychologie.** — Le cognitivisme a considéré, dès ses origines, le cerveau comme une machine déductive dont les constituants, les neurones, incarnent des principes logiques (→ COGNITIVISME, LOGIQUE). Cette conception a conduit à celle d'un « esprit logique » (→ ESPRIT) et à l'assimilation métaphorique de celui-ci au système d'inférence d'un ordinateur. En psychologie du raisonnement, les activités inférentielles qui fondent la déduction, et son exigence de nécessité, ont, dans ce cadre, fait l'objet de recherches nombreuses. Confirment-elles la compétence déductive de l'esprit logique ? Il semble que non. Si certains schémas d'inférence sont bien maîtrisés par tous les sujets, d'autres, au contraire, font l'objet d'erreurs fréquentes. Ce constat pose la question de la rationalité du sujet humain : existe-t-il une logique mentale et, si oui, comment expliquer les erreurs de raisonnement ? Voilà, brièvement résumés, les termes du débat cognitiviste où se confrontent, d'une part, la théorie de la logique mentale et, d'autre part, les approches centrées sur les notions de modèles mentaux, de schémas pragmatiques et de biais de raisonnement.

Martin Braine soutient qu'il existe, chez les sujets humains, une logique mentale universelle ou « logique naturelle ». Celle-ci est définie comme un ensemble de règles d'inférence très simples, souvent automatisées (→ AUTOMATISME) (parfaitement maîtrisées des adultes et, pour la plupart, comprises précocement des enfants,

→ DÉVELOPPEMENT COGNITIF) dont le couplage avec un programme exécutif permet le traitement des informations par une « routine de raisonnement direct ». Si cette thèse est celle de l'existence d'un esprit logique, Braine souligne toutefois qu'il ne crédite pas le sujet tout-venant d'une compétence déductive absolue. C'est ainsi qu'il distingue, en ce qui concerne le calcul propositionnel, deux niveaux d'habiletés (*skills* en anglais) : primaires et secondaires. Les habiletés primaires correspondent aux inférences logiques impliquées dans la compréhension du discours et dans le raisonnement pratique quotidien (→ DISCOURS, LANGAGE. Traitement du —). Elles sont universelles (se retrouvent à travers toutes les langues) et indépendantes du niveau d'instruction logico-mathématique. Les habiletés secondaires, en revanche, procèdent directement de cette instruction : elles sont quasi académiques et nécessitent un raisonnement analytique élaboré, non universel. C'est généralement à ce niveau que les sujets commettent des erreurs et que les psychologues éprouvent expérimentalement leurs compétences (→ COMPÉTENCE/PERFORMANCE). L'originalité de Braine est de situer la logique naturelle au niveau des habiletés primaires et de considérer que seules les erreurs de raisonnement dans des tâches impliquant ces habiletés sont susceptibles de mettre en question l'hypothèse d'une logique mentale universelle.

La question qui se pose, par rapport à cette théorie, est de savoir si l'existence d'un système logique est le préalable nécessaire à la conduite d'un raisonnement déductif. La réponse de Philip Johnson-Laird est tranchée et négative : un processus de construction de modèles mentaux suffit à rendre compte des capacités de déduction des sujets humains. Cette position est explicitée à propos des syllogismes catégoriques. Le raisonnement syllogistique résulte, selon Johnson-Laird, d'un processus à trois étapes : 1 / la construction d'un modèle mental qui correspond à une interprétation sémantique des prémisses, 2 / la formulation d'une conclusion à partir de ce modèle et 3 / la recherche d'autres modèles, respectant les exigences des prémisses, qui produiraient des contre-exemples de la conclusion provisoirement retenue (→ INTERPRÉTATION, REPRÉSENTATION, SÉMANTIQUE). A cette dernière étape, si le sujet trouve des modèles alternatifs incompatibles, il déclare l'inférence non valide ; s'il n'en trouve pas, il déclare la conclusion vraie et l'inférence valide. Ce processus de raisonnement correspond à une forme « d'expérimentation de la pensée ».

Ce qui distingue fondamentalement la théorie de Johnson-Laird de l'approche en termes de logique mentale, c'est qu'il ne s'agit pas de règles d'inférence syntaxiques (→ SYNTAXE) mais d'un processus sémantique de construction de modèles mentaux des prémisses et de la conclusion. Dans ce cadre, les erreurs de raisonnement sont attribuées à deux facteurs : la capacité limitée de la mémoire de travail (les problèmes qui requièrent le plus de modèles mentaux en mémoire sont ceux qui présentent le plus de risques d'erreur, → MÉMOIRE) et l'effet du biais de croyance (→ CROYANCE) selon lequel les sujets perdent leur motivation à chercher des contre-exemples quand un modèle en apparence approprié est compatible avec les prémisses, modèle auquel ils décident de croire sans mener jusqu'à terme la recherche de modèles alternatifs. Johnson-Laird a tenté d'appliquer sa théorie à d'autres domaines que les syllogismes catégoriques, notamment au calcul propositionnel et au raisonnement inductif.

Une perspective voisine est l'approche de Patricia Cheng et Keith Holyoak selon laquelle les sujets ne raisonnent pas avec des règles formelles, mais en utilisant des schémas pragmatiques généraux tels ceux qui structurent les expériences de la vie quotidienne : schémas de permission, d'obligation, de causalité, etc. (→ PRAGMATIQUE). Une autre approche encore est celle de Jonathan Evans qui met exclusivement l'accent sur les erreurs de logique et sur les biais de raisonnement qui les sous-tendent. Un biais est une tendance systématique à prendre en considération des facteurs non pertinents pour la tâche à résoudre et à ignorer les facteurs pertinents. Selon Evans, les biais de raisonnement relèvent de processus heuristiques (une forme de « raisonnement quotidien » ), alors que la compétence déductive relève de processus analytiques, ce qui définit deux formes de rationalité.

Au regard des différentes approches cognitivistes du raisonnement (logique mentale, modèles mentaux, schémas pragmatiques et biais de raisonnement), l'interrogation porte sur leur compatibilité et, partant, sur leurs domaines respectifs de pertinence. Les deux points de vue les moins sectaires sont ceux de Braine et de Evans. Braine situe spécifiquement la logique mentale au niveau des habiletés primaires, sans nier la réalité psychologique d'un autre niveau de fonctionnement où, en présence de problèmes plus complexes, les sujets commettent souvent des erreurs, et des stratégies différentes sont requises. Il reconnaît ainsi l'importance des approches en termes de modèles mentaux et de schémas pragmatiques pour rendre compte des diverses composantes de la compétence à raisonner. Dans une perspective complémentaire, Evans centre son analyse sur les erreurs et les biais de raisonnement, tout en soulignant la nécessité d'une étude simultanée des mécanismes du comportement rationnel optimal, logique ou autre. Inversement, la position de Johnson-Laird est plus tranchée. Il rejette fermement l'idée de règles formelles qui définiraient une logique mentale, affirmant que les modèles mentaux suffisent à rendre compte de la diversité des conduites de raisonnement. Le caractère moniste de cette position est actuellement contesté.

Si de nombreux travaux en psychologie du raisonnement ont porté sur la déduction, l'étude de l'induction et de l'abduction s'est également imposée (→ ABDUCTION). D'autres formes de raisonnement, comme l'analogie, sont aussi étudiées. En outre, une approche connexionniste s'est développée, qui décrit le raisonnement comme un mécanisme de propagation dans un réseau subsymbolique (et non en référence à des unités symboliques telles les règles formelles de la logique mentale ou les modèles mentaux, → CONNEXIONNISME). L'enjeu des recherches actuelles est de rendre compte du polymorphisme du raisonnement humain et de l'architecture cognitive dans laquelle il s'inscrit. *Olivier HOUDÉ et Sylvain MOUTIER.*

**Neuroscience.** — En simplifiant, on peut considérer que raisonner, c'est sélectionner un but et imaginer un (ou des) moyen(s) de l'atteindre. Cette activité est extrêmement complexe et nécessite la participation de nombreux sous-systèmes impliqués dans l'analyse perceptive de la situation, la recherche d'informations en mémoire, les processus de décision et la planification, le contrôle et l'exécution de la réponse (→ CONTRÔLE, INFORMATION, MÉMOIRE, PERCEPTION).

L'activité de raisonnement se fait souvent par l'intermédiaire de plans ou de procédures de résolution stockés en mémoire. Dans ce cas, les plans définissent un ensemble d'opérations correspondant à la participation de divers sous-systèmes de traitement. La sélection d'un tel plan est un mécanisme situé au cœur de l'activité de raisonnement. Des résultats d'études de tomographie par émission de positons (→ IMAGERIE CÉRÉBRALE FONCTIONNELLE) révèlent que le cortex frontal dorso-latéral est impliqué dans ce mécanisme. Mais la sélection d'un plan approprié nécessite souvent l'inhibition de plans concurrents (→ ACTIVATION/INHIBITION). Le cortex frontal serait également impliqué dans ce processus d'interruption. Des études chez le singe montrent, en effet, que l'animal fronto-lésé présente un déficit à inhiber des réponses dominantes qui viennent d'être récompensées (→ COGNITION ANIMALE, NEUROPSYCHOLOGIE). Cela est à mettre en rapport avec les activités de persévération et la difficulté à changer de critère de classification (dans la tâche de tri de cartes de Wisconsin, par exemple) observées chez des patients fronto-lésés.

Étant donné le grand nombre de sous-systèmes impliqués, à des niveaux divers, dans les activités de raisonnement au sens large, il n'est pas surprenant que des troubles du raisonnement puissent apparaître consécutivement à une pluralité de dysfonctionnements cognitifs liés à différents sites lésionnels. Parmi les grands domaines de recherche concernés en neuropsychologie, on peut citer la mémoire de travail, le calcul et la pragmatique (→ NOMBRE, PRAGMATIQUE). *Olivier KOENIG.*

**Intelligence Artificielle.** — La tradition classique veut que l'on fonde les principes auxquels recourir pour justifier un raisonnement sur l'idée de validité, c'est-à-dire que dans un raisonnement, les prémisses étant posées pour vraies, la conclusion doit l'être. C'est évidemment une exigence du raisonnement mathématique, mais il est dommageable de faire de cette forme, dite « déductive », l'archétype de toute forme de raisonnement. En effet, pour l'Intelligence Artificielle (IA), les raisonnements valides sont intrinsèquement d'une lenteur incompatible avec toute prise de décision (→ COMPLEXITÉ, EXPRESSIVITÉ). Il est donc impossible d'ériger en norme de la rationalité une forme de raisonnement qui répond aussi mal aux critères intuitifs de rationalité. Des aménagements ont certes été apportés (rationalité limitée chez Herbert Simon ou Christopher Cherniak), mais il est loin d'être évident qu'ils suffisent à résoudre cette incompatibilité. En outre, d'autres formes de raisonnement, non valides, comme l'induction généralisante ou l'abduction (Charles Peirce, → ABDUCTION) sont indispensables pour rendre compte de la diversité du raisonnement. Les travaux sur l'apprentissage, qui remontent presque aux premiers temps de l'informatique, tentent de simuler, par des moyens symboliques ou connexionnistes, le raisonnement inductif (→ APPRENTISSAGE, CONNEXIONNISME, SYMBOLE). Plus récemment, des techniques de diagnostic automatique ont permis d'obtenir des résultats intéressants dans le domaine du raisonnement abductif. Le raisonnement par cas, impliquant la recherche d'analogies entre le problème posé et une base de problèmes résolus, fait également l'objet de nombreux travaux.

Ces distinctions des formes de raisonnement laissent toutefois de côté d'importantes questions. Par exemple, ces formes doivent être combinées et contrôlées par des stratégies, que l'on peut assimiler à des raisonnements sur le déroulement de la résolution du problème, plutôt que sur le problème lui-même (→ CONTRÔLE, MÉTACOGNITION, RÉSOLUTION DE PROBLÈMES). Parmi les diverses stratégies possibles, la recherche heuristique a donné lieu à des travaux particulièrement nombreux, notamment dans les années 1970. Dans sa version la plus classique, il s'agit de doter chaque état intermédiaire de résolution d'une estimation numérique, censée évaluer la distance entre cet état et la solution du problème. En dehors de cas particuliers assez rares, il a été démontré que cette stratégie ne diminuait pas suffisamment la durée de la résolution pour être efficace. D'autres idées, comme la répartition de la résolution entre plusieurs agents logiciels spécialisés dans différents domaines d'expertise, sont actuellement étudiées (→ DISTRIBUÉE. Intelligence —, DOMAINE. Spécialisation quant au —). Par ailleurs, il est clair depuis longtemps que les tentatives de créer des résolveurs universels (tels que le *General Problem Solver*, GPS, de Allen Newell et Herbert Simon en 1960) ne peuvent aboutir, et qu'un raisonnement ne peut être productif que s'il utilise une connaissance spécifique au domaine sur lequel il porte. Cette connaissance doit avoir une forme permettant son exploitation rapide, et des formes de raisonnement particulièrement bien adaptées à certains types de représentation ont été développées (→ REPRÉSENTATION). Ainsi, la propagation dans les réseaux sémantiques, qui correspond plus ou moins à la notion de *spreading activation* (en anglais) proposée en psychologie cognitive, est une méthode de raisonnement très incomplète mais particulièrement efficace (→ RÉSEAU SÉMANTIQUE).

Une question dont l'importance est de mieux en mieux comprise en IA, même si on ne sait pas vraiment comment la résoudre, concerne l'adéquation entre le problème posé et le langage (artificiel) dans lequel la connaissance est exprimée (→ LANGAGE. Traitement du —). En d'autres termes, il s'agit d'une préoccupation ontologique visant, parallèlement au processus de preuve qui conduit pas à pas des prémisses à la conclusion (→ LOGIQUE), à rapprocher les éléments dont l'existence est présupposée par la question posée de ceux au moyen desquels sont exprimées les connaissances présumées pertinentes pour y répondre.

Enfin, si l'on caractérise le raisonnement par la possibilité de le justifier (et non seulement de faire des inférences), il est nécessaire de doter de capacités explicatives tout système ayant la prétention de modéliser un raisonnement (→ EXPLICATION). Les systèmes experts développés dans les années 1980 possèdent généralement ces capacités à un stade embryonnaire. Pour aller plus loin, il faut prendre en compte d'une façon plus fine les facultés cognitives de l'utilisateur auquel ces explications s'adressent, ainsi que les techniques (notamment la pragmatique de l'argumentation, → PRAGMATIQUE) par lesquelles exprimer efficacement une explication. *Daniel KAYSER.*

**Philosophie.** — L'Homme est un Animal rationnel, et l'un des sens dans lesquels il l'est tient au fait qu'il est capable de raisonner. Depuis Aristote, les logiciens ont codifié les règles et normes du raisonnement déductif correct (→ LOGIQUE, NORMATIVITÉ) et, depuis Blaise Pascal et Daniel Bernoulli, les mathématiciens ont élaboré celles des raisonnements probabilistes. Mais l'exercice naturel du raisonnement est le plus souvent entravé par de nombreuses erreurs et paralogismes (la logique s'enseigne !). Les psychologues ont montré que les agents humains commettent des erreurs systématiques (voir *psycho.* ci-dessus) sur des raisonnements déductifs simples (comme ceux qui impliquent l'usage d'énoncés conditionnels de la forme *Si p alors q* dans la tâche de sélection de cartes de Philip Wason) et sur des raisonnements probabilistes, simples également (ainsi, on tend à considérer une conjonction d'événements comme plus probable qu'un événement unique, et à commettre le « paralogisme de la conjonction », dans les situations de Daniel Kahneman et Amos Tversky). Faut-il interpréter ces faits (passés en revue, par exemple, par David Over et Keith Mantkelow) comme établissant expérimentalement que les agents humains s'écartent systématiquement des normes de rationalité fixées par la logique ou la théorie des probabilités, et partant, qu'ils sont irrationnels ?

La réponse à cette question dépend d'abord du sens qu'on doit donner au terme plurivoque de « rationalité », qui a au moins deux sens majeurs : *a)* un agent est rationnel dans sa pensée s'il est capable de respecter les normes du raisonnement correct, et *b)* un agent est rationnel au sens instrumental s'il maximise dans ses actions son utilité (→ ACTION). Au premier sens, on peut soutenir que les erreurs systématiques de raisonnement révélées par les psychologues montrent seulement que les agents n'affectent, pour reprendre la célèbre distinction de Noam Chomsky, que leur performance et non leur compétence (→ COMPÉTENCE/PERFORMANCE). Mais comment caractériser celle-ci ? Les philosophes ont proposé deux types d'arguments visant à montrer qu'on doit attribuer *a priori* une rationalité à tous les agents humains.

Le premier argument recourt à l'idée, avancée notamment par Willard Quine, Donald Davidson et Daniel Dennett, selon laquelle toute interprétation du comportement des agents humains, aussi bien dans leurs inférences que dans leurs actions, présuppose la possibilité d'attribuer à un agent un ensemble de croyances vraies conformes à des normes minimales de rationalité et de cohérence logique en recourant à un principe de « charité » (→ CROYANCE, INTERPRÉTATION). Cette présomption de rationalité peut aussi s'appliquer au sens *(b)* de la notion, en recourant à la notion d'optimisation par la sélection naturelle : une espèce capable de survivre et de maximiser sa valeur adaptative (*fitness* en anglais) doit avoir une majorité de croyances vraies et de schèmes de raisonnement corrects. Un autre argument en faveur de cette présomption recourt à la notion d'équilibre réfléchi (mise en avant en théorie morale par John Rawls) : des normes de rationalité doivent être testées par les intuitions particulières que nous avons de la validité des raisonnements, lesquelles ne peuvent être évaluées qu'en fonction des normes en question, en sorte que tout test de rationalité ou d'irrationalité doit être circulaire et présupposer la validité des normes de rationalité.

Mais ces arguments en faveur d'une rationalité *a priori* sont contestables. Tout d'abord, le principe de charité est-il conforme à notre pratique usuelle de l'interprétation ? Certains philosophes, s'appuyant sur les travaux de psychologie du développement relatifs aux « théories de l'esprit » enfantines (→ THÉORIE DE L'ESPRIT), en doutent, soutenant que nos interprétations reposent plutôt sur des processus psychologiques de simulation d'autrui qui ne présupposent pas la vérité ou la rationalité des croyances. Ensuite, l'argument de l'optimisation évolutionniste n'est correct, en toute rigueur, que pour les capacités de raisonnement. Ce sont elles qui ont dû être sélectionnées, et non pas les formes particulières de ces raisonnements. Enfin, les normes de rationalité logiques ou probabilistes elles-mêmes sont loin de faire l'unanimité. Les travaux psychologiques présupposent la validité des normes de la logique classique et des canons bayésiens du raisonnement probabiliste, mais rien n'indique que ces normes et canons soient effectivement employés par les agents. Il existe plusieurs théories en compétition de la psychologie du raisonnement naturel, qui semblent montrer que les présentations linguistiques des tâches de raisonnement logique aux agents sont soumises à toutes sortes de déterminants, tels que des biais ou des heuristiques (→ LANGAGE. Traitement du —). Les normes probabilistes font elles aussi l'objet de débats, et peuvent être interprétées notamment en un sens subjectiviste ou fréquentiste. Ni les normes ni les intuitions des agents n'ont un statut clair, en sorte que l'hypothèse générale d'une rationalité ou d'une irrationalité du comportement inférentiel humain semble difficile à tester empiriquement. Le défi est d'évaluer l'hypothèse d'une rationalité *a priori*, tout comme l'hypothèse opposée, « pragmatiste » (Stephen Stich) de la pluralité des normes de rationalité en compétition. *Pascal ENGEL.*

## RÉALISME

*(angl., realism)*

**Philosophie.** — La position réaliste consiste à soutenir, relativement à un domaine donné du discours, que les entités associées à ce domaine sont réelles. Ainsi, le réalisme de sens commun défend la réalité des tables et des chaises, le réalisme scientifique, la réalité des électrons ou des gènes. Le réalisme psychologique soutient que les entités sur lesquelles porte le discours psychologique, comme les douleurs ou les croyances, sont réelles (→ CROYANCE). Cela implique en particulier que leur existence et leurs propriétés sont objectives, c'est-à-dire indépendantes des attitudes épistémiques et des affirmations que l'on forme à leur sujet (→ ÉPISTÉMIQUE). Dans la mesure où une chose est réelle, sa connaissance doit être le fruit d'une découverte plutôt que d'une invention. Cela implique en particulier qu'il est possible d'ignorer une chose bien qu'elle soit réelle et qu'on puisse se tromper à son sujet : la prise de connaissance peut rencontrer des obstacles.

Le réalisme épistémologique soutient qu'il existe, indépendamment de la perception, un monde d'objets physiques dont la nature peut être connue par l'homme (→ ÉPISTÉMOLOGIE, PERCEPTION). Il se présente sous diverses versions. Selon le réalisme direct, les propriétés des objets sont identiques à celles que nous leur attribuons sur la base de la perception, alors que, selon le réalisme critique, les objets ne possèdent pas toutes les propriétés qu'ils nous paraissent avoir. Le réalisme s'oppose à l'idéalisme et au phénoménisme (→ PHÉNOMÉNISME).

Du point de vue de la psychologie du sens commun, les entités qui figurent dans les explications causales sont les croyances et les désirs, c'est-à-dire des attitudes propositionnelles (→ ATTITUDE PROPOSITIONNELLE, CAUSALITÉ, DÉSIR). Je décroche le téléphone parce que je crois qu'il sonne et que je désire répondre à la personne qui m'appelle. On appelle « réalisme intentionnel » la position qui attribue un rôle causal aux attitudes propositionnelles en vertu de leur contenu. Le réalisme intentionnel défend ainsi les thèses suivantes : 1 / il existe des états mentaux qui comptent, grâce à leur présence et à leurs interactions, parmi les causes du comportement (→ FONCTIONNALISME), 2 / ces états ont un contenu : ils sont susceptibles d'être évalués sémantiquement (→ SÉMANTIQUE), et 3 / leur efficacité causale est déterminée par leur contenu ; ainsi, leur rôle causal est approximativement celui que les généralisations de la psychologie du sens commun attribuent aux croyances et aux désirs. *Max KISTLER.*

**Psychologie.** — Outre la problématique de la psychologie du sens commun, avec les croyances et les désirs (voir *philo.* ci-dessus), la question du réalisme, en relation (d'opposition) avec celle du constructivisme (→ CONSTRUCTIVISME), se pose tout particulièrement en psychologie cognitive à propos des objets logico-mathématiques (→ CATÉGORISATION, ESPACE, NOMBRE, RAISONNEMENT et RATIONALITÉ). Il s'agit d'une interrogation ontologique (quel est le statut des « objets » étudiés ?) qui n'est pas nouvelle. Elle renvoie aux Idées platoniciennes et à la philosophie médiévale dont la querelle des universaux a opposé le réalisme de Thomas d'Aquin au nominalisme de Guillaume d'Occam. Pour le premier, les universaux font partie du monde réel et sont accessibles par le raisonnement. Pour le second, le réel n'est constitué que d'objets singuliers dont on fait l'expérience par les sens (→ EXPÉRIENCE) : les classes, les espèces, les universaux se réduisent à des noms et sont dépourvus de réalité. Dans une version contemporaine de ce débat, le mathématicien Alain Connes, opposé au neurobiologiste Jean-Pierre Changeux, a récemment soutenu que, d'une part, il existe indépendamment de l'Homme une réalité brute et immuable, d'autre part, nous ne la percevons que grâce à notre cerveau, au prix, comme disait Paul Valéry, d'un mélange rare de concentration et de désir. La preuve de l'existence de cette réalité serait qu'elle résiste, qu'on s'y heurte. Ainsi en est-il des nombres : à toute personne qui prétend avoir trouvé le plus grand de tous les nombres premiers, par exemple $p = 2^{132049} - 1$, il est facile d'expliquer une méthode par laquelle trouver un nombre premier plus grand (démonstration d'Euclide). Les objets mathématiques « sont là » – les nombres premiers, leur infinité, etc. – et l'esprit ne fait que dévoiler une réalité qui initialement lui échappe (→ ESPRIT). Ce réalisme s'oppose au constructivisme d'autres mathématiciens, dits « formalistes », qui considèrent les objets logico-mathématiques comme des inventions subtiles – non des découvertes d'un matériau préexistant – « sécrétées » par le cerveau.

La position constructiviste soulève *ipso facto* le problème des mécanismes génétiques (au sens de genèse, de développement) sous-jacents aux constructions logico-mathématiques, problème relevant à la fois de l'histoire des sciences et de la psychologie cognitive. Ainsi que l'a souligné le logicien Jean-Blaise Grize, la représentation d'une connaissance dans un langage logico-mathématique est le résultat d'une activité de pensée dont le sujet s'est retiré ; le bâtiment est là mais l'architecte et les ouvriers sont partis (→ LANGAGE. Traitement du —, LOGIQUE, REPRÉSENTATION). En d'autres termes et sous une forme interrogative : le détachement de tout contenu, où semblent se mouvoir les objets logico-mathématiques, ne procède-t-il pas d'une activité majorante – pour reprendre l'expression de Jean Piaget – dont l'enracinement est beaucoup plus concret ? Que l'on pense aux rapports établis par les historiens entre les échanges commerciaux et l'origine des nombres ou entre les arpentages de terrains et l'origine de la géométrie.

La même question se pose au niveau de l'histoire individuelle, et c'est ici qu'entre en scène la psychologie cognitive, en l'occurrence la psychologie du développement (→ DÉVELOPPEMENT COGNITIF). Mettre en relation les systèmes logico-mathématiques constitués et la psychogenèse correspond au fondement même de la démarche piagétienne. C'est ainsi que Piaget rattache la pensée la plus abstraite, telle que peut la décrire le calcul propositionnel, aux schèmes sensori-moteurs du bébé (→ COGNITION DU BÉBÉ), en passant par un stade de préparation et de mise en place d'opérations concrètes. Jusque dans son dernier ouvrage posthume (publié en 1990), il n'a cessé de dénoncer la conception réaliste de la vérité logico-mathématique comme une adéquation à des êtres donnés d'avance (qu'il s'agisse, écrivait-il, d'Idées platoniciennes ou de ce que l'on voudra !). Quelles que soient les critiques faites aujourd'hui à la théorie piagétienne, il faut souligner que son postulat d'une liaison entre le normatif (→ NORMATIVITÉ) et le génétique (au sens défini plus haut) reste d'actualité en psychologie et ailleurs. C'est vrai des nouveaux courants de psychologie du développement (le néostructuralisme et le cognitivisme développemental) ; l'atteste également le constructivisme neuronal des objets logico-mathématiques défendu par Changeux contre le réalisme contemporain (→ DARWINISME NEURAL-MENTAL). *Olivier HOUDÉ.*

## RECONNAISSANCE DE FORMES

*(angl., pattern recognition)*

**Intelligence Artificielle.** — Le but général de la Reconnaissance de Formes (RF) est de réaliser des systèmes de perception automatique capables d'identifier des formes recueillies par des capteurs jouant le rôle d'organes sensoriels (→ PERCEPTION). Cette approche est donc complémentaire de celles tendant à doter une machine de capacités cognitives (raisonnement, prise de décision, → RAISONNEMENT et RATIONALITÉ). La RF est proche d'autres méthodes de traitement des données, en particulier l'analyse de données (analyses factorielle, discriminante, en composantes principales, etc.) qui tend à transformer et à simplifier les espaces de représentation de données ou de formes (→ REPRÉSENTATION), et la classification automatique dont le but est de calculer une partition *a priori* inconnue (sous la forme de classes d'appartenance) d'un ensemble de formes dans un certain espace de représentation (→ CATÉGORISATION). Ces méthodes sont parfois utilisées conjointement avec les algorithmes de RF.

Un système de RF comprend classiquement trois grandes composantes. 1 / Un sous-ensemble de saisie capte d'abord la forme (par exemple, des microphones pour la parole, des matrices de diodes pour la reconnaissance de caractères écrits, des caméras pour la reconnaissance d'objets dans une scène, des capteurs de pression, de température, de composition de gaz, etc., pour caractériser l'état d'une installation industrielle), la filtre et la prétraite de façon à la rendre manipulable par un programme (→ LANGAGE. Traitement du —, LECTURE). Ensuite, 2 / une composante de paramétrisation est chargée d'extraire de la forme un ensemble de paramètres représentatifs pertinents (*features* en anglais) (par exemple, des fréquences formantiques pour la parole, des ensembles de points noirs ou blancs pour décrire un caractère imprimé ou encore des lignes représentant le « squelette » d'un objet dans une image). Cette étape correspond à une réduction de la quantité d'information véhiculée par une forme (→ INFORMATION). Enfin, 3 / une composante de décision identifie la forme (en lui attribuant une classe d'appartenance) par comparaison à un ensemble de formes-prototypes intégrées lors d'une phase préalable d'apprentissage (→ APPRENTISSAGE), en utilisant une certaine métrique ou distance définie *a priori* en fonction des propriétés des formes traitées.

Une étape importante dans la réalisation d'un système de RF réside dans la définition d'une représentation adéquate des formes-prototypes permettant notamment de rendre compte de la variabilité et de la diversité des formes étudiées, et de garantir une certaine immunité aux bruits susceptibles d'entacher celles-ci. Deux grandes familles de méthodes sont utilisées : structurelles et statistiques. Les méthodes structurelles ou syntaxiques s'intéressent à la structure des formes et à leur description en termes d'assemblages de formes primitives (→ SYNTAXE). Ces méthodes s'apparentent à la théorie des langages et aux grammaires formelles (→ GRAMMAIRE). Les méthodes statistiques se fondent, quant à elles, sur une détermination statistique des paramètres (moyenne, écart type, etc.) des formes étudiées. Ces méthodes fournissent actuellement les meilleures performances dans les différents domaines d'application. Un bon exemple est donné par les modèles de Markov cachés (*Hidden Markov Models* ou MMC en français) largement utilisés en reconnaissance de la parole et de caractères écrits. Un MMC peut être décrit comme un automate dont les transitions entre états sont régies par des probabilités et qui représente une forme à reconnaître (un mot, un phonème, etc.). Les états de cet automate contiennent des informations statistiques sur une petite portion de la forme représentée. La reconnaissance revient à rechercher le MMC qui a la plus grande probabilité d'avoir produit la forme acoustique présentée en entrée.

Les méthodes de décision sous-jacentes sont variées : la décision bayésienne qui consiste à classer une forme inconnue dans la catégorie qui fait courir le moins de risque d'erreur en se fondant sur les distributions de probabilités des classes de formes (souvent approximées par des fonctions gaussiennes) ; la séparation par des surfaces dans l'espace des paramètres (ou plutôt par des hypersurfaces qui sont l'analogue de la notion mathématique de surface quand cet espace est de dimension quelconque), chaque région de l'espace délimitée par ces surfaces correspondant à une classe ; la décision par plus proches voisins, qui consiste à classer une forme de classe inconnue dans la catégorie de son (ou de ses) plus proche(s) voisin(s) dont la classe est connue, la proximité entre formes étant mesurée par une distance dans l'espace des paramètres ; enfin, la classification par réseau connexionniste ou réseau neuronal (→ CONNEXIONNISME, RÉSEAU NEURONAL), méthode qui consiste à apprendre les fonctions de décision à l'aide d'un réseau formé de l'interconnexion d'un grand nombre de neurones formels dont le fonctionnement s'inspire de celui du cerveau, à la suite des travaux de Warren McCulloch et Walter Pitts. Cette dernière méthode est de plus en plus utilisée, notamment avec le perceptron multicouches, les réseaux de Hopfield et les cartes de Kohonen.

Une difficulté importante de la prise de décision en RF provient des distorsions non linéaires qui peuvent affecter une même catégorie de formes (par exemple, des variations temporelles de rythme et de durée affectant un même mot prononcé à des instants différents ou par des locuteurs différents, des différences de taille de caractères écrits, etc.), rendant délicate la comparaison de deux formes. L'utilisation de la programmation dynamique fournit une solution optimale à ce problème.

Le problème crucial dont dépendent fortement les performances d'un système de RF est celui de l'apprentissage, phase préalable au cours de laquelle le système mémorise les caractéristiques discriminantes des familles de formes à reconnaître (→ MÉMOIRE). Les méthodes statistiques proposent des algorithmes d'apprentissage dont la convergence est démontrée mathématiquement, pour peu que l'on puisse présenter au système un nombre suffisant de formes représentatives. C'est en particulier le cas des modèles de Markov cachés et des réseaux neuronaux, ce qui explique leur succès, mais il faut aussi noter que les volumes de données d'apprentissage nécessaires sont très importants (par exemple, plusieurs heures de parole enregistrée pour un système robuste de reconnaissance des dix chiffres avec plusieurs locuteurs), ce qui peut être prohibitif dans certains domaines.

De nombreuses applications pratiques de la RF ont vu le jour et fonctionnent de façon routinière dans des secteurs économiques variés. Elles recouvrent essentiellement deux grandes catégories : la reconnaissance de signaux de type parole (reconnaissance de la parole, vérification de l'identité d'un locuteur), radar, sonar, signaux biomédicaux (électro-encéphalographie, électro-cardiographie, etc.), sismiques ou industriels ; la reconnaissance d'images bi- ou tridimensionnelles telle que la lecture optique de caractères imprimés, la vision pour la robotique (→ ROBOTIQUE), la détection d'objets sur des images de télédétection, le contrôle de qualité sur des chaînes de fabrication, l'imagerie du secteur biomédical (coupes anatomiques, radiographies, etc.) (→ IMAGERIE CÉRÉBRALE FONCTIONNELLE).

Très souvent, la reconnaissance d'une forme s'accompagne d'une activité cognitive d'interprétation et de compréhension (→ INTERPRÉTATION). C'est le cas dans les domaines de la reconnaissance/compréhension de phrases parlées, de l'interprétation d'images radiographiques, de l'interprétation de signaux sonar, de la vision par ordinateur, etc. Une telle interprétation met en œuvre un ensemble de connaissances spécifiques qu'il est difficile de prendre en compte avec les outils fondés sur une modélisation mathématique « aveugle ». La réalisation d'un système de RF peut ainsi faire appel, en complément, à des méthodes issues des systèmes à base de connaissances explicites (→ BASE DE CONNAISSANCES). Il se pose alors les problèmes classiques en Intelligence Artificielle de représentation des connaissances, de raisonnement, de stratégie, etc. La conception d'architectures permettant une coopération optimale des diverses connaissances est un problème important, analogue à celui qui se pose par exemple en compréhension du langage naturel. Le modèle de *blackboard* (en anglais), et plus généralement les architectures de systèmes multi-agents (→ DISTRIBUÉE. Intelligence —) dans lesquelles des sources de connaissances différentes communiquent et coopèrent à l'aide de divers mécanismes (envoi de messages, partage d'informations), présentent des propriétés intéressantes pour de tels problèmes. *Jean-Paul* Haton.

## RÉDUCTIONNISME

*(angl., reductionism)*

**Philosophie.** — Réduire une propriété ou une proposition, c'est l'expliquer en montrant qu'elle est équivalente à une (ou plusieurs) propriété(s) ou proposition(s) plus fondamentale(s).

Les propriétés mentales ont suscité plusieurs tentatives de réduction. Le statut ontologique des propriétés mentales est en effet considéré comme problématique, d'une part parce qu'elles ne sont pas directement accessibles à l'observation intersubjective – ce qu'elles ont en commun avec les propriétés et entités dites « théoriques » qui sont postulées par d'autres sciences (en physique, par exemple) –, d'autre part parce que les propriétés mentales ne font pas l'objet d'une théorie parvenue à maturité.

Le béhaviorisme logique est une variante importante du réductionnisme à l'égard des états mentaux. Il est aujourd'hui largement abandonné au profit du fonctionnalisme (→ FONCTIONNALISME). Selon le béhaviorisme, les états mentaux sont des dispositions au comportement. Mais le postulat d'un lien conceptuel avec le comportement revient à éliminer les états mentaux de la recherche scientifique.

Une forme plus récente de réductionnisme à l'égard des états mentaux s'inspire plus directement des réductions réussies dans d'autres sciences, notamment en physique : c'est la théorie de l'identité des propriétés mentales avec des propriétés sous-jacentes du cerveau (→ PHYSICALISME). Cette théorie fait l'hypothèse qu'il est possible d'établir des « énoncés-passerelles » permettant de subsumer les régularités de la psychologie sous celles de la neurophysiologie, et de celle-ci à la chimie et (ou) à la physique. Le fonctionnalisme est compatible avec le réductionnisme (David Lewis, David Armstrong), mais il a aussi été interprété d'une manière antiréductionniste (Hilary Putnam) : selon la caractérisation fonctionnaliste des états mentaux, il est concevable qu'un même type d'état mental puisse être réalisé de plusieurs manières sur le plan physiologique ou physique. La thèse externaliste sur l'identité des contenus mentaux pose un autre problème majeur pour la réduction du mental au physiologique (→ EXTERNALISME/INTERNALISME).

Contrairement à ce qui est parfois suggéré, la réduction d'une propriété, mentale ou autre, ne mène pas à son élimination, mais a plutôt pour conséquence d'apporter une caution scientifique à sa réalité. En revanche, l'élimination frappe les propriétés réfractaires à la réduction : ainsi, depuis la révolution de la chimie du XVIIIe siècle, on ne croit plus qu'une substance ou propriété réelle corresponde au prédicat alchimiste de « phlogistique », précisément parce qu'il s'est avéré impossible de le réduire à des prédicats plus fondamentaux. *Max* KISTLER.

## REPRÉSENTATION

*(angl., representation)*

**Psychologie.** — L'idée que le fonctionnement du système cognitif humain repose sur la mise en œuvre et la manipulation de représentations est sans doute ancienne, au moins sous sa forme implicite, mais c'est surtout le développement de la psychologie cognitive, dans les trente dernières années, qui a donné son statut à la notion de représentation mentale, comme entité interne, correspondant cognitif individuel des réalités externes expérimentées par un sujet (→ ESPRIT, EXPÉRIENCE). La notion de représentation a commencé à s'imposer en psychologie au moment où la discipline remettait en cause les approches exclusivement basées sur le comportement. La psychologie sociale, pour sa part, avait mis l'accent à la fois sur la variété et sur les particularités individuelles des représentations. Cette approche est restée pertinente, tout en s'étendant à l'analyse des invariants transindividuels des représentations mentales et des mécanismes responsables de leur construction.

C'est sur la notion de représentation que la psychologie a sans doute établi les échanges conceptuels les plus fructueux avec les autres sciences cognitives. Ce faisant, elle n'a pas ignoré, bien sûr, les différences fondamentales qui existent entre les représentations naturelles, comme celles que les organismes pourvus d'un système nerveux construisent de leur environnement, et les représentations artificielles, comme celles que les ingénieurs construisent de façon rationnelle et intègrent dans des systèmes de traitement de l'information (voir *neuro.* et *IA* ci-dessous). Les échanges entre disciplines ont également permis de distinguer de façon plus efficace entre les représentations, comme structures porteuses d'information (→ INFORMATION), et les supports, eux-mêmes non porteurs d'information, mais sur lesquels s'inscrivent les représentations. L'idée introduite est qu'il existe des supports différents pour différents types d'information et que ces supports imposent des contraintes spécifiques pour la mise en œuvre des opérations de traitement. A cet égard, le support biologique des représentations cognitives est caractérisé à la fois par ses capacités de traitement, mais aussi par certaines limites de ces capacités.

La brève histoire de la psychologie révèle qu'il n'a pas toujours été jugé nécessaire par les chercheurs de recourir à la notion de représentation pour rendre compte des performances cognitives (quand il ne s'est pas agi, plus radicalement, de rejeter complètement le concept). Cependant, les modèles de la représentation cognitive se sont développés à mesure que se répandait l'idée qu'à travers ses expériences, l'individu construit un modèle intériorisé de son environnement, des objets qu'il y rencontre et des interactions qu'il développe avec ceux-ci (→ OBJET). L'étude des représentations s'est alors développée à partir du postulat que les représentations, entités cognitives non directement accessibles à l'observation, étaient néanmoins accessibles à la connaissance du chercheur par la mise en œuvre d'opérations expérimentales portant sur des observables comportementaux. Cette attitude épistémologique a permis de dégager les propriétés générales des représentations (comme structures conservant de l'information, bien que sous forme réduite et plus abstraite) et d'inscrire l'approche des représentations dans celle du fonctionnement cognitif, en dégageant notamment les fonctions que servent les représentations : conservation d'informations qui ne sont plus directement accessibles, guidage et régulation des conduites, planification de l'action (→ ACTION, CONTRÔLE, MÉMOIRE).

Dans cette démarche, il est indispensable de distinguer deux états des représentations cognitives : un état de disponibilité, qui correspond à l'existence d'une connaissance en mémoire à long terme, et un état d'actualité, lorsque, sous l'effet de processus activateurs, cette connaissance disponible passe à un état activé (→ ACTIVATION/INHIBITION). On retrouve ici la distinction entre les représentations comme entités cognitives permanentes et les représentations comme transitoires, susceptibles de connaître à cette occasion des remaniements plus ou moins durables. Les événements psychologiques créés lors de ces actualisations peuvent faire l'objet d'une expérience cognitive consciente, dont le sujet témoigne par une réponse explicite (→ CONSCIENCE, MÉTACOGNITION). Mais l'actualisation transitoire d'une représentation peut également survenir sans que le sujet fasse l'expérience d'un contenu conscient. Cette dernière situation donne toute son importance aux efforts des chercheurs en vue de la mise au point de procédures expérimentales permettant de déceler, par des voies indirectes, la mise en œuvre effective des représentations mentales.

Enfin, une question cruciale est celle de la forme sous laquelle les représentations mentales sont inscrites en mémoire à long terme et activées temporairement dans un dispositif de traitement. L'hypothèse d'un « langage de la pensée » favorise l'idée que toute information est codée de manière ultime sous une forme hautement abstraite (→ LANGAGE DE LA PENSÉE). D'autres hypothèses privilégient le caractère multimodal de la représentation cognitive. L'esprit humain, en effet, possède la capacité de traiter des informations présentées sous des formes et dans des organisations extrêmement diverses. Il peut ainsi construire et manipuler des représentations de type analogique, comme les images mentales, qui préservent la structure des objets représentés (→ IMAGERIE MENTALE), mais également des représentations plus abstraites, comme les représentations propositionnelles, qui sont structurées comme le langage (→ LANGAGE. Traitement du —, LOGIQUE, PROPOSITIONNEL. Format —). La capacité de la cognition humaine de s'adapter à la fois à des sémantiques de la ressemblance et à des sémantiques utilisant des symboles arbitraires (→ SÉMANTIQUE, SYMBOLE) ouvre des possibilités de traduction entre représentations sous des formes ajustées aux exigences spécifiques des tâches à résoudre par le sujet. *Michel DENIS.*

**Neuroscience.** — Toute activité perceptive conduisant à la reconnaissance, à l'identification ou à la dénomination nécessite l'activation de représentations stockées en mémoire (→ ACTIVATION/INHIBITION, MÉMOIRE, PERCEPTION). Il en va de même pour l'exécution d'activités motrices et la génération d'images mentales (quelle qu'en soit la modalité) (→ ACTION, IMAGERIE MENTALE). La question du format et de la nature de ces représentations est une question fondamentale mais complexe, abordée sous l'angle de plusieurs disciplines dont la neuroscience cognitive. L'hypothèse peut être émise que les représentations, contenues dans des réseaux neuronaux corticaux, sont exprimées sous la forme de patrons de poids des connexions entre différentes unités du réseau (→ RÉSEAU NEURONAL). Ces patrons stockés en mémoire (ou « traces ») peuvent correspondre aux patrons d'activité neuronale engendrés par les stimuli lors de l'activité perceptive. Ainsi, la reconnaissance est possible lorsque le patron d'activité créé par un stimulus perçu est capable d'activer, par un mécanisme d'appariement, le patron stocké. Une nouvelle représentation ou trace mnésique se forme en cas de perception d'un stimulus nouveau et la rencontre répétée de ce stimulus contribue à solidifier le patron d'activation correspondant en mémoire. Ces représentations, dont le format correspondrait au patron d'activité engendré par le stimulus en cours de perception, sont qualifiées de représentations perceptives et semblent stockées dans les zones mêmes où l'encodage perceptif du stimulus a lieu. Par conséquent, elles sont dites « modalité-spécifiques ». Le lieu de leur stockage est qualifié, selon les auteurs, de sous-système de représentation perceptive (Endel Tulving et Dan Schacter) ou de sous-système d'activation de patterns (Stephen Kosslyn et Olivier Koenig).

Les représentations perceptives sont à distinguer d'autres représentations, qualifiées de sémantiques, pouvant être activées quelle que soit la modalité de prise d'informations (→ INFORMATION, SÉMANTIQUE). Ces représentations sémantiques et amodales sont stockées, selon les mêmes auteurs, dans un sous-système de mémoire associative (→ MÉMOIRE). Les liens entre représentations en sont l'une des caractéristiques fondamentales et rendent compte de l'organisation du réseau sémantique (→ RÉSEAU SÉMANTIQUE). L'organisation des représentations à l'intérieur de tels réseaux suscite aujourd'hui un intérêt croissant. L'étude de déficits « catégorie-spécifiques » chez des patients cérébro-lésés est susceptible de fournir à cet égard des informations précieuses permettant de détailler la structure et l'organisation des représentations sémantiques (→ CATÉGORISATION, NEUROPSYCHOLOGIE).

Les résultats d'études d'imagerie cérébrale fonctionnelle soutiennent fortement une conception localisée et dissociée des représentations mentales qui s'oppose à une conception distribuée et donc non localisée (→ IMAGERIE CÉRÉBRALE FONCTIONNELLE, LOCALISATION CÉRÉBRALE). *Olivier KOENIG.*

**Intelligence Artificielle.** — *Cette carte postale représente le château de Chambord* est une affirmation facile à vérifier pour qui connaît les lieux. *Ce croquis représente l'itinéraire pour y aller* n'est approprié que si le destinataire connaît quelques conventions, car, pour être commodément utilisable, un croquis ne doit pas être une simple image photographique. *Cette séquence représente en machine les règles d'inférence du système* est une affirmation dont la vérification nécessite un grand nombre de connaissances.

Les trois exemples ci-dessus veulent illustrer l'idée que la relation entre l'entité représentée E et sa représentation R dépend en général d'éléments extérieurs à R et à E. La seule représentation « exacte », au sens où toutes les propriétés de E figurent dans R, implique que R = E, ce qui contredit l'idée même de représentation. En effet, représenter E n'a d'intérêt que si E lui-même n'est pas disponible, ou est impropre à la tâche envisagée. Il est donc nécessaire que R ne possède pas toutes les caractéristiques de E ; celles qui sont légitimement omises dépendent du besoin que R est censé satisfaire. Selon les cas, une représentation plus ou moins fine, utilisant des techniques analogiques, symboliques, ou hybrides, peut être jugée adéquate (→ SYMBOLE).

L'informatique dispose d'un grand éventail de techniques pour représenter des entités de toute nature : les images sont codées par des matrices de pixels, et l'information ainsi obtenue peut être réduite grâce à des techniques de compression de données (→ INFORMATION) ; les sons, comme tout signal quasi périodique, peuvent être échantillonnés, sans perte d'information, à intervalles convenables, et l'on code par un nombre, de précision choisie, chaque mesure effectuée ; les textes se représentent par des séquences codées, dont une partie correspond aux caractères composant le texte, et l'autre restitue leur mise en page ; plusieurs techniques de représentation des graphiques sont également disponibles.

Mais ces ensembles, souvent gigantesques, d'informations ne constituent véritablement des représentations que s'il existe des procédés permettant de les exploiter. Là aussi, la palette des techniques est très large : édition de texte, de son, ou d'image, extraction de termes en vue d'une recherche documentaire, traduction sous une forme logique permettant d'effectuer des inférences, etc. (→ LOGIQUE). Ce dernier cas, qui correspond aux services les plus raffinés que peut rendre l'informatique, impose, en raison de la complexité intrinsèque des mécanismes inférentiels, des représentations particulièrement adaptées (→ COMPLEXITÉ). Inspirés par les modèles de la psychologie cognitive, les réseaux sémantiques ont été particulièrement étudiés dans les années 1970 (→ RÉSEAU SÉMANTIQUE) ; ils sont aujourd'hui supplantés par les logiques de description.

Dans la mesure où une représentation n'a de valeur que relativement au processus qui l'exploite, on peut envisager de coder l'utilisation de la connaissance représentée, plutôt que la connaissance elle-même. Ce mode de représentation est appelé « procédural », et un débat ardent l'a opposé, au début des années 1970, aux représentations déclaratives. Il s'est conclu à l'avantage de ces dernières : une procédure présente en effet l'inconvénient de mélanger ce qui est général (l'algorithmique de l'inférence) avec ce qui est spécifique à la connaissance représentée, d'où une faible lisibilité impliquant de grandes difficultés lors de sa mise au point et d'éventuelles modifications ; de plus, la représentation dépend de la notation algorithmique choisie, elle-même liée à l'état de la technologie informatique.

Les systèmes experts des années 1980 prétendent à une expression déclarative des connaissances, donc totalement indépendante de son mode d'exploitation, ce qui ne correspond pas tout à fait à la réalité : il s'avère qu'une représentation n'ayant d'utilité qu'en tant que donnée d'un (ou de plusieurs) processus ne peut être pensée sans les prendre peu ou prou en compte. Cependant, tout effort vers une représentation aussi déclarative que possible est rentable : sur le plan théorique, il permet de mieux spécifier ce que l'on attend d'un langage de représentation (→ LANGAGE. Traitement du —) ; sur le plan pratique, il fait progresser l'efficacité des méthodes génériques d'inférence.

L'idée d'un langage de représentation présuppose l'existence d'une sorte d'alphabet des représentations, et affirme donc la possibilité de représenter les connaissances comme des combinaisons structurées de primitives sémantiques (→ SÉMANTIQUE). Une approche *a priori* opposée consiste à ne pas conférer d'interprétation aux éléments primitifs, qualifiés de « subsymboliques ». L'effet de représentation est assuré par des techniques exploitant la connectivité de ces éléments (→ CONNEXIONNISME) ; on parle alors de représentation distribuée. Cette idée est comparée, à juste titre, avec la technique des hologrammes utilisée en optique cohérente : les parties de l'hologramme ne représentent pas les parties de l'image, mais chacune permet de restituer, avec une précision moindre, l'ensemble de l'image, ce qui assure une meilleure robustesse. Les représentations distribuées possèdent des avantages similaires, mais elles ne sont pas directement lisibles, prennent beaucoup de place en mémoire (→ MÉMOIRE) et les algorithmes qui les exploitent mobilisent une grande puissance de calcul.

Comme aucune représentation n'est parfaite, c'est donc la nature des besoins qui détermine s'il est préférable de choisir une représentation symbolique, distribuée, ou un compromis entre ces extrêmes. *Daniel* KAYSER.

**Linguistique.** — Le point de vue mentaliste de la linguistique cognitive a mis la notion de représentation au centre des débats. Si l'on s'en tient à une généalogie récente, trois ordres de considérations semblent avoir contribué ici de façon essentielle à la constitution de la notion de représentation : la constatation que des comportements sériels complexes ne peuvent s'expliquer par des chaînes d'associations (Karl Lashley, Noam Chomsky) ; l'idée que les stimulations ou les tâches courantes sous-déterminent les comportements possibles, par exemple lors d'un apprentissage latent ou lors de la reconnaissance de formes dans un environnement bruité (→ APPRENTISSAGE, RECONNAISSANCE DE FORMES) ; enfin, l'exigence de formuler des algorithmes destinés à servir de modèles formellement explicites à la production de comportements intelligents. Ces considérations ont concouru à définir les représentations comme des structures de données et des sorties de transformations computationnelles produisant le surcroît d'informations nécessaire pour expliquer l'ensemble des comportements possibles qui soient compatibles avec une tâche donnée (→ ANALYSE COMPUTATIONNELLE, INFORMATION). Ainsi on peut argumenter que la capacité de décomposer les noms *writer* et *rider* (en anglais) et de les rapprocher des verbes correspondants justifie l'existence d'un niveau de représentation phonologique distinct de la forme phonologique de surface, et de règles de transfert entre les deux niveaux. Ray Jackendoff donne comme exemples l'opposition *t/d* valide pour le premier niveau mais neutralisé au niveau de surface en anglo-américain et l'opposition brève/longue au niveau de surface seulement.

Dans la mesure où les représentations perceptives sont des inférences susceptibles d'être vraies ou fausses en fonction du monde auquel elles renvoient, il faut expliquer comment le contenu d'une représentation peut être spécifié par son rapport au monde et non pas seulement par les inférences suppléant l'indigence de l'information initiale : on convient alors que la représentation, même perceptive, aurait elle-même la nature d'un signe (→ PERCEPTION, SIGNE). Mais alors le réel serait la somme des informations (nomologiquement) inférables à partir de représentations ayant des causes externes, c'est-à-dire une construction sémiotique (Jacques Bouveresse) (→ SÉMIOTIQUE).

Certaines approches permettent d'assigner des limites à la définition de la représentation comme construction sémiotique et définissent des perspectives alternatives à la notion de représentation en tant que renvoi sémiotique à un objet.

Tout d'abord, on peut mettre en doute que la relation sémiotique soit toujours le mode d'assignation du contenu d'une représentation. Ainsi, le partage par le percept et l'image de processus communs servirait à spécifier le contenu de celle-ci en fonction de celui-là (→ IMAGERIE MENTALE). Certains auteurs ont toutefois nié que la forme phénoménale de représentations comme les images mentales puisse contraindre les processus effectuables sur celles-ci et les informations rendues accessibles. D'après eux, les représentations activées dans des tâches sémantiques sont organisées comme un système propositionnel (un langage de la pensée, → LANGAGE DE LA PENSÉE, PROPOSITIONNEL. Format —, SÉMANTIQUE) et leur format conscient est un épiphénomène.

Par ailleurs, il est possible d'envisager l'environnement comme un milieu structuré et les événements cérébraux comme les corrélats d'invariants présents dans le monde externe. Selon ce point de vue, les représentations ne sont pas des constructions sémiotiques, parce qu'elles ne sont ni organisées en processus inférentiels, ni interprétées. Dans le cas de la vision, certaines propriétés détectées directement par le cerveau dans l'environnement pourraient être nettement plus complexes que la mosaïque d'intensités lumineuses sur la rétine, de sorte que la hiérarchie de complexité informationnelle se trouverait, en quelque sorte, déjà constituée dans le monde. C'est la théorie soutenue par James Gibson, un détracteur notoire de la notion de représentation. Jerry Fodor et Zenon Pylyshyn ont reproché à cette théorie de rendre triviale la question de savoir comment l'esprit reconnaît des objets ou des scènes perçues (→ ESPRIT), puisque les invariants directement perçus ne sont pas limités *a priori* à ceux qui relèvent du domaine de sensibilité des mécanismes de transduction (et peuvent donc être n'importe quelle propriété). Il a également été objecté que Gibson ignore le fait que le perçu est catégorisable *ad libitum* selon des dimensions non perceptives (→ CATÉGORISATION). Enfin, David Marr a critiqué Gibson pour avoir méconnu la complexité des computations nécessaires afin d'extraire à partir de données visuelles simples les informations relatives à la perception tridimensionnelle et centrée sur l'objet. Il faut toutefois reconnaître que Gibson, ainsi que Marr d'ailleurs, en envisageant que des propriétés assez complexes puissent être dérivées par des processus fondés sur des données purement visuelles, contribuent à discréditer l'idée que la reconnaissance perceptive ne peut qu'être étudiée dans le cadre du système cognitif entier et procède par inférences propositionnelles non périphériques.

A l'opposé des points de vue précédents, certaines théories assimilent clairement la représentation à un signe. Le contenu d'une représentation est alors tout entier dans les opérations qui servent à l'interpréter (→ INTERPRÉTATION). L'esprit de la sémantique dite « procédurale » consiste ainsi à confier à des procédures les propriétés qui peuvent être définies par des fonctions, en particulier récursives (Philip Johnson-Laird) (→ FONCTION). Une procédure construit un modèle singulier (sous forme spatiale, par exemple) correspondant aux données d'un problème et tente de généraliser le modèle en procédant à des vérifications successives (→ RAISONNEMENT et RATIONALITÉ). Certains auteurs ont tenté d'étendre cette approche au-delà des tâches de raisonnement. Dans sa tentative de décrire *a priori* la cognition humaine et d'identifier les représentations mentales à la saisie de la signification linguistique, Ronald Langacker s'est efforcé de penser ces représentations en termes de processus. Tout en ayant recours à des images schématiques pour symboliser les représentations du sens (le plus souvent, de morphèmes combinés dans un même mot), il souligne que ces images sont constituées de processus infinitésimaux, tandis que la spatialisation de l'image résultante est produite par un mode particulier de visée intellective appelé « parcours récapitulatif » (*summary scanning* en anglais). Ces opérations naturalisent les processus interprétatifs en les enracinant dans les mécanismes de base de la perception humaine (→ NATURALISATION).

La plupart des auteurs en linguistique cognitive pensent le contenu d'une représentation comme une structure porteuse de signification, c'est-à-dire comme un signe. Ainsi les modèles de production ou de compréhension du langage (→ LANGAGE. Traitement du —) comprennent souvent un stade de formulation du message, d'activation de représentations sémantiques ou d'accès au concept (→ CONCEPT). Une position alternative à cette conception est de considérer, avec Ludwig Wittgenstein, que l'expérience de la pensée diffère assez peu de l'expérience du discours (→ DISCOURS), ou plutôt qu'elle serait simplement cette expérience à laquelle s'adjoindraient quelques processus concomitants. *Jean-Michel FORTIS.*

**Philosophie.** — Une représentation peut être définie comme la fonction que possèdent un objet, un événement ou une propriété de renvoyer à un autre objet, événement ou propriété (→ FONCTION). La fonction de représenter peut être conférée par convention ou acquise naturellement. Dans le premier cas, son intentionnalité est dérivée, dans le second cas elle est intrinsèque (→ INTENTIONNALITÉ). Une phrase est une représentation du premier type, un état mental une représentation du second (→ ESPRIT, LANGAGE. Traitement du —).

Charles Peirce a été l'un des premiers théoriciens à avoir analysé le lien entre la représentation et ce qu'elle représente. Il distingue les icones, qui sont à la ressemblance de ce qu'ils représentent (comme un portrait), les indexes, qui ont avec leur objet une connexion causale (comme la fumée indique le feu, → CAUSALITÉ), et les symboles qui sont associés conventionnellement avec ce qu'ils représentent (comme un symbole mathématique, → SYMBOLE). En dépit de la difficulté que soulève l'opposition stricte entre représentations « ressemblantes » et représentations conventionnelles, il reste que cette opposition évoque la distinction importante entre représentations analogiques et numériques. Fred Dretske a proposé de comprendre cette dernière distinction par les caractéristiques de l'information qui est transmise par le signal (il s'agit de l'information portée par un signal particulier, et non d'une conception probabiliste de la communication entre une source et un récepteur comme dans la théorie de Claude Shannon, → COMMUNICATION, INFORMATION). Le codage d'une propriété fournit une représentation analogique quand il fait correspondre deux grandeurs continues, et une représentation numérique quand il fait correspondre un signal discontinu à une propriété qui peut être discrète ou continue. Dretske étend cette distinction à la représentation des faits : tout signal porte une information à la fois analogique et numérique ; l'information la plus précise qu'il transmet est la représentation numérique ; la catégorisation du signal à laquelle procède ce type de codage d'un fait implique nécessairement une perte d'information (→ CATÉGORISATION).

La première propriété de toute représentation est qu'elle est censée porter une information sur un état de chose. En ce sens, elle présuppose l'existence de relations régulières de covariation entre des états de chose ou des propriétés. Toutefois, une représentation ne doit pas être confondue avec la transmission effective d'information : une représentation fausse ne cesse pas d'être une représentation. Cette possibilité de « mereprésentation » (*misrepresentation* en anglais) interdit de penser la relation entre représentant et représenté comme une covariation causale. En revanche, une représentation est sémantiquement évaluable (→ SÉMANTIQUE), en ce sens que le contenu d'une occurrence de représentation (par exemple celui de la phrase *Il pleut*, prononcée à tel endroit à tel moment) peut ne pas s'appliquer à la situation représentée par cette occurrence, ce qui détermine sa condition de vérité : l'occurrence de représentation est fausse. Cet aspect normatif des représentations a inspiré l'analyse téléologique de la représentation (→ NORMATIVITÉ) : c'est parce que la représentation a une fonction en vertu de son type (représenter un objet comme ayant telle propriété) qu'elle peut dysfonctionner dans certaines occurrences sans perdre la fonction que son type lui confère. *Joëlle PROUST.*

## RÉSEAU NEURONAL

*(angl., neural network)*

**Neuroscience.** — L'expression de « réseau neuronal » en neuroscience cognitive peut être utilisée à la fois pour décrire un programme de simulation informatique dans lequel des unités (ou neurones artificiels) interconnectées travaillent ensemble afin de résoudre un calcul particulier (→ CONNEXIONNISME) et pour qualifier un ensemble de neurones réels situé dans une (ou plusieurs) partie(s) du cerveau au sein duquel une opération cognitive élémentaire est effectuée (→ ANALYSE COMPUTATIONNELLE, IMAGERIE CÉRÉBRALE FONCTIONNELLE, LOCALISATION CÉRÉBRALE).

Les réseaux de neurones artificiels, que l'on qualifie souvent de « réseaux connexionnistes », sont très utiles pour tester des modèles du fonctionnement cognitif. Ils permettent de comprendre comment un système (ici, le réseau) parvient à produire une réponse donnée à partir d'un stimulus particulier. Un tel réseau de neurones est constitué d'unités ayant chacune un niveau d'activité propre. Ces unités sont interconnectées et chaque connexion est assortie d'un poids servant à moduler la façon dont deux unités interagissent. Un réseau de ce type est capable de stocker des informations et donc capable d'apprentissage (→ APPRENTISSAGE, INFORMATION). Les informations stockées sont contenues dans les poids des connexions du réseau et l'apprentissage consiste à modifier ces poids afin d'augmenter la performance du système.

L'information est introduite dans le réseau en ajustant l'état de certaines unités formant la couche d'unités d'entrée. La réponse fournie par le réseau est exprimée par l'état d'autres unités formant la couche d'unités de sortie. Les unités restantes constituent ce qu'on appelle les unités cachées qui peuvent être organisées en une (ou plusieurs) couche(s). Ainsi, lors d'un processus d'apprentissage, le réseau ajuste l'intensité des connexions entre les unités de la couche d'entrée et celles de la couche cachée et entre les unités de la couche cachée et celles de la couche de sortie. Toutefois, un tel apprentissage n'est possible que si le réseau connaît la bonne réponse et calcule un signal d'erreur qui lui sert à ajuster l'intensité de ses connexions. Ce mécanisme est appelé « la rétropropagation de l'erreur ».

L'une des capacités les plus intéressantes d'un tel réseau est la généralisation. En effet, lorsque le réseau a été entraîné à effectuer un appariement entrée-sortie approprié au moyen d'un ensemble fini de stimuli, il est capable de traiter (de classifier par exemple) correctement des stimuli encore jamais rencontrés (→ CATÉGORISATION). Cette capacité est intéressante car elle permet de tester les prédictions d'une théorie de traitement particulière et de comparer alors la performance du réseau au comportement humain. Un tel modèle s'avère aussi fort utile pour la prédiction du comportement de patients après lésion cérébrale (→ NEUROPSYCHOLOGIE). Il est en effet possible de simuler les effets d'une lésion en détruisant des unités à différents niveaux du réseau ou des connexions entre ces unités et de comparer les performances du modèle à celles des patients.

En fait, la modélisation connexionniste est particulièrement utile en ce qu'elle offre une explication de phénomènes empiriques qui peut être contre-intuitive selon d'autres types de formalismes. Les unités de tels réseaux ont des ressemblances avec les neurones réels. Ces derniers sont également interconnectés et peuvent être activés par les signaux reçus d'un grand nombre d'autres neurones. Toutefois, les réseaux de neurones réels sont d'un tout autre niveau de complexité : un seul neurone peut avoir plusieurs milliers de connexions et aucun modèle de cette taille n'a encore été testé. En outre, l'influence d'un neurone sur un autre peut dépendre des spécificités du neurone récepteur, ce qui augmente encore la complexité du réseau réel. Par ailleurs, aucun mécanisme de supervision permettant une rétropropagation de l'erreur (mécanisme central des réseaux de neurones artificiels) n'a été mis en évidence dans un réseau neuronal réel. *Olivier* KOENIG.

## RÉSEAU SÉMANTIQUE

*(angl., semantic network)*

**Linguistique.** — Un réseau sémantique est une structure de représentation des connaissances qui se présente sous la forme d'un graphe comportant des nœuds (→ REPRÉSENTATION). Ces nœuds correspondent à des objets, des concepts ou des événements (→ CONCEPT, OBJET). Ils sont reliés entre eux par des arcs qui spécifient la nature de leurs relations. Ce type de graphe est fini, orienté, étiqueté, généralement connexe et cyclique.

L'expression « réseau sémantique » est apparue en 1966 dans la thèse du psychologue Ross Quillian. L'intention de Quillian était de saisir à l'aide d'un modèle formel la part objective du sens des mots (→ SENS, SIGNIFICATION). L'idée s'inscrivait dans un projet de réalisation par le *Massachusetts Institute of Technology* (MIT) d'un logiciel de compréhension de phrases (→ LANGAGE. Traitement du —). Le but du modèle était de réaliser un outil de comparaison du sens des mots pour effectuer des raisonnements sur la signification comparée de ces entités (→ RAISONNEMENT et RATIONALITÉ). Le qualificatif de « sémantique » appliqué à ces réseaux est quelque peu abusif dans l'acception linguistique du terme et on lui préfère parfois l'appellation de « réseaux associatifs » (→ SÉMANTIQUE). L'expression « réseau sémantique » est néanmoins très fortement implantée.

Le point de départ et l'élément central du modèle est le concept. Il est décrit à l'aide d'un concept plus général et d'une propriété discriminante (→ CATÉGORISATION). Cette propriété est composée de deux éléments emboîtés : un attribut et une valeur attachée à cet attribut. Ainsi, le concept *saumon* est décrit comme étant un poisson (catégorie générique) dont l'attribut discriminant est la couleur de la chair : *saumon = poisson + couleur de chair (= rose)*. Quillian cherche principalement à rendre compte de la façon dont les sujets catégorisent les concepts.

Les idées de Quillian ont essaimé et les variantes de réseaux sémantiques se sont multipliées (surtout en Intelligence Artificielle, voir *IA* ci-dessous) pour représenter des connaissances. L'objectif est d'inscrire les concepts dans une structure élargie, de telle sorte que le sens d'un concept émerge de la place qu'il occupe dans le réseau et des types de relation qu'il entretient avec les concepts voisins. Les réseaux sémantiques combinent ainsi la double fonction de représentation de classes hiérarchiques et de description de propriétés par attributs. Les classes (superclasses, sous-classes) dénotent des relations de généralisation et de spécialisation. Chaque classe regroupe des objets qui partagent des propriétés communes. Ces propriétés sont attachées aux classes et transmises par des règles d'héritage : chaque nœud hérite des propriétés des nœuds placés au-dessus de lui dans la hiérarchie (→ HÉRITAGE). Cet héritage est caractéristique du principe d'économie des réseaux sémantiques car il permet à un objet donné de se voir attribuer automatiquement les propriétés des objets plus généraux qui le dominent, et ce quel que soit l'instant où il est introduit dans le réseau. A l'exception de la relation *sorte-de* (*IS-A*) commune à tous les réseaux, les relations représentées varient selon les modèles et les applications : *partie-de*, *fonction (sert-à)*, *conséquence-de*, etc., en sont quelques exemples. La définition de ces relations ne va pas sans difficultés. Ainsi, la relation *partie-de* n'est pas la même lorsqu'on dit que le guidon est une partie d'une bicyclette, le carbone une partie du tétrachlorure de carbone, le bleu une partie du drapeau français ou un juré une partie d'un jury.

Les réseaux sémantiques ont une vocation d'universalité en ce qu'ils représentent des unités conceptuelles, ce qui ne va pas sans soulever le problème de la relation entre concepts et unités lexicales d'une langue donnée (→ LEXIQUE). Si la relation entre concepts et unités lexicales était directe et univoque, les réseaux sémantiques seraient strictement symétriques d'une langue à une autre. Ce n'est pas le cas. Ainsi, le générique français *volaille* correspond à l'anglais *poultry*, mais le générique *chicken* ne possède pas d'équivalent parfait en français, *poulet* excluant *coq, poule, coquelet.*

L'ergonomie de ce modèle de représentation des connaissances explique certainement une bonne part de son succès, à tel point qu'il a été étendu à la représentation de phrases. On introduit alors une distinction entre réseaux sémantiques conceptuels et réseaux sémantiques propositionnels (→ PROPOSITIONNEL. Format —). Les premiers, décrits ci-dessus, représentent des connaissances conceptuelles permanentes et durables, les seconds des instanciations de ces concepts dans une phrase en associant dans le modèle les concepts et les événements portant sur ces concepts. On peut classer dans cette dernière catégorie les graphes conceptuels de John Sowa. Un graphe conceptuel est la représentation graphique d'une proposition. *Gabriel OTMAN.*

**Intelligence Artificielle.** — L'idée de réseau sémantique remonte à Ross Quillian en 1966 (voir *ling.* ci-dessus) et s'est développée de façon un peu anarchique dans les années qui ont suivi. Un célèbre article de William Woods (en 1975) a imposé aux concepteurs de réseaux de définir avec exactitude la signification de leurs représentations. Parmi les travaux plus solides qui ont suivi, on citera surtout ceux de Ronald Brachman et de son équipe autour du langage KL-ONE, et ceux de la communauté de recherche très active qui étudie les propriétés des graphes conceptuels de John Sowa.

Un réseau sémantique est un graphe orienté et étiqueté (ou, plus précisément, un multigraphe, car deux nœuds du graphe peuvent être reliés par plusieurs arcs). Chaque étiquette, de nœud ou d'arc, signifie quelque chose indépendamment du reste du réseau, mais ce dernier critère – qui justifie le mot « sémantique » – est bien sûr assez informel.

On peut rendre ce critère plus strict, en imposant qu'il y ait une relation de référence entre les symboles et un univers d'interprétation, comme dans la présentation standard d'une sémantique logique (→ INTERPRÉTATION, LOGIQUE, SÉMANTIQUE, SENS/RÉFÉRENCE, SYMBOLE). Beaucoup de travaux sur les réseaux adoptent cette supposition, mais, de ce fait, ils les ramènent au rang de variante notationnelle, certes intéressante, de la logique. En fait, l'existence d'une relation de référence ne doit pas être prise comme un impératif, mais il faut alors considérer la non-formalité du critère de signification comme un mal nécessaire.

Même si elle ne suffit pas à rendre toute la richesse de la notion de réseau sémantique, il est intéressant d'associer à un réseau sa traduction canonique en logique du premier ordre. Pour l'obtenir, on se place dans un langage dans lequel les étiquettes de nœud correspondent à des prédicats unaires, et les étiquettes d'arc à des prédicats binaires. Un réseau se traduit alors par la conjonction des formules associées à chacun de ses arcs, la formule logique associée à la relation d'étiquette R entre un nœud A et un nœud B étant : $(\forall x)\,(A(x) \supset (\exists y)\,(B(y) \wedge R(x, y)))$ – si la relation R est la copule être, le prédicat correspondant est l'égalité ; la formule devient logiquement équivalente à $(\forall x)\,(A(x) \supset B(x))$, ce qui exprime l'inclusion de l'extension de A dans celle de B, et donc l'héritage par les individus de A des propriétés de B (→ CATÉGORISATION, HÉRITAGE). La réciproque, consistant à traduire une formule logique arbitraire dans un réseau sémantique, n'est pas possible en général. En particulier, les disjonctions, les négations, les imbrications de quantificateurs posent problème. Mais c'est justement le fait de se limiter à un sous-ensemble de la logique qui rend possible le développement sur les réseaux d'une algorithmique plus efficace que les systèmes inférentiels ordinaires. Certains dispositifs, notamment le partitionnement (Gary Hendrix), permettent de traduire des notions modales (→ MODALITÉ).

On peut se détacher de toute référence à la logique pour concevoir des algorithmes spécifiques aux réseaux, en s'inspirant plus ou moins librement des mécanismes neuro-physiologiques de propagation d'activation entre neurones (→ ACTIVATION/INHIBITION, CONNEXIONNISME, RÉSEAU NEURONAL). Cette voie a été ouverte par Scott Fahlman (en 1977), et des travaux récents (par exemple ceux de Lokendra Shastri et Venkat Ajjanagadde) l'ont reprise et élargie. On peut également, au contraire, élargir la logique pour faire en sorte que son système déductif corresponde aux inférences effectuées par les réseaux. Le parallélisme entre les mécanismes d'inhibition de Fahlman et le blocage d'inférences dans les logiques non monotones en est une illustration intéressante. D'une certaine manière, la programmation par objets peut être vue comme une généralisation du mécanisme d'héritage dont l'importance est apparue grâce aux réseaux sémantiques.

Plus récemment, les logiques de description ont donné une description formelle adéquate des inférences acceptées par certains réseaux sémantiques, ce qui a permis de prouver des résultats de décidabilité (par exemple, Bernhard Nebel) et de complexité (Francesco Donini et collègues) particulièrement importants pour la représentation des connaissances (→ COMPLEXITÉ, REPRÉSENTATION). *Daniel KAYSER.*

## RÉSOLUTION DE PROBLÈMES

*(angl., problem solving)*

**Intelligence Artificielle.** — La résolution de problèmes est étudiée dans plusieurs disciplines des sciences cognitives, notamment en psychologie où son étude se confond avec celle des fonctions cognitives d'attention, de contrôle, d'apprentissage, de raisonnement, etc. (→ APPRENTISSAGE, ATTENTION, CONTRÔLE, DÉVELOPPEMENT COGNITIF, RAISONNEMENT et RATIONALITÉ), abordée selon une approche symbolique et (ou) connexionniste (→ COGNITIVISME, CONNEXIONNISME, SYMBOLE). Les recherches d'Intelligence Artificielle sur la résolution de problèmes, après avoir visé un peu naïvement la réalisation de systèmes de résolution très généraux, recouvrent actuellement un ensemble de contributions conceptuelles et algorithmiques importantes. Elles formalisent le processus de description et de résolution d'une large classe de problèmes en donnant un contenu algorithmique précis à la notion d'heuristique. Elles clarifient une démarche de résolution comportant plusieurs paradigmes dont elles ont précisé la portée et les limites.

La classe de problèmes dont il est question ici est intermédiaire entre ceux pour lesquels on connaît des algorithmes spécifiques de résolution et ceux qu'on ne parvient pas à formaliser. Ces problèmes sont bien définis, au sens où l'on dispose pour chacun d'eux d'une procédure de test, capable de reconnaître toute solution au problème, et d'une procédure d'énumération, capable d'engendrer les solutions potentielles à soumettre au test. Cela ne se fait pas au hasard et indépendamment des résultats des tests précédemment obtenus : le test et l'énumération seront articulés en une procédure constructive qui progresse en éliminant les alternatives et en réduisant l'ensemble des solutions potentielles.

Plusieurs paradigmes de conception d'une telle procédure constructive existent. Dans l'un d'eux, on procède en complétant des solutions partielles, en les testant au fur et à mesure, et en choisissant de poursuivre celles susceptibles de conduire à une solution complète. Le choix est guidé par une mesure locale à la solution partielle considérée, appelée « heuristique ». Ce choix peut en cas d'échec être remis en cause. Ainsi, si l'on cherche une configuration de 8 reines sans prise sur un échiquier, selon ce paradigme, on procédera à chaque étape en ajoutant une $k$-ième reine sans prise dans un échiquier qui en comporte $k-1$. Une heuristique de choix peut, par exemple, privilégier la solution partielle laissant dans l'échiquier le plus possible de cases sans prise. Une heuristique plus précise part du constat que chacune des pièces restantes devra nécessairement être placée dans une colonne libre (sinon elle serait en prise) : on choisira alors une solution où le nombre minimal de cases libres dans les $8-k$ colonnes restant à pourvoir est maximal. Cette heuristique, dite « du min-max », est fréquemment utilisée.

Un autre paradigme de résolution consiste à décomposer le problème initial en sous-problèmes plus simples, et à recommencer jusqu'à atteindre des problèmes à résolution immédiate, dont on recompose les solutions respectives pour obtenir celle du problème de départ. Le choix heuristique porte ici sur les alternatives de décomposition. A titre d'exemple, considérons le problème de la « fausse pièce » : on veut connaître en un nombre minimal de pesées quelle est, parmi $n$ pièces, la seule fausse et si elle est plus lourde ou plus légère que les autres. Une pesée est une opération de décomposition du problème. Par exemple, la pesée de 3 pièces contre 3 pièces réduit les $2n$ possibilités initiales (la $i$-ème pièce est plus lourde, plus légère, etc.) en respectivement 6, $2n - 12$ et 6 possibilités, selon que la balance penche à gauche, est équilibrée, ou à droite. On poursuit en chacun de ces trois sous-problèmes jusqu'à réduire toute branche à une seule possibilité. On peut choisir en un sous-problème de privilégier la pesée qui apporte la quantité maximale d'information (→ INFORMATION). Cette heuristique est souvent utilisée dans les problèmes d'élaboration de plans de test (pour $n = 8$, la pesée précédente de 3 contre 3 pièces, apportant la quantité maximale d'information, aurait été choisie). Il est à noter que l'heuristique du min-max est également applicable ici : on choisit la pesée minimisant le nombre maximum de suspects pour ses 3 branches. En général, cette heuristique est plus performante que celle mesurant la quantité d'information.

D'autres paradigmes existent, par exemple celui qui consiste à réduire le domaine des valeurs possibles de variables décrivant le problème (→ CONTRAINTE. Satisfaction de —).

En résumé, deux ingrédients sont nécessaires pour la mise en œuvre d'une procédure de résolution de problèmes : 1 / un ensemble de moyens de transformation d'une situation initiale ou quelconque (sous-problème, solution partielle, ensemble de solutions potentielles) en une (ou plusieurs) autre(s) situation(s) ; 2 / un moyen de test des situations obtenues relativement à l'objectif. Un troisième ingrédient permet de guider la procédure : 3 / une heuristique pour choisir le moyen de transformation le plus approprié à la situation courante.

La donnée des opérateurs et de l'état initial définit implicitement l'ensemble des états possibles du problème. Cet ensemble a une structure particulière selon les opérateurs adoptés. Il peut s'agir d'un graphe (dans le cas du premier paradigme décrit plus haut) : un nœud est une solution partielle, un arc est l'application d'un opérateur à cette solution, le nœud successeur est l'extension obtenue. Résoudre le problème consiste à trouver un chemin dans ce graphe entre l'état initial et un état solution. Selon la représentation adoptée, ce graphe peut avoir des propriétés importantes pour une résolution efficace du problème, telle que la finitude, la connexité, l'absence de circuit, une structure arborescente, une faible taille, etc. Les propriétés de l'heuristique sont également essentielles pour qualifier les performances et le comportement de la procédure de résolution. On cherchera à mettre en œuvre une procédure complète (trouvant une solution s'il en existe une), qui termine (est complète et s'arrête nécessairement s'il n'y a pas de solution) et qui est admissible (termine et fournit une solution optimale relativement à un certain critère). Toutefois, ces techniques sont le plus souvent peu performantes pour des raisons de complexité intrinsèque. *Malik* G*HALLAB*.

## ROBOTIQUE

*(angl., robotics)*

**Intelligence Artificielle.** — Le sens usuel du terme renvoie le plus souvent à la robotique manufacturière. Celle-ci vise à automatiser une tâche de manière flexible, robuste et à faible coût de programmation (→ AUTOMATISME). On s'appuie sur un effort d'ingénierie de l'environnement et d'instrumentation spécifique de systèmes mécaniques articulés (par exemple, des bras manipulateurs exécutant des tâches répétitives dans une chaîne de production, programmés par mémorisation des positions à parcourir, ou des plates-formes mobiles filoguidées, se repérant sur des balises spécifiques, → MÉMOIRE). La robotique renvoie également à des systèmes téléopérés : des capteurs portés par la machine fournissent à un opérateur distant l'information nécessaire pour lui permettre de piloter la tâche (→ INFORMATION). Le contrôle manuel des actionneurs n'est possible que si les délais de transmission et d'interprétation de l'information sont très faibles relativement à la dynamique de la tâche (→ CONTRÔLE, INTERPRÉTATION).

Une autre forme de robotique, la robotique autonome, est plus proche des préoccupations des sciences cognitives. Il s'agit de concevoir des machines intelligentes intégrant des capacités de perception, d'action et de raisonnement, en vue de réaliser une grande diversité de tâches dans un environnement variable et évolutif (→ ACTION, PERCEPTION, RAISONNEMENT et RATIONALITÉ). Le défi scientifique est de pouvoir cerner la notion de comportement rationnel pour une machine physique. La rationalité s'évalue ici par les performances de la machine relativement à la diversité des tâches qu'elle peut entreprendre de façon autonome, et à la variabilité de l'environnement dans lequel elle peut réaliser ces tâches d'une manière robuste. Il s'agit d'une rationalité nécessairement limitée (au sens où le définit Herbert Simon) par la complexité des traitements en temps contraint, par l'incertitude inhérente à toute information sensorielle et par l'incomplétude des modèles et des programmes qui les reflètent.

Dans cette perspective, les projets les plus ambitieux intègrent le mouvement et la manipulation. Il s'agit de plates-formes mobiles équipées de bras manipulateurs et instrumentées de divers capteurs (caméras, proximètres à ultrasons, télémètres lasers, radars, odomètres, positionnement inertiel ou par satellites, etc.) et de moyens de communication (→ COMMUNICATION). On distingue des projets en robotique d'intervention et en robotique de service. En robotique d'intervention (exploration de sites hostiles : planètes, fonds d'océans, Antarctique), l'environnement est non structuré, peu connu et grossièrement modélisé. L'accent est mis sur les difficultés de déplacement, de navigation, de perception, de modélisation autonome de l'environnement et de communication. Il s'agit de tâches telles que l'établissement d'une carte cohérente ou le déploiement d'instruments spécifiques. En robotique de service (manutention, maintenance, surveillance), l'environnement est bien structuré (ateliers, hôpitaux, ports) et l'on dispose de beaucoup de connaissances. La variabilité, la richesse et la dynamique de la situation, ainsi que la diversité des tâches sont un aspect essentiel. On s'intéresse aux problèmes d'interaction Homme-Machine et de coopération multi-robots.

La perception multisensorielle et active est une fonction essentielle en robotique autonome. Elle pose des problèmes de fusion d'informations issues des divers capteurs au niveau des signaux comme au niveau des primitives et des hypothèses d'interprétation. Elle est active, car elle ne se restreint pas à interpréter au mieux des données disponibles. Elle cherche plutôt à formuler à partir d'indices perceptuels des hypothèses pertinentes, puis à sélectionner les bons capteurs, les meilleurs points de vue et les meilleures modalités d'acquisition et de traitement qui permettront de confirmer ou de rejeter ces hypothèses. En modélisation d'environnements naturels, on rencontre des problèmes de choix de repères perceptuels significatifs et de cohérence globale d'une carte acquise localement et représentée à divers niveaux de granularité. En interprétation de scènes, on retrouve les problèmes de reconnaissance d'objets, mais également ceux de maintien d'une interprétation cohérente d'un environnement évolutif (→ RECONNAISSANCE DE FORMES).

La commande de robots manipulateurs ou mobiles relève de l'automatique. Cependant, la prise en compte d'un retour sensoriel extéroceptif (tel qu'une caméra, par opposition à l'odomètre, capteur proprioceptif qui fournit un retour sur l'état interne de la machine) ouvre cette thématique à celle de la perception réactive, par exemple pour le suivi d'un objet en mouvement. La planification de mouvements, dans l'espace euclidien ou dans l'espace des configurations, réalisable par un robot cinématiquement contraint (dit « non holonome ») dans un environnement encombré, pose des problèmes complexes d'algorithmique géométrique (→ ESPACE). L'incertitude sur la localisation du robot et la planification d'une trajectoire en fonction de ses possibilités sensorielles élargit le problème. La planification et le contrôle d'exécution de tâches, l'action délibérée et la réaction à l'imprévu ne se satisfont pas du paradigme classique de la synthèse de plans (action instantanée par changement d'état, environnement statique, information fiable et complète). L'incertitude et l'incomplétude de l'information imposent des actions de perception, par nature non déterministes. L'impossibilité combinatoire de synthétiser des plans conditionnels oriente vers des approches de type théorie de la décision. Le temps est un facteur essentiel qui doit être explicitement représenté (→ TEMPS). Les événements contingents à l'action du robot, prévus ou observés, doivent également être pris en compte. Par ailleurs, les problèmes difficiles d'apprentissage portent sur l'acquisition de modèles de l'environnement et des moyens du robot, et de leur traduction en procédures efficaces, en stratégies et heuristiques de résolution ou de réaction (→ ACQUISITION DE CONNAISSANCES, APPRENTISSAGE, RÉSOLUTION DE PROBLÈMES). La possibilité de planifier et d'expérimenter pour apprendre apporte ici une ouverture importante. Enfin, l'interaction Homme-Robot soulève presque tous les problèmes de la communication Homme-Machine, ainsi que ceux plus particuliers de la définition et de l'exécution coopératives de tâches dans un cadre de coautonomie (→ DISTRIBUÉE. Intelligence —). *Malik* GHALLAB.

# S

## SCHIZOPHRÉNIE

*(angl., schizophrenia)*

**Psychologie.** — En substituant au concept de « démence précoce » proposé par Emil Kraepelin celui de « schizophrénie », Eugen Bleuler a voulu mettre l'accent sur le clivage *(Spaltung)* qui affecte aussi bien les conduites, les jugements que les sentiments des malades, alors que Kraepelin entendait souligner le caractère déficitaire global auquel conduisait le processus morbide. Toutefois, durant longtemps, l'explication proposée par Bleuler devait demeurer au rang d'une simple théorie pathogénique. C'est seulement avec l'application des principes et des méthodes de la psychologie et de la neuropsychologie cognitives que l'hypothèse de Bleuler démontra sa validité (→ IMAGERIE CÉRÉBRALE FONCTIONNELLE, NEUROPSYCHOLOGIE, PSYCHIATRIE COGNITIVE).

Depuis une trentaine d'années, de très nombreuses études sur les altérations cognitives des schizophrènes ont été menées à l'aide de mises en situation expérimentale de sujets malades en comparaison avec des témoins ou des sujets atteints d'autres maladies. Trois objectifs définissent ces études : construire des modèles de dysfonctionnements cognitifs spécifiques, expliquer ainsi tout ou partie de la symptomatologie, articuler ces données avec celles issues de l'étude du cerveau.

La première étape a consisté à réfuter l'hypothèse d'un trouble motivationnel ou d'un déficit global. On a, pour ce faire, privilégié les dispositifs expérimentaux mettant en évidence de meilleures performances chez les sujets atteints de schizophrénie que chez les témoins.

La seconde étape a été marquée par la recherche d'altérations cognitives élémentaires résultant de l'atteinte d'une fonction cognitive simple (→ ANALYSE COMPUTATIONNELLE, FONCTION). C'est ainsi que l'on a mis en évidence des troubles attentionnels (hyperréactivité aux stimuli, difficulté à sélectionner l'information pertinente, → ACTIVATION/INHIBITION, ATTENTION), des troubles du langage (atteintes au niveau lexical, syntaxique, sémantique et pragmatique, → LANGAGE. Traitement du —, LEXIQUE, PRAGMATIQUE, SÉMANTIQUE, SYNTAXE) et des troubles mnésiques (encodage, exploitation des stratégies, → MÉMOIRE).

Devant la diversité de ces dysfonctionnements, les recherches se sont orientées vers l'étude de dysrégulations centrales mettant en cause une anomalie globale du système attentionnel exécutif (Michael Posner), du traitement de l'information contextuelle, de l'intégration des informations passées (David Hemsley et Jeffrey Gray), du contrôle et de la représentation de l'action (Christopher Frith) (→ ACTION, CONTEXTE et SITUATION, CONTRÔLE, INFORMATION). Bien que ces différents modèles exécutifs se recoupent largement, la question se pose de savoir si l'on n'est pas en présence d'une succession d'anomalies en cascade (Marie-Christine Hardy-Baylé).

Cette perspective intégrative est à mettre en rapport avec des anomalies neurobiologiques qui affectent la boucle impliquant les structures préfrontales et les noyaux diencéphaliques. En revanche, ces travaux ne débouchent pas de manière actuellement convaincante sur une explication causale de la maladie, laissant ouverte la question des facteurs environnementaux et affectifs. De même, aucune anomalie n'a pu être observée de manière constante pour une population identique du point de vue clinique, laissant également ouverte la question de la spécificité des dysfonctionnements ou celle de la maladie elle-même. *Daniel WIDLÖCHER.*

**SCRIPT (Schéma)** → CATÉGORISATION, LANGAGE, MÉMOIRE

*(angl., script, schema, frame)*

## SÉMANTIQUE

*(angl., semantics)*

**Linguistique.** — Quatre approches sémantiques se recommandent des recherches cognitives : la sémantique logique, la sémantique linguistique autonome, la sémantique psychologique et la sémantique cognitive.

1 / La sémantique logique a une longue tradition. Elle s'attache à juger de la vérité des énoncés et des conditions auxquelles le langage peut dire le vrai ; c'est pourquoi on l'appelle aussi sémantique vériconditionnelle (→ LANGAGE. Traitement du —, LOGIQUE, VÉRITÉ). Elle s'est considérablement modifiée avec la formalisation de la logique et se nomme à bon droit « sémantique formelle ».

Elle définit la signification comme une relation entre un symbole et l'objet qu'il dénote, dans le monde de ce qui est, dans un monde possible ou dans un monde contrefactuel (→ CONTREFACTUEL, SIGNIFICATION, SYMBOLE). Elle prend part à la division entre syntaxe, sémantique et pragmatique, telle que l'ont formulée Charles Morris et Rudolf Carnap (→ PRAGMATIQUE, SYNTAXE). Elle applique aux langues les principes de description de la sémantique des langages logiques, comme le principe de compositionnalité. Elle n'a pas produit de sémantique lexicale développée (→ LEXIQUE). En revanche, elle a détaillé au niveau de la phrase de nombreux problèmes comme celui de la quantification, de l'indexicalité, de la portée. Dans le domaine de la sémantique du texte (→ TEXTE. Traitement du —), la principale théorie, encore très programmatique, reste celle de Hans Kamp : ses Représentations des Structures de Discours (DRS pour le sigle anglais) sont des notations logiques qui permettent de formuler clairement des problèmes de référence indéterminée et d'anaphore (→ SENS/RÉFÉRENCE).

La sémantique logique a bénéficié de l'essor du positivisme logique. Son intérêt philosophique est grand, car la question de la vérité est l'un des thèmes majeurs de la philosophie occidentale. En revanche, sa capacité descriptive reste assez faible, en regard de la complexité des formalisations qu'elle emploie. Malgré son antipsychologisme de principe (→ LOGICISME/ PSYCHOLOGISME), on a assisté, dans la décennie 1975-1985, à une mentalisation de la sémantique formelle, notamment par le biais de la théorie computationnelle de l'esprit (→ COGNITIVISME, ESPRIT) : selon Jerry Fodor (en 1975), par exemple, le processus de connaissance culmine dans la manipulation formelle des symboles d'un langage de la pensée (→ LANGAGE DE LA PENSÉE). Et l'ouvrage très connu de Philip Johnson-Laird, *Mental Models* (en 1983), tente de concilier la psychologie et certains aspects élémentaires de la théorie des modèles (→ RAISONNEMENT et RATIONALITÉ).

2 / La sémantique linguistique autonome, issue de la linguistique européenne, s'est développée peu à peu depuis le début du siècle. Elle définit la signification comme un rapport linguistique entre signes, plus précisément entre signifiés (→ SIGNE). Les signifiés ont à leur tour des corrélats psychologiques, voire physiques, mais ces corrélats ne les définissent pas en tant que tels. Les principaux auteurs contemporains, tels que Bernard Pottier, Algirdas-Julien Greimas, Igor Mel'chuk, Eugenio Coseriu, restent divisés sur des questions cruciales comme celles de l'autonomie de la sémantique, du statut conceptuel des unités minimales, etc. Les théories cognitives des primitives conceptuelles, chez Roger Schank par exemple, sont issues de ce courant.

3 / La sémantique psychologique définit la signification comme le rapport entre des signes et des représentations ou opérations mentales (→ REPRÉSENTATION). Elle s'est développée depuis la fin du XIX^e siècle. On lui doit de nos jours diverses théories des réseaux sémantiques (Ross Quillian, → RÉSEAU SÉMANTIQUE), de la compréhension des textes (Walter Kintsch) et des modèles que requiert cette compréhension. La théorie qui a eu le plus d'influence en linguistique, notamment en linguistique cognitive, est la théorie de la typicalité développée par Eleanor Rosch (→ CATÉGORISATION). Certains auteurs, comme Ray Jackendoff, en viennent à conclure qu'étudier la sémantique du langage naturel, c'est étudier la psychologie cognitive.

Enfin, 4 / la sémantique cognitive pourrait apparaître comme un développement de la sémantique psychologique. Cependant, elle n'est pas une discipline expérimentale. Ses principaux animateurs sont des linguistes : George Lakoff et Ronald Langacker. Son point de vue est globalement mentaliste, car elle rapporte tous les phénomènes linguistiques à des opérations mentales. En France, la psychomécanique de Gustave Guillaume est un bon exemple de linguistique cognitive avant la lettre.

La sémantique cognitive rencontre naturellement des problèmes philosophiques et s'oriente à présent vers la description de l'expérience et de la conscience (Jackendoff) (→ CONSCIENCE, EXPÉRIENCE), ce qui la rapproche de la phénoménologie et de la philosophie transcendantale. Pour Mark Johnson, par exemple, des structures sémantiques universelles conditionnent notre expérience et la formation de notre identité personnelle (*selfhood* en anglais) (→ IDENTITÉ). On conclut alors, avec Jackendoff, que la structure sémantique *est* la structure conceptuelle (→ CONCEPT) ; ou encore, selon Langacker, que le sens est identifié avec la conceptualisation (→ SENS). Si l'on récuse les théories logiques du concept – comme l'ont fait peu ou prou toutes les sémantiques cognitives –, il faut alors construire, dans le cadre de la linguistique, une théorie des idées : c'est la voie proposée notamment par Langacker lorsqu'il indique que la sémantique linguistique doit entreprendre l'analyse structurale et la description explicite des entités abstraites comme les pensées et les concepts. Mais si la non-autonomie du langage, et celle du sens particulièrement, sont proclamées, la linguistique devient-elle une science de l'esprit ? Langacker dit partager avec Lakoff la vision d'une linguistique non objectiviste qui reflète la pleine richesse de notre vie mentale.

Les théories mentalistes de la signification linguistique, et notamment celles qui se réclament de la psychologie, ont suscité les objections suivantes. La première tient à leur universalisme. La sémantique cognitive relève ici, pour l'essentiel, de la tradition philosophique. La recherche de primitives conceptuelles, d'universaux et d'archétypes cognitifs se situe par exemple, et à l'évidence, dans cette tradition. La deuxième difficulté tient au fait que les états et processus mentaux sont mal connus et que leur valeur explicative peut en souffrir. Enfin, une troisième difficulté apparaît dans la mise en rapport du mental et du linguistique. Deux voies s'ouvrent à ce propos. La voie dite « représentationnaliste » met en rapport des unités linguistiques et des éléments de pensée, les propriétés des unités linguistiques étant expliquées par celles des éléments de pensée qu'elles représentent. Se posent alors les problèmes classiques de la correspondance mot/concept et de l'effabilité (rapport entre le « nombre des pensées » et le nombre de mots ou de phrases). Une autre voie permet de mettre en relation le langage et la pensée sans recourir nécessairement à la notion de représentation. Elle consiste à rapporter les faits linguistiques à des opérations de pensée, ce que l'on peut désigner par la voie « opérationnaliste ». Elle a donné lieu à deux courants de recherche distincts. Le premier est la sémantique procédurale. Le second, celui de la sémantique cognitive proprement dite (Langacker, Lakoff, Leonard Talmy, notamment), s'est développé ensuite. Il prend explicitement ses distances à l'égard du paradigme dit « symbolique », d'inspiration logique. Il rapporte la signification à des opérations dans des espaces mentaux.

Il est à noter que la voie représentationnaliste et la voie opérationnaliste ne sont pas dualistes de la même façon, et ne mettent pas en rapport par la même méthodologie les deux niveaux qu'elles distinguent. La première part d'une préconception du niveau mental, généralement logique, pour rapporter ses unités aux unités linguistiques. La seconde entend plutôt, à l'inverse, partir de la description linguistique pour cerner l'espace mental, en considérant le langage comme une « fenêtre sur la cognition » (Jackendoff, Claude Vandeloise).

Selon les disciplines, ces diverses approches sémantiques sont inégalement développées et inégalement connues. En informatique et en Intelligence Artificielle, la sémantique formelle est naturellement la plus connue et la plus utilisée. Dans l'ensemble des recherches cognitives, la sémantique psychologique constitue la référence dominante. La sémantique linguistique autonome reste en revanche peu connue dans ces secteurs, sinon par des approches partielles ou des auteurs isolés. *François RASTIER.*

**Neuroscience.** — Il est parfois utile, pour stimuler la recherche, d'affirmer de manière quelque peu provocatrice un certain état des lieux de notre connaissance, au risque de se voir contredire. En affirmant que la neuropsychologie, qui excelle dans la modularisation des processus mentaux du fait de sa description de doubles dissociations, ne permet pas de décrire des modules dans l'organisation des processus centraux, Jerry Fodor a stimulé l'entreprise neuropsychologique (→ MODULARITÉ, NEUROPSYCHOLOGIE). Depuis les années 1980, un nombre important de patients ont été décrits avec des troubles assez spécifiques dans leur connaissance du monde, d'où l'idée que même un système aussi central que la sémantique, regroupant les connaissances de l'individu, est organisé en modules fonctionnels, certes moins « encapsulés » que les modules périphériques, mais montrant que l'hypothèse distribuée ne correspond pas entièrement à la réalité biologique.

Ainsi, des patients avec des pertes partielles des connaissances ont été décrits. De plus, le nombre de cas différents d'anomie catégorielle s'accroît chaque année : certains patients ont des difficultés à dénommer les choses vivantes, d'autres les objets manipulables, etc. (→ CATÉGORISATION, DOMAINE. Spécialisation quant au —). Le fait que des patients sans trouble général du langage (→ LANGAGE. Traitement du —) ne peuvent pas dénommer un objet par la vue alors qu'ils peuvent signaler certaines connaissances sur cet objet (aphasie optique) est également troublant. Le plus intéressant est que toutes ces descriptions de cas neuropsychologiques ont pu recevoir des explications théoriques tout à fait plausibles et que de nouveaux modèles ont ainsi pu voir le jour. Enfin, dans la grande majorité des cas, les lésions donnant lieu à des troubles spécifiques de la sémantique se situent dans l'hémisphère gauche, ce qui est en accord avec les études faites chez des sujets normaux utilisant la présentation tachistoscopique par hémichamp visuel ainsi que les études d'enregistrement cérébral. *Éric* SIÉROFF.

## SÉMIOTIQUE

*(angl., semiotics)*

**Linguistique.** — Dans les recherches cognitives, les références à la sémiotique sont fréquentes, mais généralement obliques. On sait que Charles Morris et Rudolf Carnap divisent la sémiotique en syntaxe, sémantique et pragmatique (→ PRAGMATIQUE, SÉMANTIQUE, SYNTAXE). Noam Chomsky et un grand nombre de linguistes ont repris le principe de cette tripartition, mais leurs débats ne se réfèrent que rarement à la sémiotique qui l'englobe. Elle est pourtant au fondement de ce que l'on a appelé le « paradigme symbolique » des recherches cognitives (→ COGNITIVISME, SYMBOLE). En outre, avec l'essor récent de thèmes tels que la multimodalité et le multimédia, la sémiotique fait aujourd'hui l'objet d'un intérêt croissant.

La science générale des signes a été nommée *semiotics* (en anglais) par John Locke, et ce nom a été repris par Charles Peirce, puis par Morris et Carnap. Ferdinand de Saussure a pour sa part nommé « sémiologie » cette discipline, suivi par Louis Hjelmslev (qui emploie le mot « sémiotique » pour désigner les systèmes de signes). Cet usage a duré jusqu'aux années 1960 (Roland Barthes, *Éléments de sémiologie*, en 1964). A sa fondation (en 1969), l'Association internationale de sémiotique trancha pour l'usage anglo-saxon, qui s'est imposé dans les milieux académiques, mais non dans ceux de la communication.

Ces différences terminologiques traduisent aussi des différences épistémologiques. La principale concerne la discipline fondatrice de la science des signes : pour la tradition peircienne, c'est la logique philosophique (→ LOGIQUE) ; pour la tradition saussurienne, c'est la linguistique. La première s'attache particulièrement aux langages formels (la *Formal Philosophy* de Richard Montague, qui poursuit à sa manière le projet de Carnap) et cherche dans leur théorisation les catégories fondamentales de l'étude des langues. Dans cette perspective, la sémiotique se préoccupe de la typologie des signes et de la définition formelle de leurs relations (→ SIGNE). L'autre approche prend au contraire le langage comme point de départ (→ LANGAGE. Traitement du —) : ainsi, les *Prolégomènes à une théorie du langage* de Hjelmslev (en 1943) présentent une sémiotique générale qui devait permettre la description de tous les systèmes de signes. Cette sorte de sémiotique retient du saussurisme un non-réalisme de principe, tel que le problème de la référence ne se pose plus dans ses termes traditionnels, et une forme de holisme tel que le système préexiste à ses éléments et les relations aux termes (→ HOLISME, SENS/RÉFÉRENCE).

Actuellement, quatre conceptions de la sémiotique, inégalement représentées, correspondent à autant d'extensions de son objet. 1 / La première restreint le champ d'investigation aux systèmes de signes non linguistiques, comme les signaux routiers, les blasons, les uniformes. Elle a été illustrée par des linguistes fonctionnalistes tels que Georges Mounin ou Louis Prieto. 2 / La deuxième définit le langage comme l'ensemble des principes communs aux langues et aux systèmes de signes non linguistiques (Hjelmslev, Algirdas-Julien Greimas). Elle recherche donc des relations sémiotiques et des structures fondamentales (comme le carré sémiotique selon Greimas, forme *a priori* de toute signification, → SIGNIFICATION). 3 / En étendant le concept de sémiotique au-delà des systèmes de signes intentionnels, on peut définir la sémiotique comme l'étude de la manière dont le monde, signes compris, fait sens. Ainsi, dans la tradition de la théorie augustinienne des signes naturels, la sémiotique peut étudier les indices : un nuage signifie la pluie différemment du mot *pluie*, mais, selon Umberto Eco par exemple, la sémiotique peut dévoiler l'unité de ces façons de signifier, le signe étant alors défini très généralement comme une chose qui tient lieu d'une autre. Cette conception de la sémiotique débouche souvent sur une phénoménologie (comme la « phanéroscopie » de Peirce). Enfin, 4 / certains auteurs étendent la sémiotique au-delà du monde humain, en laissant une place justifiée à la sémiotique animale (ou zoosémiotique). Réunissant les sciences sociales et les sciences de la nature et de la vie, ils exploitent des notions comme celle de code génétique pour promouvoir une sorte de pansémiotisme, forme renouvelée de philosophie de la nature.

A ces quatre conceptions correspondent autant de types épistémologiques. La première fait de la sémiotique une discipline descriptive utilisant la méthode comparative ; elle reste alors une science sociale parmi d'autres. La deuxième, plus ambitieuse, donne à la sémiotique la mission de servir de norme à toutes les sciences humaines (Hjelmslev). La troisième se confond avec une philosophie de la signification. La quatrième, enfin, tend à effacer la distinction entre les sciences, comme entre sciences et philosophie.

Ces divergences quant à la façon de concevoir la sémiotique générale n'ont pas empêché, bien au contraire, que se multiplient des sémiotiques spécifiques. La sémiotique discursive, qui entendait, dans les années 1970, pallier l'absence d'une linguistique textuelle développée, s'est divisée en sous-disciplines selon les types de discours (juridique, politique, religieux, etc.) (→ DISCOURS, TEXTE. Traitement du —). D'autres sémiotiques se distinguent par des critères sensoriels touchant les modalités de l'expression (sémiotiques visuelle, auditive, etc., → PERCEPTION). D'autres encore se spécialisent en fonction de pratiques culturelles (sémiotiques de la danse, du cinéma, de la publicité, de la cuisine, etc.). D'autres enfin prennent pour objet des systèmes particuliers (sémiotique gestuelle) ou des secteurs de la réalité arbitrairement définis (sémiotique du récit, psychosémiotique, etc.).

Le rapport entre les sémiotiques spécialisées et les disciplines académiques constituées mérite d'être précisé : la sémiotique de la musique se confond-elle avec la musicologie, celle de l'image avec l'iconologie ? Par ailleurs, pour ce qui concerne la sémiotique générale, deux voies de constitution sont envisageables : la voie fédérative unirait les différentes sémiotiques pour former un champ interdisciplinaire ; la voie unificatrice considérerait les sémiotiques particulières comme des sous-disciplines relevant d'une même science. Seule la seconde voie a été explorée jusqu'à présent. Les ambitions dont elle témoigne sont sans doute liées à l'origine philosophique de la sémiotique. Elles ont eu pour contrepartie une faible implantation académique : la sémiotique ne s'est pas encore véritablement constituée en discipline autonome. *François* RASTIER.

## SENS

*(angl., sense)*

**Linguistique.** — Depuis Nicolas Beauzée au XVIIIe siècle, on distingue en sémantique française le sens de la signification (→ SÉMANTIQUE, SIGNIFICATION). Cependant les usages varient et certains auteurs emploient indifféremment ces deux mots. En sémantique lexicale, on peut appeler signification le contenu supposé invariant du mot et désigner par sens ses acceptions ou ses emplois en contexte (→ CONTEXTE et SITUATION, LEXIQUE). L'opposition entre sens et référence, reprise de la traduction française de Gottlob Frege (→ SENS/RÉFÉRENCE), ne tient pas compte de cette distinction, et le terme de « sens » recouvre alors le concept de signification. Une autre distinction concerne les niveaux de la description : on parle alors de la signification d'un mot et du sens d'un texte (→ TEXTE. Traitement du —). Cette seconde distinction reflète deux traditions différentes : la tradition logico-grammaticale (→ GRAMMAIRE, LOGIQUE) et la tradition herméneutique-rhétorique.

Ces distinctions n'ont pas cours dans le domaine de la sémantique cognitive. Le rapport entre signification et sens lexical est conçu comme un rapport entre type et occurrence (→ TYPE/OCCURRENCE), ou entre prototype et exemplaire d'une catégorie (→ CATÉGORISATION). Par ailleurs, quand le niveau du texte est étudié, le principe de compositionnalité y est maintenu sous diverses formes, généralement affaiblies : le sens d'un texte est alors considéré comme la composition des significations des propositions qui le constituent.

On pourrait objecter que la signification est un type, constitué comme tel par le linguiste à partir des sens observés dans le discours, qui ont le statut d'occurrences (→ DISCOURS). Pour les théories classiques de la signification, et jusque pour certaines théories des prototypes lexicaux, un mot a une signification propre, constante, ou du moins privilégiée. Cette signification propre est un concept stable (→ CONCEPT), qui reflète une chose douée d'une substance permanente, d'une essence. C'est par rapport à elle que se définissent les variations de sens ou acceptions, souvent considérées comme des accidents de cette substance, ou, en termes plus modernes, comme des sens périphériques au prototype, (*core meaning* en anglais). La signification du mot est alors gagée sur le paradigme de la référence. Mais ce paradigme (de la référence directe ou non) ne peut rendre compte du sens, ni expliquer pourquoi et comment la référence varie avec les contextes, même en postulant que la signification s'y trouve déformée. Si l'on rapporte les sens lexicaux aux textes où ils sont occurrents, et ces textes aux genres et aux discours dont ils relèvent, on doit reconnaître que les références sont codifiées par les normes qui les gouvernent (→ NORMATIVITÉ). En fait, la hiérarchie entre sens et signification pourrait être inversée. Le sens n'est pas de la signification déformée par le contexte, et la signification ne serait plus un type diversement déformé dans ses occurrences qui constituent les sens, mais du sens normalisé car coupé de son contexte. Le type devient alors une collection d'accidents, un résumé conventionnel des occurrences retenues comme pertinentes pour sa définition. *François RASTIER.*

## SENS/RÉFÉRENCE

*(angl., sense/reference ; all., Sinn/Bedeutung)*

**Philosophie.** — La distinction entre sens et référence (parfois traduite par « dénotation ») a été introduite par Gottlob Frege en réponse au problème suivant. Une relation d'identité comme *a* = *b* (par exemple, *l'étoile du soir* = *l'étoile du matin*) apporte manifestement une connaissance et se distingue en cela de la tautologie *a* = *a* (→ IDENTITÉ). Or, si la relation d'identité portait seulement sur les choses désignées, les énoncés d'identité ne seraient pas source de connaissances nouvelles puisque *a* et *b* désignent la même chose ; et si elle portait seulement sur des noms, ils ne seraient source d'aucune connaissance. Il faut donc distinguer deux propriétés présentes non seulement dans les constituants de l'énoncé d'identité, mais dans tout signe (→ SIGNE). L'une est le sens du signe, qui fournit le mode de donation (ou sens) de l'objet, l'autre sa référence, c'est-à-dire ce qu'il désigne (→ SENS, SIGNIFICATION). Dans une identité vraie non tautologique, les deux expressions ont la même référence, mais un sens différent. Selon Frege, tout signe a à la fois un sens et une référence. C'est en particulier le cas des noms propres, dont le sens est fourni par l'apprentissage du nom, et dont la référence est un individu donné. C'est aussi le cas des phrases, cas particuliers de noms propres, qui ont pour sens ce que Frege appelle une Pensée, et qui dénotent une valeur de vérité, le vrai ou le faux (→ LOGIQUE). Frege a étendu l'opposition sens/référence au discours indirect : la dénotation indirecte des mots y est leur sens habituel (→ DISCOURS).

La théorie frégéenne du sens a suscité une importante série de travaux destinés à aborder certains des problèmes ouverts par Frege. Dans le contexte d'une réflexion sur les démonstratifs ou sur les termes de substance, des théoriciens influents ont objecté que les noms propres sont dépourvus de sens, mais livrent directement accès à leur référence. Cette théorie, dite « de la référence directe » (David Kaplan), considère que ce que l'on pense sous un nom propre, c'est l'objet dénoté, sans la médiation d'une description particulière. D'autres théories, dites « néo-frégéennes », considérant que l'objet dénoté pouvait lui-même être un constituant du sens, ont admis la légitimité d'un mode de donation (ou sens) *de re* (→ EXTERNALISME/INTERNALISME).

Le sens frégéen peut être identifié soit en utilisant un critère de substituabilité vériconditionnel, soit en utilisant un critère de substituabilité épistémique (→ ÉPISTÉMIQUE). Le poids différent donné à l'un ou à l'autre de ces critères a suscité des théories rivales du couple sens/référence, comme celles de John Perry et de Gareth Evans.

Frege avait pris soin de distinguer le sens d'un signe de la représentation qu'il évoque, le sens étant objectif et invariable, la représentation étant subjective et fluctuante d'un individu à l'autre (→ REPRÉSENTATION). Cette distinction n'a pas toujours été respectée, en particulier dans la mesure où le concept de sens a permis de définir le contenu psychologique des états mentaux dans le cadre de théories internalistes. Les arguments externalistes de Hilary Putnam ont conduit la plupart des philosophes à abandonner une telle identification du sens et du contenu psychologique étroit. *Joëlle Proust.*

## SIGNE

*(angl., sign)*

**Linguistique.** — Les principaux modèles de la signification sont liés à des types de signes (→ SIGNIFICATION). L'icône est un signe dont le signifiant représente analogiquement le référent. Cette analogie est conventionnelle et les icônes ont toujours un caractère canonique. Les langues ne comprennent pas de signes iconiques (mis à part certains systèmes d'écriture idéographiques) mais l'iconisme est fort présent en linguistique. La sémantique cognitive, notamment, a multiplié les représentations iconiques de la signification linguistique, et le choix de ce métalangage graphique suppose souvent l'hypothèse que l'espace cognitif est un déploiement abstrait de l'espace visuel (→ ESPACE, REPRÉSENTATION, SÉMANTIQUE). L'index est un signe dont le sens ne peut être assigné que relativement à une situation de communication réelle ou représentée par le texte (→ COMMUNICATION, CONTEXTE et SITUATION, TEXTE. Traitement du —). Les langues ne comptent pas d'index purs, mais des signes indexicaux comme les démonstratifs, les possessifs, les pronoms et tous les signes à emploi déictique.

Le modèle de la signification le plus important historiquement est le modèle aristotélicien, connu aujourd'hui sous le nom de « triangle sémiotique » : ses sommets constituent la triade Mot/Concept/Chose (→ CONCEPT). Il a été repris et popularisé dans l'univers anglo-saxon par Charles Ogden et Ivor Richards (en 1923) ; il est resté à peu près indiscuté et demeure dominant jusqu'à nos jours en linguistique et en philosophie du langage. Dans les recherches cognitives, le triangle sémiotique sert de cadre conceptuel. Il s'agit par exemple, selon Philip Johnson-Laird, de montrer comment le langage se rapporte au monde par l'intermédiaire de l'esprit (→ ESPRIT, LANGAGE. Traitement du —,). A la suite de Ogden et Richards, on peut appeler « symbole » le type de signe relevant de cette triade, encore que ce mot très ambigu soit souvent employé pour désigner les signifiants d'un langage plutôt que les signes d'une langue (par exemple, la logique symbolique, → LOGIQUE, SYMBOLE). Le maintien du triangle sémiotique garde la sémantique sous la dépendance d'une ontologie, seule capable de relier les mots au monde, par la médiation des concepts. Cette position mentaliste régit à ce jour toutes les sémantiques cognitives et leur permet d'ailleurs de se dire telles.

L'autre grand paradigme sémantique traditionnel peut être dit « indiciaire ». L'indice est un signe qui est le support d'une inférence (→ RAISONNEMENT et RATIONALITÉ). Il servait en rhétorique à articuler les preuves nécessaires ou plausibles. Dans les recherches cognitives, la pragmatique a réarticulé le paradigme indiciaire (→ PRAGMATIQUE). Dan Sperber et Deirdre Wilson proposent ainsi un modèle inférentiel de la communication qu'ils opposent au modèle du code et selon lequel communiquer, c'est produire et interpréter des indices (→ INTERPRÉTATION).

Les signes doivent être rapportés aux types de systèmes qui les organisent. Pour la linguistique, il importe particulièrement de distinguer les signes linguistiques des symboles. *a)* Les signifiants des signes linguistiques sont doublement articulés, non les symboles. *b)* Leur sens peut varier indéfiniment selon les occurrences (→ SENS, TYPE/OCCURRENCE). En revanche, les symboles conservent la même référence, fût-elle inconnue, au cours du même calcul (→ SENS/RÉFÉRENCE). *c)* Les symboles ne connaissent pas de diachronie, ni au sein d'un même calcul, ni d'un calcul à un autre. Ils n'ont pas d'autre histoire que celle de leur institution originelle. *d)* Les signes linguistiques ne sont ni des constantes ni des variables. *e)* Les symboles sont strictement dénombrés au moment de leur institution ; les signes d'une langue sont en nombre indéfini. *f)* Les symboles composent strictement leurs significations par des règles syntaxiques (→ SYNTAXE), alors que les signes linguistiques n'obéissent pas au principe de compositionnalité. Ainsi, le rapport du symbole au calcul est celui de l'élément à l'ensemble, alors que le rapport du signe au texte est celui du local au global. *g)* Les signes linguistiques sont susceptibles d'un usage métalinguistique, non les symboles (→ MÉTACOGNITION). En d'autres termes, les langues connaissent la circularité herméneutique, mais non les langages. *h)* Leur régime d'interprétation diffère, tant d'ailleurs pour l'identification de leur signifiant que de leur signifié. Alors que, dans le calcul, l'interprétation du symbole est momentanément exclue, celle du signe est toujours nécessaire et effective.

Le paradigme symbolique des recherches cognitives prend le symbole logique pour signe fondamental, car ses tenants estiment que les représentations mentales sont faites de symboles logiques organisés en propositions (→ COGNITIVISME, PROPOSITIONNEL. Format —).

La sémantique cognitive, avec des auteurs comme Ronald Langacker, a réduit le triangle sémiotique aux pôles du signe et du concept, car, en critiquant la sémantique logique, elle a abandonné la théorie de la dénotation directe et a affaibli sans l'abandonner le principe de compositionnalité. Par ailleurs, elle use d'icônes et non plus de symboles logiques pour représenter les signifiés linguistiques. Cependant, les signifiés continuent à être situés dans un autre ordre de réalité que les signifiants, mais par une conception mentaliste de l'espace des états de choses, la sémantique cognitive rapporte les concepts à des domaines cognitifs (→ DOMAINE. Spécialisation quant au —), dans un espace mental qui rappelle l'espace absolu de la philosophie transcendantale. Les schèmes cognitifs ont gardé de leurs ancêtres kantiens la figure de formes dans un espace, tout en perdant leur fonction médiatrice, faute de concepts purs de l'entendement.

Il reste que l'objectif commun de tous les paradigmes cognitifs, en quoi ils poursuivent le programme des grammaires générales antérieures à la formation de la linguistique comparée (→ GRAMMAIRE), consiste à remonter du langage vers la pensée et de l'expression au concept. *François RASTIER.*

## SIGNIFICATION

*(angl., meaning and signification)*

**Linguistique.** — Comme beaucoup des termes de la sémantique (→ SÉMANTIQUE), celui de signification vient de la scolastique (Guillaume de Sherwood). Son sens moderne en français remonte à Nicolas Beauzée au XVIIIe siècle, qui dans l'*Encyclopédie méthodique* estime que chaque mot a d'abord une signification primitive et fondamentale, se divisant en signification objective (idée fondamentale qui est l'objet individuel de la signification du mot) et signification formelle (équivalente au « mode de signifier » scolastique). Cette problématique fait de la signification le sens propre (primitif et fondamental), les sens figurés étant à ranger parmi les acceptions qui en dépendent (→ SENS). De nos jours, cette distinction demeure valide chez de nombreux auteurs.

Dans l'usage de la plupart des linguistes français contemporains, quand la distinction entre signification et sens demeure, elle reste en général rapportée aux mots lexicaux : la signification relève de la langue ; le sens, du discours ou de la parole (dans l'acception saussurienne de ce mot) (→ DISCOURS, LEXIQUE, ORAL). En d'autres termes, la signification d'un mot est un type, et les sens qu'il prend dans le discours sont des occurrences de ce type (→ TYPE/OCCURRENCE).

En linguistique anglo-saxonne, la distinction entre *sense* et *meaning* n'est pas aussi claire, notamment parce que *meaning* désigne diverses formes d'intentionnalité (→ INTENTIONNALITÉ). En outre, *sense* désigne souvent le *conceptual meaning* ou le *core meaning* d'un mot

(→ CONCEPT), et peut alors se traduire par « signification ». Dans tous les cas cependant, la signification est définie comme une forme stable, indépendante des contextes, alors que le sens varie selon les contextes, car il n'est plus défini relativement à un signe isolé (→ CONTEXTE et SITUATION, SIGNE).

Dans la tradition logique, la signification reste souvent assimilée à la compréhension (ou intension) du concept signifié par le mot, et opposée à l'extension (→ CATÉGORISATION, LOGIQUE). La thèse de Gottlob Frege selon laquelle la signification détermine la dénotation en témoigne : « Il est naturel d'associer à un signe, outre ce qu'on pourrait appeler sa dénotation *(Bedeutung)*, ce que je voudrais appeler la signification du signe *(Sinn)*, où est contenu le mode de donation de l'objet. » La sémantique dite « intensionnelle » contemporaine étudie la signification ainsi définie.

Le lien entre signification et dénotation est précisé par la théorie des Conditions nécessaires et suffisantes (ou CNS) explicitée par Charles Morris et Rudolf Carnap : à chaque élément de sens correspond une condition de dénotation. La sémantique cognitive a abandonné la problématique de la dénotation et s'est concentrée sur la question des relations entre concepts au sein d'une même catégorie (ou classe). S'inspirant des travaux d'Eleanor Rosch en psychologie, elle a adopté le concept de prototype qu'elle définit tantôt comme un exemplaire privilégié ou « parangon » (par exemple, le canari serait le prototype de l'oiseau), tantôt comme un type abstrait dont les divers membres de la classe seraient des occurrences centrales ou périphériques (le canari serait un exemplaire central de la catégorie des oiseaux et l'autruche un exemplaire périphérique).

Quant au statut des significations, trois problèmes se posent : la signification relève-t-elle des langues, du langage ou des contenus mentaux (→ ESPRIT, LANGAGE. Traitement du —)? Est-elle attachée à l'expression linguistique des concepts ou indépendante de cette expression ? Comment se relie-t-elle, dans la première hypothèse, au sens et, dans la seconde, à la dénotation ? En règle générale, pour les auteurs qui se réclament de la sémantique cognitive, les significations sont des contenus mentaux à caractère universel, soit par les primitives qui les composent (comme l'ont avancé Roger Schank et Anna Wierzbicka, respectivement en Intelligence Artificielle et en linguistique), soit par les opérations qui les constituent.

On peut enfin distinguer les diverses théories de la signification par les relations qu'elles privilégient : les théories logiques privilégient la référence (→ SENS/RÉFÉRENCE), les théories pragmatiques l'inférence (→ PRAGMATIQUE). La sémantique linguistique de tradition structurale privilégie la différence : ce sont des oppositions au sein de classes sémantiques et entre classes sémantiques qui permettent de définir les contenus lexicaux (→ LEXIQUE). La sémantique cognitive a réévalué la problématique de la différence, en introduisant ou en reconnaissant des inégalités quantitatives entre les membres des catégories (ou classes lexicales) et en introduisant des formes de gradualité dans l'organisation des catégories. *François RASTIER.*

## **SPÉCIALISATION HÉMISPHÉRIQUE** → CONSCIENCE, ESPACE, LANGAGE, LOCALISATION CÉRÉBRALE, NEUROPSYCHOLOGIE, PERCEPTION

*(angl., hemispheric specialization)*

## **SUBDOXASTIQUE**

*(angl., subdoxastic)*

**Philosophie.** — Les psychologues cognitifs contemporains attribuent souvent aux sujets des états représentationnels qui semblent ne pas interagir de la manière habituelle avec d'autres états mentaux typiques tels que les croyances et les désirs (→ CROYANCE, DÉSIR, REPRÉSENTATION). Pour prendre un exemple notoire, les linguistes chomskyens attribuent souvent aux sujets la connaissance de règles grammaticales élaborées dont ils n'ont pas conscience et qui ne se combinent pas avec les autres croyances qu'ils peuvent avoir au même moment (→ CONSCIENCE, GRAMMAIRE). Stephen Stich qualifie de « subdoxastiques » (ou subcroyances) ces états cognitifs relativement isolés. Il s'agit d'états pourvus de contenu, qui n'entrent pas dans les formes d'inférence ordinaires avec les autres croyances (→ RAISONNEMENT et RATIONALITÉ). Ils sont, selon les termes de Jerry Fodor, « informationnellement cloisonnés » (→ INFORMATION, MODULARITÉ). Comme le degré de cloisonnement varie d'un domaine à l'autre (vision, syntaxe et sémantique de la langue, → DOMAINE. Spécialisation quant au —, LANGAGE. Traitement du —, PERCEPTION, SÉMANTIQUE, SYNTAXE), la controverse se poursuit sur la question de savoir s'ils correspondent aux états des modules de Fodor, aux états cognitifs (*cognized states* en anglais) de Noam Chomsky, ou à ce que d'autres ont simplement appelé des connaissances tacites ou inconscientes. *Georges* REY.

## SURVENANCE

*(angl., supervenience)*

**Philosophie.** — Deux de nos intuitions les plus enracinées quant aux phénomènes mentaux semblent entrer en conflit : d'un côté les propriétés mentales dépendent des propriétés physiques, mais de l'autre les propriétés mentales ne se réduisent pas aux propriétés physiques (→ DUALISME/MONISME, PHYSICALISME, RÉDUCTIONNISME). Pour concilier ces intuitions, les philosophes de langue anglaise ont forgé le concept de *supervenience*. Ce terme remonte à l'*Aristoteles Latinus* et a été utilisé dans le contexte des théories émergentistes de l'évolution (→ ÉMERGENCE), puis en philosophie morale pour exprimer l'idée que des propriétés morales ou évaluatives, comme la bonté ou le courage, « surviennent » sur des propriétés naturelles sans pour autant se réduire à ces dernières. Donald Davidson a appliqué la notion aux relations du mental et du physique, pour défendre l'idée qu'il ne peut y avoir deux événements identiques par tous leurs aspects physiques mais différents par leurs aspects mentaux. La survenance de propriétés A « sur » des propriétés B est à la fois une relation de détermination et une relation non réductive (asymétrique). Mais peut-elle satisfaire à ces deux conditions ?

Il y a en fait plusieurs notions distinctes de survenance (Jaegwon Kim). Selon la survenance faible, A survient faiblement sur B si et seulement si nécessairement deux choses qui ont les mêmes propriétés B ont les mêmes propriétés A. Mais cette relation est trop faible. Elle interdit d'envisager un monde possible où deux objets identiques physiquement ne seraient pas identiques mentalement, mais elle autorise l'existence d'un monde possible physiquement identique au nôtre bien que radicalement différent mentalement. On peut y remédier en introduisant une relation de survenance forte : si quelque chose a une propriété A, elle a aussi une propriété B telle que nécessairement tout ce qui a B a cette propriété A. Mais cette relation semble indiquer la coextension nécessaire des A et des B, et par conséquent la réduction. On a proposé aussi la relation de survenance globale : A survient globalement sur B si deux mondes B-indiscernables sont aussi A-indiscernables. Cette relation est compatible avec l'existence d'un monde distinct du nôtre par des détails physiques minimaux, mais radicalement distinct mentalement. L'étude des relations entre ces diverses notions permet de mesurer la force des engagements physicalistes et réductionnistes de diverses doctrines. Mais on s'accorde sur le fait que la survenance du mental sur le physique est un réquisit minimal du naturalisme (→ NATURALISATION). La notion ne permet cependant de préciser que les implications ontologiques d'une doctrine et reste muette quant à la nature des explications mentalistes et physicalistes concernées. *Pascal* ENGEL.

## SYMBOLE

*(angl., symbol)*

**Philosophie.** — Les symboles sont des objets qui possèdent une interprétation sémantique (→ INTERPRÉTATION, SÉMANTIQUE). Le symbole renvoie toujours à ce qu'il représente en vertu d'une règle : il faut distinguer l'aspect physique du signe de son aspect normatif, c'est-à-dire de la règle qui en régit l'emploi (→ NORMATIVITÉ, REPRÉSENTATION, SIGNE). La règle permet de distinguer dans le symbole ce qui est accessoire de ce qui est essentiel. Deux symboles physiquement différents qui désignent la même chose et qui expriment la même règle, par exemple les chiffres arabe et romain 1 et I sont équivalents à la fois dans leur sens et dans leur référence (→ SENS/RÉFÉRENCE).

Un système symbolique est un ensemble de signes clos. Un système symbolique formel a deux propriétés supplémentaires qui en font un calcul : l'ensemble des éléments du système peuvent être ramenés par décomposition à une liste finie de constituants élémentaires ; il existe des règles permettant d'expliciter les associations de symboles produisant de nouvelles expressions « bien formées » (→ LOGIQUE, SYNTAXE).

L'Intelligence Artificielle dite « classique » (voir *IA*. ci-dessous), de même que la psychologie et la philosophie cognitivistes de l'esprit (→ COGNITIVISME, ESPRIT, LANGAGE DE LA PENSÉE), soutiennent que la pensée consiste dans la manipulation de symboles, notamment dans un calcul. C'est en vertu de leur forme physique que les symboles peuvent interagir causalement (→ CAUSALITÉ) ; mais c'est en vertu de leurs propriétés normatives que le système qui les manipule peut former des formules vraies (→ VÉRITÉ). *Joëlle PROUST.*

**Intelligence Artificielle.** — Dans la Grèce antique, on appelait symbole un signe de reconnaissance témoignant d'une amitié anciennement nouée, d'une dette d'hospitalité ou d'un contrat (→ SIGNE). De cet usage, il a gardé sens dans le langage courant : un drapeau, une fleur de lis, la rose sont des symboles en ce qu'ils incarnent, dans des objets matériels, des réalités autres : l'unité nationale, la légitimité monarchique, la générosité socialiste, etc. Plus généralement, est symbole tout objet ou signe qui renvoie à autre chose que lui-même en vertu d'une relation d'analogie.

En informatique, les opérations réalisables portant sur des séquences de 0 et de 1, un symbole est nécessairement représenté par une séquence de cette nature. Cela étant, la relation entre ces séquences et ce qu'elles désignent varie grandement selon les contextes et les usages.

Le lien du signe au sens peut être fixé par simple convention, sans qu'aucune relation d'analogie formelle ne vienne le légitimer ; la symbolisation est alors des plus ténues (→ SENS). Une séquence peut aussi évoquer un mot, une proposition ou une phrase du langage ordinaire : le sens est alors la conséquence d'un usage partagé et il sera reconnu par toute une communauté sociale (→ LANGAGE. Traitement du —, PROPOSITIONNEL. Format —). Enfin, il se peut qu'une séquence insérée dans un jeu de manipulations formelles se comporte de façon équivalente à son référent dans l'environnement (→ SENS/RÉFÉRENCE). Il y a alors une relation d'analogie formelle entre le symbole et ce qu'il désigne. Ce type de relation est particulièrement adapté aux objets mathématiques, dont il permet de donner les propriétés sans recourir à l'intuition. Depuis David Hilbert, au début du XX^e^ siècle, une partie des mathématiques s'est engagée dans la voie d'une telle formalisation.

Dans le cas de l'Intelligence Artificielle, les idées auxquelles on désire accéder au moyen de symboles, par exemple les notions de table, de médecin, d'Homme, se laissent rarement enserrer dans un jeu de relations syntaxiques (→ SYNTAXE). On est alors en quête de mécanismes dépassant les manipulations formelles répertoriées en logique mathématique (→ LOGIQUE), afin de s'approcher, si possible, du pouvoir d'évocation des mots : c'est ce qui fait l'objet des travaux sur la représentation des connaissances (→ REPRÉSENTATION).

On distingue couramment, parmi les méthodes de traitement de l'information (→ INFORMATION), des techniques dites « symboliques » et des techniques qualifiées de « numériques », dont les réseaux de neurones formels et, plus généralement, les approches connexionnistes (→ APPRENTISSAGE, CONNEXIONNISME, RÉSEAU NEURONAL). Est-ce à dire que le symbole s'opposerait au nombre (→ NOMBRE) ? Au strict plan formel, rien ne permet de l'affirmer, car le nombre n'est qu'un symbole particulier doué de propriétés précises. Cependant, comme le symbole possède un pouvoir d'évocation, sa signification relève partiellement d'une fonction psychique (→ ESPRIT, SIGNIFICATION), tandis que le nombre résulte d'une mesure supposée objective. *Jean-Gabriel GANASCIA.*

## SYNTAXE

*(angl., syntax)*

**Philosophie.** — La syntaxe étudie la combinaison des mots dans la phrase et les relations de dérivation entre les propositions (→ LANGAGE. Traitement du —). La complétude (prise au sens large) justifie l'équivalence entre syntaxe et sémantique (→ SÉMANTIQUE) dans la mesure où toute formule d'un système formel cohérent (du calcul des propositions ou du calcul des prédicats, → LOGIQUE) a un modèle, c'est-à-dire une interprétation (→ INTERPRÉTATION, MODÈLE). En revanche, Kurt Gödel a démontré l'incomplétude de l'arithmétique formelle : les propriétés syntaxiques et sémantiques cessent d'y être équivalentes.

L'idée de syntaxe universelle, issue de Rudolf Carnap, consiste à rechercher les conditions formelles *a priori* de tout discours scientifique, logique ou descriptif, et du rapport du langage à l'expérience (→ EXPÉRIENCE). Ce programme s'est transformé sous l'influence d'Alfred Tarski en celui d'une sémantique universelle.

Selon Noam Chomsky, la syntaxe est un mécanisme récursif de production d'un nombre virtuellement illimité de phrases. Le fait que la pensée soit organisée de manière systématique et qu'elle soit également douée de productivité a conduit Jerry Fodor à considérer que la pensée a elle aussi une organisation syntaxique (→ LANGAGE DE LA PENSÉE). *Joëlle PROUST.*

**Linguistique.** — Tandis que la grammaire (→ GRAMMAIRE) recense toutes les régularités langagières, la syntaxe, dans sa définition traditionnelle, étudie les règles de combinaison des mots en phrase (→ LANGAGE. Traitement du —). Elle se distingue de la morphologie, qui étudie la combinaison des unités significatives inférieures au mot, et de l'analyse du discours, qui étudie les relations entre phrases (→ DISCOURS, MORPHOLOGIE). Dans la perspective structuraliste ou distributionnelle, la syntaxe étudie les combinaisons des morphèmes (unités minimales pourvues de sens, → SENS) en syntagmes et des syntagmes en phrases. Si elle concerne les règles de combinaison des morphèmes liés (préfixes, suffixes), elle inclut la morphologie (il s'agit alors de morphosyntaxe). On peut distinguer différents types de phénomènes syntaxiques, dont les catégories et sous-catégories, la décomposition des syntagmes, les types de construction et les relations anaphoriques.

1 / L'étude des catégories permet de faire le lien entre le lexique et la syntaxe (→ CATÉGORISATION, LEXIQUE). On distingue en général les catégories grammaticales (classes fermées) et les catégories lexicales (classes ouvertes) : en synchronie, on peut facilement créer un verbe *(faxer)*, un nom ou un adjectif *(rentabilisable)*, on ne crée pas de préposition, de pronom ou d'article. En diachronie, un mot peut passer d'une catégorie lexicale à une catégorie grammaticale (par exemple, le processus de grammaticalisation qui crée un auxiliaire à partir d'un verbe plein) mais non l'inverse. La perspective traditionnelle ou philosophique classe les mots en parties du discours, la perspective structuraliste définit les catégories syntaxiques comme les classes de morphèmes ayant même distribution, c'est-à-dire pouvant apparaître dans les mêmes contextes syntaxiques : un nom commun entre un article et un adjectif par exemple (→ CONTEXTE et SITUATION). Ainsi, *mon, ton, son* ne sont pas des adjectifs possessifs mais des articles, puisqu'ils apparaissent dans les mêmes contextes que *le* ou *un*. Les sous-catégories, telles que le transitif ou l'intransitif, permettent de préciser davantage les contextes acceptables par tel ou tel mot. Des théories plus récentes décomposent les catégories syntaxiques (comme les phonèmes) pour en faire des ensembles de traits. La présence de traits communs explique qu'on puisse coordonner un nom et un adjectif *(Jacques est député de la Gironde et fier de l'être)*, ou un groupe nominal et une proposition relative *(La petite dit son nom et qu'on l'appelait Bibi)*. Les théories regroupées sous le nom de grammaires catégorielles n'ont pas de règles décrivant des syn-

tagmes et notent par des catégories complexes l'ensemble des possibilités combinatoires des unités lexicales.

2 / L'école structurale, puis générative avec Noam Chomsky, définit les groupes grammaticaux comme des syntagmes, c'est-à-dire des séquences de catégories classées selon leurs contextes possibles et impossibles. Ainsi, un syntagme nominal peut être en tête de phrase, ou suivre une préposition. Un syntagme pouvant lui-même inclure un autre syntagme, on aboutit à un enchâssement de constituants immédiats, aisément représentable sous forme d'arbre : dans la phrase *Le chat de la voisine est roux*, le syntagme nominal *Le chat de la voisine* est un constituant immédiat de la phrase, et a lui-même pour constituant immédiat le syntagme prépositionnel *de la voisine*, qui lui-même a pour constituant immédiat le syntagme nominal *la voisine.* Selon une telle conception, les relations de dépendance se réduisent à la position respective des syntagmes dans l'arbre syntaxique, et l'on peut faire l'économie des fonctions grammaticales traditionnelles (→ FONCTION). Selon d'autres traditions, telles les grammaires de dépendance (Lucien Tesnière), les fonctions grammaticales (sujet, objet) sont centrales et doivent se définir comme des relations entre mots, et non entre syntagmes. On préfère alors les graphes (et non les arbres) qui permettent de noter des cas de dépendances multiples, comme dans *Jean persuade Marie de venir* où *Marie* est à la fois objet de *persuade* et sujet de *venir*.

3 / L'étude des types de construction a été renouvelée par la grammaire générative transformationnelle, qui propose de définir de façon formelle les relations systématiques entre phrases actives et passives, déclaratives et interrogatives, etc. Dans cette perspective, une même structure syntaxique profonde (canonique) permet d'expliquer la parenté sémantique entre une phrase active et passive, et un ensemble de règles formelles (déplacer l'objet en position de sujet, etc.) permet de dériver l'ensemble des structures de surface observées (→ SÉMANTIQUE). A l'énumération des transformations a succédé la tentative de les regrouper selon des critères purement formels : ainsi les propositions relatives, les phrases interrogatives et les phrases clivées partagent des propriétés syntaxiques essentielles en dépit de leur sens et emplois fort différents. Dans la grammaire la plus récente de Chomsky, l'ensemble des règles transformationnelles a été éliminé au profit d'un petit nombre de principes plus généraux et plus abstraits (un verbe passif ne peut gouverner un objet direct, une phrase à verbe conjugué doit avoir un sujet, ce qui explique

que l'objet devienne sujet). Dans les grammaires d'unification, la réorganisation des propriétés syntaxiques associées aux mots permet de faire l'économie des transformations et de raisonner directement sur les structures de surface.

4 / Un composant important des syntaxes d'inspiration générative concerne les relations anaphoriques internes à la phrase, qui dépasse en général la question des pronoms : l'ellipse du second verbe dans *Paul aime les oranges et Marie les bananes* peut être considérée comme la trace d'une anaphore ayant le premier verbe pour antécédent. L'introduction de relations anaphoriques dans la syntaxe empêche de considérer celle-ci comme un système purement formel, puisqu'elle doit manipuler des indices référentiels. L'idée que les règles syntaxiques soient de nature hétérogène permet d'expliquer la notion de degré de grammaticalité. Une phrase est plus ou moins déviante selon quelle ne respecte pas tel ou tel ensemble de règles syntaxiques, une violation des règles d'accord *(Je venons demain)* sera ressentie comme moins gênante qu'une violation des contraintes d'enchâssement *(Je connais la fille à qui l'homme qui a écrit est mort)*. Dans cette perspective, la syntaxe est un ensemble de modules plus complexe que le système génératif initialement décrit par Chomsky.

Une question essentielle, concernant la syntaxe, est celle de son autonomie. La syntaxe est souvent conçue comme chargée de faire le lien entre les sons et le sens (→ PERCEPTION). La thèse de l'autonomie de la syntaxe, défendue par les générativistes et critiquée par les tenants d'une linguistique cognitive intégrée tels Ronald Langacker, ne consiste pas à nier les interactions avec la morphologie (visibles, par exemple, dans les phénomènes d'accord) ou avec la phonologie (manifestes dans les contraintes sur la liaison), mais elle affirme qu'on peut étudier les règles de bonne formation des énoncés indépendamment de leur sens ou de leur réalisation sonore.

Il est clair que la syntaxe a besoin d'informations sémantiques, par exemple pour lever l'ambiguïté syntaxique de rattachement de l'adjectif dans *Un professeur de judo blond* : les restrictions de sélection (sémantiques) associées à l'adjectif l'empêchent de se combiner avec *judo*. Mais les propriétés syntaxiques sont généralement indépendantes des propriétés sémantiques. Ainsi, la répartition des mots en catégories grammaticales n'est pas prévisible à partir de leur forme ou de leur sens. On ne peut pas dire, par exemple, que les verbes dénotent des actions et les adjectifs des propriétés : il y a des verbes d'état *(être, rester)* et des noms dénotant une action *(destruction, atterrissage)* ou une propriété *(blancheur, gentillesse)*. Les fonctions grammaticales ne sont pas non plus réductibles à des propriétés sémantiques (le sujet n'est pas forcément celui qui fait l'action, → ACTANCE. Relation actancielle).

Selon la thèse de l'autonomie de la syntaxe par rapport à la phonologie ou à la morphologie (Arnold Zwicky), les règles syntaxiques font référence à des propriétés abstraites qui peuvent avoir telle ou telle réalisation phonologique ou morphologique, mais non directement à ces réalisations. Une langue peut contraindre les sujets à être au cas nominatif, mais non à commencer par une consonne ou à se terminer par *-us*, et l'antéposition des adjectifs épithètes monosyllabiques en français n'est qu'une préférence stylistique et non une règle syntaxique. L'étude autonome des propriétés syntaxiques a par ailleurs permis de renouveler la typologie des langues : selon la classification de Joseph Greenberg, seuls existent trois grands types SOV, SVO et VSO (S = sujet, O = objet, V = verbe) mais pas d'ordre canonique où l'objet précède le sujet.

Enfin, concernant la syntaxe et les sémantiques formelles, à la suite d'Emil Post, les logiciens ont défini les systèmes formels comme ayant une syntaxe (principes de bonne formation des propositions du langage) et une sémantique (règles d'interprétation des propositions bien formées indépendantes) (→ INTERPRÉTATION, LOGIQUE). En ce sens, les langages artificiels, comme ceux utilisés en programmation informatique, ont une syntaxe (par exemple après un *if* on doit trouver un *then*). Cette conception de la syntaxe a été étendue par Chomsky, et le programme de grammaire générative, aux langues humaines, dites « naturelles ». La tâche de la syntaxe est de décrire toutes les séquences grammaticales (c'est-à-dire reconnues par les locuteurs comme faisant partie de leur langue maternelle) et seulement celles-là. On peut dès lors concevoir l'analyse syntaxique comme un algorithme qui reconnaît, pour toute combinaison de mots du langage, si elle est ou non bien formée, et lui associe autant de descriptions syntaxiques qu'il y a de façons de l'obtenir à partir des règles du système. Une phrase à laquelle est associée plus d'une analyse est réputée ambiguë syntaxiquement, comme *Je vois le conducteur du train qui fume* où la relative peut être rattachée au nom *conducteur* ou au nom *train*. C'est sur de tels calculs que reposent les programmes d'analyse syntaxique automatique. *Anne* ABEILLÉ.

## SYSTÈME DYNAMIQUE

*(angl., dynamic system)*

**Intelligence Artificielle.** — Le concept de système dynamique a été introduit par Henri Poincaré. Longtemps oublié, il a été remis à l'honneur par René Thom, Steven Smale et Vladimir Arnold, et a bénéficié de l'intérêt grandissant pour les phénomènes chaotiques (→ ÉMERGENCE). Ce concept permet de décrire la géométrie du comportement d'un système.

Concept voisin de celui d'équation différentielle, il s'en distingue parce qu'il considère, non pas une seule trajectoire issue d'un point initial, mais l'ensemble des trajectoires possibles liées à une dynamique. Un système dynamique est continu ou discret selon que la dynamique est définie par une équation différentielle (éventuellement stochastique) ou par une équation aux différences (dans un temps discrétisé). L'étude d'un système dynamique commence par celle de ses attracteurs et de leurs bassins d'attraction. L'attracteur d'une trajectoire est l'ensemble de ses points topologiquement et infiniment récurrents (tout voisinage d'un tel point est traversé une infinité de fois par la trajectoire issue de ce point). Avec la perspective des systèmes dynamiques, on s'intéresse moins à une trajectoire particulière qu'à des ensembles de trajectoires : à un attracteur est associé son bassin d'attraction, c'est-à-dire l'ensemble des points dont il est l'attracteur de la trajectoire.

On distingue trois types d'attracteur. Le plus simple est le point fixe. La figure suivante est l'orbite périodique : il suffit que l'attracteur possède au moins un point visité deux fois pour avoir une orbite périodique. Il existe enfin une figure beaucoup plus complexe, les attracteurs dits « étranges » (encore appelés « chaotiques »), dont aucun point n'est visité deux fois. Les systèmes dynamiques linéaires ne possèdent que les deux premiers types d'attracteur. L'intérêt pour les systèmes dynamiques non linéaires vient précisément de ce qu'ils peuvent présenter le troisième type, le plus complexe. A ces trois types d'attracteur correspondent trois types de sensibilité aux conditions initiales : dans le cas d'un point fixe, deux points quelconques du bassin vont asymptotiquement devenir infiniment proches ; dans le cas d'une orbite périodique, deux points du bassin vont atteindre l'orbite et leur écart va rester ensuite borné ; enfin, dans le cas d'un attracteur étrange, deux points même infiniment proches initialement vont manifester de grandes déviations. Cette sensibilité est mesurée par un exposant de Lyapounov, qui est positif dans le cas des grandes déviations, négatif dans le cas d'un point fixe et nul pour une orbite périodique.

La sensibilité aux conditions initiales dans le cas d'un attracteur étrange avait déjà été observée par Poincaré pour le problème de la gravitation de trois corps. Elle a été redécouverte, pour des phénomènes météorologistes, par Edward Lorenz et son « effet papillon » sur le climat. Elle conduit à repenser les rapports entre systèmes déterministes et systèmes prévisibles : si l'on a la moindre incertitude sur l'état initial, un système déterministe chaotique devient imprévisible au bout d'un certain temps (dont l'ordre de grandeur est l'inverse de l'exposant de Lyapounov). Toutefois, bien que l'on ne puisse plus prédire exactement l'état futur du système, il est encore possible de prédire en probabilité quel pourra être l'état du système.

Un concept très utile pour l'étude de l'évolution en probabilité d'un système dynamique est celui de dynamique symbolique. On se donne une partition de l'espace des phases et un alphabet de symboles attaché aux éléments de la partition. Une trajectoire peut ainsi être décrite comme une séquence de symboles (→ SYMBOLE). On peut alors considérer les probabilités d'occurrence des symboles, à cet instant, conditionnellement au passé et l'entropie attachée à la séquence de symboles. On comprend facilement que cette entropie s'annule dans le cas des attracteurs à point fixe ou périodiques : au-delà de la période, la séquence se reproduit identiquement à elle-même et ne produit plus rien de nouveau. Il n'en va pas de même dans le cas d'un attracteur étrange ; bien que déterministe, le système dynamique produit en permanence de la nouveauté. Cette production de nouveauté n'est pas relative à la grossièreté de l'observation, mesurée par le diamètre de la partition : la limite reste positive lorsque la dimension de la partition devient infiniment petite et s'appelle « l'entropie de Kolmogorov-Sinaï » du système. L'entropie de Kolmogorov-Sinaï, comme l'exposant de Lyapounov, sont des invariants d'un système dynamique. Ils permettent de distinguer la nature d'un attracteur.

Utilisé d'abord en physique, le concept de système dynamique peut avoir une grande importance pour l'étude des systèmes cognitifs. Les systèmes connexionnistes sont des systèmes dynamiques (→ CONNEXIONNISME), certes compliqués en raison du grand nombre d'éléments interconnectés. Un rôle essentiel des systèmes connexionnistes est leur activité de catégorisation à partir de perceptions complexes (→ CATÉGORISATION, PERCEPTION). Cette activité de catégorisation, en tant qu'elle effectue (éventuellement de manière floue, → FLOU) une partition des états cognitifs, produit une dynamique symbolique canoniquement associée à la dynamique du système connexionniste. *Paul Bourgine.*

## SYSTÈME EXPERT → BASE DE CONNAISSANCES, EXPLICATION, RAISONNEMENT ET RATIONALITÉ

*(angl., expert system)*

# T

## TEMPS

*(angl., time and tense)*

**Psychologie.** — Il n'existe pas de domaine de connaissance qui n'ait de rapport au temps et, pourtant, toute tentative de définition paraît vaine, tant ses aspects sont multiples. En témoigne la diversité des approches du temps en psychologie, dont on ne peut donner que quelques exemples : les études des notions de passé, présent et futur, celles de la mémoire des événements et de l'organisation temporelle des souvenirs, les recherches ontogénétiques sur le développement des concepts temporels de durée et de succession, et l'analyse des raisonnements impliquant les notions d'espace ou de vitesse (à la suite des travaux pionniers de Jean Piaget) (→ DÉVELOPPEMENT COGNITIF, ESPACE, MÉMOIRE). Une question, cependant, a toujours occupé une place privilégiée au sein de la psychologie du temps, celle des rapports entre le temps objectif et le temps subjectif. L'Homme a mis au point des systèmes de mesure de plus en plus précis, mais l'évaluation subjective de la durée reste source d'interrogations. Le temps n'est pas perceptible directement, aucun de nos cinq sens n'est, en effet, dévolu à sa perception (→ PERCEPTION).

Dès les débuts de la psychologie scientifique, de nombreux travaux ont été menés dans une perspective psychophysique avec pour objectif de décrire les lois qui régissent les rapports entre le temps physique et le temps perçu (→ PSYCHOPHYSIQUE). On a étudié l'influence de différents facteurs : les paramètres non temporels des stimulations, les événements qui composent ou délimitent l'intervalle de temps, l'état de vigilance et la motivation des sujets, etc. Après avoir fait la synthèse des données recueillies pendant une cinquantaine d'années, Paul Fraisse a défendu l'idée que l'évaluation du temps dépend du nombre de changements perçus. L'influence de cette thèse ne s'est pas démentie, même après le nouvel essor des études du temps psychologique, alors que la psychologie cognitive accordait une place prépondérante aux mécanismes de traitement de l'information.

Actuellement, plusieurs courants théoriques diffèrent par la solution qu'ils apportent à la question de savoir si le temps, le paramètre *t*, est traité comme une information *per se*, c'est-à-dire, saisie, codée et stockée par des mécanismes internes spécifiques (→ INFORMATION). Les partisans du modèle de l'horloge interne (*timer* en anglais) s'appuient sur les faits suivants. L'évaluation du temps n'est pas propre à l'adulte humain. Les études de conditionnement ont révélé que l'Animal est tout à fait capable d'estimer très précisément le temps que dure son action ou le temps qui s'écoule entre deux de ses actions (→ ACTION, APPRENTISSAGE, COGNITION ANIMALE). On a montré également que le nourrisson humain discrimine très finement des rythmes et les durées des stimulations auxquelles il est confronté, particulièrement celles des sons linguistiques (→ COGNITION DU BÉBÉ, LANGAGE. Traitement du —). Même l'adulte, dans sa vie quotidienne, juge fréquemment de la durée des événements extérieurs et de ses propres actions, sans avoir recours à des instruments de mesure sophistiqués. Les tenants de la position contraire, ceux qui réfutent les modèles de processeur temporel, argumentent que ceux-ci ne peuvent rendre compte de la richesse des jugements temporels de l'Homme (Richard Block). Ils défendent l'idée, conformément à la ligne de pensée de Fraisse, que la durée subjective dépend de la quantité d'informations non temporelles traitées pendant l'intervalle à évaluer. Selon Robert Ornstein, plus ces informations sont nombreuses et complexes, plus la taille de stockage (*storage size* en anglais) s'accroît et plus la durée subjective augmente.

Un pas important sera franchi dans la validation des modèles postulant l'existence d'une horloge interne, si les nouvelles techniques d'imagerie cérébrale fonctionnelle permettent, d'une part, d'identifier ses substrats biologiques et, d'autre part, de montrer qu'ils diffèrent de ceux sous-tendant les processus attentionnels et mnésiques (→ ATTENTION, IMAGERIE CÉRÉBRALE FONCTIONNELLE). Il faudra cependant rester modeste, car nous n'en finirons pas pour autant avec toutes les interrogations de l'Homme sur le temps. Comme le remarque Étienne Klein, le temps n'est pas un isolat de la pensée, il ne se dénude jamais. *Viviane* POUTHAS.

**Linguistique.** — Il faut distinguer le temps comme relation sémantique (*time* en anglais, *Zeit* en allemand) et le temps verbal, phénomène morphologique propre aux conjugaisons (*tense*, *Tempus*) (→ MORPHOLOGIE, SÉMANTIQUE), même si ces deux catégories linguistiques entretiennent des relations privilégiées, fort complexes. En outre, la relation sémantique temporelle ne saurait non plus être assimilée au temps cosmique, qui intéresse la physique, pas plus qu'au temps vécu, objet de la psychologie et de la phénoménologie (voir *psycho.* ci-dessus). La différence ne tient pas seulement au fait que l'énoncé représente le temps (au même titre que l'espace ou les objets, → ESPACE, OBJET), car la temporalité constitue une dimension essentielle de la représentation linguistique elle-même (→ REPRÉSENTATION) : tout ce qui est dit est nécessairement situé dans le temps ; les énoncés parfois qualifiés d'atemporels (comme les vérités analytiques) sont simplement présentés comme vrais tout le temps.

Le temps linguistique est fondamentalement déictique : le procès (état ou événement) est situé comme antérieur (passé), simultané (présent) ou postérieur (futur) au moment de l'énonciation. Le problème est alors d'expliquer pourquoi une langue comme le français, par exemple, offre cinq temps morphologiques (sans compter les formes surcomposées) pour exprimer la seule relation temporelle de passé. C'est pour répondre à ce type de question que les grammairiens et les linguistes ont progressivement élaboré des distinctions supplémentaires : au temps servant de cadre pour situer le procès, on oppose l'aspect comme temps interne au procès (→ ASPECT) ; par ailleurs, on distingue le temps absolu (relation entre le procès et le moment de l'énonciation) du temps relatif (relation à un autre moment spécifié par le contexte, → CONTEXTE et SITUATION). Par exemple : *Il savait* (temps absolu : passé) *qu'il viendrait* (temps relatif : ultérieur) ; *Il apprit* (temps absolu : passé) *qu'elle avait marché sur la pelouse* (temps relatif : antérieur).

Il reste à déterminer la nature et les propriétés de ce moment par rapport auquel un procès peut être situé de façon relative. Le modèle formel de Hans Reichenbach sert habituellement de cadre ou de point de départ à l'analyse de ces phénomènes. Au moment du procès (noté E) et à celui de l'énonciation (S) (opposition qui ne permet de définir que trois relations temporelles, absolues), Reichenbach ajoute un moment de référence (R) dont la combinaison avec les deux précédents rend compte des temps relatifs. Par exemple : *Il termina son travail*, soit R = E < S, *Il a terminé son travail depuis deux heures*, soit E < R = S et *Il avait terminé son travail depuis deux heures*, soit E < R < S. Le complément [*depuis* + durée] sert à mesurer la distance entre E et R ; il est donc incompatible avec le passé simple (**Il termina son travail depuis deux heures* ; l'astérisque indique l'agrammaticalité de la séquence).

Parmi les développements récents de ce modèle, on retiendra l'étude des mécanismes d'identification du moment de référence dans la narration (problématique de la progression du temps narratif), et le remplacement des points servant initialement à représenter les trois moments (E, R, S) par des intervalles. Hans Kamp et Christian Rohrer ont cherché à expliquer les relations chronologiques entre procès dans les textes narratifs en fondant leur analyse sur le moment de référence (→ TEXTE. Traitement du —). De façon typique, le passé simple introduit un événement passé qui constitue le point de référence du texte ; chaque nouvel énoncé au passé simple fait avancer le point de référence d'un pas (effet de succession) tandis que l'imparfait présente un état passé qui englobe le point de référence en cours, introduit par la dernière phrase au passé simple (effet de simultanéité). De très nombreux contre-exemples ont cependant pu être mis en évidence, qui font intervenir des connaissances pragmatiques et encyclopédiques venant contrarier le fonctionnement typique des temps verbaux (→ PRAGMATIQUE). Par exemple, dans la séquence *Les gendarmes ont arrêté Luc ; il roulait trop vite*, l'imparfait ne peut exprimer l'exacte simultanéité par rapport au point de référence introduit par l'énoncé précédent. Il marque, dans ce cas, l'antériorité immédiate.

Le fait de substituer des intervalles aux points de Reichenbach a donné lieu, dans les modèles de Wolfgang Klein et de Laurent Gosselin, à des développements nouveaux et des remises en cause profondes de l'analyse du temps linguistique. 1 / L'intervalle de référence (*topic time* en anglais, chez Klein) correspond à ce qui du procès est pris en compte par l'énoncé (et donc à ce qui est asserté lorsque l'énoncé est assertif). 2 / La relation entre l'intervalle de référence et celui du procès définit l'aspect grammatical (→ GRAMMAIRE). Par exemple, le passé simple (perfectif) fait correspondre exactement les deux intervalles, alors que l'imparfait imperfectif inclut l'intervalle de référence dans celui du procès (dont ni le début ni la fin ne sont pris en compte) : [*depuis* + durée] permet alors de mesurer la distance entre le début du procès et celui de l'intervalle de référence, comme dans *Il marchait depuis deux heures.* 3 / Le temps absolu résulte non plus de la relation entre le procès et le moment de l'énonciation, mais entre l'intervalle de référence et celui de l'énonciation : en énonçant *Lorsque j'ai regardé par la porte, le petit dormait*, l'imparfait exprime le passé dans la mesure où il situe l'intervalle de référence comme antérieur à celui de l'énonciation, mais rien n'indique que le procès soit actuellement terminé (car l'intervalle de référence est simplement inclus dans celui du procès). 4 / De même, le temps relatif est déterminé par la relation entre deux intervalles de référence (appartenant à deux propositions différentes) et non directement entre les procès eux-mêmes : par exemple, *Marie croyait qu'il viendrait* (rien n'interdit que les deux procès soient partiellement concomitants). 5 / Un circonstanciel de temps syntaxiquement intégré au groupe verbal localise l'intervalle du procès (→ SYNTAXE), tandis qu'un circonstanciel détaché porte sur l'intervalle de référence (comme dans *A huit heures, il dormait*).

Dans la perspective de l'analyse sémantique (→ SÉMANTIQUE), le calcul des relations temporelles à partir des marqueurs syntaxiques et lexicaux présents dans le texte soulève le problème du traitement de la polysémie contextuelle des marqueurs et du holisme de la signification linguistique (l'influence de la signification du tout sur celles de ses parties) (→ HOLISME, LEXIQUE, SIGNIFICATION). Un même temps morphologique peut indiquer diverses relations temporelles (mais aussi aspectuelles et modales, → MODALITÉ) en fonction du contexte dans lequel il est inséré, qui est constitué de marqueurs souvent polysémiques eux aussi (voir les listes de valeurs associées aux temps verbaux dans les grammaires françaises). Il est donc nécessaire, pour parvenir à des représentations chronologiques satisfaisantes, d'élaborer des modes de calcul holistes de la signification temporelle des énoncés, qui traitent l'interaction des divers marqueurs polysémiques dans le texte. *Laurent* GOSSELIN.

## TEXTE (Traitement du —)

*(angl., text processing)*

**Psychologie.** — L'existence de fortes corrélations entre performances en compréhension et en production de textes (plus de 40 %

de variance partagée) justifie qu'on aborde conjointement les deux activités. De plus, du point de vue de la psychologie cognitive, chacune d'entre elles est modélisable sous forme de composantes interreliées (conceptuelle, textuelle, syntaxique, lexicale, perceptivo-motrice, motrice) (→ ACTION, CONCEPT, LEXIQUE, PERCEPTION, SYNTAXE). Chaque composante manipulerait un type déterminé de représentation par le biais de processus spécifiques (→ REPRÉSENTATION). Pour les deux activités, le problème revient à définir les composantes, à déterminer leur architecture (correspondant à l'agencement des traitements) pour analyser ensuite leur fonctionnement (sériel ou parallèle ; direction des flux d'informations ascendante *versus* descendante, → INFORMATION), et les contraintes rencontrées (limitations des capacités de traitements, → ATTENTION, CONTRÔLE, MÉMOIRE).

Pour Walter Kintsch et Teun van Dijk comme pour Charles Perfetti, la compréhension en audition comme en lecture (→ LANGAGE. Traitement du —, LECTURE) s'effectue par un traitement mot à mot, phrase à phrase (et éventuellement paragraphe à paragraphe), qui vise à l'élaboration d'une représentation mentale intégrée dans laquelle les informations littérales sont interprétées à la lumière des connaissances préalables de l'auditeur ou du lecteur (→ INTERPRÉTATION). Cette interprétation est opérée à partir de l'objectif poursuivi par l'auditeur/lecteur du discours et du texte dont il dispose (→ DISCOURS). Elle est élaborée à partir d'informations explicites de nature lexicale organisées en phrases, phrases qui sont elles-mêmes agencées en textes aux structures plus ou moins contraignantes (récits, articles scientifiques, modes d'emploi). Les mots et leurs agencements activent en mémoire des concepts et leurs relations (l'ensemble constituant pour un domaine donné un schéma) ; comme l'a montré Morton Ann Gernsbacher, tous n'étant pas pertinents, certains doivent être inhibés (→ ACTIVATION/INHIBITION). L'activation des concepts et relations induit la construction d'organisations mentales originales, des modèles mentaux, comme les dénomme Philip Johnson-Laird (→ RAISONNEMENT et RATIONALITÉ). Cette construction s'opère par le biais d'inférences : informations activées bien qu'elles ne soient pas explicitement mentionnées. Les inférences produites peuvent être anaphoriques ou causales (→ CAUSALITÉ). Les premières permettent de déterminer si les entités évoquées dans les phases successives sont les mêmes ou différentes. Les secondes relient des événements ou des états par des liens d'antécédent à conséquent. Inférences et informations explicites se structurent en blocs successifs qui sont eux-mêmes progressivement reliés en une représentation d'ensemble. Cette structuration a lieu sous des contraintes sévères de capacité qui peuvent hypothéquer la réussite de la compréhension lorsque certains traitements sont trop coûteux. Des marques spécifiques existent (connecteurs, signes de ponctuation) qui induisent la mise en œuvre de procédures de segmentation, d'intégration, de recherche d'inférences et (ou) d'inhibition. La connaissance de ces marques permet au lecteur/auditeur de déclencher les procédures à bon escient et de pallier au moins partiellement les risques de surcharge cognitive.

En production, suivant la conception développée par John Hayes et Linda Flower, les processus s'amorcent par l'élaboration plus ou moins complète d'une représentation mentale intégrée. Celle-ci fait ensuite l'objet d'une mise en texte en fonction de l'objectif poursuivi par l'auteur du message. Élaboration et mise en texte dépendent de ses connaissances conceptuelles, linguistiques (lexique, syntaxe), rhétoriques (structures textuelles), de sa maîtrise de la modalité d'émission (orale, plus particulièrement étudiée par Willem Levelt, ou écrite) et de sa connaissance du destinataire (→ COGNITION SOCIALE, COMMUNICATION). Là encore, le fonctionnement des différents processus est contraint par les limites de capacité. Le même individu parviendra à une performance variable selon sa connaissance du domaine (→ DOMAINE. Spécialisation quant au —), sa maîtrise des structures textuelles, sa relation au destinataire et la situation de production (favorisant plus ou moins les interactions directes, → INTERACTION). *Michel* FAYOL.

## THÉORIE DE L'ESPRIT

*(angl., theory of mind)*

**Psychologie.** — Consacré par l'article princeps de David Premack et Guy Woodruff, *Does the Chimpanzee Have a Theory of Mind ?*, l'expression « théorie de l'esprit » désigne l'aptitude à expliquer et à prédire ses propres actions et celles d'autres agents intelligents (c'est-à-dire qui se déterminent eux-mêmes dans leurs actions, par distinction des objets physiques) (→ ACTION, COGNITION ANIMALE, ESPRIT). On s'interroge sur le fait que cette aptitude soit spécifiquement humaine, ainsi qu'en témoigne le titre de l'article précité. Plus récemment, on s'est aussi interrogé sur l'éventualité d'une absence de théorie de l'esprit chez certains humains, en particulier dans le cas d'autisme, comme l'indique notamment le célèbre article de Simon Baron-Cohen, Alan Leslie et Uta Frith : *Does the autistic child have a theory of mind?* (→ AUTISME).

Dans l'acception des auteurs, l'aptitude à comprendre les conduites suppose d'inférer que ces conduites sont induites par des états mentaux et implique de ce fait une théorie de l'esprit (→ CAUSALITÉ) : il y a théorie parce que des prédictions peuvent être formulées qui permettent de tester des hypothèses concernant des inobservables ; et il s'agit d'une théorie de l'esprit puisque les inobservables inférés sont des états mentaux. C'est donc strictement sur cette base que l'on pourrait définir l'expression « théorie de l'esprit ». En fait, cette définition est devenue une position théorique parmi plusieurs autres et participe d'un débat actuellement vif concernant la « méthodologie » par laquelle on anticipe et prédit les conduites.

Deux grands courants s'opposent sur ce point. Selon le premier, fidèle à la définition de Premack et Woodruff, la méthodologie utilisée pour prédire et comprendre les conduites est sous-tendue par une théorie psychologique naïve de la structure et du fonctionnement de l'esprit, qui active un ensemble de règles de manipulation de symboles sur une base inférentielle (→ RAISONNEMENT et RATIONALITÉ, SYMBOLE). Nous utilisons cette théorie psychologique naïve dans nos interactions sociales (→ COGNITION SOCIALE, COMMUNICATION, INTERACTION), au même titre que nous pratiquons au quotidien une physique naïve appliquée à nos interactions avec les objets: en d'autres termes, il n'y a pas de privilège épistémologique pour le savoir psychologique, et celui-ci fonctionne aussi sur la base d'une épistémologie naïve (→ ÉPISTÉMOLOGIE). Les tenants de cette méthodologie sont appelés « théoriciens de la théorie de l'esprit » (*theory-theorists* en anglais). Ils sont eux-mêmes divisés, selon leur conception de l'origine de cette méthodologie, en nativistes modularistes et interactionnistes de divers types (→ MODULARITÉ). Un second courant postule la mise en œuvre d'une méthodologie simulationniste pour expliquer l'aptitude à comprendre et prédire les conduites intentionnelles (→ INTENTIONNALITÉ). La simulation exploiterait les ressources motivationnelles et émotionnelles (→ ÉMOTION) et la capacité de raisonnement pratique de chacun. Il s'agirait ainsi non seulement d'une heuristique utilisant l'activité du cerveau de façon minimale, mais d'un moyen d'accès à la variété des états mentaux sur la base d'une capacité à simuler ceux des autres. Là encore, l'origine des capacités de simulation divise les auteurs. Les états mentaux prédits et inférés pour expliquer les conduites intentionnelles peuvent être perceptifs (notamment l'attention comme indicateur d'intérêt), volitionnels (désir) ou épistémiques (savoir que, croire que, penser que, etc.) (→ ATTENTION, DÉSIR, ÉPISTÉMIQUE, PERCEPTION).

Le domaine de recherche dont l'objet est d'expliquer cette aptitude, encore appelée « capacité à lire l'esprit » (*mind reading* en anglais) par certains auteurs désireux d'échapper à la polysémie de l'expression « théorie de l'esprit », est à l'intersection de plusieurs disciplines des sciences cognitives : la philosophie de l'esprit, la primatologie, la linguistique, la psychologie et la psychopathologie développementales.

Dans la perspective de la psychologie développementale (→ DÉVELOPPEMENT COGNITIF), l'expression « théorie de l'esprit » prend souvent une acception plus large encore et désigne chez l'enfant la compréhension de l'esprit en tant que générateur de représentations (John Flavell) (→ MÉTACOGNITION, REPRÉSENTATION). Il est alors justifié de parler de théories de l'esprit (au pluriel), distinguant par là des facettes différentes, voire des étapes dans cette compréhension, qu'on la considère innée et modulaire (ce qui n'exclut pas qu'elle se développe) ou acquise individuellement ou par acculturation (et donc s'élaborant). Dans ce cadre, trois types de tâches questionnent les théories de l'esprit de l'enfant et visent à rendre compte de son accès à la métareprésentation, c'est-à-dire à une conception de la représentation comme produit de l'activité mentale et non calque du réel.

Cet accès se traduit, dans les tâches d'attribution de perspective visuelle, par la capacité des enfants à concevoir qu'un même objet peut être représenté de façon différente chez des sujets dont les percepts diffèrent. Dans les tâches de distinction apparence/réalité, l'accès à la métareprésentation est attesté par la capacité à reconnaître chez soi-même une fausse-croyance sur la base d'une illusion perceptive (→ CROYANCE). Enfin, les tâches d'attribution de croyance testent les capacités de résolution de conflits entre les contenus propositionnels épistémiques *(vrai/faux)* et les attitudes propositionnelles épistémiques *(je crois que, je pense que, je sais que, etc.)* (→ ATTITUDE PROPOSITIONNELLE). L'attribution de fausse-croyance suppose de raisonner sur la base du fait que l'individu agit en fonction de l'état de ses représentations et non en fonction de l'état du monde (je peux croire vrai quelque chose qui est faux). La convergence des résultats fonde l'idée que l'enfant commence à maîtriser la métareprésentation entre 4 et 5 ans, avec peut-être une hiérarchie développementale selon les tâches. *Jacqueline* NADEL *et Anne-Marie* MELOT.

## TYPE/OCCURRENCE

*(angl., type/token)*

**Philosophie.** — Depuis le philosophe et logicien américain Charles Peirce, on appelle « occurrence » *(token)* l'apparition localisée d'un signe, et « type » le signe lui-même (→ SIGNE). Dans la phrase *Le chat est sur le tapis*, qui comporte six mots, le mot « le » apparaît deux fois, à la première et à la cinquième place. Ces deux mots « le » sont deux occurrences numériquement distinctes du même mot type. La phrase elle-même peut être considérée comme type ou comme occurrence : à chaque fois que quelqu'un énonce la phrase *Le chat est sur le tapis*, on a une occurrence nouvelle de cette phrase type (voir *ling.* ci-dessous).

La distinction type/occurrence, très importante en sémantique (→ SÉMANTIQUE), a été importée en philosophie de l'esprit (comme beaucoup d'autres distinctions ou notions issues de la philosophie du langage, → ESPRIT, LANGAGE. Traitement du —). Ainsi on distingue couramment les types et les occurrences d'états mentaux. Cette distinction sert de fondement à une version bien connue du matérialisme, le physicalisme occasionnel (en anglais, *token physicalism*, → PHYSICALISME). Celui-ci soutient que l'identité des états mentaux et des états cérébraux ne peut être établie qu'au niveau des occurrences : toute occurrence d'un état mental est une occurrence d'un état cérébral, mais (selon le physicalisme occasionnel) on ne peut pas pour autant réduire un type d'état mental à un type d'état cérébral (→ RÉDUCTIONNISME). *François* RECANATI.

**Linguistique.** — Types et occurrences linguistiques ont des statuts différents, car les types relèvent de la langue (ou de la compétence), et les occurrences, du discours (ou de la performance) (→ COMPÉTENCE/PERFORMANCE, DISCOURS, LANGAGE. Traitement du —). La distinction type/occurrence peut être étudiée aux trois niveaux de la description linguistique.

Au niveau du mot, elle permet de distinguer l'expression canonique de ses variantes graphiques ou phoniques, d'une part, et la signification normée de ses variations contextuelles, d'autre part (→ CONTEXTE et SITUATION, SIGNIFICATION). Pour rendre compte du rapport entre la signification comme type et des acceptions particulières en contexte, la sémantique cognitive a emprunté à la psychologie la notion de prototype (→ CATÉGORISATION, SÉMANTIQUE). Au niveau de la phrase, on distingue entre la phrase comme type, susceptible d'une interprétation littérale, et l'énoncé, susceptible d'interprétations dérivées : ainsi, la phrase *Il fait froid* peut recevoir l'interprétation *Fermez la fenêtre* (→ INTERPRÉTATION). Cette distinction renvoie à la pragmatique (→ PRAGMATIQUE). Enfin, au niveau du texte, les genres sont les types dont relèvent les textes-occurrences (→ TEXTE. Traitement du —). La linguistique cognitive n'a toutefois pas encore réellement étudié le problème des genres. Les schémas de compréhension (*frames* en anglais) analysés par la psychologie cognitive ne se rattachent qu'indirectement à ce problème. *François* RASTIER.

# V

## VALIDATION

*(angl., validation)*

**Philosophie.** — La validation est le type de méthode utilisé pour justifier les propositions d'une science. On peut distinguer la validation des sciences formelles et celle des sciences empiriques. Dans le premier cas, la démonstration en fournit le critère : une proposition validable est une proposition démontrable, c'est-à-dire dérivable dans un système axiomatique (→ LOGIQUE). Dans le second cas, la proposition à valider doit être déductible d'une loi générale (assortie de conditions initiales) ; en outre, elle doit pouvoir être testée, dans une mise à l'épreuve expérimentale qui ne suppose pas sa propre vérité (→ EXPÉRIENCE, VÉRITÉ). Cette validation est dite « hypothético-déductive ». Une proposition peut, sur cette base, être soit confirmée soit rejetée. En revanche, comme l'a montré Karl Popper, elle ne peut à proprement parler être vérifiée puisque de prémisses fausses peut découler une conséquence vraie. Une proposition qui ne peut être validée d'aucune manière n'a pas de contenu informatif, même si on peut lui reconnaître dans certains cas une valeur heuristique. *Joëlle Proust.*

**Intelligence Artificielle.** — Comme tout logiciel, un système à base de connaissances (SBC, → BASE DE CONNAISSANCES) doit être validé pour garantir qu'il résout correctement les problèmes pour lesquels il a été conçu (→ RÉSOLUTION DE PROBLÈMES). La caractéristique des SBC est qu'ils manipulent des connaissances spécifiques au domaine d'application (→ DOMAINE. Spécialisation quant au —), représentées explicitement dans la base de connaissances et séparément des procédures qui les utilisent. La validation d'un SBC porte donc principalement sur sa base de connaissances.

Une validation complète consisterait à s'assurer de l'adéquation parfaite entre les connaissances représentées et les connaissances réelles d'un expert du domaine. Atteindre une telle validation est impossible dans la mesure où toute formalisation du réel est par nature réductrice. On peut distinguer deux grands types d'approche pour la validation d'un SBC : le test et la vérification de certaines propriétés de la base de connaissances.

Le test consiste à confronter les résultats du SBC et ceux d'un expert du domaine sur un ensemble de problèmes constituant un jeu de tests. En cas de désaccord entre l'expert et le SBC sur un problème particulier, il s'agit d'isoler la cause de ce désaccord dans la base de connaissances. Pour cela, les capacités d'explication des SBC peuvent être utilisées (→ EXPLICATION), par exemple en présentant à l'expert la trace des enchaînements des règles ayant conduit au résultat fourni par le SBC. Un problème important pour la qualité de la validation par test est de garantir la représentativité du jeu de tests. Cela est possible si l'on dispose d'un ensemble de problèmes répertoriés constituant l'expertise de base du domaine étudié, comme c'est souvent le cas en médecine par exemple, où les dossiers des malades traités peuvent constituer autant de problèmes particuliers décrivant le champ d'expertise du SBC. L'évaluation du résultat de la validation par test est délicate, car le taux de succès du SBC est un critère relatif. En particulier, il doit être comparé au pourcentage des cas tests sur lesquels il y a accord entre différents experts du domaine.

La vérification automatique de certaines propriétés de la base de connaissances est un autre volet de la validation d'un SBC. L'idée générale est de traduire certaines anomalies, ou au contraire une certaine qualité des connaissances, par des propriétés formelles de leur représentation dans le formalisme choisi pour les encoder (→ REPRÉSENTATION). Ces propriétés définies, on peut étudier le problème de leur vérification automatique et envisager la conception d'algorithmes de vérification. Par exemple, si la base de connaissances est un ensemble de règles, on peut s'intéresser à la détection d'anomalies comme la présence de règles redondantes ou conflictuelles. Des propriétés plus globales de la base de connaissances comme la cohérence et la complétude peuvent être également formellement définies. Intuitivement, la cohérence d'une base de connaissances exprime le fait que, pour toute entrée correcte, les résultats inférés à partir des éléments de cette base ne sont pas contradictoires. Ce problème a été étudié et formalisé dans le cadre des bases de connaissances exprimées sous forme de règles logiques (→ LOGIQUE). Les entrées correctes sont alors formalisées comme des ensembles de faits vérifiant certaines contraintes d'intégrité qui traduisent les contraintes sémantiques du domaine (→ CONTRAINTES. Satisfaction de —, SÉMANTIQUE). Différents outils de vérification automatique de la cohérence de bases de connaissances ont été construits et sont associés à des formalismes particuliers de représentation des connaissances.

La construction d'une base de connaissances peut être considérée comme un processus incrémental de modélisation qui fournit des modèles successifs de plus en plus précis, permettant de passer d'un modèle d'analyse à un modèle opérationnel correspondant à la base de connaissances finale (→ MODÈLE). La validation doit alors porter sur les modèles successifs et également garantir que le processus de transformation des modèles se réalise de manière cohérente. *Marie-Christine* ROUSSET.

## VÉRITÉ

*(angl., truth)*

**Philosophie.** — Quoique certains philosophes aient considéré le concept de vérité comme inanalysable (Gottlob Frege), plusieurs types de théories ont été élaborés. Les théories dites « substantielles » définissent le sens du mot « vrai », et précisent de quelle nature peuvent être les porteurs du prédicat « vrai ». Les théories « modestes » se bornent à indiquer les conditions d'usage du mot, ou l'extension du prédicat, et non pas son sens.

La théorie de la correspondance pose qu'une proposition (phrase, croyance) est vraie si et seulement s'il existe un fait qui lui correspond et qui la rend vraie (Aristote, Bernard Bolzano, Bertrand Russell) (→ CROYANCE, LANGAGE. Traitement du —). La proposition vraie est censée décrire le fait correspondant en en exprimant la structure. Pour la théorie de la cohérence, la vérité ne dépend pas d'une relation entre langage et réalité, mais d'une relation de cohérence entre des phrases (Keith Lehrer). La théorie vérificationniste identifie la vérité à la vérifiabilité : dire qu'une proposition est vraie, c'est dire qu'elle serait vérifiée par la procédure appropriée (Charles Peirce, Michael Dummett). La théorie pragmatiste identifie la phrase vraie à celle qui favorise l'action (William James) (→ ACTION).

Les théories déflationnistes de la vérité nient que l'on puisse fournir une quelconque théorie substantielle de la vérité, en identifiant une propriété particulière propre aux phrases vraies. Il en existe différentes versions. Remarquant que la valeur de vérité d'une proposition *p* est toujours la même que celle de la proposition *p est vraie,* Frank Ramsey a avancé la théorie de la redondance : dire qu'une phrase est vraie consiste simplement à répéter ce qu'elle dit. Peter Strawson a suggéré que les prédicats « vrai » et « faux » ont la fonction de marquer l'accord ou le désaccord, et relèvent donc d'une analyse des énoncés performatifs. Dummett a proposé d'interpréter la vérité d'une phrase en termes d'assertabilité. La théorie dite « sémantique » de la vérité d'Alfred Tarski (→ SÉMANTIQUE) définit le concept de « vrai dans L » (un langage formel) par une équivalence entre toute phrase vraie et sa traduction : X est vrai si et seulement si *p,* où X désigne la phrase *p.* Les deux expressions X et *p* sont équivalentes ; ce schéma d'équivalence fournit une caractérisation partielle de la vérité dans L (plus exactement, la condition d'adéquation d'une définition de vrai dans L). Donald Davidson a proposé d'appliquer ce même concept aux langues naturelles : la phrase « La neige et blanche » est vraie en français si et seulement si la neige est blanche. Il a montré comment une théorie du sens pouvait être tirée d'une théorie de la vérité de ce type. *Joëlle* PROUST.

## VIE ARTIFICIELLE

*(angl., artificial life)*

**Intelligence Artificielle.** — L'émergence récente d'un intérêt pour la vie artificielle s'inscrit dans une tradition inaugurée par la cybernétique, qui fournit une base conceptuelle commune d'étude des objets naturels et artificiels. La vie artificielle représente une étape conceptuelle importante dans la science moderne, en s'efforçant de jeter des ponts entre l'esprit, le vivant et la matière (→ ESPRIT).

En postulant que la vie est une propriété non de la matière mais d'une forme d'organisation de la matière, elle tente de comprendre ce qui distingue les sciences de la matière et les sciences du vivant. En postulant que le cœur des facultés cognitives réside dans la capacité de vivre, elle tente de réduire la distance qui sépare les sciences de la cognition et les sciences du vivant. Parce qu'elle s'intéresse aux propriétés émergentes du vivant comme forme d'organisation de la matière, on peut considérer la vie artificielle comme une biologie synthétique (→ ÉMERGENCE). Parce qu'elle s'intéresse, chemin faisant, à une classe de systèmes dotés de facultés cognitives plus larges que les systèmes vivants, on peut la considérer comme une théorie des systèmes autonomes.

La vie artificielle, comme la biologie, est un champ scientifique destiné à comprendre le vivant. Mais, à la différence de la biologie, elle s'intéresse moins aux propriétés analytiques du vivant qu'à ses propriétés synthétiques émergentes. Dans ce but, elle s'efforce d'abstraire les processus fondamentaux du vivant pour étudier les principes dynamiques qui manifestent de telles propriétés émergentes et se propose d'expérimenter ces principes sur des supports physiques appropriés. Les automates autoreproducteurs de John von Neumann, les systèmes de Aristid Lindenmayer pour la morphogenèse, les algorithmes génétiques de John Holland pour les phénomènes d'évolution constituent des exemples d'abstraction de processus fondamentaux du vivant.

Comment ont été sélectionnés les métabolites responsables des cycles et hypercycles du métabolisme cellulaire ? Comment un nombre immense de cellules s'organisent-elles en espèces cellulaires pour constituer un être multicellulaire capable de se réparer lui-même ? Comment d'immenses collections de lymphocytes parviennent-ils à opérer cette distinction essentielle entre le soi et le non-soi ? Comment un nombre considérable d'espèces peuvent-elles co-évoluer au sein de l'écosphère ? Comment comprendre tous ces phénomènes d'émergence, où le système maintient son organisation de manière autopoiétique ? La vie, à tous les niveaux, est le siège de processus d'auto-organisation, entre l'ordre et le chaos. L'hypothèse que la vie se situe à la transition de l'ordre et du désordre, au bord du chaos, là où les grands systèmes interactifs atteignent leur maximum de complexité, est une heuristique majeure de la vie artificielle.

En postulant que le vivant est une propriété non de la matière mais d'une forme d'organisation de la matière, la vie artificielle ouvre la voie à des expérimentations sur d'autres supports physiques que les chaînes carbonées du vivant. En particulier, l'étude des grands systèmes interactifs constitutifs du vivant, comme systèmes co-évolutifs complexes, passe par leur modélisation et leur simulation. Même si cette simulation s'effectue parfois sur des supports physiques analogiques, elle utilise le plus généralement l'ordinateur comme instrument privilégié : en ce sens, la vie artificielle contient aussi une biologie computationnelle.

Comme discipline à la croisée de la biologie et de l'Intelligence Artificielle (IA), des sciences cognitives et des sciences physiques, la vie artificielle postule que le cœur des facultés cognitives réside dans la capacité à vivre, c'est-à-dire à maintenir sa viabilité et son autonomie dans des environnements variés et changeants (→ CONSTRUCTIVISME). Cette capacité à vivre s'enracine dans un appareil sensori-moteur (→ ACTION, PERCEPTION). L'esprit cesse d'être séparé du corps, comme dans le dualisme cartésien (→ DUALISME/MONISME) ; la cognition n'est plus d'abord le fait d'un pur esprit manipulant des symboles (→ COGNITIVISME, SYMBOLE) mais l'émergence d'un monde de significations pour un esprit plongé dans un corps. Enfin, un système autonome ne peut se concevoir de façon isolée : sa viabilité dépend de ses interactions symbiotiques avec un environnement composé d'autres systèmes autonomes. Cette dépendance devient cruciale dans le cas d'interactions sociales entre individus de la même espèce, dont les sociétés d'insectes constituent le premier exemple prototypique (→ COGNITION ANIMALE, COGNITION SOCIALE, COMMUNICATION, INTERACTION). On parle alors d'intelligence collective, comme capacité d'une société de systèmes autonomes à résoudre leur problème de viabilité collectivement mieux que séparément (→ DISTRIBUÉE. Intelligence —).

Pour comprendre les systèmes autonomes, la vie artificielle s'efforce d'en abstraire les principes dynamiques fondamentaux. Les recherches dans cette direction bénéficient des acquis de l'IA, des approches connexionnistes pour les aspects cognitifs (→ CONNEXIONNISME) et de la théorie des jeux pour l'étude des interactions sociales. La vie artificielle, en concevant et en expérimentant des agents autonomes, apporte un éclairage nouveau à des traditions d'ingénierie comme la robotique et la théorie du contrôle (→ CONTRÔLE, ROBOTIQUE), en y introduisant des concepts inspirés de la biologie tels que la viabilité, l'autonomie, l'adaptation ou l'intelligence collective. *Paul BOURGINE.*

## VIEILLISSEMENT

*(angl., aging)*

**Psychologie.** — Le vieillissement est un processus qui entraîne non seulement un affaiblissement physique et physiologique (voir *neuro.* ci-dessous), mais également une lente détérioration du fonctionnement mental. La cognition des personnes âgées se caractérise par un déclin des systèmes de traitement de l'information (→ INFORMATION), qui donne lieu à un ralentissement du traitement, observable notamment dans l'augmentation des temps de réaction. Le déclin n'est pas homogène : il est plus important pour certaines fonctions cognitives comme la mémoire, que pour d'autres comme le langage (→ LANGAGE. Traitement du —, MÉMOIRE), et, au sein d'une même fonction, certains processus sont moins perturbés que d'autres. Ainsi, on a mis en évidence une dissociation entre les différentes composantes de la mémoire : les déficits affecteraient plus la mémoire de travail et la mémoire épisodique testée de façon explicite. En outre, les données montrent très souvent une forte variabilité interindividuelle (→ DIFFÉRENCIATION). L'augmentation de l'hétérogénéité des performances cognitives avec l'âge et selon les individus constitue une donnée de base du vieillissement, qui doit être explorée en tant que telle.

Il existe deux types d'approches des effets de l'âge sur la fonctionnalité cognitive. Les approches analytiques cherchent à identifier les composantes de traitement spécifiquement affectées par l'âge. Les approches globales (John Cerella, Timothy Salthouse) interprètent le phénomène du vieillissement en termes de réduction des ressources de traitement disponibles plutôt qu'en termes d'altérations de mécanismes cognitifs spécifiques. En effet, les déficits liés à l'âge ne sont manifestes que dans les tâches pour lesquelles le coût en ressources cognitives est élevé. Il s'agit de tâches difficiles et complexes, qui impliquent des niveaux de traitement profonds, nécessitent l'intervention de processus contrôlés, requièrent la réalisation simultanée de stockage et de traitement d'informations (double tâche) (→ ATTENTION, CONTRÔLE). Certains faits, cependant, vont à l'encontre de l'hypothèse d'un facteur unique pour rendre compte du ralentissement des opérations cognitives. Les travaux sur les temps de réponse montrent, notamment, que l'augmentation relative du temps de traitement des sujets âgés par rapport à celui des jeunes adultes dépend de la fonction cognitive sollicitée. Ainsi, le coefficient de ralentissement est plus faible dans des tâches verbales (décision lexicale, catégorisation sémantique, etc.) que dans d'autres tâches (→ CATÉGORISATION, LEXIQUE, SÉMANTIQUE). Selon les modèles actuels, les multiples différences dues à l'âge dans des situations diverses sont fonction de la combinaison de paramètres correspondant à un nombre restreint de facteurs généraux (diminution du pool des ressources, mais aussi perturbation des processus de contrôle et de planification, manque de flexibilité) et à plusieurs facteurs spécifiques.

Cette approche multifactorielle conduit à abandonner la conception selon laquelle le vieillissement cognitif entraînerait un déclin généralisé et systématique. Les effets de l'âge peuvent varier en fonction des contraintes particulières de chaque tâche, ainsi que des caractéristiques des sujets. Il est donc important de rechercher les facteurs d'optimalisation des conduites (conditions contextuelles favorables, → CONTEXTE et SITUATION) et d'identifier les stratégies adaptatives par lesquelles, dans des activités normales, les personnes âgées tirent le meilleur parti de leur capacités et peuvent ainsi réduire, voire annihiler les différences liées à l'âge.

Un problème important est de pouvoir déterminer si le vieillissement pathologique correspond à des changements qualitatifs ou simplement à une amplification de ce qui est observé dans le vieillissement normal. *Viviane* POUTHAS.

**Neuroscience.** — L'affaiblissement avec l'âge des performances intellectuelles s'accompagne d'altérations morphologiques et métaboliques *a priori* physiologiques dont le lien avec les démences dégénératives, notamment la maladie d'Alzheimer, posc encore de nombreux problèmcs. Lors du développement, du vieillissement et de la plupart des affections pathologiques cérébrales (→ NEUROPSYCHOLOGIE), la plasticité du réseau neuronal se traduit par un renouvellement permanent, conséquence à la fois d'un équilibre entre la prolifération et la mort cellulaires (des seules cellules gliales puisque les neurones sont des cellules post-mitotiques dont le nombre ne peut que diminuer) et d'un remodelage de l'arborisation dendritique. Avec l'âge, cette plasticité est cependant moins efficace, en particulier dans les régions hippocampiques cruciales pour la mémorisation (→ MÉMOIRE). Macroscopiquement, le vieillissement physiologique est caractérisé par une diminution du poids et du volume du cerveau (2 % par décennie à partir de 50 ans). Cette atrophie cérébrale est toutefois variable selon les individus et pourrait en outre s'estomper chez les sujets très âgés. Le scanner et l'Imagerie par Résonance Magnétique (IRM) permettent de mesurer cette atrophie au niveau de l'élargissement des sillons et des ventricules. Contrairement aux constatations anciennes, les techniques morphométriques ont révélé que la densité neuronale néocorticale est peu abaissée, l'atrophie semblant ainsi liée à une diminution du calibre des corps cellulaires des neurones et à une réduction des arborisations dendritiques. On observe aussi une accumulation intra-cellulaire de lipofuscine ainsi que des lésions de plaques séniles et de dégénérescences neurofibrillaires et granulovacuolaires (ces trois dernières lésions sont toutefois moins importantes et plus limitées à l'hippocampe que dans la maladie d'Alzheimer). Les altérations des systèmes de neurotransmission (dopamine, acétylcholine, GABA) sont particulièrement nettes dans l'hippocampe. L'évaluation du métabolisme montre une diminution globale des débits sanguins cérébraux (Xenon 133, HMPAO) et une réduction des consommations corticales d'oxygène et de glucose (Tomographie d'émission de positons).

Malgré leurs biais méthodologiques respectifs, des études transversales et longitudinales ont montré l'existence d'un vieillissement cognitif physiologique qu'il importe de bien connaître afin de déceler à partir de quel moment un comportement cognitif est encore dans la norme ou bien a franchi la frontière du pathologique (voir *psycho.* ci-dessus). Ce déclin est marqué par une double hétérogénéité inter- et intra-individuelle qu'il est là aussi important de connaître car il est certain que l'installation d'un processus démentiel ne fera qu'amplifier les différences observées dans la population normale (→ DIFFÉRENCIATION). En ce qui concerne les processus attentionnels, l'attention divisée (sélection du message le plus pertinent parmi plusieurs candidats) serait plus sensible à l'âge que l'attention concentrée sur une information (→ ACTIVATION/INHIBITION, ATTENTION, INFORMATION). L'âge affecte aussi différemment la mémoire selon le type de processus : grossièrement, la mémoire de travail active, la mémoire récente, la mémoire épisodique, la mémoire sérielle, l'évocation libre et la mémoire explicite sont plus sensibles au vieillissement que la mémoire immédiate passive, la mémoire ancienne, la mémoire sémantique, la mémoire logique, l'évocation par reconnaissance et la mémoire implicite. Il est classique d'opposer l'intelligence fluide (rapidité des processus mentaux, capacités d'abstraction, de généralisation, d'inférences, de traitement simultané de plusieurs informations, → CONTRÔLE, RAISONNEMENT et RATIONALITÉ) à l'intelligence cristallisée (connaissances lexico-sémantiques, concepts, acquis culturels, → CONCEPT, LEXIQUE, SÉMANTIQUE), cette dernière étant moins sensible à l'âge que l'intelligence fluide. Ceci est maintenant nuancé pour les performances verbales qui déclinent modérément à partir de 70 ans, sans que le vieillissement affecte de manière identique les différentes composantes linguistiques (→ LANGAGE. Traitement du —). L'évocation lexicale, processus actif d'exploration lexicale, est plus diminuée que la dénomination. Cette dernière est davantage affectée par une diminution de la disponibilité du lexique que par son altération spécifique. La compréhension orale pourrait être diminuée du fait de la limitation des capacités de mémoire de travail. L'analyse du récit montre une simplification des structures syntaxiques et davantage d'erreurs grammaticales, alors que la diversité lexicale, le nombre de mots et la longueur des énoncés ne sont pas modifiés (→ GRAMMAIRE, SYNTAXE, TEXTE. Traitement du —). Le discours spontané est plus long, avec des phrases plus longues et plus complexes (→ DISCOURS). Les processus automatiques qui ne mobilisent pas d'attention consciente seraient préservés alors que les processus contrôlés qui exigent une analyse consciente et un coût attentionnel élevé (*effortful* en anglais) seraient diminués (→ AUTOMATISME). Ainsi, le vieillissement semble ralentir la vitesse de traitement des opérations mentales et diminuer la capacité à réaliser simultanément des opérations cognitives complexes.

La survenue de maladies neuro-dégénératives (maladies d'Alzheimer, de Parkinson, etc.) est corrélée à l'âge, mais de nombreuses incertitudes demeurent quant à leurs liens avec la biologie du vieillissement. Les mécanismes supposés sont génétiques, trophiques ou cytotoxiques. Possible voie finale de différents mécanismes neuro-dégénératifs, l'excès intra-cellulaire de calcium est favorisé par la formation de radicaux libres, l'excès d'acides aminés excitateurs (glutamate, aspartate), des altérations du métabolisme énergétique mitochondrial et la suractivation d'enzymes cellulaires. Une mention doit être faite de l'apoptose (mort cellulaire génétiquement programmée) qui s'oppose à la mort cellulaire pathologique par nécrose. Résultat d'un équilibre entre des gènes pro-apoptotiques (dits « de suicide ») et anti-apoptotiques (dits « de survie »), l'apoptose survient à la fois dans des conditions physiologiques (développement embryonnaire et fœtal des circuits nerveux) et pathologiques. Elle est, en effet, impliquée, mais à des degrés qui restent à être précisés, dans de nombreuses pathologies, qu'elles soient dégénératives ou pas (maladie d'Alzheimer, sclérose latérale amyotrophique, maladie de Parkinson, encéphalopathies HIV, accident vasculaire cérébral, maladies à prions, maladie de Huntington, atrophie spinale musculaire).

La maladie d'Alzheimer (MA) est une démence dégénérative caractérisée par une altération progressive de la mémoire, du comportement, de la personnalité, du langage, des fonctions gestuelles et visuo-spatiales, évoluant en sept à huit ans vers le décès. Conjointement à la présence d'un allèle apoe4, l'âge est le principal facteur de risque des formes sporadiques tardives de MA, mais des travaux récents semblent montrer un plateau de la prévalence après 95 ans. Des mutations sur les chromosomes 21, 14 et 1 sont à l'origine des formes familiales précoces autosomiques dominantes. L'atrophie corticale, plus marquée dans les régions temporales internes, est secondaire à une perte neuronale liée aux dégénérescences neurofibrillaires. Aussi présentes dans le vieillissement normal, les plaques séniles et les dégénérescences neurofibrillaires et granulovacuolaires sont cependant plus denses et plus diffuses en cas de MA. Trois régions sont lésées : en premier lieu, le système limbique (complexe hippocampo-amygdalien, cortex entorhinal, para-hippocampique et cingulaire), les aires associatives néocorticales pariétales, temporales et préfrontales, et certains noyaux des régions diencéphalo-mésencéphaliques (noyau de Meynert) et du tronc cérébral. La densité des plaques séniles est corrélée à la détérioration cognitive des sujets Alzheimer. Deux paradigmes s'opposent quant aux liens entre vieillissement et MA : l'un, physiologique, selon lequel le vieillissement cognitif serait la conséquence inéluctable de l'avancée en âge, l'autre, nosologique, où surviendrait une (ou des) maladie(s) à cause inconnue, les démences dégénératives. *Bernard CROISILE.*

## VOLONTÉ

*(angl., will)*

**Philosophie.** — La notion de volonté désigne habituellement un phénomène psychologique, souvent difficile à distinguer du désir et de l'intention, conçu comme un événement mental (une volition) intérieur à un agent et le déterminant à l'action (→ ACTION, DÉSIR). En ce sens, on peut la concevoir tantôt de manière dualiste comme une cause mentale distincte des effets physiques qu'elle produit (→ CAUSALITÉ, DUALISME/MONISME), tantôt de manière matérialiste comme identique à un événement cérébral causant une série d'événements physiques (→ PHYSICALISME). Mais si la volonté est un événement mental interne (physique ou non), faut-il dire que l'action commence quand cet événement se produit, en sorte qu'il suffit à l'agent de vouloir faire A pour faire A ? Mais essayer de faire A n'est pas faire A. Pour éviter cette aporie, certains philosophes, comme Elizabeth Anscombe, soutiennent que le terme de volontaire ou d'intentionnel pour caractériser une action ne renvoie à aucun événement mental particulier, mais à un complexe d'attitudes psychologiques (en particulier des désirs et des croyances, → CROYANCE) et de comportements. Cette conception se heurte toutefois au fait qu'il semble bien y avoir, dans les raisonnements pratiques et les actions intentionnelles (→ RAISONNEMENT et RATIONALITÉ), des événements psychologiques séparés identifiables à des intentions ou à des volitions, qui causent des actions. *Pascal ENGEL.*

## GLOSSAIRE ANGLAIS-FRANÇAIS

*Abduction*, abduction
*Action*, action
*Activation/inhibition*, activation/inhibition
*Aging*, vieillissement
*Animal cognition*, cognition animale
*Artificial life*, vie artificielle
*Aspect*, aspect
*Attention*, attention
*Autism*, autisme
*Automatism*, automatisme

*Belief*, croyance

*Categorization*, catégorisation
*Causality, mental causation*, causalité
*Cognitive development*, développement cognitif
*Cognitive psychiatry*, psychiatrie cognitive
*Cognitivism*, cognitivisme
*Communication*, communication
*Competence/performance*, compétence/performance
*Complexity*, complexité
*Computational analysis*, analyse computationnelle
*Concept*, concept
*Connectionism*, connexionnisme
*Consciousness*, conscience
*Constraint*, contrainte (satisfaction de —)
*Constructivism*, constructivisme
*Context and situation*, contexte et situation
*Control*, contrôle
*Counterfactual*, contrefactuel
*Creativity*, créativité

*Desire*, désir
*Differentiation*, différenciation

*Discourse*, discours
*Distributed intelligence*, distribuée (intelligence —)
*Domain specificity*, domaine (spécialisation quant au —)
*Dualism/monism*, dualisme/monisme
*Dynamic system*, système dynamique

*Emergence*, émergence
*Emotion*, émotion
*Epiphenomenalism*, épiphénoménisme
*Epistemic*, épistémique
*Epistemology*, épistémologie
*Experience*, expérience
*Explanation*, explication
*Expressiveness*, expressivité
*Externalism/internalism*, externalisme/internalisme

*Fetal cognition*, cognition du fœtus
*Frame problem*, cadre (problème du —)
*Function*, fonction
*Functional neuroimaging*, imagerie cérébrale fonctionnelle
*Functionalism*, fonctionnalisme
*Fuzzy*, flou

*Goal-directed behavior*, comportement orienté
*Grammar*, grammaire

*Holism*, holisme

*Identity*, identité
*Individualism*, individualisme
*Infant cognition*, cognition du bébé
*Information*, information
*Inheritance*, héritage
*Intentionality*, intentionnalité
*Interaction*, interaction
*Interpretation*, interprétation
*Introspection*, introspection

*Knowledge acquisition*, acquisition de connaissances
*Knowledge base*, base de connaissances

*Language*, langage (traitement du —)
*Language of thought*, langage de la pensée
*Learning*, apprentissage
*Lexicon*, lexique
*Localization of function*, localisation cérébrale
*Logic*, logique
*Logicism/psychologism*, logicisme/psychologisme

*Meaning*, signification
*Memory*, mémoire
*Mental imagery*, imagerie mentale
*Metacognition*, métacognition
*Mind*, esprit
*Modality*, modalité
*Model*, modèle
*Modularity*, modularité
*Morphology*, morphologie

*Naturalization*, naturalisation
*Neural Darwinism*, Darwinisme neural-mental
*Neural network*, réseau neuronal
*Neuropsychology*, neuropsychologie
*Normativity*, normativité
*Number*, nombre

*Object*, objet
*Oral*, oral

*Pattern recognition*, reconnaissance de formes
*Perception*, perception
*Phenomenalism*, phénoménisme
*Physicalism*, physicalisme
*Pragmatics*, pragmatique
*Problem solving*, résolution de problèmes
*Propositional attitude*, attitude propositionnelle
*Propositional format*, propositionnel (format —)
*Psychophysics*, psychophysique

*Qualia*, qualia
*Qualitative physics*, physique qualitative

*Reading*, lecture
*Realism*, réalisme
*Reasoning and rationality*, raisonnement et rationalité
*Reductionism*, réductionnisme
*Relevance*, pertinence
*Representation*, représentation
*Robotics*, robotique

*Schizophrenia*, schizophrénie
*Semantic case, thematic relation*, actance (relation actantielle)
*Semantic network*, réseau sémantique
*Semantics*, sémantique
*Semiotics*, sémiotique
*Sense*, sens
*Sense/reference*, sens/référence

*Sign*, signe
*Social cognition*, cognition sociale
*Space*, espace
*Subdoxastic*, subdoxastique
*Supervenience*, survenance
*Symbol*, symbole
*Syntax*, syntaxe

*Text*, texte (traitement du —)
*Thematic relation*, actance (relation actancielle)
*Theory of mind*, théorie de l'esprit
*Time, tense*, temps
*Truth*, vérité
*Turing machine*, machine de Turing
*Type/token*, type/occurrence

*Validation*, validation

*Will*, volonté
*Writing*, écriture

LISTE DES ENTRÉES

# *COLLECTION « QUADRIGE »*

| | |
|---|---|
| AFTALION F. | L'Économie de la Révolution française |
| ALAIN | Propos sur l'éducation *suivis de* Pédagogie enfantine |
| ALAIN | Propos sur les beaux-arts |
| ALAIN | Stendhal *et autres textes* |
| ALQUIÉ F. | Le Désir d'éternité |
| ALTHUSSER L. | Montesquieu, la politique et l'histoire |
| ALTHUSSER L. et BALIBAR É. | Lire *Le Capital* |
| AMBRIÈRE M. | Balzac et *La Recherche de l'Absolu* |
| ANDREAS-SALOMÉ L. | Ma vie |
| ARON R. | La Sociologie allemande contemporaine |
| ASSOUN P.-L. | Introduction à la métapsychologie freudienne |
| ASSOUN P.-L. | Freud, la philosophie et les philosophes |
| ASSOUN P.-L. | Freud et Nietzsche |
| ASSOUN P.-L. | Freud et Wittgenstein |
| ASSOUN P.-L. | Le Freudisme |
| ASSOUN P.-L. | Marx et la répétition historique |
| ATTALI J. | Analyse économique de la vie politique |
| ATTALI J. et GUILLAUME M. | L'Anti-économique |
| AUBENQUE P. | Le Problème de l'être chez Aristote |
| AUBENQUE P. | La Prudence chez Aristote |
| AUDI P. | Supériorité de l'éthique. De Schopenhauer à Wittgenstein |
| AYMARD A. et AUBOYER J. | L'Orient et la Grèce antique |
| AYMARD A. et AUBOYER J. | Rome et son Empire |
| BACHELARD G. | La Philosophie du non |
| BACHELARD G. | La Poétique de l'espace |
| BACHELARD G. | La Poétique de la rêverie |
| BACHELARD G. | Le Nouvel Esprit scientifique |
| BACHELARD G. | La Flamme d'une chandelle |
| BACHELARD G. | Le Rationalisme appliqué |
| BACHELARD G. | La Dialectique de la durée |
| BACHELARD G. | Le Matérialisme rationnel |
| BACHELARD G. | Le Droit de rêver |
| BALANDIER G. | Sens et puissance |
| BALANDIER G. | Sociologie actuelle de l'Afrique noire |
| BALANDIER G. | Anthropologie politique |
| BALIBAR É. | Droit de cité |
| BARON S. W. | Histoire d'Israël, vol. 1 |
| BARON S. W. | Histoire d'Israël, vol. 2 |
| BARRET-KRIEGEL B. | Les Droits de l'homme et le droit naturel |
| BASTIDE R. | Les Problèmes de la vie mystique |
| BASTIDE R. | Sociologie et psychanalyse |
| BEAUFRET J. | Parménide. Le Poème |
| BELLEMIN-NOËL J. | Vers l'inconscient du texte |
| BELLEMIN-NOËL J. | Psychanalyse et littérature |
| BENCHEIKH J. E., DIDIER B. | Dictionnaire de littérature de langue arabe |
| BENOIST J.-M. | Marx est mort |
| BENOIST J.-M. | Tyrannie du logos |

| | |
|---|---|
| BENOIST L. | Histoire de la peinture |
| BENSUSSAN-LABICA G. | Dictionnaire critique du marxisme |
| BERGSON H. | Essai sur les données immédiates de la conscience |
| BERGSON H. | L'Énergie spirituelle |
| BERGSON H. | L'Évolution créatrice |
| BERGSON H. | Le Rire |
| BERGSON H. | Les Deux Sources de la morale et de la religion |
| BERGSON H. | Matière et mémoire |
| BERGSON H. | La Pensée et le mouvant |
| BERGSON H. | Durée et simultanéité |
| BERNARD C. | Principes de médecine expérimentale |
| BERNSTEIN | Des idées capitales |
| BERTHELOT | La Sociologie française contemporaine |
| BILLIG J. | L'Hitlérisme et le système concentrationnaire |
| BLANCHÉ R. | L'Axiomatique |
| BLOCH J.-R. | Destin du siècle |
| BLONDEL M. | L'Action (1893) |
| BOILEAU-NARCEJAC | Le Roman policier |
| BONTE P. et IZARD M. | Dictionnaire de l'ethnologie et de l'anthropologie |
| BORNE É. | Le Problème du mal |
| BOUDON R. | Effets pervers et ordre social |
| BOUDON R. | La Place du désordre |
| BOUDON R. | Études sur les sociologues classiques |
| BOUDON R. | Études sur les sociologues classiques II |
| BOUDON R. | Le Sens des valeurs |
| BOUDON R. et BOURRICAUD F. | Dictionnaire critique de la sociologie |
| BOUDOT P. | Nietzsche en miettes |
| BOUGLÉ C. | Essais sur le régime des castes |
| BOUHDIBA A. | La Sexualité en Islam |
| BOUTANG P. | Ontologie du secret |
| BOUVIER, GEORGE, LE LIONNAIS | Dictionnaire des mathématiques |
| BRAUDEL F. et LABROUSSE E. | Histoire économique et sociale de la France<br>T. I : 1450-1660<br>T. II : 1660-1789<br>T. III : 1789-années 1880<br>T. IV : Années 1880-1950<br>T. V : Années 1950-1980 |
| BRÉHIER É. | Histoire de la philosophie, vol. 1 |
| BRÉHIER É. | Histoire de la philosophie, vol. 2 |
| BRÉHIER É. | Histoire de la philosophie, vol. 3 |
| BUBER M. | Moïse |
| CANGUILHEM G. | Le Normal et le pathologique |
| CANTO-SPERBER | Éthiques grecques |
| CARBONNIER J. | Sociologie juridique |
| CARON J. | Précis de psycholinguistique |
| CARRILHO M. M. | Rhétoriques de la modernité |
| CAUQUELIN A. | L'Invention du paysage |
| CAUQUELIN A. | Le Site et le paysage |
| CHAILLEY J. | Histoire musicale du Moyen Âge |
| CHAÎNEAU A. | Mécanismes et politique monétaires |
| CHARNAY J.-P. | La Vie musulmane en Algérie |
| CHÂTELET F., DUHAMEL O. et PISIER É. | Dictionnaire des œuvres politiques |
| CHAUVIN R. | Les Sociétés animales |
| CHEBEL M. | Le Corps en Islam |
| CHEBEL M. | L'Imaginaire arabo-musulman |
| COHEN-TANUGI L. | Le Droit sans l'État |
| COLAS D. | Le Léninisme |

| | |
|---|---|
| CONCHE M. | Essais sur Homère |
| CONSEIL NATIONAL DU DÉVELOPPEMENT DE SCIENCES HUMAINES ET SOCIALES | Pour une politique des sciences de l'homme et de la société |
| CORNU G. | Vocabulaire juridique |
| CORTOT A. | La Musique française de piano |
| CORVISIER A. | Histoire militaire de la France |
| | T. I : Des origines à 1715 |
| | T. II : De 1715 à 1871 |
| | T. III : De 1871 à 1940 |
| | T. IV : De 1940 à nos jours |
| COTTERET J.-M. | Gouverner c'est paraître |
| CROUZET M. | L'Époque contemporaine |
| CROZET R. | L'Art roman |
| DANDREY P. | Poétique de La Fontaine, I : La Fabrique des fables |
| DAUMAS M. | Histoire générale des techniques |
| DAUMAS M. | T. 1 : Des origines au XVIe siècle |
| | T. 2 : Les Premières Étapes du machinisme |
| | T. 3 : L'Expansion du machinisme |
| | T. 4 : Énergie et matériaux |
| | T. 5 : Transformation - Communication - Facteur humain |
| DAVIS M. et WALLBRIDGE D. | Winnicott. Introduction à son œuvre |
| DE LAMARCK J.-B. | Système analytique des connaissances positives de l'homme |
| DELEUZE G. | La Philosophie critique de Kant |
| DELEUZE G. | Proust et les signes |
| DELEUZE G. | Nietzsche et la philosophie |
| DELEUZE G. | Le Bergsonisme |
| DENIS H. | Histoire de la pensée économique |
| DENIS P. et SCHEFFER J. | Devenir psychanalyste ? |
| DE ROMILLY J. | Dictionnaire de littérature grecque ancienne et moderne |
| DERRIDA J. | La Voix et le phénomène |
| DESCARTES R. | Méditations métaphysiques |
| DEUTSCH H. | La Psychologie des femmes, t. I |
| DEUTSCH H. | La Psychologie des femmes, t. II |
| DOCKÈS P. | Ordre et désordres dans l'économie-monde |
| DOUIN J.-L. | Dictionnaire de la censure au cinéma |
| DROZ J. | Histoire générale du socialisme |
| | T. 1 : Des origines à 1875 |
| | T. 2 : De 1875 à 1918 |
| | T. 3 : De 1918 à 1945 |
| | T. 4 : De 1945 à nos jours |
| DUHAMEL O. | La Gauche et la Ve République |
| DUMÉZIL G. | Du mythe au roman |
| DUPÂQUIER J. | Histoire de la population française |
| | T. 1 : Des origines à la Renaissance |
| | T. 2 : De la Renaissance à 1789 |
| | T. 3 : De 1789 à 1914 |
| | T. 4 : De 1914 à nos jours |
| DURAND G. | L'Imagination symbolique |
| DURKHEIM É. | Les Règles de la méthode sociologique |
| DURKHEIM É. | Le Suicide |
| DURKHEIM É. | Les Formes élémentaires de la vie religieuse |
| DURKHEIM É. | Éducation et sociologie |
| DURKHEIM É. | De la division du travail social |
| DURKHEIM É. | L'Évolution pédagogique en France |
| DURKHEIM É. | Leçons de sociologie |
| DURKHEIM É. | Le Socialisme |
| DURKHEIM É. | L'Éducation morale |

| | |
|---|---|
| DURKHEIM É. | Sociologie et philosophie |
| DUVIGNAUD J. | Sociologie du théâtre |
| ECO U. | Sémiotique et philosophie du langage |
| EINAUDI | Un rêve algérien |
| ELLUL J. | Histoire des institutions. L'Antiquité |
| ELLUL J. | Histoire des institutions. Le Moyen Âge |
| ELLUL J. | Histoire des institutions. XVI$^e$-XVIII$^e$ siècle |
| ELLUL J. | Histoire des institutions. Le XIX$^e$ siècle |
| FEBVRE L. | Martin Luther, un destin |
| FERRY L. | Philosophie politique |
| | T. 1 : Le Droit |
| | T. 2 : Le Système des philosophies de l'histoire |
| FERRY L. | T. 3 : Des droits de l'homme à l'idée républicaine |
| et RENAUT A. | |
| FESTUGIÈRE A.-J. | Épicure et ses dieux |
| FICHTE J. G. | Fondement du droit naturel selon les principes de la doctrine de la science |
| FILLIOZAT | Dictionnaire des littératures de l'Inde |
| FOCILLON H. | L'Art des sculpteurs romans |
| FOCILLON H. | La Vie des formes |
| FOUCAULT M. | Maladie mentale et psychologie |
| FOUCAULT M. | Naissance de la clinique |
| FOULQUIÉ P. | Dictionnaire de la langue pédagogique |
| FRAISSE G. | La Controverse des sexes |
| FREUD S. | L'Homme aux loups |
| FREUD S. | L'Homme aux rats |
| FREUD S. | La Première Théorie des névroses |
| FREUD S. | Le Président Schreber |
| FREUD S. | L'Avenir d'une illusion |
| FREUD S. | Inhibition, symptôme et angoisse |
| FREUD S. | Le Malaise dans la culture |
| FUMAROLI M., ZUBER R. | Dictionnaire de littérature française du XVII$^e$ siècle |
| GALLIEN C.-L. | Homo. Histoire plurielle d'un genre très particulier |
| GANDHI | Autobiographie ou mes expériences de la vérité |
| GINOUVÈS R. | L'Art grec |
| GODECHOT J. | La Contre-Révolution, 1789-1804 |
| GORCEIX B. | La Bible des Rose-Croix |
| GROSSKURTH | Melanie Klein |
| GROUSSET R. | Les Croisades |
| GUITTON J. | Justification du temps |
| GUSDORF G. | La Parole |
| HALPÉRIN J.-L. | Histoire du droit privé français depuis 1804 |
| HAMON Ph. | Texte et idéologie |
| HAMSUN K. | La Faim |
| HAROUEL J.-L. | Culture et contre-cultures |
| HAYEK F. A. | La Route de la servitude |
| HAYEK F. A. | Droit, législation et liberté |
| | Vol. 1 : Règles et ordre |
| | Vol. 2 : Le Mirage de la justice sociale |
| | Vol. 3 : L'Ordre politique d'un peuple libre |
| HEERS J. | Le Clan familial au Moyen Âge |
| HEIDEGGER M. | Qu'appelle-t-on penser ? |
| HENRY M. | La Barbarie |
| HIRSCHMAN A. O. | Les Passions et les intérêts |
| HOUDÉ O. | Vocabulaire de sciences cognitives |
| HYPPOLITE J. | Figures de la pensée philosophique, vol. I et II |
| JACCARD R. | La Tentation nihiliste |
| JANKÉLÉVITCH V. | Philosophie première |
| JANKÉLÉVITCH V. | Henri Bergson |
| JOHNSTON W. | L'Esprit viennois |

| | |
|---|---|
| JULIEN F. | La Valeur allusive |
| JURANVILLE A. | Lacan et la philosophie |
| KANT E. | Critique de la raison pratique |
| KANT E. | Critique de la raison pure |
| KANT E. | Qu'est-ce qu'un livre ? |
| KLEIN M. | Développements de la psychanalyse |
| KLEIN M. | La Psychanalyse des enfants |
| KRIEGEL B. | L'Histoire à l'âge classique |
| | T. I : Jean Mabillon |
| | T. II : La Défaite de l'érudition |
| | T. III : Les Académies de l'histoire |
| | T. IV : La République incertaine |
| LACOSTE Y. | Géographie du sous-développement |
| LAFON R. | Vocabulaire de psychopédagogie et de psychiatrie de l'enfant |
| LAGACHE D. | La Jalousie amoureuse |
| LAGACHE D. | L'Unité de la psychologie |
| LALANDE A. | Vocabulaire technique et critique de la philosophie, vol. 1 et 2 |
| LAPLANCHE J. | Hölderlin et la question du père |
| LAPLANCHE J. | Nouveaux fondements pour la psychanalyse |
| LAPLANCHE J. | Problématiques |
| | I : L'Angoisse |
| | II : Castration. Symbolisations |
| | III : La Sublimation |
| | IV : L'Inconscient et le Ça |
| | V : Le Baquet. Transcendance du transfert |
| LAPLANCHE J. et PONTALIS J.-B. | Vocabulaire de la psychanalyse |
| LAPLANCHE J. | Entre séduction et inspiration : l'homme |
| LAURÉ, BABEAU et LOUIT | Les Impôts gaspilleurs |
| LARTHOMAS P. | Le Langage dramatique |
| LE BON G. | Psychologie des foules |
| LE BRETON D. | Anthropologie du corps et modernité |
| LE BRETON D. | Conduites à risque |
| LE RIDER J. | Modernité viennoise et crises de l'identité |
| LEBOVICI S., DIATKINE R., SOULÉ M. | Nouveau Traité de psychiatrie de l'enfant et de l'adolescent, T. 1 |
| LEBOVICI S., DIATKINE R., SOULÉ M. | Nouveau Traité de psychiatrie de l'enfant et de l'adolescent, T. 2 |
| LEBOVICI S., DIATKINE R., SOULÉ M. | Nouveau Traité de psychiatrie de l'enfant et de l'adolescent, T. 3 |
| LEBOVICI S., DIATKINE R., SOULÉ M. | Nouveau Traité de psychiatrie de l'enfant et de l'adolescent, T. 4 |
| LECOURT D. | Lyssenko. Histoire réelle d'une « science prolétarienne » |
| LECOURT D. | L'Amérique entre la Bible et Darwin |
| LECOURT D. | Contre la peur |
| LEFEBVRE H. | Le Matérialisme dialectique |
| LÉONARD E. G. | Histoire générale du protestantisme |
| | T. I : La Réformation |
| | T. II : L'Établissement |
| | T. III : Déclin et renouveau |
| LEROI-GOURHAN A. | Les Religions de la préhistoire |
| LEROI-GOURHAN A. | Dictionnaire de la préhistoire |
| LEVINAS E. | Le Temps et l'autre |
| LÉVI-STRAUSS C. | L'Identité |
| LÉVY-BRUHL L. | L'Âme primitive |
| LÉVY-BRUHL L. | Carnets de note |
| LÉVY A., DIDIER B. | Dictionnaire de littérature chinoise |
| LIÉBERT G. | Nietzsche et la musique |
| LOCKE J. | Lettre sur la tolérance |

| | |
|---|---|
| LOVY R.-J. | Luther |
| MAÏMONIDE M. | Le Livre de la connaissance |
| MAISTRE J. DE | Écrits sur la Révolution |
| MÂLE P. | Psychothérapie de l'adolescent |
| MARÇAIS G. | L'Art musulman |
| MARION J.-L. | Dieu sans l'être |
| MARION J.-L. | Sur la théologie blanche de Descartes |
| MARX K. | Le Capital, livre I |
| MATTÉI J.-F. | Philosopher en français |
| MATTÉI J.-F. | Platon et le miroir du mythe |
| MAUSS M. | Sociologie et anthropologie |
| MEILLASSOUX C. | L'Anthropologie de l'esclavage |
| MÉLÈZE-MODRZEJEWSKI J. | Les Juifs d'Égypte de Ramsès II à Hadrien |
| MERLEAU-PONTY M. | La Structure du comportement |
| MEYER M. | Langage et littérature |
| MEYER M. | Le Questionnement |
| MEYER M. | Science et métaphysique chez Kant |
| MEYER M. | Pour une histoire de l'ontologie |
| MICHALET C.-A. | Le Capitalisme mondial |
| MICHAUD Y. | Hume et la fin de la philosophie |
| MICHAUD Y. | Locke |
| MILL J. | L'Utilitarisme. Essai sur Bentham |
| MINKOWSKI E. | Le Temps vécu |
| MONTAIGNE M. de | Les Essais, livre I |
| MONTAIGNE M. de | Les Essais, livre II |
| MONTAIGNE M. de | Les Essais, livre III |
| MORENO J.-L. | Psychothérapie de groupe et psychodrame |
| MOSCOVICI S. | Psychologie des minorités actives |
| MOUNIN G. | Dictionnaire de la linguistique |
| MOUNIN G. | Histoire de la linguistique, des origines au XX^e^ siècle |
| MOUSNIER R. | Les XVI^e^ et XVII^e^ siècles |
| MOUSNIER R. et LABROUSSE E. | Le XVIII^e^ siècle. L'époque des « Lumières » (1715-1815) |
| NÉRAUDAU J.-P. | Dictionnaire de l'histoire de l'art |
| NIETZSCHE, RÉE, SALOMÉ | Correspondance |
| NISBET R. A. | La Tradition sociologique |
| NIVEAU M. et CROZET Y. | Histoire des faits économiques contemporains |
| ORIGAS J.-J., DIDIER B. | Dictionnaire de littérature japonaise |
| PARISET F. G. | L'Art classique |
| PAUGAM S. | La Disqualification sociale |
| PERRIN M. | Les Praticiens du rêve |
| PERROY E. | Le Moyen Âge |
| PIAGET J. | Sagesse et illusions de la philosophie |
| PIÉRON H. | Vocabulaire de la psychologie |
| PIRENNE H. | Mahomet et Charlemagne |
| POULANTZAS N. | L'État, le pouvoir, le socialisme |
| PRIGENT M. | Le Héros et l'État dans la tragédie de Pierre Corneille |
| QUINODOZ J.-M. | La Solitude apprivoisée |
| RAVAISSON F. | De l'habitude |
| RAWLS J. | Libéralisme politique |
| RAYNAUD F. | Max Weber et les dilemmes de la raison moderne |
| RIALS S. | Villey et les idoles |
| RIEGEL, PELLAT, RIOUL | Grammaire méthodique du français |
| ROBIN L. | Platon |
| RODIS-LEWIS G. | La Morale de Descartes |
| ROMILLY J. DE | La Tragédie grecque |
| ROSSET C. | Schopenhauer, philosophe de l'absurde |
| ROSSET C. | L'Esthétique de Schopenhauer |
| ROSSET C. | L'Anti-Nature |
| ROSSET C. | La Philosophie tragique |

| | |
|---|---|
| ROSSET C. | Logique du pire |
| ROUSSILLON | Paradoxes et situations limites de la psychanalyse |
| SALAIS R., BAVEREZ N., REYNAUD B. | L'Invention du chômage |
| SALA-MOLINS L. | Le Code Noir ou le calvaire de Canaan |
| SANSOT P. | Les Gens de peu |
| SARTRE J.-P. | L'Imagination |
| SAUVY A. | L'Opinion publique |
| SCHWARTZ O. | Le monde privé des ouvriers |
| SCHNERB R. | Le XIX^e siècle |
| SCHOPENHAUER A. | Aphorismes sur la sagesse dans la vie |
| SCHOPENHAUER A. | De la volonté dans la nature |
| SEIGNOBOS C. | Histoire sincère de la nation française |
| SEN A. | Éthique et économie |
| SENGHOR L. Sedar | Anthologie de la nouvelle poésie nègre et malgache |
| SFEZ L. | La Politique symbolique |
| SIEYÈS E. | Qu'est-ce que le Tiers État ? |
| SIMMEL G. | Les Pauvres |
| SIMMEL G. | Philosophie de l'argent |
| SIRINELLI J.-F. | Génération intellectuelle, khâgneux et normaliens dans l'entre-deux-guerres |
| SOBOUL A. | La Révolution française |
| SOURIAU É. | Vocabulaire d'esthétique |
| STERN H. | L'Art byzantin |
| STRAUSS L. | Histoire de la philosophie politique |
| SUPIOT A. | Critique du droit du travail |
| SUZUKI, FROMM, DE MARTINO | Bouddhisme zen et psychanalyse |
| TADIÉ J.-Y. | Le Roman d'aventures |
| TATON R. | La Science antique et médiévale, t. I |
| TATON R. | La Science moderne, histoire générale des sciences, T. II |
| TATON R. | La Science contemporaine. Le XIX^e siècle, t. 1 |
| TATON R. | La Science contemporaine. Le XX^e siècle, années 1900-1960, T. II |
| TAZIEFF H. | Les Volcans et la dérive des continents |
| TEYSSIER P., DIDIER B. | Dictionnaire de littérature brésilienne |
| TORT P. | Darwin et le darwinisme |
| TOUCHARD | Histoire des idées politiques, t. I |
| TOUCHARD | Histoire des idées politiques, t. II |
| VAN TIEGHEM P. | Dictionnaire des littératures, vol. 1 : A-C |
| VAN TIEGHEM P. | Dictionnaire des littératures, vol. 2 : D-J |
| VAN TIEGHEM P. | Dictionnaire des littératures, vol. 3 : K-Q |
| VAN TIEGHEM P. | Dictionnaire des littératures, vol. 4 : R-Z |
| VAN TIEGHEM P. | Les Grandes Doctrines littéraires en France |
| VAX L. | La Séduction de l'étrange |
| VERGER J. | Les Universités au Moyen Âge |
| VERNANT J.-P. | Les Origines de la pensée grecque |
| VERNETTE, MONCELON | Dictionnaire des groupes religieux aujourd'hui |
| WALLON H. | Les Origines du caractère chez l'enfant |
| WALLON H. | L'Enfant turbulent |
| WALLON H. | Les Origines de la pensée chez l'enfant |
| WOLFF F. | L'Être, l'homme, le disciple |
| ZARKA Y. C. | Hobbes et la pensée politique moderne |
| ZARKA Y. C. | Comment écrire l'histoire de la philosophie ? |
| ZAZZO R. | Les Jumeaux, le couple et la personne |
| ZORGBIBE C. | La Méditerranée sans les Grands |
| ZWEIG S. | Montaigne |

Cet ouvrage a été mis en pages
par Vendôme Impressions
Groupe Landais
41100 Vendôme

Septembre 2003 – N° 50 279

Imprimé en France
par France Quercy
113, rue André-Breton
46001 Cahors
N° d'impression : 31449/
Dépôt légal : août 2003